BKI OBJEKTDATEN

NK1
NUTZUNGSKOSTEN

Nutzungskostenkennwerte von Bestandsimmobilien

BKI OBJEKTDATEN:
Nutzungskosten von Bestandsimmobilien
NK1 NUTZUNGSKOSTEN

BKI Baukosteninformationszentrum (Hrsg.)
Institut für Bauökonomie, Universität Stuttgart,
Prof. Dr. Christian Stoy (Autor) und Elisabeth Beusker (Autorin)
Stuttgart: BKI, 2010

Mitarbeit:
Elisabeth Beusker
Benjamin Gab
Christopher Hagmann
Prof. Dr.-Ing. Wolfdietrich Kalusche
Benjamin Lasshof
Prof. Dr. Christian Stoy
Prof. Georg Wiesinger

Beirat Baukosteninformationszentrum
Prof. Ulrich Elwert
Peter Esch
Wolfgang Fehrs
Wolfgang Haack
Klaus Hecker
Prof. Dr.-Ing. Wolfdietrich Kalusche
Hans-Ulrich Ruf
Prof. Walter Weiss

Layout, Satz:
Hans-Peter Freund
Thomas Fütterer

ISBN 978-3-94167-914-6

Anschrift (Hrsg.):
Bahnhofstraße 1, 70372 Stuttgart
Telefon: (0711) 954 854-0, Telefax: (0711) 954 854-54
info@bki.de, www.bki.de

Anschrift (Autoren):
Keplerstraße 11, 70174 Stuttgart
www.bauoekonomie.uni-stuttgart.de

Titelabbildungen:
Berufliche Schule (4200-019)
Grundschule (4100-085)
Sonderschule mit -kindergarten, Turnhalle, Schwimmbad (4300-013)

Vorwort

Der Gebäudeversicherungswert der von der Landeshauptstadt Stuttgart betriebenen Schul- und Schulsportanlagen beträgt aktuell ca. 2,26 Milliarden Euro. Somit stellen die Schulimmobilien einen wesentlichen Bestandteil des kommunalen Vermögens dar, welche angemessen zu erhalten und bewirtschaften sind. Der Erhaltungs- und Bewirtschaftungsaufwand stellt einen der größten Kostenblöcke im städtischen Haushalt dar. Im Spannungsfeld aus sinkenden Einnahmen, steigenden Kosten und gestiegenen Anforderungen an ökologische und energetische Qualität sind die Stuttgarter Schul- und Schulsportanlagen ein Schlüsselfaktor zu Nachhaltigkeit und einem verbesserten Umweltschutz. Die Landeshauptstadt Stuttgart ist deshalb bemüht, die Steuerung der Schulimmobilien kontinuierlich zu verbessern.

Generell übersteigen die Gebäudenutzungskosten schon nach wenigen Jahren die Investitionskosten. Um Gebäude wirtschaftlich zu betreiben, bedarf es daher nicht nur in der Betriebsphase einer durchdachten Steuerung der Nutzungskosten. Vielmehr werden die Folgekosten eines Gebäudes nachhaltig in der Planungsphase festgelegt und durch die Qualitäten der Ausführung beeinflusst. Deshalb kommt einer sorgfältigen Konzeption des Lebenszyklus große Bedeutung zu. In der Vergangenheit wurde dieser Tatsache zu wenig Aufmerksamkeit gewidmet. Lange Zeit war es ein Hauptziel, die Investitionskosten an Kostenobergrenzen zu binden und die Kosten für die Instandhaltung möglichst gering zu halten.

Auch für Schulneu-, Erweiterungs- und Umbauten macht es Sinn, bereits in der Planungsphase den Lebenszyklus zu betrachten und frühzeitig alle kostenrelevanten Faktoren in der Wertschöpfungskette des Investierens und Nutzens durchgängig zu erfassen. In der Nutzungsphase wird eine wirtschaftliche Steuerung von Gebäuden erreicht, indem durch geeignete Maßnahmen Einsparpotenziale bei den Kosten oder Leistungsgrößen ausgeschöpft werden. Hierbei sind Benchmarking (Nutzungskosten-, Verbrauchs- und Flächenbenchmarking) und Kennzahlenvergleiche unerlässlich. Sie zeigen die eigene Leistungsfähigkeit durch einen externen oder internen Vergleich von Strukturen, Prozessen, Standards und den sich daraus ergebenden Kosten- und Verbrauchsabweichungen mit anderen Objekten auf. So können Schwachstellen aufgedeckt und Verbesserungsmaßnahmen eingeleitet werden.

Voraussetzung hierfür ist das Vorhandensein aussagefähiger Informationen und differenzierter Kennwerte über die Gebäude. Dabei ist zu beachten, dass die Nutzungskosten von Schul- und Schulsportanlagen von besonderen Einflussfaktoren geprägt sind.

Mit den Objektdokumentationen der beiliegenden Publikation sind die Grundlagen für eine künftige Nutzungskostenplanung in frühen Planungsphasen, für ein künftiges Controlling und für ein Benchmarking der Stuttgarter Schulanlagen geschaffen. Aufbauend auf den vorhandenen Unterlagen der städtischen Ämter wurden Daten und differenzierte Nutzungskostenkennwerte aufwändig und mit hoher Qualität erarbeitet. Dabei besteht ein klarer Bezug zu etablierten Normen, wie der DIN 277:2005-02 und der DIN 18960:2008-02. Die Dokumentationen zeichnen sich durch den hohen Grad an Detaillierung und durch exakte Beschreibungen der Objekte aus.

Für künftige Prognosen und Kennwertvergleiche müssen keine Mittelwerte über unbekannte Objekte verwendet werden. Es stehen nun transparente und objektbezogene Kennwerte zur Verfügung.

Landeshauptstadt Stuttgart
Schulverwaltungsamt
Heike Brettschneider

Vorwort des Herausgebers

Trotz der großen volkwirtschaftlichen Bedeutung fehlen bisher umfangreiche, objektbezogene Erfassungen und Auswertungen der Nutzungskosten des deutschen Immobilienbestandes. Die existierenden Untersuchungen sind sehr allgemein gehalten und lassen meist keine Rückschlüsse auf die spezifischen Kosteneinflussfaktoren zu. Ziel der vorliegenden Arbeit ist es, die Aufwendungen für die Nutzung verschiedener Gebäudearten strukturiert auszuwerten. Hierzu wurde eine Datenbank mit objektspezifisch, nachvollziehbaren Nutzungskosten aufgebaut. Aus dieser strukturierten und objektspezifischen Erhebung können die kostenrelevante Einflussfaktoren und spezifische Kostenansätze gewonnen werden.

Die Investitionsentscheidung für eine Immobilie wird unter anderem von zu erwartenden Aufwendungen und Erträgen bestimmt. Die Ermittlung der Baukosten erfolgt mit standardisierten Verfahren nach der DIN 276-1:2008-12. Bereits in der Planung sind damit relativ genaue Prognosen der Kosten für die Bauphase möglich. Die Kalkulation der Nutzungskosten basiert auf der geplanten Gebäudevariante mit den baulichen und technischen Anlagen. Bisher fehlt es an objektspezifischen Datenauswertungen, welche die Zusammenhänge zwischen den Bau- und den Nutzungskosten analysieren. Mit dem vorliegenden Buch beginnt BKI damit, neben den Baukosten auch die Nutzungskosten detailliert objektbezogen auszuwerten. Hiermit wird die Grundlage von Nutzungskostenermittlungen beispielsweise bei Variantenvergleichen auf Immobilien- oder Bauteilebene geschaffen.

Die aktuelle BKI Baukostendatenbank umfasst die Investitionskosten von über 1.700 realisierten Bauprojekten. Die realisierten Bauprojekte werden von BKI so dokumentiert und aufbereitet, dass Kennwerte für Baukosten und Flächeneffizienz in unterschiedlichen Formen für den Anwender nutzbar werden. Mit dem Buch „BKI Nutzungskosten" weitet BKI sein Portfolio auf den Bereich der Nutzungskosten aus. Dieses Buch wurde in enger Kooperation mit der Universität Stuttgart, Institut für Bauökonomie, Prof. Dr. Christian Stoy entwickelt und aufbereitet. Für die Dokumentation wurden die geltenden Standards DIN 18960:2008-02 Nutzungskosten und ISO 15686-5:2008 Buildings and constructed assets Service-life planning - Part 5: Life-cycle costing angewendet.

Die Nutzungskosten wurden objektbezogen zu verschiedenen Gebäudearten analysiert und den Kostengruppen nach DIN 18960:2008-02 zugewiesen. Detailierte Beschreibungen erklären die unterschiedlichen Nutzungskosten. So wird z.B. beschrieben, welche Instandsetzungskosten im Betrachtungszeitraum angefallen sind. Erst durch die aufwändige, objektbezogene Aufgliederung und Auswertung der innerhalb eines Jahres entstandenen Nutzungskosten in einem Gebäude können nachvollziehbare Kennzahlen zu den Kostenfaktoren ermittelt werden. Die Leistungen des Facility Managements werden erst durch diese objektbezogenen Auswertungen bilanzierbar.

Neben einer reinen Auswertung bezogen auf die Brutto-Grundfläche (BGF) werden auch spezifische Bezugseinheiten wie z.B. spezifische Reinigungsoberflächen ausgewiesen. Auch besondere Kosteneinflüsse zum Objekt und der Gebäudenutzung werden unter „besonderer Kosteneinfluss" detailliert beschrieben.

Grundsätzlich können verschiedene Ansätze zur Ermittlung der notwendigen finanziellen Mittel für die Nutzungskosten an einer Immobilie verfolgt werden:
- historienbasierte Betrachtung,
- die kennzahlenorientierte Betrachtung,
- die Schätzung aufgrund einer detaillierten Zustands- und Prozessbeschreibung.

Die historienbasierte Betrachtung der Nutzungskosten einer Immobilie in der Vergangenheit, beschreibt lediglich die IST-Situation. Es fehlen jedoch bisher nachvollziehbare SOLL-Werte, welche einen Einblick geben könnten, wie gut oder schlecht die IST-Nutzungskosten im Verhältnis zu vergleichbaren Immobilien stehen. Der vorliegende Band liefert diese SOLL-Werte in der Form von objektspezifischen Kennzahlen vergleichbarer Immobilien. Die Kennzahlen wurden durch die Erfassung und Beschreibung des Zustands der Immobilien, die Dokumentation und Beschreibung der tatsächlich angefallenen Nutzungskosten und der Analyse der wesentlich Kosteneinflussfaktoren nachvollziehbar dargestellt. Mit Hilfe der so gewonnenen Nutzungskostenkennwerte ist eine kennzahlenorientierte Betrachtung von Immobilien vergleichbarer Gebäudeart und Nutzung möglich.

Mit diesem Buch wurde die Grundlage für eine neue Nutzungskostendatenbank gelegt. Aus den objektspezifischen Kennzahlen können in der Folge, bei vorliegen einer ausreichenden Datenlage, statistische Kennzahlen zu Nutzungskosten der Kostengruppen nach DIN 18960:2008-02 und Gebäudearten ausgewertet werden. Diese Weiterentwicklungen erfolgen in der entwickelten Nutzungskosten-Datenbank, welche bereits für die Produktion dieses Buches genutzt wurde. Wir planen aus dieser Nutzungskosten-Datenbank noch weitere Kennzahlen zu veröffentlichen, welche wertvolle Hinweise für die ökonomisch nachhaltige Planung von Gebäuden liefern könnten.

In der Folge möchte BKI deutschlandweit Kennzahlen und Verfahren zur Ermittlung von Nutzungskosten verschiedener Gebäudearten entwickeln und die Planung von Nutzungskosten somit wesentlich verbessern. Der vorliegende Band ist ein bedeutender Meilenstein zur Etablierung von neuen Verfahren zur Analyse und Ermittlung von Nutzungskosten. Diese Gemeinschaftsaufgabe ist von hoher volkswirtschaftlicher Bedeutung. Unterstützen auch Sie uns bei dieser Aufgabe. Um aussagekräftige Kennzahlen und Fachinformationen für das wirtschaftliche Planen und Bauen zu erstellen, benötigen wird bundesweit vergleichbare Gebäude und immer aktuelles Datenmaterial. Gerne werten wir auch Ihre Gebäude aus, um Ihnen einen Überblick über die spezifischen Kennzahlen und Merkmale zu geben.

Wir wünschen Ihnen viel Erfolg beim Arbeiten mit den Kennwerten aus den dokumentierten Objekten.

BKI Geschäftsführung

Prof. Georg Wiesinger Hannes Spielbauer

Inhalt — Seite

Benutzerhinweise

Nutzungskostenkennwerte von Bestandsimmobilien

Einführung in die Nutzungskostenplanung

Ein Beitrag von
Univ.-Prof. Dr.-Ing. Wolfdietrich Kalusche

Vorbemerkung

Wenn unter einer wirtschaftlichen Planung nicht nur das Einhalten einer Kostenobergrenze für das Bauprojekt verstanden, sondern auch die Nutzungsdauer des Gebäudes berücksichtigt wird, dann ist ein erster Schritt getan. Der zweite Schritt soll eine vollständige Nutzungskostenplanung sein. Diese umfasst nicht nur die Kosten der Vorbereitung, der Planung und der Ausführung des Gebäudes, sondern auch die Kosten der Finanzierung, des Objektmanagements, des Betriebes und der Instandsetzung ab Beginn der Nutzbarkeit des Gebäudes bis zu dessen Beseitigung (Nutzungsdauer).

Für die wirtschaftliche Planung werden demzufolge als Leitsätze formuliert:

- Planung darf nicht allein nach der Höhe der Projektkosten beurteilt werden. Dies gilt vor allem dort, wo ein höherer Aufwand für die Herstellung zu einem geringeren Aufwand bei der Nutzung führt (Substitutionseffekt).
- Bei der Planung von Gebäuden sollen geeignete Varianten (Grundriss, Baukörper, Bauteile u. a.) entwickelt werden. Deren Bewertung und Auswahl sollen auf der Grundlage einer Nutzungskostenermittlung erfolgen. Dies gilt grundsätzlich auch für die Nutzung eines Gebäudes (Optimierung).

Die Grundsätze, die Begriffe und die Gliederung der Nutzungskosten werden durch die DIN 18960:2008-02, Nutzungskosten im Hochbau, vorgegeben. Verfahren zur praktischen Berechnung sind allgemein bekannt. Die erforderlichen Daten für die Nutzungskostenermittlung standen der Allgemeinheit in der erforderlichen Qualität bisher nicht zur Verfügung.

Mit dem Band BKI Objekte, Nutzungskosten von Bestandsimmobilien, legt das Baukosteninformationszentrum Deutscher Architektenkammern (BKI) erstmals eine Datensammlung von Nutzungskostenkennwerten vor. Es handelt sich dabei um Daten, die vom Institut für Bauökonomie der Universität Stuttgart in den Jahren 2009 bis 2010 an Bestandsimmobilien erhoben wurden. Damit wird der schon lange bestehenden Forderung entsprochen, einem großen Kreis von interessierten Fachleuten aus Praxis und Wissenschaft empirische Kennwerte von real existierenden Objekten zur Verfügung zu stellen.

Grundlage der Datenerhebung ist die DIN 18960:2008-02, Nutzungskosten im Hochbau. Sie enthält normative Verweisungen, regelt den Anwendungsbereich der Nutzungskostenplanung und gibt hierfür die Grundsätze, die Begriffe sowie die Gliederung vor.

1. Ergebnisse der Datenerhebungen

Mit dem vorliegenden Band wurden für eine größere Anzahl von vergleichbaren Objekten Nutzungskostenkennwerte für die ausgabewirksamen Kostenarten Objektmanagementkosten (KG 200), Betriebskosten (KG 300) sowie Instandsetzungskosten (KG 400) bis in die zweite Ebene der Gliederung erhoben. Die internen Kosteneinflüsse, also des Bauwerks und des Nutzerverhaltens, wurden dabei so gut erläutert, wie es die vorhandenen Aufzeichnungen erlauben. Es wird damit möglich, für ausgewählte Nutzungen auf der Grundlage empirischer Kennwerte und in Bezug auf die Grundflächen und Rauminhalte von Gebäuden Nutzungskostenermittlungen zu erstellen. Dabei sind die auf die Nutzfläche (NF) bezogenen Kennwerte vor allem für die Planung von Interesse. Denn ein Raum- und Funktionsprogramm, vgl. DIN 18205:1996-04, Bedarfsplanung im Bauwesen, enthält die geforderten Funktionen, welche ein Gebäude erfüllen muss. Für den Vergleich von Bestandsimmobilien bieten sich die Brutto-Grundfläche (BGF) und der Brutto-Rauminhalt (BRI) für Vergleichsberechnungen an.

Für die Untersuchung von Nutzungskosten an ausgewählten Baukonstruktionen und technischen Anlagen ist die bauteilorientierte Kostengliederung der DIN 276-1:2008-12 in Verbindung mit den Mengen und Bezugseinheiten der DIN 277-3:2005-04 zu verwenden. Hierzu werden abschließend sowohl eine Nutzungskostenberechnung an einem Bauteil als auch an einem Neubau gezeigt. Die Erhebung von weiteren Nutzungskostenkennwerten zu Bauteilen und ein Katalog der technischen Lebensdauer soll Gegenstand zukünftiger Datenerhebungen in der Praxis und der Forschung sein.

2. Zielsetzung der Nutzungskostenplanung

Als Grundsatz gilt unter anderem: „Die Nutzungskostenplanung dient der wirtschaftlichen und kostentransparenten Planung, Herstellung, Nutzung und Optimierung von Bauwerken. Hierzu sind qualitative und quantitative Bedarfsvorgaben erforderlich. Dieses Vorgehen gilt vom Beginn der Planung bis zum Ende des Betrachtungszeitraumes, insbesondere bei Planungs-, Vergabe- und Ausführungsentscheidungen. Zur Erreichung der Kostentransparenz sind organisatorische und technische Messsysteme festzulegen. In Abhängigkeit zum Stand der Planung, Ausführung bzw. dem Bestand sind die Grundlagen für die Nutzungskostenplanung anzugeben."
(DIN 18960:2008-02)

Die DIN 18960:2008-02 ergänzt die derzeit gültige DIN 276-1:2008-12, Kosten im Bauwesen – Teil 1: Hochbau, in der Weise, dass Wirtschaftlichkeitsermittlungen auf die gesamte Nutzungsdauer von Bauwerken bezogen werden können. Die in DIN 276-1:2008-12 definierten Begriffe und Grundsätze gelten auch für die Nutzungskostenplanung nach DIN 18960:2008-02.

3. Hinweise zur praktischen Nutzungskostenplanung

Vor einer Ermittlung der Nutzungskosten sind vom Anwender und dem Auftraggeber einige Festlegungen zu treffen. Diese betreffen bei einem Neubau, der Erhaltung oder der Veränderung einer Bestandsimmobilie

- die vom Bauherrn oder Eigentümer verfolgte Strategie
- die daraus abgeleiteten Grundannahmen für die kalkulatorischen Nutzungskosten (Kapitalkosten und Abschreibung) in Form des Betrachtungszeitraums (wirtschaftliche Nutzungsdauer) und des Kalkulationszinssatzes des gebundenen Kapitals (Fremd- und Eigenkapitalanteil)
- die Abgrenzung der Nutzungskosten gegenüber den haushalts- und betriebsspezifischen Personal- und Sachkosten der Prozesse im Objekt, z. B in einem Fabrikgebäude, und gegebenenfalls die Unterscheidung von Nutzungskosten, die vom Eigentümer einerseits und vom Nutzer, z. B. Mieter, andererseits zu

tragen sind, angesprochen ist hier vor allem die Betriebskostenumlage, vgl. Betriebskostenverordnung (BetrKV:2004-01).
- die Genauigkeit der Nutzungskostenplanung, z. B. Angabe der Bezugseinheiten, der Kostengruppen und der jeweiligen Ebene der Gliederung, z. B. dritte Ebene der KG 400 Instandsetzungskosten bezogen auf die jeweiligen Bauteile
- die Mitwirkung des Auftraggebers, z. B. durch Bereitstellung von Unterlagen und Daten aus den vorangegangenen Nutzungsjahren oder von anderen Objekten
- den Umfang und Aufwand bei der Nutzungskostenplanung, z. B. Anzahl der Ermittlungen,
- die Vergütung der Nutzungskostenplanung als Besondere Leistung im Sinne der HOAI: 2009-08; diese ist frei zu vereinbaren und die Schriftform auf jeden Fall anzuraten.

Zur Ermittlung der Nutzungskosten mit Nutzungskostenkennwerten werden in den nächsten Abschnitten praktische Hinweise gegeben.

4. Betrachtungszeitraum einer Nutzungskostenplanung

Nutzungskosten im Hochbau „sind alle in baulichen Anlagen und deren Grundstücken entstehenden regelmäßig oder unregelmäßig wiederkehrenden Kosten von Beginn ihrer Nutzbarkeit bis zu ihrer Beseitigung (Nutzungsdauer)." Und in der Anmerkung heißt es weiter: „Das schließt Übergabe und Optimierungsphase, die Betriebsphase, die Modernisierungsphase, die Rückgabephase bis zum Beginn der Beseitigungsphase ein."
(DIN 18960:2008-02)

Planung und Ausführung des Neubaus werden als Projekt verstanden und liegen damit ausdrücklich außerhalb der Nutzungsdauer. Ebenso zählen Abbruch und Beseitigung des Objektes als Projekt. Die dafür anfallenden Investitionskosten sind Gegenstand der DIN 276-1: 2008-12, Kosten im Bauwesen – Teil 1: Hochbau. Die dazwischen liegende Nutzungsdauer, genauer wirtschaftliche Nutzungsdauer, des Objektes ist als Bezugszeitraum für die Summe aller Nutzungskosten geeignet.

Die folgende Abbildung zeigt die Umlage der Investitionen für die Projekte Neubau sowie Abbruch und Beseitigung auf die wirtschaftliche Nutzungsdauer. Erfolgen im Verlauf der wirtschaftlichen Nutzungsdauer darüber hinaus wesentliche Veränderungen des Objektes in Form von Umbau und Erweiterung, dann sind auch die damit verbundenen Investitionen zu berücksichtigen, allerdings nur für den Zeitraum nach der Veränderung.

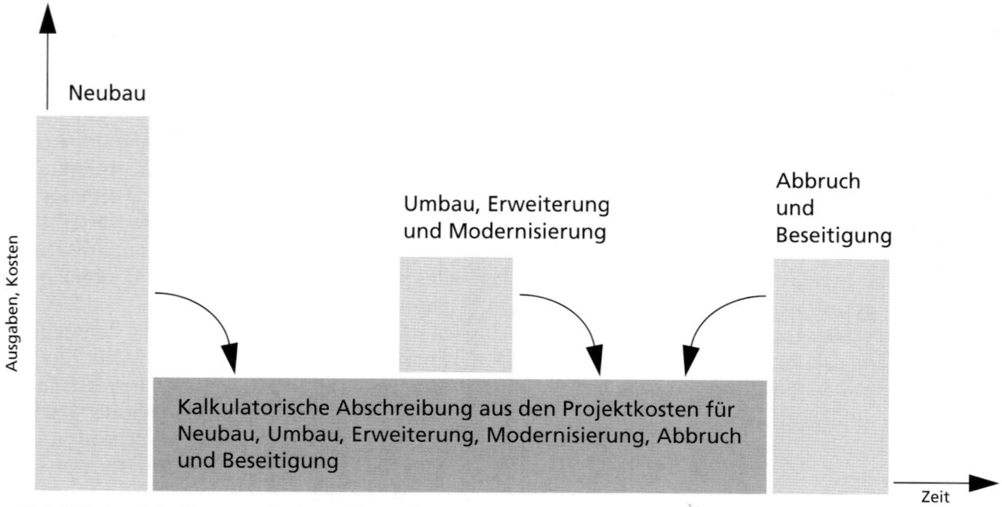

Abb. 1: Kalkulatorische Kosten aus Neubau und Veränderung eines Gebäudes

Eine Besonderheit stellt die Modernisierung dar. Auch sie ist mit wesentlichen Eingriffen in die Bausubstanz verbunden. Problematisch hierbei ist, dass in der Praxis häufig Instandsetzungen so lange aufgeschoben werden, bis sie zusammen mit einer Modernisierung durchgeführt werden können. Die Notwendigkeit einer genauen Unterscheidung von Instandsetzung und Modernisierung besteht auf jeden Fall im Wohnungsbau. Hier sind die Modernisierungsrichtlinien der Länder im Hinblick auf die Finanzierung der Maßnahmen (Zuschüsse) und das Mietrecht in Bezug auf die Mietanpassung (Modernisierungsumlage) zu berücksichtigen. Eine detaillierte Auseinandersetzung mit diesen Themenbereichen würde an dieser Stelle zu weit führen.

Ein Teil der während der Nutzbarkeit anfallenden Kosten ist kurz- oder mittelfristig ausgabenwirksam. Dies gilt insbesondere für die Kosten aus Objektmanagement (KG 200), Betrieb (KG 300) und Instandsetzung (KG 400). Es ist vergleichsweise einfach, diese zu erfassen und im Nachhinein als jährlich durchschnittliche Kosten zu dokumentieren. Die vor allem langfristige Voraussage der entsprechenden Kosten ist schwierig. Die zukünftigen Kosten, welche einerseits aus unvorhersehbaren Preisentwicklungen von Energie, Stoffen und Löhnen resultieren und sich zusätzlich andererseits aus klimatischen Einflüssen ergeben, sind mit Unsicherheit behaftet.

Auch die Kosten aus der Bereitstellung eines Gebäudes sind nicht ohne Weiteres zu bestimmen. Sie ergeben sich grundsätzlich aus der Abnutzung des einmal hergestellten Gebäudes sowie der Finanzierung des Gebäudes und des Grundstücks. Entscheidend ist auch die Festlegung des Betrachtungszeitraumes, welcher der voraussichtlichen oder beabsichtigten wirtschaftlichen Nutzungsdauer des Gebäudes entspricht.

Der Betrachtungszeitraum für die Ermittlung der Nutzungskosten eines Gebäudes wird grundsätzlich von zwei unterschiedlichen Sichtweisen bestimmt. Die Eine ist auf die technische Lebensdauer der Bauteile gerichtet. Die Andere bezieht sich auf die wirtschaftliche Nutzungsdauer eines Gebäudes.

4.1 Technische Lebensdauer

Mit der technischen Lebensdauer eines Bauteils wird der Zeitraum bezeichnet, in dem dieses physisch zur Verfügung steht und die gestellten Anforderungen erfüllt. Die Bauteile sind eine Voraussetzung für die langfristige Nutzung eines Bauwerks insgesamt. Für die technische Lebensdauer der meisten Bauteile gibt es Erfahrungswerte. Für neuartige Konstruktionen, z. B. Wärmedämmverbundsysteme, wird sie teilweise von den Herstellern angegeben. In vielen Fällen muss sie aber geschätzt werden. Liegen keine Daten vor, können ersatzweise die Tabellenwerte zu den Wertermittlungsrichtlinien herangezogen werden.
(Wertermittlungsrichtlinien 1991, 2. Aufl. München, Berlin: Rehm, 1997)

4.2 Wirtschaftliche Nutzungsdauer

Die wirtschaftliche Nutzungsdauer ist für die Ermittlung der Nutzungskosten eine entscheidende Bemessungsgröße. Sie ist vom Bearbeiter in Abstimmung mit dem Auftraggeber nach sorgfältiger Überlegung festzulegen. Die wirtschaftliche Nutzungsdauer eines Gebäudes ist der Zeitraum, in dem sich die Investition in das Bauwerk mindestens amortisiert haben muss und in dem der Investor für das eingesetzte Kapital die von ihm als angemessen betrachtete Verzinsung erreicht hat.

Die wirtschaftliche Nutzungsdauer wird in der Regel durch den Bauherrn oder Eigentümer vorgegeben. Die wirtschaftliche Nutzungsdauer wird nicht nur von den Kosten des Objekts, sondern auch von der Nachfrage auf dem Immobilienmarkt bestimmt. Nimmt diese an einem Standort deutlich ab, werden Abbruch und Beseitigung notwendig. Wegen der sich ändernden wirtschaftlichen Rahmenbedingungen, z. B. demographische Entwicklung, ist heute die von den Bauherren angesetzte wirtschaftliche Nutzungsdauer von Gebäuden kürzer als noch vor wenigen Jahrzehnten. Ist die wirtschaftliche Nutzungsdauer eines Gebäudes kürzer als die technische Lebensdauer einzelner Bauteile, kann deren Abnutzungsvorrat nicht ausgeschöpft werden. Es sei denn, diese können wieder verwendet werden.

4.3 Festlegung der wirtschaftlichen Nutzungsdauer als Betrachtungszeitraum

Von welcher wirtschaftlichen Nutzungsdauer kann man ausgehen, wenn heute für ein aktuelles Bauprojekt eine Nutzungskostenermittlung erstellt werden soll?

Heute werden einerseits noch Gebäude aus der Gründerzeit genutzt, sie sind im Durchschnitt etwa 120 Jahre alt. Andererseits werden schon Gebäude aus den 1970er Jahren abgebrochen, diese sind kaum 40 Jahre alt geworden. In den 1970er Jahren wurden vom Institut für Bauforschung e. V. in Hannover noch 80 Jahre für Wohnbauten allen Berechnungen zugrunde gelegt.

In Anbetracht des zurzeit hohen Wohnungsbestandes und des Rückgangs der Bevölkerung ist vermehrt mit dem Abbruch von Wohnbauten auch schon nach nur 30 oder 40 Jahren Nutzungsdauer zu rechnen. Ein weiterer Aspekt ist, dass Wohngebäude in Zukunft nicht mehr nachgefragt werden, weil die Betriebskosten zu hoch sind.

Ebenso lässt die Nachfrage nach Gewerbeobjekten nach, wenn Lage, Grundrisse oder Gebäudetechnik nicht mehr den aktuellen Anforderungen entsprechen. Der Raum bildende Ausbau wird oft für eine kurze Nutzungszeit geplant. Bei Handelsflächen, gastronomischen Einrichtungen, Ausstellungsräumen oder Mietwohnungen ist davon auszugehen, dass mit dem Wechsel des Mieters, mit der Entscheidung für ein neues Corporate Design oder aus anderen Gründen der Innenausbau vollständig erneuert wird.

Der technischen Lebensdauer der Bauteile, z. B. Natursteinarbeiten, wird dabei bislang selten Beachtung geschenkt. Insofern macht es Sinn, bei Gebäuden mit stark wechselnden Nutzungen und Nutzern die bauliche Hülle und den Raum bildenden Ausbau als Teilobjekte zu betrachten. Dies beginnt mit der Planung und setzt sich während der Nutzung fort. Die Schnittstellen zwischen den Teilobjekten sind frühzeitig zu definieren.

Die Attraktivität des Objektes und des Standortes, die Hoffnungen auf eine positive wirtschaftliche Entwicklung des unmittelbaren Umfeldes sowie die demographischen Veränderungen sind zunehmend von Bedeutung.

Kategorie	Dauer	Beschreibung und Beispiele
I	bis 5 Jahre	Raum bildender Ausbau, z. B. Ladenbau
II	bis 15 Jahre	modernisierte Gebäude, z. B. Wohnungen
III	bis 20 Jahre	Gewerbeobjekte, z. B. Möbelmärkte
IV	bis 40 Jahre	Mehrzahl von Gebäuden, z. B. Bürobauten
V	bis 50 Jahre und mehr	Gebäude mit hoher Nutzungsflexibilität

Abb. 2: Kategorien der wirtschaftlichen Nutzungsdauer

Für die Ermittlung können die in Abbildung 2 gemachten Angaben bei einer Festlegung zur Orientierung dienen. Unabhängig davon verfolgen Bauherren aus wirtschaftlichen Interessen häufig noch wesentlich kürzere Amortisationszeiträume für ihre Investitionen.

5. Kommentar zur Nutzungskostengliederung

Die Nutzungskostengliederung umfasst zwei unterschiedliche Kostenarten:

- kalkulatorische Kosten (Kapitalkosten und Abschreibung); die Ausgaben fallen beim Neubau einmal an und werden auf die wirtschaftlichen Nutzungsdauer des Objektes verteilt
- ausgabenwirksame Kosten (Objektmanagementkosten, Betriebskosten und Instandsetzungskosten); die Ausgaben fallen regelmäßig oder unregelmäßig wiederkehrend während der wirtschaftlichen Nutzungsdauer an und werden als jährlicher Durchschnittswert angesetzt.

Kostenermittlungen müssen vollständig sein. Das gilt auch für die Nutzungskosten: „Die Nutzungskosten sind für alle Nutzungskostengruppen vollständig zu erfassen." (DIN 18960:2008-02). In Einzelfällen werden oft nur die ausgabenwirksamen Kosten oder ausschließlich die Betriebskosten und Instandsetzungskosten berücksichtigt, so in den Erhebungen der Länder (jährliche Haushaltsbelastungen nach BHO § 24 (1)) nach den Richtlinien für die Bauten des Bundes und der Länder (RBBau, RLBau).

Soll die Wirtschaftlichkeit von öffentlichen, gewerblichen oder privaten Objekten verglichen werden, sind die kalkulatorischen Kosten aus Finanzierung und Abschreibung (KG 100) sowie die Objektmanagementkosten (KG 200) als Bestandteil der Nutzungskostenplanung unverzichtbar. Auch private Eigentümer berücksichtigen oft die eingebrachten Eigenleistungen, z. B. Baugrundstück und Eigenkapital, nicht. Beim Vergleich von Mietobjekten und selbst genutzten Immobilien werden dann leicht Fehler gemacht. Denn die Kosten können im einen Fall vollständig und im anderen unvollständig sein.

5.1 Kalkulatorische Abschreibung (KG 130 nach DIN 18960:2008-02)

Die Gliederung der Nutzungskosten berücksichtigt diese Umlage von Investitionen auf die wirtschaftliche Nutzungsdauer als KG 130 Abschreibung. Unter Abschreibung sind die Kosten für die Abnutzung eines Wirtschaftsgutes, in diesem Fall eines Gebäudes, zu verstehen. Abweichend zur Abschreibung nach dem Steuerrecht (fiskalische Abschreibung) ist die bei einer Wirtschaftlichkeitsrechnung berücksichtigte Abschreibung kalkulatorisch angesetzt. Für die Ermittlung wird die wirtschaftliche Nutzungsdauer vom Investor in eigener Verantwortung festgesetzt. Es besteht keine Verbindung zwischen der kalkulatorischen und der fiskalischen Abschreibung, sie sind unabhängig voneinander zu betrachten und können sich gegenseitig nicht ersetzen.

Den Kosten aus der Bereitstellung des Gebäudes (wirtschaftliche Nutzungsdauer) wird durch die kalkulatorische Abschreibung Rechnung getragen. Die jährlichen Kosten aus kalkulatorischer Abschreibung (a) ergeben sich aus der Anschaffungsausgabe (A) für das Gebäude ohne Baugrundstück, dividiert durch die Anzahl der Jahre (n) der wirtschaftlichen Nutzungsdauer: $A/n = a$.

Der Wertverlust des Gebäudes während des Betrachtungszeitraumes wird vereinfacht als jährlich gleich hoch angenommen. Diese Art der Abschreibung, z. B. mit dem 30-sten Teil des Anfangswertes pro Jahr, wird als linear bezeichnet. Auch wenn Gebäude laufend instand gehalten werden, kann dennoch auf deren Abschreibung nicht verzichtet werden, denn spätestens, wenn sie abgebrochen werden, beträgt ihr kalkulatorischer Restwert bestenfalls 0. Die Kosten von Abbruch- und Beseitigung und gegebenenfalls die Erlöse aus der Verwertung von noch brauchbaren Bauteilen werden an anderer Stelle erörtert.

Das bedeutet nicht, dass es für das Objekt nach Ablauf des definierten Zeitraumes überhaupt keine Verwendung mehr geben kann, sie wird nur nicht berücksichtigt. Ein Verkaufserlös aus dem Restwert des Objektes ist nicht unwahrscheinlich, jedoch können Abbruch und Beseitigung erhebliche Kosten verursachen.

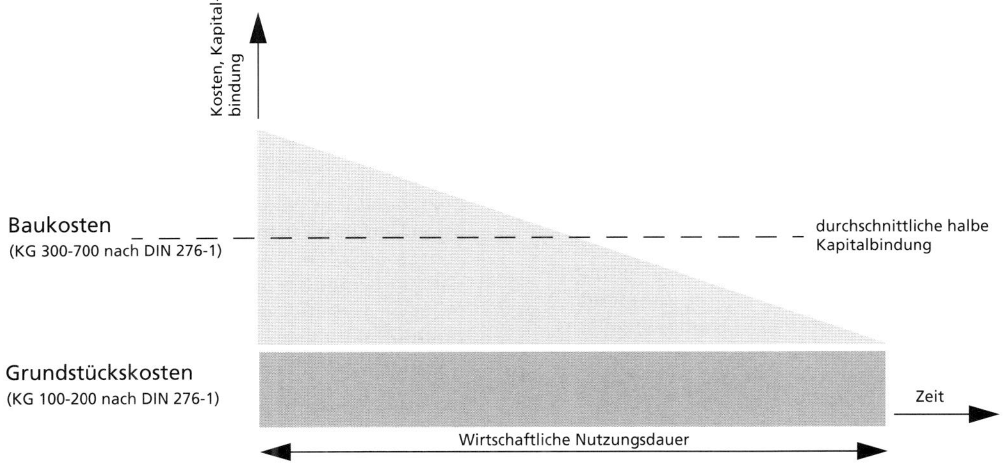

Abb. 3: Kalkulatorische Abschreibung des Gebäudes und Kapitalbindung

Nur in Ausnahmefällen werden hierfür Kosten ermittelt und Rückstellungen gebildet. Bei der Nutzungskostenermittlung über einen langen Betrachtungszeitraum darf auf diesen Gesichtspunkt erst einmal verzichtet werden.

Das Grundstück steht nach dem Abbruch des Gebäudes für eine weitere Nutzung zur Verfügung. Es ist somit abnutzungsfrei. Hierauf eine Abschreibung anzusetzen, wäre ein grober Fehler. Deswegen ist es bei jeder wirtschaftlichen Betrachtung einer Immobilie notwendig, den Wert des Gebäudes von dem des Grundstücks zu unterscheiden. Wenn Immobilien im Laufe der Zeit eine Wertsteigerung erfahren, liegt dies meist an der Attraktivität des Standortes.

Bei einer Nutzungskostenermittlung kann nicht ohne weiteres davon ausgegangen werden, dass der Wertverlust des Gebäudes durch die mögliche Wertsteigerung des Grundstücks ausgeglichen wird. Dies wäre eine Spekulation. Zwar haben vergangene Entwicklungen diesbezügliche Hoffnungen genährt, in den letzten Jahren fallen jedoch im Norden und Osten der Bundesrepublik die Grundstückspreise vor allem in ländlichen Regionen erheblich.

Gebäude und Grundstück binden während der wirtschaftlichen Nutzungsdauer Kapital. Bei der Ermittlung der Kapitalkosten ist zu berücksichtigen, dass sich die Kapitalbindung durch die Abnutzung des Bauwerkes, über die Abschreibung als Kosten bewertet, beständig verringert. Wegen des linear angenommenen Wertverlustes kann man bei der langfristigen Betrachtung mit einer durchschnittlich halben Kapitalbindung (Anschaffungsausgabe von 1,00 + Restwert von 0,00 ergibt im Durchschnitt 0,50) im Gebäude ausgehen. Vergleiche hierzu Abbildung 3.

5.2 Kapitalkosten und Kalkulationszinssatz

Als Kapitalkosten zählen alle Kosten, die sich aus der Inanspruchnahme von Finanzierungsmitteln ergeben, namentlich die Zinsen und Zinseszinsen. Sie werden in Fremdkapitalkosten und Eigenkapitalkosten unterschieden. Als Eigenmittel kommen neben Geldmitteln Arbeitsleistungen des Bauherrn im Sinne der Selbsthilfe, eingebrachte Baustoffe, ein vorhandenes Baugrundstück oder vorhandene Bauteile in Betracht. Häufig werden aus Unkenntnis für das eingesetzte und langfristig gebundene Eigenkapital die Kapitalkosten nicht in Ansatz gebracht. Die Verzinsung des Eigenkapitals führt nicht zu Zinszahlungen. Dennoch handelt es sich um Kapitalkosten, da andernfalls die Verwendung des Eigenkapitals für eine andere Investition möglich wäre, die Zinserlöse erwarten lässt. Da die Inanspruchnahme von Finanzierungsmitteln fast immer zu je einem Teil aus Eigenkapitalkosten erfolgt, werden die Kapitalkosten insgesamt als kalkulatorische Kostengrößen verstanden.

Die Kapitalkosten können bei der Beurteilung der Wirtschaftlichkeit mit der Realverzinsung gerechnet werden. Die Realverzinsung ist eine um die allgemeine Teuerung bereinigte Nominalverzinsung. Das hat den Vorteil, dass Schwankungen auf dem Kapitalmarkt und langfristig unterschiedliche Teuerungsraten aus der Berechnung herausgenommen werden können. Die Realverzinsung ergibt als Quotient aus Nominalverzinsung und allgemeiner Teuerung langfristig nahezu konstant den Zinsfaktor 1,03 oder den Zinssatz 3 % (siehe Beispiele).

Bei Anwendung der Investitionsrechnung müssen die drei prinzipiellen Größen, die in einem direkten Abhängigkeitsverhältnis zueinander stehen, berücksichtigt werden:
- Zahlungen (einschließlich Anfangs- und Endkapital),
- Zins (Zinssatz, Zinsfuß),
- Zeit (Anfangs- und Endtermin, Dauer).

Die sogenannten Hilfsverfahren der Praxis (statische Verfahren) rechnen mit jährlichen Durchschnittsbeträgen und berücksichtigen daher die Zeitstruktur der Zahlungen nicht oder nur unvollkommen.

Demgegenüber gehen die finanzmathematischen Verfahren (dynamische Verfahren) von (Einzahlungs- und) Auszahlungsströmen aus und betrachten sie bis zum Ende der Betrachtungsdauer. Dabei können Unterschiede der Zahlungsbeträge im Zeitablauf berücksichtigt werden.

Die Vor- und Nachteile sowie die Fragen der Verfahrenswahl sollen hier nicht weiter ausgeführt werden. Für die Ermittlung der Nutzungskosten ist nach Auffassung des Autors die Anwendung der Kostenvergleichsrechnung ausreichend. Sie ist vor allem für Ermittlungen in der Vorplanung und der Entwurfsplanung geeignet. Es handelt sich hierbei um ein statisches Verfahren der Investitionsrechnung. Die dabei in Kauf genommene Ungenauigkeit, insbesondere durch Vernachlässigung des Zinseszinseffektes, wiegt weniger als die der zwangsläufig zu schätzenden Daten in Bezug auf Zahlungen und Zeit. Dies schließt selbstverständlich die Anwendung anderer Verfahren nicht aus. Das Vorteilhaftigkeitskriterium der Kostenvergleichsrechnung sind die jährlichen Kosten einer Investition. Dieses Verfahren kann nur dann angewendet werden, wenn Nutzen oder Erlöse verschiedener Investitionen gleich sind oder nicht genau ermittelt werden können.

5.3 Ausgabenwirksame Kostenarten

Die ausgabenwirksamen Kosten bei der Nutzung eines Gebäudes werden oft als laufende Kosten bezeichnet. Sie können jährlich erhoben werden. Soweit sie regelmäßig anfallen, wie die Objektmanagementkosten (KG 200) und die Betriebskosten (KG 300) sind Schwankungen vergleichsweise gering.

Der Begriff Verwaltungskosten in der DIN 18960:1999-08 wurde in der neuen Fassung durch Objektmanagementkosten ersetzt. Das sind Personalkosten für technische, kaufmännische und infrastrukturelle Managementleistungen sowie Sachkosten wie Büromaterialien, Mietkosten, Fahrtkosten und vieles mehr.

200	Objektmanagementkosten
210	Personalkosten
220	Sachkosten
230	Fremdleistungen
290	Objektmanagementkosten, sonstiges

Abb. 4: Objektmanagementkosten (KG 200), 2. Ebene der Gliederung

Die Kosten für die Versorgung, Entsorgung, Reinigung und Pflege von Gebäuden sowie für die Außenanlagen, die Sicherheits- und Überwachungsdienste und schließlich für die Bedienung, Inspektion und Wartung von baulichen Anlagen machen die Betriebskosten aus. Sie zählen, wie die Verwaltungskosten, zu den ausgabenwirksamen Kostenarten. Änderungen ergeben sich unter anderem aus der Witterung, den Preisentwicklungen sowie dem Nutzerverhalten. Die Betriebskosten in der zweiten Ebene der Gliederung der Norm sind in Abbildung 5 dargestellt.

Im Unterschied zur vorangegangenen Fassung der Norm wird bei den Kosten der Ver- und Entsorgung (KG 310 und 320) nicht mehr nach Anlagegruppen, z. B. Wärmeversorgungsanlagen, sondern nach Verbrauchsarten, z. B. Öl oder Gas, unterschieden. Damit wird der Erfassung von Mengen und Kosten nach Verbrauchsarten in der Praxis Rechnung getragen.

300	Betriebskosten
310	Versorgung
320	Entsorgung
330	Reinigung und Pflege von Gebäuden
340	Reinigung und Pflege von Außenanlagen
350	Bedienung, Inspektion und Wartung
360	Sicherheits- und Überwachungsdienste
370	Abgaben und Beiträge
390	Betriebskosten, sonstiges

Abb. 5: Betriebskosten (KG 300), 2. Ebene der Gliederung

Auch die Gliederung der bei vielen Nutzungen, z. B. Krankenhaus, kostenintensiven Reinigung und Pflege von Gebäuden (KG 330) folgt nicht mehr der Gliederung nach Bauteilen, sondern der in der Praxis üblichen Unterscheidung nach Reinigungsarten, z. B. Unterhaltsreinigung, Glasreinigung, Fassadenreinigung oder Reinigung technischer Anlagen.

Anders verhält es sich bei den unregelmäßig anfallenden Kosten der KG 400 Instandsetzung; sie sind in den ersten Jahren nach Nutzungsbeginn oder nach einer Modernisierung vergleichsweise gering. Sie können jedoch nach 10 bis 15 Jahren sehr hoch sein. Ursache sind dann notwendige Maßnahmen am Dach oder im Bereich der technischen Anlagen.

Für die Ermittlung der Instandsetzungskosten ist die Einschätzung des zeitlichen Anfalls und der Kosten von größeren Instandsetzungen entscheidend. Eine Instandsetzungsstrategie ist deshalb nicht nur Voraussetzung für die Betriebssicherheit eines Gebäudes, sondern eben auch für die Planung und Finanzierung aller Maßnahmen, die als Instandsetzung geplant werden müssen. Die Instandsetzungskosten in der zweiten Ebene der Gliederung sind in Abbildung 6 dargestellt.

400	Instandsetzungskosten
410	Instandsetzung der Baukonstruktionen
420	Instandsetzung der Technischen Anlagen
430	Instandsetzung der Außenanlagen
440	Instandsetzung der Ausstattung
490	Instandsetzung, sonstiges

Abb. 6: Instandsetzungskosten (KG 400), 2. Ebene der Gliederung

6. Bezugseinheiten der Nutzungskosten

Angaben zu Kosten- und Nutzungskosten werden auf mindestens eine Bezugseinheit gerechnet. Grundsätzlich können Nutzungskosten auf das gesamte Objekt und die gesamte Nutzungsdauer bezogen werden. Ein solcher Gesamtwert wird sinnvoller Weise auf den Zeitpunkt des Nutzungsbeginns gerechnet. Hierfür bietet sich die Abzinsung aller im Betrachtungszeitraum anfallenden Ausgaben mit Hilfe der Barwertberechnung an. Der Barwert ist allerdings eine abstrakte Größe. Er führt nur im Vergleich von Varianten oder im Vergleich mit dem Barwert der im selben Zeitraum zu erwartenden Einnahmen oder Einsparungen zu einer Aussage (Kapitalwert). Diese Vorgehensweise entspricht nicht der Zielsetzung der vorliegenden Veröffentlichung und wird deshalb nicht weiterverfolgt.

Zur Optimierung der Planung oder Erhaltung von Objekten ist es sinnvoll, die vollständigen Nutzungskosten oder ausgewählte Kostenarten (Kostengruppen) auf Grundflächen, Rauminhalte, Bauteile oder andere Bezugseinheiten zu rechnen (Abbildung 7). Für den Vergleich, vor allem auch in der Größe unterschiedlicher Gebäude, bieten sich als Bezugseinheiten für die Kostenaussagen die Nutzeinheiten und die Grundflächen des Gebäudes an. Grundflächen sind die am häufigsten verwendeten Bezugseinheiten. Liegen noch keine Angaben hierzu vor, können auch Kennwerte in Bezug auf eine Nutzeinheit (NE) gebildet werden. Als Nutzeinheit kann ein Arbeitsplatz in einem Büro, das Bett eines Patienten im Krankenhaus oder ein Ausbildungsplatz für einen Schüler dienen.

Bezeichnung (Abk.)	Beispiel	Norm. Verweisung
Nutzeinheit (NE)	€/NE p.a.	DIN 18205:1996-04
Brutto-Rauminhalt (BRI)	€/m² BRI p.a.	DIN 277-1:2005-02 DIN 277-2:2005-02 DIN 277-3:2005-04
Brutto-Grundfläche (BGF)	€/m² BGF p.a.	
Netto-Grundfläche (NGF)	€/m² NGF p.a.	
Nutzfläche (NF)	€/m² NF p.a.	
Mietfläche (MF)	€/m² MF-G p.a.	MF-G:2004-11
Wohnfläche (WF)	€/m² WF p.a.	WoFlV:2004-01
Bauteil (BT)	€/m² BT p.a.	DIN 276-1:2008-12

DIN 18205:1996-04, Bedarfsplanung im Bauwesen
DIN 277, Grundflächen und Rauminhalte von Bauwerken im Hochbau
– Teil 1:2005-02, Begriffe, Ermittlungsgrundlagen
– Teil 2:2005-02, Gliederung der Netto-Grundfläche
– Teil 3:2005-04, Mengen und Bezugseinheiten
MF-G:2004-11, Richtlinie zur Berechnung der Mietfläche für Gewerblichen Raum
WoFlV:2004-01, Wohnflächenverordnung und noch gültig
II. BV:2002-01, II. Berechnungsverordnung
DIN 276-1:2008-12, Kosten im Bauwesen – Teil 1: Hochbau

Abb. 7: Bezugseinheiten aus Normen und Verordnungen zur Kennwertbildung

Die Kosten pro Bezugseinheit werden für jeweils ein Jahr gerechnet, entweder für das erste Jahr ab Nutzungsbeginn oder für ein Durchschnittsjahr der wirtschaftlichen Nutzungsdauer (jeweils p. a. = per annum). Kostenkennwerte benötigen eine Angabe der Flächenart, z. B. €/m² BGF p. a. Da z. B. die Brutto-Grundfläche in vielen Fällen das Doppelte der Mietfläche beträgt, ist ein Kennwert ohne die Angabe der genauen Flächenart eine Fehlerquelle.

7. Kosteneinflüsse und Erläuterungen

Aussagen zu den Nutzungskosten sind zu erläutern. Das gilt insbesondere für die Kosteneinflüsse. In der DIN 18960:2008-02 wird dazu erläutert: „Kosteneinflüsse entstehen durch die Festlegung von Standards (Service Levels), Nutzerverhalten und deren Veränderung sowie die daraus folgenden funktionalen, technischen und organisatorischen Systemeigenschaften und nicht beeinflussbare Größen aus der Systemumgebung. Sie sind in ihren Auswirkungen, bezogen auf einen Betrachtungszeitraum, zu beschreiben und im Hinblick auf die Nutzungskosten zu bewerten und in den Nutzungskostengruppen zu berücksichtigen." (DIN 18960:2008-02)

Dieser berechtigten Anforderung ist sowohl bei der Erhebung von Daten als auch bei der

Nutzungskostenermittlung mit empirischen Kennwerten Rechnung zu tragen.

Auf die Nutzungskosten wirken immer mehrere Einflüsse (vgl. Abbildung 8). Dazu gehören als interne Kosteneinflüsse die Systemeigenschaften des Gebäudes. Hierzu zählen die Nutzungsart (Punkt 1), z. B. Schule, und die Herstellung des Gebäudes (Punkt 2), mit dem Grundrisstyp, z. B. zweibündige Anlage mit Mittelgang, und die Konstruktion z. B. als Mauerwerksbau in Massivbauweise. Bei Neubauten und ebenso bei Bestandsimmobilien sind Angaben zu Baujahr und Baualter (Punkt 3) erforderlich, z. B. in den 1950er Jahren erstellt.

Gebäude bestimmter Baualtersklassen weisen überwiegend ähnliche Eigenschaften auf. Für die genannte Baualtersklasse sind das: Mauerwerksbau, unterkellert, Stahlbetondecken. Die Systemeigenschaften werden zum einen durch die Bedarfsanforderungen des Bauherrn vorgegeben und durch die von ihm beauftragten Architekten, Ingenieure und ausführenden Firmen umgesetzt. Zum anderen müssen sie zum Zeitpunkt der Technischen Abnahme der Bauleistungen den „Allgemein anerkannten Regeln der Technik" entsprechen, diese verändern sich jedoch stetig (siehe auch Punkt 6).

Auch zu den internen Kosteneinflüssen zählen die Strategie des Eigentümers, z. B. Werterhalt des Objektes durch regelmäßige Instandhaltung, und das Nutzerverhalten (Punkt 4), z. B. eine regelmäßige und fachgerechte Reinigung der Innenräume. Auch dadurch wird die technische Lebensdauer der Bauteile beeinflusst.

Bei der Angabe von Nutzungskostenkennwerten, z. B. Kosten der Reinigung und Pflege von Gebäuden (KG 330) pro m^2 Brutto-Grundfläche (BGF) einer Grundschule, sind, soweit möglich, die genannten Systemeigenschaften sowie die Strategie des Eigentümers und das Nutzerverhalten, z. B. Anzahl der Schüler, Art und Häufigkeit von Maßnahmen der Reinigung, zu beschreiben. Werden Angaben zu den Instandsetzungskosten gemacht, sind vor allem die bei der Herstellung eingesetzten Baumaterialien und die bereits durchgeführten Instandsetzungen in den letzten Jahren von Interesse.

Als Kosteneinflüsse aus der Systemumgebung sind die Märkte für Güter und Leistungen (Punkt 5), z. B. Heizöl für die Erwärmung des Gebäudes und Löhne für Reinigungsleistungen, zu nennen. Die Preise auf dem Energiemarkt weisen in der Vergangenheit sehr große Schwankungen auf und sind auch für die nächsten Jahrzehnte nur schwer zu prognostizieren. Für die Erhebung von Kennwerten und für die Nutzungskostenermittlung vor allem der Betriebskosten (KG 300), z. B. Öl (KG 312) sind möglichst die Verbrauchsmenge und der Preis pro Mengeneinheit gesondert auszuweisen und zu interpretieren.

Ebenso sind die Kosteneinflüsse aus Umwelt, Umgebung und Gesellschaft (Punkt 6) als Rahmenbedingungen der Kostenermittlung zu berücksichtigen. So besitzt das Jahresklima einen wesentlichen Einfluss, z. B. verursacht ein besonders milder Winter geringe Heizkosten. Auch der Standort kann einen Einfluss ausüben, z. B. bei einer sehr hohen Schadstoffbelastung der Luft und einer damit verbundenen Beeinträchtigung von Natursteinfassaden.

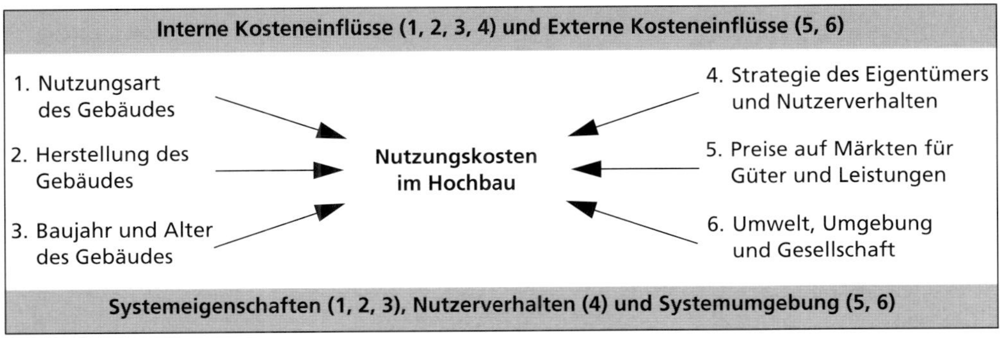

Abb. 8: Kosteneinflüsse auf die Nutzungskosten im Hochbau

Weiterhin zählen die Anforderungen der Gesellschaft an Gebäude zu den externen Kosteneinflüssen aus der Systemumgebung. Sie stellen sich in den bereits erwähnten „Allgemein anerkannten Regeln der Technik" dar. Hierbei handelt es sich um technische Regeln und Technikklauseln, die für die Planung und Ausführung von Bauwerken beachtet werden müssen. Sie stellen nach dem Werkvertragsrecht für den Sollzustand, z. B. eines Bauwerks, eine Mindestanforderung dar. Bei Nichteinhaltung liegt ein Mangel vor.

Diese Anforderungen haben sich in der Vergangenheit ständig erhöht, z. B. in Form der Wärmeschutzverordnung oder der Energieeinsparverordnung. Der heutige Gebäudebestand ist zum überwiegenden Teil mehr als 40 Jahre alt und erfüllt die heutigen Anforderungen ohne eine Modernisierung nicht. Entsprechend besteht allein hieraus ein erheblicher Einfluss auf die Nutzungskosten, z. B. die Betriebskosten (vgl. Punkt 3). Nur mit einer umfassenden Betrachtung aller Kosteneinflüsse aus den Systemeigenschaften (1, 2, 3), dem Nutzerverhalten (4) und der Systemumgebung (5, 6) können bei einer Erhebung die Nutzungskosten vollständig analysiert und erläutert werden. Das gilt nicht nur für den Neubau, sondern auch für die Erhaltung oder Veränderung eines Gebäudes.

8. Abgrenzung der Nutzungskosten zu anderen Kosten im Gebäude

Nutzungskosten sind gebäudeabhängig, sie werden von den vom Gebäude unabhängigen Kosten wie folgt abgegrenzt: „Die betriebsspezifischen und produktionsbedingten Personal- und Sachkosten sind nicht nach dieser Norm zu erfassen, soweit sie sich von den Nutzungskosten trennen lassen."
(DIN 18960:2008-02)

Zu den betriebsspezifischen und produktionsbedingten Personal- und Sachkosten zählen beispielsweise „Fernmeldegebühren, Büromaterial, Reisekosten sowie Aufwendungen für Löhne, Gehälter, Maschinen, Geräte und Vergütungen, wenn sie in Erfüllung des Betriebsoder Produktionszweckes entstehen."
(DIN 18960:1976-04)

Diese Abgrenzung ist in der Praxis, insbesondere bei bestehenden Gebäuden, nicht immer eindeutig möglich. So zählt beispielsweise Strom in den meisten Fällen sowohl zu den Nutzungskosten, z. B. für den Betrieb eines Personenaufzuges, als auch zu den betriebsspezifischen und produktionsbedingten Personal- und Sachkosten, z. B. für den Betrieb einer galvanischen Anlage in einer Werkstatt.

Deshalb soll bei der Planung eines Gebäudes berücksichtigt werden, dass Verbrauchsmessungen nach Kostenarten getrennt erfolgen können. Andernfalls müssen die Verbrauchsanteile mit Hilfe geeigneter Schlüssel, z. B. abgeleitet aus der angeschlossenen Kapazität, kalkulatorisch ermittelt werden. Ein Verfahren zur Ermittlung der Nutzungskosten im Hochbau ist nicht Gegenstand der Norm.

9. Nutzungskostenplanung als Aufgabe des Architekten

Aufgabe des Architekten ist die technische, gestalterische und wirtschaftliche Planung von Bauwerken. So oder ähnlich steht es in allen Architektengesetzen der Länder. Im Leistungsbild des Objektplaners nach der Verordnung über die Honorare für Architekten- und Ingenieurleistungen (HOAI) ist die wirtschaftliche Planung verankert als „Durcharbeiten des Planungskonzepts [...] unter Berücksichtigung [...] wirtschaftlicher, energiewirtschaftlicher [...] Anforderungen [...]" (Anlage zu den §§ 33 und 38 Abs. 2) oder als „Aufstellen einer Bauwerks- und Betriebs-Kosten-Nutzen-Analyse" sowie als „Wirtschaftlichkeitsberechnung" (Anlage 2 zu § 3 Abs. 3, Ziffer 2.6 Leistungsbild Gebäude und raumbildende Ausbauten). (HOAI:2009-08)

Darüber hinaus kann die Ermittlung der Nutzungskosten im Architektenvertrag ausdrücklich vereinbart werden. Hierzu kommentiert Locher: „Das Aufstellen einer Bauwerks- und Betriebs-Kosten-Nutzen-Analyse erfordert in der Regel die Mitwirkung anderer an der Planung fachlich Beteiligter zur Berechnung der Betriebskosten für Heizung, Klimaanlagen und anderer technischer Anlagen, zur Ermittlung der Kosten für die Unterhaltung, Instandsetzung und Reinigung eines Bauwerks oder zur Ermittlung der Belastungen durch die Finanzierung, durch Steuern und Abgaben.

Die Baunutzungskosten sind in DIN 18960:2008-02 erläutert und zusammengefasst. [...] Hierher gehören auch Ertragsberechnungen aus Vermietung, Verpachtung und Vergleichsberechnungen. Im allgemeinen sind für die Aufstellung der Analyse betriebswirtschaftliche Erfahrungen und Kenntnisse des Kapitalmarkts, der Finanz- und Abschreibungsmöglichkeiten erforderlich." (Locher, H. HOAI, 7. Auflage, Seiten 475 bis 476)

Es werden nach der Norm fünf Stufen der Nutzungskostenermittlung unterschieden. Sie stehen jeweils im Zusammenhang mit einer Stufe der Kostenermittlung nach DIN 276-1. Der Nutzungskostenrahmen aus der Bedarfsplanung steht vor der eigentlichen Objektplanung des Architekten und der Fachplanungen der Ingenieure. Er ist damit ein wichtiger Teil der Aufgabenstellung, vergleichbar mit dem Kostenrahmen für mindestens die Bauwerkskosten (KG 300 + 400 nach DIN 276-1). Bei der Ermittlung der Bauwerkskosten nach DIN 276-1 ist der Kostenstand anzugeben. Entsprechend gilt: „Bei Nutzungskostenermittlungen ist der Zeitpunkt der Ermittlung und der Betrachtungszeitraum anzugeben." (DIN 18960:2008-02)

Grundlage der Ermittlung von Kosten im Hochbau	Kostenermittlung (DIN 276-1:2008-12)	Nutzungskostenermittlung (DIN 18960:2008-02)
Bedarfsplanung	Kostenrahmen	Nutzungskostenrahmen
Vorplanung	Kostenschätzung	Nutzungskostenschätzung
Entwurfsplanung	Kostenberechnung	Nutzungskostenberechnung
Ausführungsvorbereitung	Kostenanschlag	Nutzungskostenanschlag
Endgültige Kosten	Kostenfeststellung	Nutzungskostenfeststellung

Abb. 9: Kosten- und Nutzungskostenermittlungen als Bestandteil der Planung

Die weiteren Nutzungskostenermittlungen (Nutzungskostenschätzung bis Nutzungskostenfeststellung) sollen mit zunehmender Genauigkeit des Planungsfortschritts bis in das erste Betriebsjahr hinein (Rechnungsperiode z. B. ein Jahr) erfolgen. Sie sind regelmäßig, z. B. jährlich, fortzuschreiben. Vor allem in Bezug auf die Entwicklung von Energiepreisen sind langfristige Voraussagen und damit auch die Ermittlung von über längere Zeit verlässlichen Durchschnittswerten erfahrungsgemäß schwierig.

Sowohl die Kostenermittlung nach DIN 276-1:2008-12 als auch die Nutzungskostenermittlung nach DIN 18960:2008-02 sollen im Planungsprozess und in Bezug auf die Nutzungskosten auch in einer anschließenden Abrechnungsperiode jeweils fünfmal aufgestellt werden (Abbildung 9). Das ist im Planungsvertrag, insbesondere für die Nutzungskostenplanung, ausdrücklich zu vereinbaren. Somit ist der Objektplaner in besonderer Weise gefordert, zum einen die Grundlagen für die Nutzungskostenermittlung zu legen, für die Baukonstruktionen eigene Ermittlungen aufzustellen und für die technischen Anlagen die Leistungen der fachlich Beteiligten zu koordinieren und in eine umfassende Nutzungskostenermittlung zu integrieren.

Die Nutzungskostenplanung soll als Teil oder ergänzend zur Objektplanung und zu den Fachplanungen ausdrücklich beauftragt werden. Der damit verbundene Aufwand rechtfertigt eine Vergütung als Besondere Leistungen gemäß der HOAI. Hierauf ist bei der individuellen Vereinbarung der Vertragsleistungen und bei der Vergütung in besonderer Weise zu achten.

10. Beispiele für Nutzungskostenermittlungen

Die Ermittlung der Nutzungskosten im Hochbau lässt sich am Besten an Beispielen erläutern. Bei dem ersten Beispiel geht es darum, ein Bauteil auszuwählen. Dabei wird deutlich, dass die Nutzungskosten sowohl von der technischen Lebensdauer als auch von der wirtschaftlichen Nutzungsdauer des Gebäudes abhängen. Kriterium der Beurteilung sind die Nutzungskosten je nach unterschiedlichem Betrachtungszeitraum. Das zweite Beispiel umfasst die vollständigen Nutzungskosten einer Immobilie (Gebäude und Grundstück) in Bezug auf das erste Jahr ab der Nutzbarkeit. Dabei werden die kalkulatorischen Kosten (Finanzierung und Abschreibung) aus den Gesamtkosten (nach DIN 276-1) und die ausgabenwirksamen Kostenarten (Objektmanagementkosten, Betriebskosten und Instandsetzungskosten) mit Hilfe von empirischen Kostenkennwerten aus der vorliegenden Datensammlung ermittelt. Die wesentlichen Variablen wie Nutzungsdauer (Zeit), Gesamtkosten (Zahlung) und Kapitalkosten (Zins) werden in beiden Fällen vorgegeben.

Folgendes gilt für beide Beispielrechnungen:

- Die wirtschaftliche Nutzungsdauer wird für das Gebäude als Ganzes festgelegt. Der jährliche Abschreibungsbetrag wird jeweils durch einfache Division ermittelt (lineare Abschreibung). Das Grundstück ist davon ausgenommen.
- Die Kapitalkosten für das Gebäude werden auf die durchschnittlich halbe Kapitalbindung bezogen. Dies entspricht dem linearen Abschreibungsverlauf.
- Bei den Kapitalkosten für das Grundstück, das nicht abgeschrieben werden darf, wird von einem unveränderten Grundstückswert ausgegangen.
- Bei der Ermittlung der Kapitalkosten wird zunächst nicht zwischen Eigen- und Fremdkapital unterschieden. Die Kapitalkosten von Eigenleistungen werden deshalb in vollem Umfang berücksichtigt. Liegt ein Finanzierungsplan vor, kann mit unterschiedlichen Zinssätzen gerechnet werden.
- Für die Verzinsung des gebundenen Kapitals wird in Abstimmung mit dem Bauherrn ein Zinssatz festgesetzt. Der Verfasser geht, soweit keine anderen Vorgaben gemacht werden, für Berechnungen über lange Zeiträume von einer Nominalverzinsung in Höhe von 6 % p. a. aus.
- Die allgemeine Teuerung wird langfristig mit durchschnittlich rund 3 % p. a. angesetzt. Damit ergibt sich eine Realverzinsung von 1,06 / rund 1,03 = 1,03 für die Berechnung einer um die allgemeine Teuerung bereinigten Verzinsung des gebundenen Kapitals: Realverzinsung in Höhe von 3 % p. a.
- Die Betriebskosten werden aus den vorhandenen Kennwerten abgeleitet.
- Die Instandsetzungskosten werden, soweit vorhanden, aus den vorhandenen Kennwerten abgeleitet. Liegen in einem anderen Fall die erforderlichen Kennwerte nicht vor, müssen Annahmen getroffen werden.

10.1 Beispiel: Optimierung der Baukonstruktionen – hier Dachbeläge

Die Optimierung der Baukonstruktionen gehört zu den Aufgaben des Architekten. Optimieren meint: vervollkommnen, vollenden, vollkommen machen [Duden]. Die vom Bauherrn gesetzte wirtschaftliche Nutzungsdauer ist eine für die Optimierung der Baukonstruktionen wesentliche Vorgabe. Bei dem vorliegenden Beispiel handelt es sich um einen Nutzungskostenanschlag.

Die technische Lebensdauer der Mehrzahl aller Bauteile soll einerseits nicht kürzer als die wirtschaftliche Nutzungsdauer sein, und andererseits nicht wesentlich über diese hinausreichen, sonst wird deren Abnutzungsvorrat unzureichend ausgeschöpft. Nur vereinzelt können Bauteile nach dem Abbruch des Gebäudes wieder verwendet werden. In die Ermittlung der Nutzungskosten gehen deshalb die technische Lebensdauer der Bauteile und die wirtschaftliche Nutzungsdauer des Gebäudes ein.

Bei der Variantenbildung werden die jeweiligen Baukosten einschließlich der Kosten für Abbruch und Entsorgung sowie die technischen Lebensdauern berücksichtigt.

Die Ermittlung erfolgt am Beispiel des Bauteils Dachbelag. Dachbeläge (KG 363) sind „Beläge auf Dachkonstruktionen einschließlich Schalungen, Lattungen, Gefälle-, Dichtungs-, Dämm-, Schutz- und Nutzschichten; Entwässerungen der Dachfläche bis zum Anschluss an die Abwasseranlagen." (DIN 276-1:2008-12)

Ausführungsart	Technische Lebensdauer	Kostenkennwert
Doppelte Papplage	20 – 30 Jahre	50,00 €/m² DAF
Zementziegel (Betondachsteine)	40 – 50 Jahre	70,00 €/m² DAF
Dachziegel (Tondachziegel)	100 Jahre	90,00 €/m² DAF

Abb. 10: Technische Lebensdauer und Kostenkennwerte von Ausführungsarten des Bauteils Dachbelag (DAF = Bauteilfläche Dach). Kostenstand 1. Quartal 2010 inkl. MwSt.

Die Kostenangaben beziehen sich auf KG 363 Dachbeläge (DIN 276-1:2008-12) und wurden aus statistischen Kennwerten für Neubauten abgeleitet (1. Quartal 2010, inkl. MwSt.) und um die Kosten für Abbruch und Entsorgung ergänzt, die jeweils am Ende der technischen

Lebensdauer anfallen. Für die folgende Berechnung werden statt der Von-bis-Angaben die Mittelwerte der technischen Lebensdauer verwendet.

Da für den Dachstuhl, ob in Holz oder Stahl ausgeführt, eine technische Lebensdauer von 100 Jahren vorausgesetzt werden darf, sind Berechnungen für unterschiedliche Betrachtungszeiträume bis zu 100 Jahre zulässig. Als wirtschaftliche Nutzungsdauer werden 20, 40, 60 und schließlich auch 80 Jahre in Betracht gezogen, um deren Einfluss auf die Nutzungskosten deutlich zu machen.

In der Praxis stellen sich entsprechende Fragen auch für das Bauen im Bestand. Das kann eine große Instandsetzung oder eine Modernisierung betreffen. Die Mehrzahl der Investoren ist in solchen Fällen vorsichtig und geht dann von einer restlichen Nutzungsdauer des Altbaus von nur 15 Jahren aus.

Die Berechnung der Nutzungskosten soll immer grundsätzlich alle Kostenarten nach DIN 18960:2008-02 umfassen. Für den Vergleich von Varianten reicht es aus, die Kapitalkosten mit der Abschreibung und die Instandsetzungskosten zu berücksichtigen, wenn die Höhe der Objektmanagementkosten und der Betriebskosten nicht beeinflusst werden. Das trifft zu, wenn die Ausführungsarten doppelte Papplage, Betondachsteine und Tondachziegel

Ausführungsarten der Bauteile	**Technische Lebensdauer und Ausgaben pro Maßnahme**	**20**	**40**	**60**	**80**
Doppelte Papplage	25 Jahre und jeweils 50 €/m² pro Maßnahme				
Kapitalkosten	50 €/m² x 0,5 x 0,03 =	0,75 €	0,75 €	0,75 €	0,75 €
Abschreibung bei jeweiliger Anzahl der (Erst- oder Ersatz-) Maßnahmen	1 x 50 €/m² : 20 Jahre =	2,50 €			
	2 x 50 €/m² : 40 Jahre =		2,50 €		
	3 x 50 €/m² : 60 Jahre =			2,50 €	
	4 x 50 €/m² : 80 Jahre =				2,50 €
Kleine Instandsetzung	0,50 €/m² pro Jahr	0,50 €	0,50 €	0,50 €	0,50 €
gesamt	**Kosten pro m² und Jahr**	**3,75 €**	**3,75 €**	**3,75 €**	**3,75 €**
Betondachsteine	45 Jahre und jeweils 70 €/m² pro Maßnahme				
Kapitalkosten	70 €/m² x 0,5 x 0,03 =	1,05 €	1,05 €	1,05 €	1,05 €
Abschreibung bei jeweiliger Anzahl der (Erst- oder Ersatz-) Maßnahmen	1 x 70 €/m² : 20 Jahre =	3,50 €			
	1 x 70 €/m² : 40 Jahre =		1,75 €		
	2 x 70 €/m² : 60 Jahre =			2,33 €	
	2 x 70 €/m² : 80 Jahre =				1,75 €
Kleine Instandsetzung	0,20 €/m² pro Jahr	0,20 €	0,20 €	0,20 €	0,20 €
gesamt	**Kosten pro m² und Jahr**	**4,75 €**	**3,00 €**	**3,58 €**	**3,00 €**
Tondachziegel	100 Jahre und jeweils				
	90 €/m² pro Maßnahme				
Kapitalkosten	90 €/m² x 0,5 x 0,03 =	1,35 €	1,35 €	1,35 €	1,35 €
Abschreibung bei jeweiliger Anzahl der (Erst- oder Ersatz-) Maßnahmen	1 x 90 €/m² : 20 Jahre =	4,50 €			
	1 x 90 €/m² : 40 Jahre =		2,25 €		
	1 x 90 €/m² : 60 Jahre =			1,50 €	
	1 x 90 €/m² : 80 Jahre =				1,13 €
Kleine Instandsetzung	0,15 €/m² pro Jahr	0,15 €	0,15 €	0,15 €	0,15 €
gesamt	**Kosten pro m² und Jahr**	**6,00 €**	**3,75 €**	**3,00 €**	**2,63 €**

Abb. 11: Ermittlung der Nutzungskosten ausgewählter Ausführungsarten des Bauteils Dachbelag und Variation der wirtschaftlichen Nutzungsdauer des Gebäudes. Kostenstand 1. Quartal 2010 inkl. MwSt.

den gleichen Wärmeschutz bieten und der Aufwand für die Reinigung von Dachrinnen nicht unterschiedlich hoch ist.

Nutzungskosten können auch für alle weiteren Bauteile ermittelt werden, bei denen sich nicht nur die technische Lebensdauer und damit die Instandsetzungskosten, sondern auch der Betriebskosten, z. B. für Heizenergie, unterscheiden.

Ist die wirtschaftliche Nutzungsdauer des Gebäudes länger als die technische Lebensdauer eines Bauteils, wird dessen vollständiger Ersatz nötig. Das abgenutzte Bauteil wird abgebrochen, entsorgt und ersetzt. Ist die wirtschaftliche Nutzungsdauer kürzer als die technische Lebensdauer des Bauteils, wird dessen Abnutzungsvorrat nicht vollständig ausgeschöpft. Das trifft hier insbesondere für den Tondachziegel bei 20-jähriger Nutzung des Gebäudes zu. Deswegen sind in diesem Fall die Nutzungskosten besonders hoch. Teuer ist auch die doppelte Papplage bei der langjährigen Nutzung des Gebäudes, da sie mehrmals erneuert werden muss.

Die Ausführungsart eines Bauelements, z. B. doppelte Papplage, kann bei einer kurzen wirtschaftlichen Nutzungsdauer, z. B. 20 Jahre, vorteilhaft sein, bei einer langen wirtschaftlichen Nutzungsdauer, z. B. 80 Jahre, dagegen nicht. Der Bauherr und sein Architekt können auf der Grundlage der gezeigten Ermittlung entscheiden, für welche vom Bauherrn als sinnvoll erachtete Nutzungsdauer des Bauwerks die eine oder andere Ausführungsart des entsprechenden Bauteils ausgewählt werden soll. Dabei sind die durchschnittlichen Kosten pro Quadratmeter Bauteilfläche ein wichtiges, nicht aber das einzige Kriterium für die Entscheidung.

Festzustellen ist, dass bei der Optimierung der Baukonstruktion wenigstens drei Gesichtspunkte zu berücksichtigen sind: Die wirtschaftliche Nutzungsdauer des Bauwerks (entspricht der Betrachtungsdauer der Berechnung), die technische Lebensdauer des Bauteils und die damit verbundenen Kosten für Herstellung, Abbruch und Beseitigung sowie für Instandsetzung oder Erneuerung. In vielen Fällen sind zusätzlich die Betriebskosten und Fragen der Gestaltung von Bedeutung.

Werden die Nutzungskosten für ein Gebäude oder ein Bauelement ermittelt, dann ist die Ausführungsart als vorteilhaft anzusehen, für die die geringsten jährlichen Durchschnittskosten ermittelt werden können. Dabei sind nicht nur die Baukosten (Erstinvestition) und die technische Lebensdauer, sondern auch die jeweilige Betrachtungsdauer, die den Lebenszyklus des Bauwerks abbildet, von Bedeutung.

Voraussetzung einer Optimierung ist es, die Kombination der Ausführungsarten mit den geringsten Lebenszykluskosten des gesamten Objekts herauszufinden. Dies gilt entsprechend für technische Anlagen. Für eine vollständige Betrachtung sind zudem die Objektmanagementkosten und die Betriebskosten zu berücksichtigen.

10.2 Beispiel: Nutzungskostenermittlung – hier Neubau einer Schule

Es werden die Nutzungskosten im Hochbau für eine Schule auf der zweiten Ebene der Gliederung ermittelt. Bei diesem Beispiel handelt es sich um eine Nutzungskostenberechnung.

Objektbeschreibung	
Objekt:	Grundschule, 3-zügig mit Turnhalle
Nutzung:	1 Untergeschoss: Werkstatt, Geräteraum, Lager, EDV-Computerraum, Bibliothek, Turnhalle, Fotolabor, Umkleideräume, Sanitärräume, Putzräume, Abstellraum, Haustechnik. 1 Erdgeschoss: Lehrerzimmer, Büroräume, Dienstzimmer, Krankenzimmer, Unterrichtsräume, Putzraum, Sanitärräume. 1 Obergeschoss: Unterrichtsraum, Bibliothek, Putzraum.
Nutzeinheiten:	Schüler: 389 Unterrichtsräume: 14 Naturwissenschaftliche Räume: 2 Fachräume: 4 Einfeldhalle: 1
Kosteneinflüsse:	Nutzung: Regelschule, 8 m² BGF/Schüler, 47 h Betriebszeit/ Schulwoche, Kernnutzung im untersten Geschoss.

Abb. 12: Objektbeschreibung der Schule

Der Ermittlung der Nutzungskosten liegt eine Kostenermittlung nach DIN 276-1 vor. Die Gesamtkosten betragen 7,5 Mio. €. Davon entfallen 1,5 Mio. € auf das erschlossene Grundstück, 4,5 Mio. € auf das Gebäude mit einer Grundfläche von 2.500 m² BGF, die Außenanlagen und die Ausstattung sind in den Kosten enthalten.

Bei den Baunebenkosten in Höhe von 1,5 Mio. € sind die Bauherrenaufgaben (KG 710 nach DIN 276-1) und die Zwischenfinanzierung (KG 760 nach DIN 276-1) vollständig berücksichtigt. Zwar werden bei Schulen diese Kosten oft nicht ausgewiesen, für eine vollständige Ermittlung der Investition und weiterhin der Nutzungskosten im Hochbau sind sie ein unverzichtbarer Bestandteil der Ermittlung.

Grundschule	Grundfläche m² BGF	Kostenkennwert €/m²	Kosten € (DIN 276-1)	%
100 Grundstück			1.500.000	20
200 Herrichten und Erschließen				
300 Bauwerk - Baukonstruktionen	2.500	900	2.250.000	60
400 Bauwerk – Technische Anlagen	2.500	500	1.250.000	
500 Außenanlagen			500.000	
600 Ausstattung und Kunstwerke	2.500	200	500.000	
700 Baunebenkosten			1.500.000	20
Gesamtkosten			**7.500.000**	**100**

Abb. 13: Gesamtkosten (nach DIN 276-1) einer Schule. Kostenstand 1. Quartal 2010 inkl. MwSt.

Kalkulatorische Kostenarten: Kapitalkosten (KG 100)

Der Ermittlung der Finanzierung (KG 100 einschließlich der KG 130 Abschreibung) als kalkulatorische Kostenarten der Nutzungskosten wird eine wirtschaftliche Nutzungsdauer des Gebäudes mit Außenanlagen und Ausstattung von 40 Jahren zu Grunde gelegt. Die Verzinsung des eingesetzten Kapitals wird mit einem Realzinssatz von 3 % p. a. gerechnet.

Ermittlung KG 100 Kapitalkosten		anteilige Nutzungskosten der Schule pro Jahr	
		Ermittlung der Kapitalkosten	
110	Fremdmittel		
	Grundstück (Kapitalbindung = 1,0)	1.500.000 € x 1,0 x 0,03 =	45.000 €
	Gebäude mit Außenanlagen, Ausstattung und Baunebenkosten (Kapitalbindung =0,5)	6.000.000 € x 0,5 x 0,03 =	90.000 €
120	Eigenmittel	(noch in KG 110 Fremdmittel enthalten)	
130	Abschreibung (a= A/n)	Ermittlung der Abschreibung	
	Gebäude mit Außenanlagen, Ausstattung und Baunebenkosten	6.000.000 € : 40 Jahre =	150.000 €
190	Kapitalkosten, sonstiges	(noch in KG 110 Fremdmittel enthalten)	
100	**Kapitalkosten**		**285.000 €**

Abb. 14: Ermittlung der Kapitalkosten (KG 100) – Beispiel Schule. Kostenstand 1. Quartal 2010 inkl. MwSt.

Die anteiligen Nutzungskosten für die Finanzierung (KG 100) einschließlich der Abschreibung in einem Betrachtungszeitraum von 40 Jahren betragen für die gesamte Schule 285.000 € pro Jahr. Bezogen auf die Brutto-Grundfläche machen sie 114,00 €/m² BGF p. a. aus.

Ausgabenwirksame Kostenarten: KG 200 bis 400

Für die nachfolgende Nutzungskostenermittlung (Objektmanagement-, Betrieb- und Instandsetzungskosten) werden beispielhaft die Kostenkennwerte von Grundschulen herangezogen.

Objektmanagementkosten (KG 200)

Für die Ermittlung der Objektmanagementkosten wird mit einem Nutzungskostenkennwert von 8,00 €/m² BGF im Jahr gerechnet. Für die Schule fallen damit im Jahr 8,00 €/m² BGF p. a. x 2.500 m² BGF = 20.000 € p. a. an.

Betriebskosten (KG 300)

Für die erste Ermittlung wurden die arithmetischen Mittelwerte der Kostenkennwerte angesetzt und geringfügig gerundet.

Ermittlung KG 300 Betriebskosten		Kostenkennwert €/m² BGF * a	
		gerechnet	gewählt
310	Versorgung	7,64	
320	Entsorgung	0,25	
330	Reinigung und Pflege von Gebäuden	9,40	
340	Reinigung und Pflege von Außenanlagen	1,92	
350	Bedienung, Inspektion und Wartung	6,97	
360	Sicherheits- und Überwachungsdienste	2,70	
370	Abgaben und Beiträge	1,62	
390	Betriebskosten, sonstiges	0,02	
300	**Betriebskosten**	**30,52**	**30,50**

Abb. 15: Ermittlung der Betriebskosten (KG 300) - Beispiel Schule. Kostenstand 1. Quartal 2010 inkl. MwSt.

Den Betriebskosten liegen regelmäßig wiederkehrende Ausgaben für den Kauf von Energie und Wasser zu Grunde. Abgesehen von den Unterschieden der verbrauchten Mengen und den Preisschwankungen sind die Abweichungen von Jahr zu Jahr in der Regel eher gering. Auswertungen können bereits nach wenigen Jahren der Nutzung erstellt und kurzfristige Voraussagen getroffen werden.

Die Betriebskosten für die Grundschule betragen 30,50 €/m² BGF p. a. x 2.500 m² BGF = 76.250 € p. a.

Instandsetzungskosten (KG 400)

Anders verhält es sich bei den Instandsetzungskosten. In den ersten Jahren ab der Nutzbarkeit eines Bauwerks fallen nur wenige Instandsetzungsarbeiten an, z. B. Malerarbeiten oder die Behebung kleiner Schäden.

Wissenschaftliche Untersuchungen haben ergeben, dass sich bei den meisten Gebäuden die Instandsetzungen jeweils etwa vor dem fünfzehnten und dem dreißigsten Nutzungsjahr häufen. Während die Maßnahmen und damit die erforderlichen Ausgaben unregelmäßig wiederkehren, sollen die Kosten als jährliche Durchschnittswerte berücksichtigt werden.

Sie sind eine Grundlage für die Rückstellung der langfristig erforderlichen Mittel, um das Objekt zu erhalten. Im Einzelfall wird darüber zu entscheiden sein, wann zum einen die wesentlichen Maßnahmen, z. B. Instandsetzung eines Daches oder der Austausch eines Heizkessels, erfolgen soll. Zum anderen muss berücksichtigt werden, in welchem Umfang am Objekt Verbesserungen durchgeführt sollen, um den sich ständig ändernden „Allgemein anerkannten Regeln der Technik" nachzukommen, z. B. die Verbesserung des Schallschutzes infolge der Änderung des entsprechenden Normenwerkes.

Ob bei einer Nutzungskostenermittlung die langfristig erforderlichen Maßnahmen der Instandsetzung richtig eingeschätzt wurden, zeigt sich erst nach vielen Jahren. Insofern ist es notwendig, dass die erste Nutzungskostenfeststellung, die nach einer Rechnungsperiode, z. B. ein Jahr, erstellt wurde, regelmäßig wiederholt wird.

Bei der Erhebung von Kennwerten für die Instandsetzungskosten ist es besonders wichtig, eine große Menge von vor allem unterschiedlich alten Objekten zu erfassen. Dabei tritt allerdings das Problem auf, dass Gebäude mit unterschiedlichem Baujahr (Baualtersklassen) unterschiedliche Konstruktionsmerkmale und Schadensbilder aufweisen. Eine ausführliche Beschreibung der Systemeigenschaften des Objektes als Ursache interner Kosteneinflüsse ist dabei von besonderer Bedeutung.

Ermittlung KG 400 Instandsetzungskosten		Kostenkennwert €/m² BGF * a	
		1/2010	gewählt
410	Instandsetzung der Baukonstruktionen	12,65	
420	Instandsetzung der Technischen Anlagen	6,04	
430	Instandsetzung der Außenanlagen	0,93	
440	Instandsetzung der Ausstattung	0,33	
490	Instandsetzung, sonstiges	0,70	
400	**Instandsetzungskosten**	**20,65**	**20,50**

Abb. 16: Ermittlung der Instandsetzungskosten (KG 400) - Beispiel Grundschule. Kostenstand 1. Quartal 2010 inkl. MwSt.

Für Ermittlungen von Instandsetzungskosten in der dritten Ebene der Gliederung, z. B. KG 415 Instandsetzungskosten - Dächer und unter Berücksichtigung von Baumaterialien (Leistungsbereich) können die in großem Umfang zur Verfügung Kostenkennwerte des Bandes BKI Altbau, Statistische Kostenkennwerte für Altbau, verwendet werden. Die Daten sind bis in die 1. oder 2. Ebene nach DIN 276-1 und nach Leistungsbereichen gegliedert.

Zusätzlich stehen die BKI Objektdaten Altbau zur Verfügung, diese in mehreren Bänden erschienene Reihe enthält nicht nur aktuelle Kostenkennwerte abgerechneter Baumaßnahmen im Bestand, sondern auch zu jedem Objekt Fotos, Zeichnungen und Bauschreibungen.

Die langfristig anfallenden Instandsetzungsmaßnahmen sind ab dem Nutzungsbeginn für jeweils ein Nutzungsjahr 20,50 €/m² p. a. zu berücksichtigen. Bezogen auf ein Jahr ergeben sich anteilige Nutzungskosten für die Instandsetzung in Höhe von 2.500 m² BGF x 20,50 €/m² BGF = 51.250 € p. a.

Da in den ersten Jahren nach Fertigstellung des Objektes erfahrungsgemäß wenige Instandsetzungen erforderlich sind, müssen zur Finanzierung der Maßnahmen in den späteren Nutzungsjahren Rückstellungen gebildet werden. Dieses Kapital ist so anzulegen, dass wenigstens die allgemeine Teuerung ausgeglichen wird.

Um den sich voraussichtlich ändernden „Allgemein anerkannten Regeln der Technik" zu entsprechen und um dann die erforderlichen Verbesserungen durchführen zu können, werden aller Wahrscheinlichkeit nach höhere Ausgaben anfallen, dem ist möglichst Rechnung zu tragen.

Nutzungskosten gesamt (KG 100 bis 400)

Die oben ermittelten Ermittlungen werden sowohl als Nutzungskostenkennwert, bezogen auf die Brutto-Grundfläche, und als Nutzungskosten im Hochbau für die gesamte Immobilie zusammengefasst.

KG	Nutzungskostengruppe	€/m² BGF p. a. x	m² BGF =	€/Objekt p. a.
100	Kapitalkosten	114,00 x	2.500 =	285.000
200	Objektmanagementkosten	8,00 x	2.500 =	20.000
300	Betriebskosten	30,50 x	2.500 =	76.250
400	Instandsetzungskosten	20,50 x	2.500 =	51.250
Nutzungskosten gesamt		**173,00 x**	**2.500 =**	**432.500**

Abb. 17: Ermittlung der Nutzungskosten am Beispiel einer Grundschule. Kostenstand 1. Quartal 2010 inkl. MwSt.

Bei dem vorliegenden Ergebnis der Ermittlung ist der Anteil der Finanzierungskosten vergleichsweise hoch. Würde die wirtschaftliche Nutzungsdauer zum Beispiel nicht 40, sondern 50 oder 60 Jahre betragen, hätte dies einen erkennbaren Einfluss auf die Finanzierung: KG 130 Abschreibung würde nicht 150.000 €, sondern 120.000 € oder 100.000 € pro Jahr betragen. Die Kapitalkosten pro Jahr (KG 110 + 120) jedoch würden gleich bleiben

Unabhängig davon zeigt dieses Beispiel, dass die kalkulatorischen Kosten (Finanzierung und Abschreibung) aus dem Neubau des Gebäudes auf lange Sicht auch sehr hoch und damit mindestens genau so wichtig sind wie die ausgabenwirksamen Kostenarten (Objektmanagement, Betrieb und Instandsetzung). Bei Baumaßnahmen der öffentlichen Hand werden in der Regel aufgrund der Kameralistik die Kosten aus der Investition und aus der Nutzung in unterschiedlichen Haushaltsplänen ausgewiesen.

Bei anderen Nutzungsarten ist dieses Verhältnis zwar nicht grundsätzlich gleich, aber doch sehr ähnlich. Wichtig ist in jedem Fall die klare Abgrenzung zwischen den Nutzungskosten im Hochbau und den haushalts- und betriebspezifischen Personal- und Sachkosten.

Schlussbemerkung

Mit den Beispielen wurde gezeigt, wie Nutzungskostenermittlungen aufgestellt werden können. Empirische Nutzungskostenkennwerte für die ausgabenwirksamen Kosten des Objektmanagements (KG 200), des Betriebes (KG 300) und der Instandsetzung (KG 400) sind dabei unverzichtbar. Die vorliegende Datensammlung ist als Anfang zu verstehen. In den nächsten Jahren werden noch zahlreiche weitere Nutzungskennwerte unterschiedlicher Nutzungen zu erheben sein.

Unabhängig davon ist ein geeignetes Verfahren der Ermittlung auszuwählen, hier wurde die Kostenvergleichsrechnung angewendet. Weiterhin sind für den kalkulatorischen Teil der Kosten Festlegungen zur wirtschaftlichen Nutzungsdauer und damit zur Dauer der Abschreibung (KG 130) sowie zur Verzinsung des eingesetzten Kapitals (KG 110 Fremdmittel und KG 120 Eigenmittel) zu treffen.

Die Nutzungskostenplanung als ein interessanter und wichtiger Teil der wirtschaftlichen Planung von Gebäuden wird jetzt hoffentlich in der Praxis und der Forschung die Beachtung finden, die ihr unbestritten zusteht.

Verwendete und weiterführende Literatur

Kalusche, W.: Optimierung von Baukonstruktionen unter Beachtung der Lebenszykluskosten, in: DETAIL 04/2009, Seiten 360 bis 364

Kalusche, W.: Die Nutzungskostenvorgabe bei der Immobilienprojektentwicklung. In: Facility Management Kongress Frankfurt am Main – Tagungsband der Facility Management Messe und Kongress in Frankfurt am Main, Berlin 2009, VDE Verlag GmbH, Seiten 365 bis 375

Kalusche, W.: Die neue DIN 18960 Nutzungskosten im Hochbau, in: Facility Management 2008 – Tagungsband der Facility Management Messe und Kongress in Frankfurt am Main, Berlin 2008, VDE Verlag GmbH, Seiten 115 bis 125

Locher, H.; Koeble, W. und Frik, W.: Kommentar zur HOAI - mit einer Einführung in das Recht der Architekten und Ingenieure. 7. Auflage, Werner Verlag, Düsseldorf 1996

Wertermittlungsrichtlinien 1991, 2. Aufl. München, Berlin: Rehm, 1997

Normen und Verordnungen

DIN 18205:1996-04, Bedarfsplanung im Bauwesen

DIN 18960:2008-02, Nutzungskosten im Hochbau

DIN 18960:1999-08, Nutzungskosten im Hochbau

DIN 18960:1976-04, Baunutzungskosten von Hochbauten

DIN 276-1:2008-12, Kosten im Bauwesen – Teil 1: Hochbau

DIN 277, Grundflächen und Rauminhalte von Bauwerken im Hochbau
Teil 1:2005-02, Begriffe, Ermittlungsgrundlagen
Teil 2:2005-02, Gliederung der Netto-Grundfläche
Teil 3:2005-04, Mengen und Bezugseinheiten

DIN 31051:2003-06, Grundlagen der Instandhaltung

MF-G:2004-11, Richtlinie zur Berechnung der Mietfläche für Gewerblichen Raum

Verordnung über die Honorare für Architekten- und Ingenieurleistungen (HOAI: 2009-08)

WoFlV:2004-01, Wohnflächenverordnung

Benutzerhinweise

1. Definitionen
Nutzungskostenkennwerte sind Werte, die das Verhältnis von Kosten bestimmter Kostengruppen nach DIN 18960:2008-02 zu bestimmten Bezugseinheiten (beispielsweise nach DIN 277:2005-02) darstellen. Planungskennwerte im Sinne dieser Veröffentlichung sind Werte, die das Verhältnis bestimmter Flächen und Rauminhalte zur Nutzfläche (NF) und Brutto-Grundfläche (BGF) darstellen, angegeben als Prozentsätze oder als Faktoren.

2. Kostenstand und Umsatzsteuer
Kostenstand aller Kennwerte ist das 1. Quartal 2010. Alle Kostendaten enthalten die Umsatzsteuer. Maßgeblich für die Fortschreibung der Kosten je Kostengruppe nach DIN 18960:2008-02 sind die nachfolgend genannten Indizes des Statistischen Bundesamtes.

3. Datengrundlage
Grundlage der Tabellen sind die zur Verfügung gestellten Unterlagen von Bestandsgebäuden. Die Daten wurden mit größtmöglicher Sorgfalt erhoben. Die vorliegenden Kosten-, Verbrauchs- und Planungskennwerte dienen als Orientierungswerte für Projekte bzw. Objekte vergleichbarer Art. Sie sind dem Verwendungszweck entsprechend anzupassen unter Berücksichtigung der projekt- bzw. objektspezifisch unterschiedlichen Kosteneinflussgrößen. Für die Richtigkeit der im Rahmen einer Kostenermittlung eingesetzten Werte kann der Herausgeber keine Haftung übernehmen.

Kostengruppe nach DIN 18960:2008-02		Index
100	**Kapitalkosten**	Baupreisindex: Neubau, Wohnen, brutto
110	Fremdmittel	Baupreisindex: Neubau, Wohnen, brutto
120	Eigenmittel	Baupreisindex: Neubau, Wohnen, brutto
130	Abschreibung	Baupreisindex: Neubau, Wohnen, brutto
190	Kapitalkosten, sonstiges	Baupreisindex: Neubau, Wohnen, brutto
200	**Objektmanagementkosten**	Verbraucherpreisindex: Andere Dienstleistungen für Wohnungen, brutto
210	Personalkosten	Verbraucherpreisindex: Andere Dienstleistungen für Wohnungen, brutto
220	Sachkosten	Verbraucherpreisindex: Andere Dienstleistungen für Wohnungen, brutto
230	Fremdleistungen	Verbraucherpreisindex: Andere Dienstleistungen für Wohnungen, brutto
290	Objektmanagementkosten, sonstiges	Verbraucherpreisindex: Andere Dienstleistungen für Wohnungen, brutto
300	**Betriebskosten**	Verbraucherpreisindex: Andere Dienstleistungen für Wohnungen, brutto
310	Versorgung	Verbraucherpreisindex: Strom, Gas und andere Brennstoffe, brutto
320	Entsorgung	Verbraucherpreisindex: Müllabfuhr, brutto
330	Reinigung und Pflege von Gebäuden	Verbraucherpreisindex: Andere Dienstleistungen für Wohnungen, brutto
340	Reinigung und Pflege von Außenanlagen	Verbraucherpreisindex: Entgelte für die Gartenpflege, brutto
350	Bedienung, Inspektion und Wartung	Instandhaltung: Mehrfamiliengebäude ohne Schönheitsreparaturen, brutto
360	Sicherheits- und Überwachungsdienste	Verbraucherpreisindex: Andere Dienstleistungen für Wohnungen, brutto
370	Abgaben und Beiträge	Verbraucherpreisindex: Andere Dienstleistungen für Wohnungen, brutto
390	Betriebskosten, sonstiges	Verbraucherpreisindex: Andere Dienstleistungen für Wohnungen, brutto
400	**Instandsetzungskosten**	Instandhaltung: Mehrfamiliengebäude ohne Schönheitsreparaturen, brutto
410	Instandsetzung der Baukonstruktionen	Instandhaltung: Mehrfamiliengebäude ohne Schönheitsreparaturen, brutto
420	Instandsetzung der Technischen Anlagen	Instandhaltung: Mehrfamiliengebäude ohne Schönheitsreparaturen, brutto
430	Instandsetzung der Außenanlagen	Instandhaltung: Mehrfamiliengebäude ohne Schönheitsreparaturen, brutto
440	Instandsetzung der Ausstattung	Instandhaltung: Mehrfamiliengebäude ohne Schönheitsreparaturen, brutto
490	Instandsetzungskosten, sonstiges	Instandhaltung: Mehrfamiliengebäude ohne Schönheitsreparaturen, brutto

4. Blatt-Typ Objektübersicht: Kostenkennwerte
Die jeder Objektdokumentation vorangestellten Kostenkennwerte €/m^3 BRI und Jahr, €/m^2 BGF und Jahr sowie €/m^2 NF und Jahr beziehen sich auf die Folgekosten, die als Summe der Betriebs- und Instandsetzungskosten nach DIN 18960:2008-02 definiert sind.

5. Urheberrechte
Alle Entwürfe, Zeichnungen und Fotos der uns zur Verfügung gestellten Objekte sind urheberrechtlich geschützt. Die Urheberrechte liegen bei den jeweiligen Büros bzw. Personen.

Objektnummer: **1300-159** 22.272 m² BGF Seite 48

Kollegiengebäude (640 Arbeitsplätze)

Betriebskosten: 25 €/m² BGF*Jahr

Instandsetzungskosten: 8 €/m² BGF*Jahr

Objektnummer: **1300-160** 12.052 m² BGF Seite 56

Hochschulgebäude mit Werkstätten und Prüflabor

Betriebskosten: 19 €/m² BGF*Jahr

Instandsetzungskosten: 7 €/m² BGF*Jahr

Objektnummer: **4100-085** 3.569 m² BGF Seite 64

Grundschule (2-zügig)

Betriebskosten: 30 €/m² BGF*Jahr

Instandsetzungskosten: 52 €/m² BGF*Jahr

Objektnummer: **4100-086** 5.782 m² BGF Seite 72

Gymnasium (3-zügig)

Betriebskosten: 27 €/m² BGF*Jahr

Instandsetzungskosten: 23 €/m² BGF*Jahr

Objektnummer: **4100-087** 9.445 m² BGF Seite 82

Gymnasium (4-zügig)

Betriebskosten: 36 €/m² BGF*Jahr

Instandsetzungskosten: 6 €/m² BGF*Jahr

Objektnummer: **4100-088** 6.674 m² BGF Seite 92

Hauptschule (3-zügig)

Betriebskosten: 23 €/m² BGF*Jahr

Instandsetzungskosten: 22 €/m² BGF*Jahr

Objektnummer: **4100-089** 7.674 m² BGF Seite 100
Gymnasium (3-zügig)
Betriebskosten: 26 €/m² BGF*Jahr
Instandsetzungskosten: 11 €/m² BGF*Jahr

Objektnummer: **4100-090** 7.815 m² BGF Seite 110
Gymnasium (2-zügig) mit Turnhalle
Betriebskosten: 34€/m² BGF*Jahr
Instandsetzungskosten: 21 €/m² BGF*Jahr

Objektnummer: **4100-091** 4.764 m² BGF Seite 120
Grundschule (3-zügig)
Betriebskosten: 27 €/m² BGF*Jahr
Instandsetzungskosten: 3 €/m² BGF*Jahr

Objektnummer: **4100-092** 5.443 m² BGF Seite 128
Grundschule (4-zügig)
Betriebskosten: 31 €/m² BGF*Jahr
Instandsetzungskosten: 33€/m² BGF*Jahr

Objektnummer: **4100-093** 4.427 m² BGF Seite 138
Grundschule (4-zügig)
Betriebskosten: 32 €/m² BGF*Jahr
Instandsetzungskosten: 9 €/m² BGF*Jahr

Objektnummer: **4100-095** 3.261 m² BGF Seite 146
Grundschule (2-zügig) mit Turnhalle
Betriebskosten: 55 €/m² BGF*Jahr
Instandsetzungskosten: 15 €/m² BGF*Jahr

Objektübersicht

Objektnummer: **4100-096** 8.339 m² BGF Seite 154
Grund- und Hauptschule (4-zügig) mit Turnhalle
Betriebskosten: 29 €/m² BGF*Jahr
Instandsetzungskosten: 15 €/m² BGF*Jahr

Objektnummer: **4100-097** 5.260 m² BGF Seite 164
Hauptschule (3-zügig)
Betriebskosten: 28 €/m² BGF*Jahr
Instandsetzungskosten: 42 €/m² BGF*Jahr

Objektnummer: **4100-098** 3.344 m² BGF Seite 174
Realschule (3-zügig) mit Turnhalle
Betriebskosten: 62 €/m² BGF*Jahr
Instandsetzungskosten: 20 €/m² BGF*Jahr

Objektnummer: **4100-100** 12.744 m² BGF Seite 184
Schulzentrum mit Gymnasium, Realschule
Betriebskosten: 25 €/m² BGF*Jahr
Instandsetzungskosten: 17 €/m² BGF*Jahr

Objektnummer: **4200-019** 14.360 m² BGF Seite 192
Berufliche Schule (516 Schüler)
Betriebskosten: 30 €/m² BGF*Jahr
Instandsetzungskosten: 19 €/m² BGF*Jahr

Objektnummer: **4200-020** 18.458 m² BGF Seite 200
Gewerbliche Schule (1015 Schüler)
Betriebskosten: 26 €/m² BGF*Jahr
Instandsetzungskosten: 12 €/m² BGF*Jahr

Objektnummer: **4300-012** 3.327 m² BGF Seite 210
Förderschule (85 Schüler)
Betriebskosten: 32 €/m² BGF*Jahr
Instandsetzungskosten: 43 €/m² BGF*Jahr

Objektnummer: **4300-013** 5.746 m² BGF Seite 218
Sonderschule mit -kindergarten, Turnh., Schwimmb.
Betriebskosten: 48 €/m² BGF*Jahr
Instandsetzungskosten: 51 €/m² BGF*Jahr

Objektnummer: **4300-014** 3.692 m² BGF Seite 228
Förderschule (93 Schüler)
Betriebskosten: 34 €/m² BGF*Jahr
Instandsetzungskosten: 8 €/m² BGF*Jahr

Objektnummer: **4400-123** 1.669 m² BGF Seite 236
Betreuungshaus für Schulkinder (50 Schüler)
Betriebskosten: 38 €/m² BGF*Jahr
Instandsetzungskosten: 3 €/m² BGF*Jahr

Objektnummer: **4400-124** 501 m² BGF Seite 244
Kinderhaus, nicht unterkellert, (55 Kinder)
Betriebskosten: 76 €/m² BGF*Jahr

Objektnummer: **4400-125** 261 m² BGF Seite 250
Kindergarten, nicht unterkellert (40 Kinder)
Betriebskosten: 90 €/m² BGF*Jahr

Objektnummer: **4400-126** 729 m² BGF Seite 256
Kindertagesstätte, unterkellert (45 Kinder)
Betriebskosten: 50 €/m² BGF*Jahr
Instandsetzungskosten: 37 €/m² BGF*Jahr

Objektnummer: **5100-050** 1.785 m² BGF Seite 264
Turn- und Versammlungshalle (2 Einfeldhallen)
Betriebskosten: 38 €/m² BGF*Jahr
Instandsetzungskosten: 111 €/m² BGF*Jahr

Objektnummer: **5100-051** 1.656 m² BGF Seite 274
Sporthalle (1 Zweifeldhalle)
Betriebskosten: 39 €/m² BGF*Jahr
Instandsetzungskosten: 11 €/m² BGF*Jahr

Objektnummer: **5100-052** 3.885 m² BGF Seite 282
Turnhalle (1 Einfeldhalle), Schwimmbad, Tiefgarage
Betriebskosten: 29 €/m² BGF*Jahr
Instandsetzungskosten: 10 €/m² BGF*Jahr

Objektnummer: **5100-054** 2.502 m² BGF Seite 290
Sporthalle (1 Dreifeldhalle)
Betriebskosten: 53 €/m² BGF*Jahr
Instandsetzungskosten: 81 €/m² BGF*Jahr

Objektnummer: **5100-055** 2.430 m² BGF Seite 298
Turn- und Versammlungshalle (1 Einfeldhalle)
Betriebskosten: 46 €/m² BGF*Jahr
Instandsetzungskosten: 33 €/m² BGF*Jahr

Objektnummer: **5100-056** 1.217 m² BGF Seite 306
Turnhalle (1 Einfeldhalle)
Betriebskosten: 29 €/m² BGF*Jahr
Instandsetzungskosten: 50 €/m² BGF*Jahr

Objektnummer: **5100-057** 393 m² BGF Seite 314
Turnhalle (1 Einfeldhalle)
Betriebskosten: 43 €/m² BGF*Jahr
Instandsetzungskosten: 35 €/m² BGF*Jahr

Objektnummer: **5100-058** 831 m² BGF Seite 322
Turnhalle (1 Einfeldhalle)
Betriebskosten: 35 €/m² BGF*Jahr
Instandsetzungskosten: 24 €/m² BGF*Jahr

Objektnummer: **5100-060** 2.586 m² BGF Seite 330
Sporthalle (1 Dreifeldhalle)
Betriebskosten: 44 €/m² BGF*Jahr
Instandsetzungskosten: 47 €/m² BGF*Jahr

Objektnummer: **5100-061** 1.369 m² BGF Seite 338
Turnhalle (1 Einfeldhalle)
Betriebskosten: 35 €/m² BGF*Jahr
Instandsetzungskosten: 23 €/m² BGF*Jahr

Objektnummer: **5100-062** 5.287 m² BGF Seite 346
Sporthalle (Dreifeldhalle) mit Tiefgarage
Betriebskosten: 23 €/m² BGF*Jahr
Instandsetzungskosten: 61 €/m² BGF*Jahr

Objektübersicht

Objektnummer: **5100-063** 1.832 m² BGF Seite 354
Sporthalle (1 Zweifeldhalle)
Betriebskosten: 40 €/m² BGF*Jahr
Instandsetzungskosten: 15 €/m² BGF*Jahr

Objektnummer: **5100-064** 1.772 m² BGF Seite 362
Sporthalle (1 Zweifeldhalle)
Betriebskosten: 35 €/m² BGF*Jahr
Instandsetzungskosten: 10 €/m² BGF*Jahr

Objektnummer: **5100-066** 2.056 m² BGF Seite 370
Turn- und Versammlungshalle (1 Einfeldhalle)
Betriebskosten: 35 €/m² BGF*Jahr
Instandsetzungskosten: 11 €/m² BGF*Jahr

Objektnummer: **5100-067** 2.418 m² BGF Seite 378
Turn- und Versammlungshalle (1 Einfeldhalle)
Betriebskosten: 24 €/m² BGF*Jahr
Instandsetzungskosten: 47 €/m² BGF*Jahr

Fotos: Thomas Fütterer
Kostenstand: 1. Quartal 2010, inkl. MwSt.

Erläuterungen

1

4100-097
Hauptschule
(3-zügig)

Objektübersicht

2

Kennwerte	bis 2. Ebene DIN 18960 inkl. Außenanlagen
Ausbau	Grund- und Mieterausbau
Land	Baden-Württemberg
Kreis	Stuttgart
Baujahr	1905
m^3 BRI	23.935
m^2 BGF	5.260
m^2 NF	3.350

3

1.268 €/Schüler*a

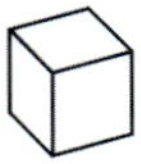

15 €/m^3 BRI*a

70 €/m^2 BGF*a

110 €/m^2 NF*a

Eigentümer:
Landeshauptstadt Stuttgart
Hauptstätter Str. 79
70178 Stuttgart

Bewirtschafter:
Schulverwaltungsamt
Hauptstätter Str. 79
70178 Stuttgart

4

Erläuterungen nebenstehender Tabellen und Abbildungen

Alle Kostenkennwerte enthalten die Mehrwertsteuer und sind Jahreswerte.
Kostenstand 1. Quartal 2010.

Objektübersicht

①
BKI-Objektnummer und -bezeichnung.

②
Eckdaten zum Objekt (z.B. Bundesland, Landkreis, Grund- bzw. Grund- und Mieterausbau, Baujahr) und zum Umfang einer Objektdokumentation (Bauwerk bzw. Bauwerk und Außenanlagen). Dabei steht die Angabe „inkl. Außenanlagen" für die Dokumentation eines Objekts, bei dem die Nutzungskosten zum Bauwerk (Baukonstruktionen und Technische Anlagen) und zu den Außenanlagen (z.B. Reinigung und Pflege von Außenanlagen, Inspektion und Wartung der Außenanlagen und dgl.) erfasst sind. Die Angabe „exkl. Außenanlagen" verdeutlicht, dass bei dieser Dokumentation lediglich die Nutzungkosten des Bauwerks erfasst sind.

③
Kostenkennwerte für Nutzungskosten (Kostengruppe 300+400 nach DIN 18960:2008-02) bezogen auf:

- BRI: Brutto-Rauminhalt (DIN 277:2005-02)
- BGF: Brutto-Grundfläche (DIN 277:2005-02)
- NF: Nutzfläche (DIN 277:2005-02)
- Nutzeinheiten

④
Abbildungen des Objekts.

4100-097
Hauptschule
(3-zügig)

Planungskennwerte für Flächen und Rauminhalte nach DIN 277

(1)

Flächen des Grundstücks	Menge, Einheit	% an FBG
BF Bebaute Fläche	2.838 m²	53,3
UBF Unbebaute Fläche	2.482 m²	46,7
FBG Fläche des Baugrundstücks	5.320 m²	100,0
FAB Fläche außerhalb des Baugrundstücks	675 m²	12,8

(2)

Grundflächen des Bauwerks	Menge, Einheit	% an NF	% an BGF
NF Nutzfläche	3.350 m²	100,0	63,7
TF Technische Funktionsfläche	216 m²	6,4	4,1
VF Verkehrsfläche	1.004 m²	30,0	19,1
NGF Netto-Grundfläche	4.570 m²	136,4	86,9
KGF Konstruktions-Grundfläche	690 m²	20,6	13,1
BGF Brutto-Grundfläche	5.260 m²	157,0	100,0

Nutzflächen des Bauwerks	Menge, Einheit	% an NF	% an BGF
NF1 Wohnen und Aufenthalt	87 m²	2,6	1,6
NF2 Büroarbeit	124 m²	3,7	2,4
NF3 Produktion, Hand-, Maschinenarbeit, Exp.	0 m²	0,0	0,0
NF4 Lagern, Verteilen und Verkaufen	102 m²	3,1	1,9
NF5 Bildung, Unterricht und Kultur	1.876 m²	56,0	35,7
NF6 Heilen und Pflegen	21 m²	0,6	0,4
NF7 Sonstige Nutzflächen	1.140 m²	34,0	21,7

(3)

Brutto-Rauminhalt des Bauwerks	Menge, Einheit	BRI/NF (m)	BRI/BGF (m)
BRI Brutto-Rauminhalt	23.935 m³	7,14	4,55

(4)

Lufttechnisch behandelte Flächen	Menge, Einheit	% an NF	% an BGF
Entlüftete Fläche	0 m²	0,0	0,0
Be- und entlüftete Fläche	0 m²	0,0	0,0
Teilklimatisierte Fläche	0 m²	0,0	0,0
Klimatisierte Fläche	0 m²	0,0	0,0

Kostenkennwerte für die Kostengruppen der 1. Ebene DIN 18960

(5)

KG Kostengruppen (1. Ebene)	Kosten /a	€/m² NF*a	€/m² BGF*a	€/m³ BRI*a	% an Summe
100 Kapitalkosten	–	–	–	–	–
200 Objektmanagementkosten	40.678	12	8	2	9,9
300 Betriebskosten	146.298	44	28	6	35,7
400 Instandsetzungskosten	222.609	66	42	9	54,4

(6)

Verteilung der Nutzungskosten €/m² BGF*a (Allgemeinbildende Schulen)

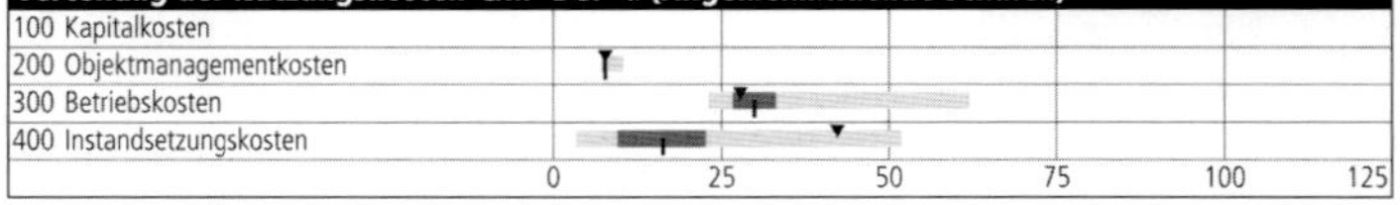

Erläuterungen nebenstehender Planungskennwerte- und Nutzungskostentabellen

Alle Kostenkennwerte enthalten die Mehrwertsteuer und sind Jahreswerte.
Kostenstand 1. Quartal 2010.

Planungskennwerte für Flächen und Rauminhalte nach DIN 277:2005-02

In Ergänzung zu den Kostenkennwerttabellen werden für jedes Objekt Planungskennwerte angegeben, die zur Überprüfung der Vergleichbarkeit des dokumentierten Objekts mit dem zu planenden Projekt bzw. zu vergleichenden Objekt dienen.
Ein Planungskennwert im Sinne dieser Veröffentlichung ist ein Wert, der das Verhältnis bestimmter Flächen und Rauminhalte untereinander (beispielsweise zur Nutzfläche oder Brutto-Grundfläche) darstellt, angegeben als Prozentwert oder als Faktor (Mengenverhältnis).

①

Fläche außerhalb des Baugrundstücks, bebaute und unbebaute Flächen des Baugrundstücks sowie deren Verhältnis in Prozent zur Fläche des Baugrundstücks (FBG).

②

Grundflächen bzw. Nutzflächen des Bauwerks im Verhältnis zur Nutzfläche (NF = 100%) und Brutto-Grundfläche (BGF = 100%) in Prozent.

③

Verhältnis von Brutto-Rauminhalt (BRI) zur Nutzfläche und Brutto-Grundfläche (BRI / BGF = mittlere Geschosshöhe), angegeben als Faktor (in Meter).

④

Verhältnis von lufttechnisch behandelten Flächen (nach BKI) zur Nutzfläche und Brutto-Grundfläche in Prozent.

Kostenkennwerte für die Kostengruppen der 1. Ebene nach DIN 18960:2008-02

⑤
Nutzungskostenkennwerte für überschlägige Kostenermittlungen. Absolute Kosten, Kostenkennwerte und deren Anteil für die Kostengruppen der 1. Ebene nach DIN 18960:2008-02. Kostenkennwerte bezogen auf die Brutto-Grundfläche (BGF). Anteil der jeweiligen Kostengruppen in Prozent an den Nutzungskosten (Spalte: % an Summe).

⑥
Verteilung der Kostenkennwerte zur Brutto-Grundfläche je Gebäudeart für die Kostengruppen der 1. Ebene nach DIN 18960:2008-02. Dargestellt sind der Median, das untere und obere Quartil sowie der Minimum- und Maximum-Wert. Der Kostenkennwert des jeweiligen Objekts ist durch ein Dreieck markiert.

KG	Kostengruppe	Menge Einheit	Kosten €/a	€/Einheit*a	% an Summe
330	**Reinigung und Pflege von Gebäuden**	5.260,34 BGF	33.528	**6,37**	22,9

(1)

Unterhaltsreinigung: regelmäßige Unterhaltsreinigung, Leeren von Abfallbehältern und Entsorgung, 2 Pflegefilmsanierungen, 1 Innenreinigung, 1 Sonderreinigung der Küche, 1 Sonderreinigung der Verkehrsflächen, Reinigung fremdvergeben, 1,56 €/m² Reinigungsfläche und Jahr • Glasreinigung: 1 Reinigung der Außen- und Innenverglasung inkl. Rahmen, fremdvergeben, Angaben zur Außenverglasung: 485 m² Glasfläche als Außentüren und -fenster, Kastenfenster, 4-seitige Reinigung; 240 m² Glasfläche als Außentüren und -fenster, 2-seitige Reinigung; 90 m² Glasfläche als Glasdach, 2-seitige Reinigung, Angaben zur Innenverglasung: 15 m² Glasfläche als Innentüren und -fenster, 2-seitige Reinigung; 95 m² Glasfläche als Trennwände und Einbauten, 2-seitige Reinigung • Reinigung Technischer Anlagen: Rohrreinigung • Reinigung und Pflege von Gebäuden, sonstiges: Kostenpauschale für regelmäßige Hausmeisterdienstleistungen im Zusammenhang mit der Reinigung und Pflege des Gebäudes wie Reinigungskontrollen und dgl.

Boden- und Deckenbelagsfläche

(2)

KG	Kostengruppe	Menge Einheit	Kosten €/a	€/Einheit*a	% an Summe
340	**Reinigung und Pflege von Außenanlagen**	5.260,34 BGF	7.150	**1,36**	4,9

Befestigte Flächen: Kostenpauschale für regelmäßige Hausmeisterdienstleistungen im Zusammenhang mit Reinigung, Winterdienst und dgl., Streumittel, Verbrauchsmittel • Pflanz- und Grünflächen: Grünpflege, Baumpflege.
2,88 €/m² unbebaute Fläche des Baugrundstücks und Jahr, Angaben zum Grundstück: unbebaute Fläche des Grundstücks 2.480 m², Standort innerstädtisch, ebenes Gelände.

Unbebaute Fläche des Baugrundstücks

(3)

KG	Kostengruppe	Menge Einheit	Kosten €/a	€/Einheit*a	% an Summe
350	**Bedienung, Inspektion und Wartung**	5.260,34 BGF	37.542	**7,14**	25,7

Bedienung der Technischen Anlagen: Telekommunikation, EDV- und Internetdienste • Inspektion und Wartung der Baukonstruktion: Schreinerarbeiten, allgemeine Wartungsarbeiten • Inspektion und Wartung der Technischen Anlagen: Reparaturen an Sanitäranlagen, Wartung der Heizungsregelung, Reparaturen am Brenner, Wartung von Digestorien, Abgaswegeprüfung, Wartung der Schwachstromanlagen, Reparaturen an Beleuchtungen, Ersatzteile • Inspektion und Wartung der Außenanlagen: Reparaturen an Toren und Zäunen • Inspektion und Wartung von Ausstattung und Kunstwerken: Wartung der Ausstattung • Bedienung, Inspektion und Wartung, sonstiges: Kostenpauschale für regelmäßige Hausmeisterdienstleistungen im Zusammenhang mit der Bedienung, Inspektion und Wartung.

KG	Kostengruppe	Menge Einheit	Kosten €/a	€/Einheit*a	% an Summe
360	**Sicherheits- und Überwachungsdienste**	5.260,34 BGF	11.389	**2,17**	7,8

Kontrollen aufgrund öffentlich-rechtlicher Bestimmungen: Spielgerätekontrolle • Objekt- und Personenschutz: Kostenpauschale für regelmäßige Hausmeisterdienstleistungen im Zusammenhang mit Wach- und Schließdiensten.

Erläuterung nebenstehender Nutzungskostentabelle

Alle Kostenkennwerte enthalten die Mehrwertsteuer und sind Jahreswerte.
Kostenstand 1. Quartal 2010.

Kostenkennwerte für die Kostengruppen der 1. und 2. Ebene nach DIN 18960:2008-02

①
Codierung und Bezeichnung der Kostengruppen entsprechend der 1. bzw. 2. Ebene nach DIN 18960:2008-02.
Nutzungskostenkennwerte und -beschreibungen für differenzierte Kostenermittlungen unter Berücksichtigung der Kosteneinflüsse einer bestimmen Kostengruppe. Absolute Kosten, Kostenkennwerte und deren Anteil für die Kostengruppen der 1. bzw. 2. Ebene nach DIN 18960. Kostenkennwerte bezogen auf die Brutto-Grundfläche (BGF). Anteil der jeweiligen Kostengruppen in Prozent an den Kosten der jeweils übergeordneten Kostengruppen bzw. am Gesamtbetrag der Nutzungskosten (Spalte: % an Summe).

②
Grafik zum Anteil der jeweiligen Belagsfläche in Prozent an der Boden- und Deckenbelagsfläche nach DIN 277-3:2005-04.

③
Grafik zum jeweiligen Anteil der befestigten und unbefestigten Flächen in Prozent an der unbebauten Fläche des Baugrundstücks.

Nutzungskostenkennwerte von Bestandsimmobilien

Bürogebäude

1

1300-159
Kollegiengebäude
(640 Arbeitsplätze)

Objektübersicht

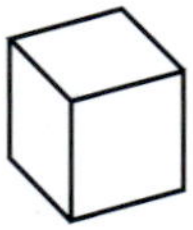
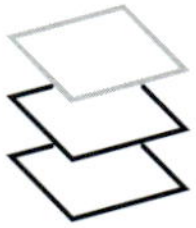

Kennwerte	bis 2. Ebene DIN 18960 exkl. Außenanlagen
Ausbau	Grund- und Mieterausbau
Land	Baden-Württemberg
Kreis	Stuttgart
Baujahr	1963
m^3 BRI	84.013
m^2 BGF	22.272
m^2 NF	11.859

1.161 €/Arbeitsplatz*a

9 €/m^3 BRI*a

33 €/m^2 BGF*a

63 €/m^2 NF*a

Bewirtschafter:
Dezernat VI - Technik und Bauten Universität Stuttgart
Geschwister-Scholl-Straße 24
70174 Stuttgart

Kostenstand: 1. Quartal 2010, inkl. MwSt.

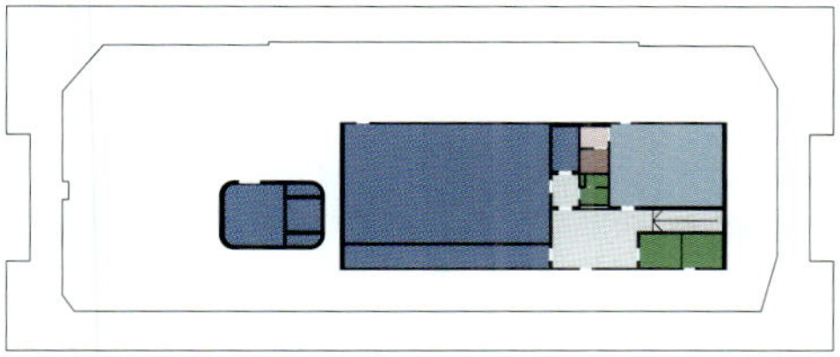

11. Obergeschoss

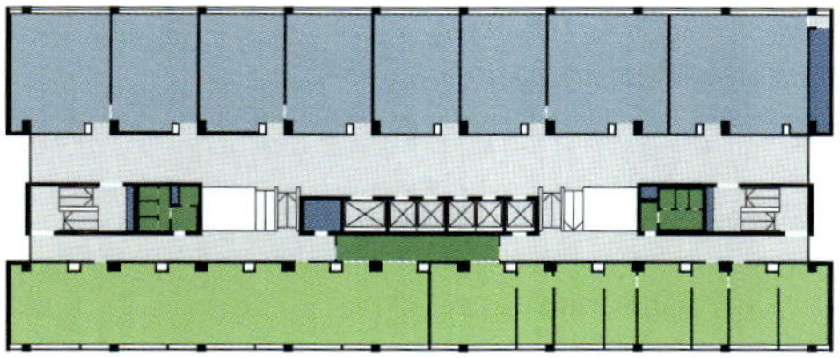

10. Obergeschoss mit Splitlevel 10a

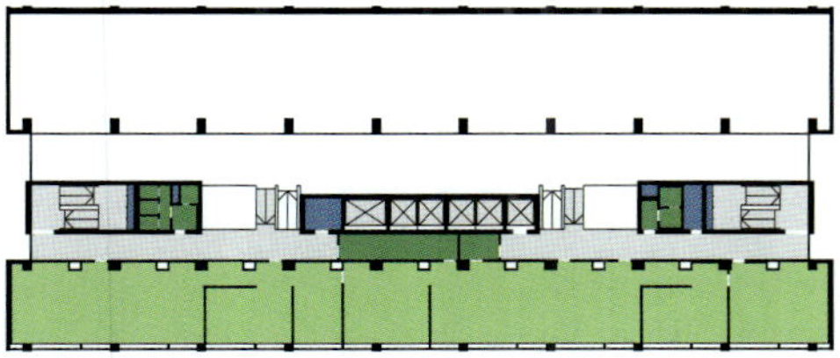

4. Obergeschoss Splitlevel 4b, Regelhalbgeschoss für gerade Stockwerke

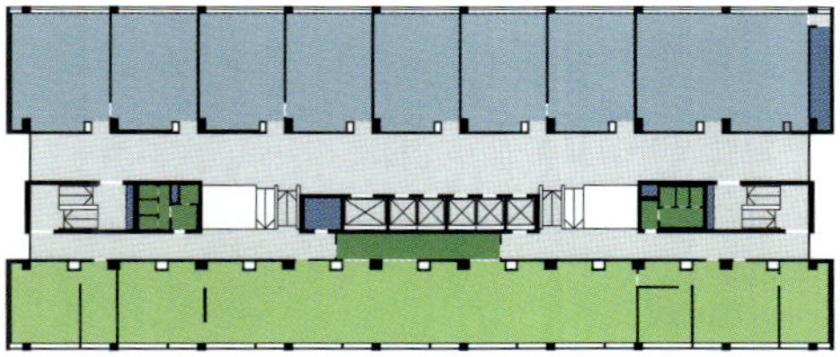

4. Obergeschoss mit Splitlevel 4a, Regelvollgeschoss für gerade Stockwerke

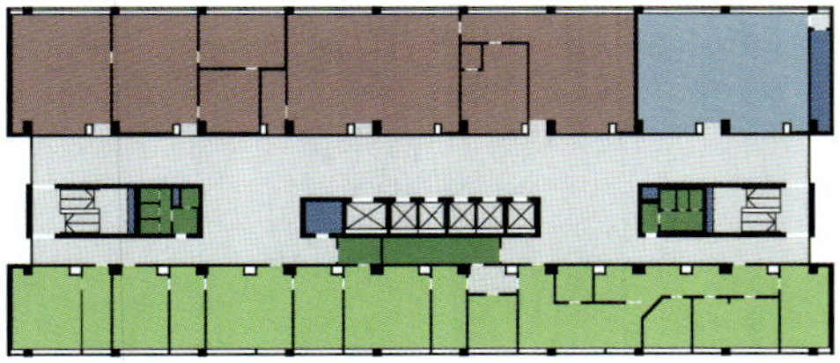

1. Obergeschoss, Regelvollgeschoss für ungerade Stockwerke

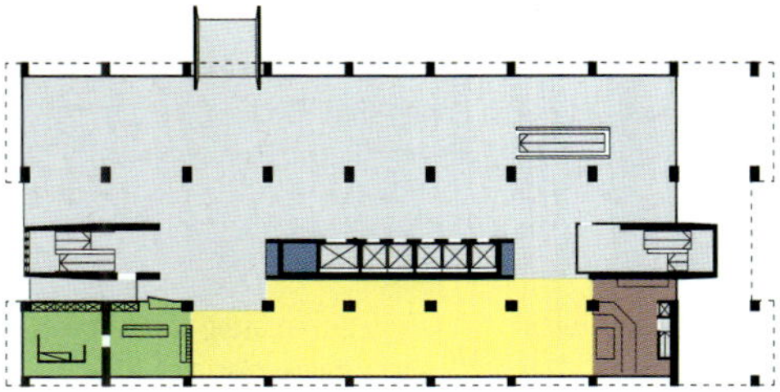

Erdgeschoss

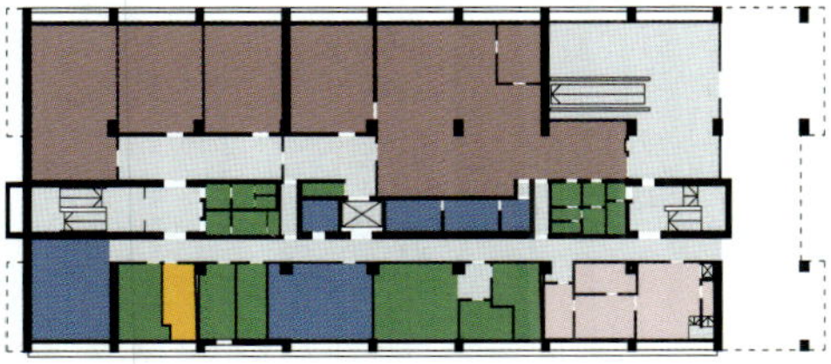

1. Untergeschoss

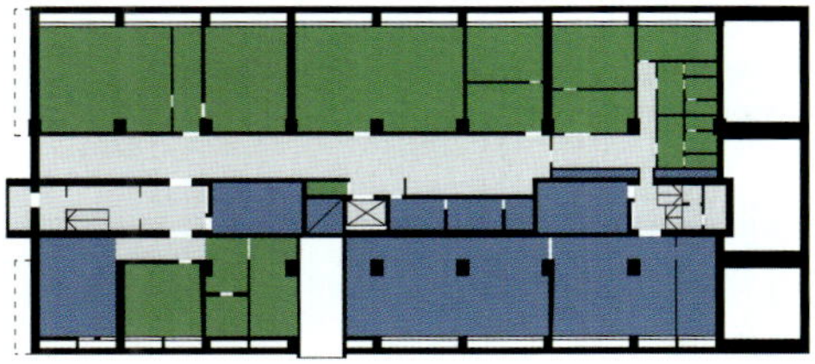

2. Untergeschoss

NF1 Wohnen und Aufenthalt
NF2 Büroarbeit
NF3 Prod., Hand- und Maschinenarb., Experimente
NF4 Lagern, Verteilen und Verkaufen
NF5 Bildung, Unterricht und Kultur
NF6 Heilen und Pflegen
NF7 Sonstige Nutzflächen
TF Technische Funktionsfläche
VF Verkehrsfläche

Objektbeschreibung

Nutzung

2 Untergeschosse
Werkstätten, Lager, Arztzimmer, Abstellräume, Haustechnik.

1 Erdgeschoss
Büroraum, Aufsichtsraum, Aufenthaltsbereich, Cafeteria, Küche, Eingangshalle, Haustechnik.

11 Obergeschosse
Büroräume, Großraumbüros, Besprechungsräume, Werkstätten, Fotolabor, Lager, Hörsäle, Seminarräume, Studentenarbeitsräume, Bibliothek, Sanitärräume, Putzräume, Abstellräume, Haustechnik.

Nutzeinheiten

Studenten: 1.600
Arbeitsplätze: 640
Seminarräume: 18
Studentische Arbeitsräume: 28
Werkräume: 16

Besonderer Kosteneinfluss

Nutzung
Hochschulgebäude, 90 h Betriebszeit/Woche, Cafeteria, 640 EDV-Arbeitsplätze, keine Kernnutzung im untersten Geschoss.

Objekt
Stahlbetonkonstruktion mit Längsstützenraster, Standard der Außentüren und -fenster Zweischeibenverglasung, 50% Kunststoffrahmen, 50% Aluminiumrahmen, Wärmedämmung nach gesetzlichem Standard im Jahre 1963, Wärmeerzeugungsanlagen ohne zentrale Wassererwärmung, Heizungssteuerung Tagesprogramm, Raumheizflächen Heizkörper, Zu- und Abluftanlage, Angaben zu den Bodenbelägen: 84% der NGF Kunststoffbelag, 15% der NGF Steinbelag, 1% der NGF Teppichbelag, 7 Aufzüge.

Grundstück

Standort: innerstädtisch
Bauraum: freier Bauraum
Neigung: ebenes Gelände

Betrieb

Geringe Betriebskosten:
Wasser, Fernwärme, Strom, regelmäßige Unterhaltsreinigung, Leeren von Abfallbehältern und Entsorgung, Sonderreinigungen, Reinigung inkl. Reinigung innenliegender Glasflächen fremdvergeben, Fensterreinigung, fremdvergeben, Reparaturen an Sanitäranlagen, Wartung von Brandmelde- und Elektroanlagen, Elektroarbeiten, Wartung von Aufzügen, Ersatzteile, Brandschauen, Inspektion von Feuerlöschern und Brandmeldeanlagen, technische Überwachungsdienste.

Instandsetzung

Geringe Instandsetzungskosten:
Instandsetzung von Außentüren und -fenstern insbesondere Instandsetzung des außenliegenden Sonnenschutzes, Schlosser- und Metallbauarbeiten, Instandsetzung von Innentüren und -fenstern, Instandsetzung von Wandbekleidungen insbesondere Schreinerarbeiten, Putz- und Malerarbeiten inkl. Baureinigung, Instandsetzung von Deckenbelägen inkl. Asbestuntersuchung, Baureinigung und Entsorgung Bauschutt, Instandsetzung von Elektroanlagen, Instandsetzung der Aufzüge.

Planungskennwerte für Flächen und Rauminhalte nach DIN 277

Flächen des Grundstücks		Menge, Einheit	% an FBG
BF	Bebaute Fläche	– m²	–
UBF	Unbebaute Fläche	– m²	–
FBG	Fläche des Baugrundstücks	– m²	–
FAB	Fläche außerhalb des Baugrundstücks	– m²	–

Grundflächen des Bauwerks		Menge, Einheit	% an NF	% an BGF
NF	Nutzfläche	11.859 m²	100,0	53,2
TF	Technische Funktionsfläche	758 m²	6,4	3,4
VF	Verkehrsfläche	7.061 m²	59,5	31,7
NGF	Netto-Grundfläche	19.677 m²	165,9	88,4
KGF	Konstruktions-Grundfläche	2.595 m²	21,9	11,6
BGF	Brutto-Grundfläche	22.272 m²	187,8	100,0

Nutzflächen des Bauwerks		Menge, Einheit	% an NF	% an BGF
NF1	Wohnen und Aufenthalt	232 m²	2,0	1,0
NF2	Büroarbeit	4.694 m²	39,6	21,1
NF3	Produktion, Hand-, Maschinenarbeit, Exp.	1.287 m²	10,9	5,8
NF4	Lagern, Verteilen und Verkaufen	207 m²	1,7	0,9
NF5	Bildung, Unterricht und Kultur	4.458 m²	37,6	20,0
NF6	Heilen und Pflegen	13 m²	0,1	0,1
NF7	Sonstige Nutzflächen	968 m²	8,2	4,3

Brutto-Rauminhalt des Bauwerks		Menge, Einheit	BRI/NF (m)	BRI/BGF (m)
BRI	Brutto-Rauminhalt	84.013 m³	7,08	3,77

Lufttechnisch behandelte Flächen	Menge, Einheit	% an NF	% an BGF
Entlüftete Fläche	425 m²	3,6	1,9
Be- und entlüftete Fläche	662 m²	5,6	3,0
Teilklimatisierte Fläche	0 m²	0,0	0,0
Klimatisierte Fläche	0 m²	0,0	0,0

Kostenkennwerte für die Kostengruppen der 1. Ebene DIN 18960

KG	Kostengruppen (1. Ebene)	Kosten €/a	€/m² NF*a	€/m² BGF*a	€/m³ BRI*a	% an Summe
100	Kapitalkosten	–	–	–	–	–
200	Objektmanagementkosten	–	–	–	–	–
300	Betriebskosten	556.763	47	25	7	75,0
400	Instandsetzungskosten	186.045	16	8	2	25,1

Verteilung der Nutzungskosten €/m² BGF*a (alle Gebäudearten)

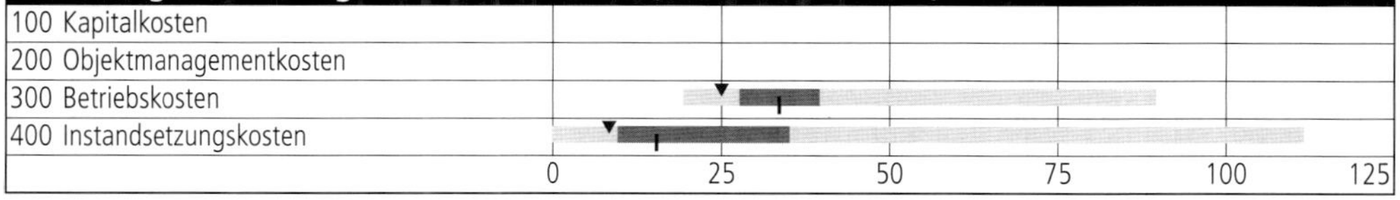

Kostenkennwerte für die Kostengruppen der 1. Ebene nach DIN 18960

KG	Kostengruppe	Menge Einheit	Kosten €/a	€/Einheit*a	% an Summe
300	**Betriebskosten** **Versorgung**: Wasser • Fernwärme, keine Kernnutzung im untersten Geschoss, Stahlbetonkonstruktion mit Längsstützenraster, Standard der Außentüren und -fenster Zweischeibenverglasung, 50% Kunststoffrahmen, 50% Aluminiumrahmen, Wärmedämmung nach gesetzlichem Standard im Jahre 1963, Wärmeerzeugungsanlagen ohne zentrale Wassererwärmung, Heizungssteuerung Tagesprogramm, Raumheizflächen Heizkörper • Strom, 640 EDV-Arbeitsplätze, Zu- und Abluftanlage, 7 Aufzüge. **Entsorgung**: Abwasser. **Reinigung und Pflege von Gebäuden**: Regelmäßige Unterhaltsreinigung, Leeren von Abfallbehältern und Entsorgung, Sonderreinigungen, Reinigung inkl. Reinigung innenliegender Glasflächen fremdvergeben, Angaben zu den Bodenbelägen: 84% der NGF Kunststoffbelag, 15% der NGF Steinbelag, 1% der NGF Teppichbelag • Fensterreinigung, fremdvergeben. **Bedienung, Inspektion und Wartung**: Reparaturen an Sanitäranlagen, Wartung von Brandmelde- und Elektroanlagen, Elektroarbeiten, Wartung von Aufzügen, Ersatzteile. **Sicherheits- und Überwachungsdienste**: Brandschauen, Inspektion von Feuerlöschern und Brandmeldeanlagen, technische Überwachungsdienste.	22.272,00 BGF	556.763	**25,00**	75,0
400	**Instandsetzungskosten** **Instandsetzung der Baukonstruktionen**: Instandsetzung von Außentüren und -fenstern insbesondere Instandsetzung des außenliegenden Sonnenschutzes, Schlosser- und Metallbauarbeiten • Instandsetzung von Innentüren und -fenstern, Instandsetzung von Wandbekleidungen insbesondere Schreinerarbeiten, Putz- und Malerarbeiten inkl. Baureinigung • Instandsetzung von Deckenbelägen inkl. Asbestuntersuchung, Baureinigung und Entsorgung Bauschutt • Instandsetzung von Einbauschränken, Schreinerarbeiten. **Instandsetzung der Technischen Anlagen**: Instandsetzung von Sanitäranlagen insbesondere Instandsetzung von Sanitärapparaten und Wasserleitungen • Instandsetzung lufttechnischer Anlagen, Instandsetzung der Absauganlage • Instandsetzung von Elektroanlagen • Instandsetzung der Aufzüge.	22.272,00 BGF	186.045	**8,35**	25,1

Kostenkennwerte für die Kostengruppen der 2. Ebene nach DIN 18960

KG	Kostengruppe	Menge Einheit	Kosten €/a	€/Einheit*a	% an Summe
300	**Betriebskosten**				
310	**Versorgung**	22.272,00 BGF	369.417	**16,59**	66,4
	Wasser • Fernwärme: keine Kernnutzung im untersten Geschoss, Stahlbetonkonstruktion mit Längsstützenraster, Standard der Außentüren und -fenster Zweischeibenverglasung, 50% Kunststoffrahmen, 50% Aluminiumrahmen, Wärmedämmung nach gesetzlichem Standard im Jahre 1963, Wärmeerzeugungsanlagen ohne zentrale Wassererwärmung, Heizungssteuerung Tagesprogramm, Raumheizflächen Heizkörper • Strom: 640 EDV-Arbeitsplätze, Zu- und Abluftanlage, 7 Aufzüge. Angaben zur Nutzung: Hochschulgebäude, 90 h Betriebszeit/Woche, Cafeteria, 640 EDV-Arbeitsplätze.				
320	**Entsorgung**	22.272,00 BGF	5.312	**0,24**	1,0
	Abwasser.				
330	**Reinigung und Pflege von Gebäuden**	22.272,00 BGF	123.552	**5,55**	22,2
	Unterhaltsreinigung: regelmäßige Unterhaltsreinigung, Leeren von Abfallbehältern und Entsorgung, Sonderreinigungen, Reinigung inkl. Reinigung innenliegender Glasflächen fremdvergeben • Glasreinigung: Fensterreinigung, fremdvergeben				

Boden- und Deckenbelagsfläche

KG	Kostengruppe	Menge Einheit	Kosten €/a	€/Einheit*a	% an Summe
350	**Bedienung, Inspektion und Wartung**	22.272,00 BGF	52.110	**2,34**	9,4
	Reparaturen an Sanitäranlagen, Wartung von Brandmelde- und Elektroanlagen, Elektroarbeiten, Wartung von Aufzügen, Ersatzteile.				
360	**Sicherheits- und Überwachungsdienste**	22.272,00 BGF	5.397	**0,24**	1,0
	Brandschauen, Inspektion von Feuerlöschern und Brandmeldeanlagen, technische Überwachungsdienste.				
390	**Betriebskosten, sonstiges**	22.272,00 BGF	977	**0,04**	0,2
	Wäscherei- und Speditionsdienste, Ersatzteile, Material.				
400	**Instandsetzungskosten**				
410	**Instandsetzung der Baukonstruktionen**	22.272,00 BGF	128.581	**5,77**	69,1
	Außenwände: Instandsetzung von Außentüren und -fenstern insbesondere Instandsetzung des außenliegenden Sonnenschutzes, Schlosser- und Metallbauarbeiten • Innenwände: Instandsetzung von Innentüren und -fenstern, Instandsetzung von Wandbekleidungen insbesondere Schreinerarbeiten, Putz- und Malerarbeiten inkl. Baureinigung • Decken: Instandsetzung von Deckenbelägen inkl. Asbestuntersuchung, Baureinigung und Entsorgung Bauschutt • Baukonstruktive Einbauten: Instandsetzung von Einbauschränken, Schreinerarbeiten.				

KG	Kostengruppe	Menge Einheit	Kosten €/a	€/Einheit*a	% an Summe
420	**Instandsetzung der Technischen Anlagen** Abwasser-, Wasser-, Gasanlagen: Instandsetzung von Sanitäranlagen insbesondere Instandsetzung von Sanitärapparaten und Wasserleitungen • Lufttechnische Anlagen: Instandsetzung lufttechnischer Anlagen, Instandsetzung der Absauganlage • Starkstromanlagen: Instandsetzung von Elektroanlagen • Förderanlagen: Instandsetzung der Aufzüge.	22.272,00 BGF	57.463	**2,58**	30,9

1300-160 Hochschulgebäude mit Werkstätten und Prüflabor (425 Arbeitsplätze)

Objektübersicht

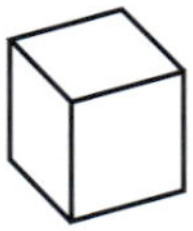

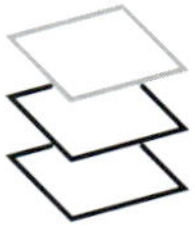

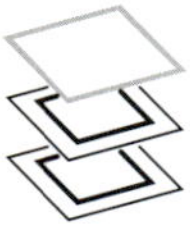

Kennwerte	bis 2. Ebene DIN 18960 exkl. Außenanlagen
Ausbau	Grund- und Mieterausbau
Land	Baden-Württemberg
Kreis	Stuttgart
Baujahr	1935
m³ BRI	48.503
m² BGF	12.052
m² NF	7.658

756 €/Arbeitsplatz*a

7 €/m³ BRI*a

27 €/m² BGF*a

42 €/m² NF*a

Bewirtschafter:
Dezernat VI - Technik und Bauten Universität Stuttgart
Geschwister-Scholl-Straße 24
70174 Stuttgart

Kostenstand: 1. Quartal 2010, inkl. MwSt.

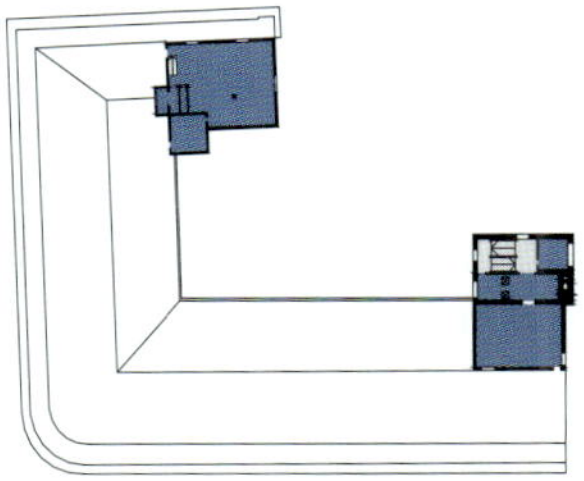

6. Obergeschoss

5. Obergeschoss

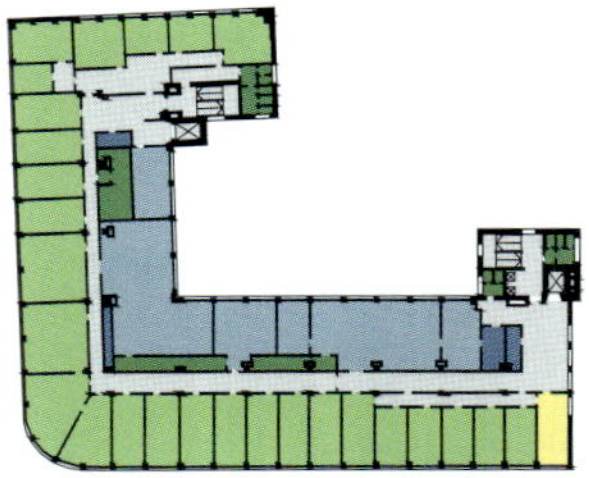

4. Obergeschoss

3. Obergeschoss

2. Obergeschoss

1. Obergeschoss

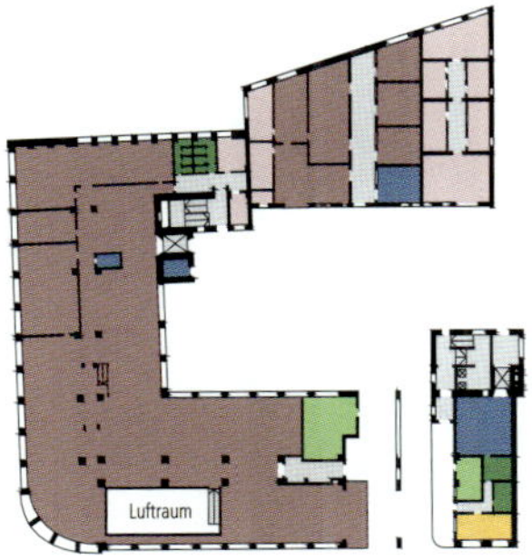

Erdgeschoss

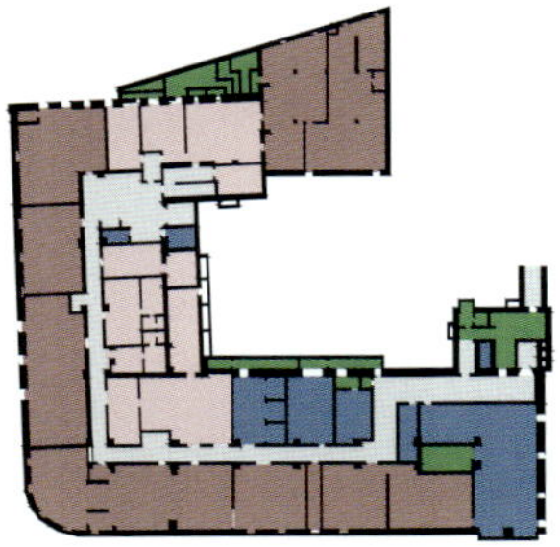

1. Untergeschoss

NF1 Wohnen und Aufenthalt
NF2 Büroarbeit
NF3 Prod., Hand- und Maschinenarb., Experimente
NF4 Lagern, Verteilen und Verkaufen
NF5 Bildung, Unterricht und Kultur
NF6 Heilen und Pflegen
NF7 Sonstige Nutzflächen
TF Technische Funktionsfläche
VF Verkehrsfläche

1300-160
Hochschulgebäude mit Werkstätten und Prüflabor
(425 Arbeitsplätze)

Objektbeschreibung

Nutzung

1 Untergeschoss
Werkstätten, Lager, Abstellräume, Haustechnik.

1 Erdgeschoss
Büroraum, Aufsichtsraum, Werkstätten, Prüflabor, Lager, Arztzimmer, Abstellräume, Haustechnik.

6 Obergeschosse
Gemeinschaftsräume, Büroräume, Besprechungsräume, Lager, Seminarräume, Studentenarbeitsräume, Bibliothek, Sanitärräume, Putzräume, Abstellräume, Haustechnik.

Nutzeinheiten

Arbeitsplätze: 425
Büroräume: 116
Seminarräume: 7
Studentische Arbeitsräume: 38
Werkräume: 19

Besonderer Kosteneinfluss

Nutzung
Hochschulgebäude mit Werkstätten und Prüflabor, 90 h Betriebszeit/Woche, 425 EDV-Arbeitsplätze, Kernnutzung im untersten Geschoss.

Objekt
Skelettkonstruktion mit Kalksandsteinmauerwerk, Wärmedämmung nach gesetzlichem Standard im Jahre 1935, Wärmeerzeugungsanlagen ohne zentrale Wassererwärmung, Raumheizflächen Heizkörper, Zu- und Abluftanlage, Angaben zu den Bodenbelägen: 66% der NGF Kunststoffbelag, 5% der NGF Steinbelag, 29% der NGF ohne Belag, 1 Aufzug, 2 Paternoster.

Grundstück

Standort: innerstädtisch
Bauraum: beengt
Neigung: ebenes Gelände

Betrieb

Geringe Betriebskosten:
Wasser, Fernwärme, Strom, regelmäßige Unterhaltsreinigung, Leeren von Abfallbehältern und Entsorgung, Reinigung inkl. Reinigung innenliegender Glasflächen fremdvergeben, Reparaturen an Außentüren und -fenstern insbesondere Reparaturen an Beschlägen, Schlosser- und Schreinerarbeiten, Wartung von Brandmelde- und Elektroanlagen, Elektroarbeiten, Ersatzteile, Wartung von Aufzügen, Brandschauen, Inspektion von Feuerlöschern und Brandmeldeanlagen.

Instandsetzung

Geringe Instandsetzungskosten:
Instandsetzung von Außentüren und -fenstern, Reparaturen an Rollläden, Metallbauarbeiten, Instandsetzung von Wandbekleidungen insbesondere Putz- und Malerarbeiten, Schreinerarbeiten inkl. Baureinigung, Instandsetzung von Deckenbelägen inkl. Baureinigung, Instandsetzung von Sanitäranlagen insbesondere Instandsetzung von Sanitärapparaten und Wasserleitungen, Instandsetzung von Elektroanlagen.

Planungskennwerte für Flächen und Rauminhalte nach DIN 277

Flächen des Grundstücks	Menge, Einheit	% an FBG
BF Bebaute Fläche	– m^2	–
UBF Unbebaute Fläche	– m^2	–
FBG Fläche des Baugrundstücks	– m^2	–
FAB Fläche außerhalb des Baugrundstücks	– m^2	–

Grundflächen des Bauwerks	Menge, Einheit	% an NF	% an BGF
NF Nutzfläche	7.658 m^2	100,0	63,5
TF Technische Funktionsfläche	729 m^2	9,5	6,0
VF Verkehrsfläche	1.921 m^2	25,1	15,9
NGF Netto-Grundfläche	10.308 m^2	134,6	85,5
KGF Konstruktions-Grundfläche	1.744 m^2	22,8	14,5
BGF Brutto-Grundfläche	12.052 m^2	157,4	100,0

Nutzflächen des Bauwerks	Menge, Einheit	% an NF	% an BGF
NF1 Wohnen und Aufenthalt	131 m^2	1,7	1,1
NF2 Büroarbeit	2.554 m^2	33,4	21,2
NF3 Produktion, Hand-, Maschinenarbeit, Exp.	1.720 m^2	22,5	14,3
NF4 Lagern, Verteilen und Verkaufen	636 m^2	8,3	5,3
NF5 Bildung, Unterricht und Kultur	1.942 m^2	25,4	16,1
NF6 Heilen und Pflegen	14 m^2	0,2	0,1
NF7 Sonstige Nutzflächen	661 m^2	8,6	5,5

Brutto-Rauminhalt des Bauwerks	Menge, Einheit	BRI/NF (m)	BRI/BGF (m)
BRI Brutto-Rauminhalt	48.503 m^3	6,33	4,02

Lufttechnisch behandelte Flächen	Menge, Einheit	% an NF	% an BGF
Entlüftete Fläche	0 m^2	0,0	0,0
Be- und entlüftete Fläche	1.540 m^2	20,1	12,8
Teilklimatisierte Fläche	0 m^2	0,0	0,0
Klimatisierte Fläche	0 m^2	0,0	0,0

Kostenkennwerte für die Kostengruppen der 1. Ebene DIN 18960

KG Kostengruppen (1. Ebene)	Kosten €/a	€/m^2 NF*a	€/m^2 BGF*a	€/m^3 BRI*a	% an Summe
100 Kapitalkosten	–	–	–	–	–
200 Objektmanagementkosten	–	–	–	–	–
300 Betriebskosten	234.945	31	19	5	73,2
400 Instandsetzungskosten	86.231	11	7	2	26,9

Verteilung der Nutzungskosten €/m² BGF*a (alle Gebäudearten)

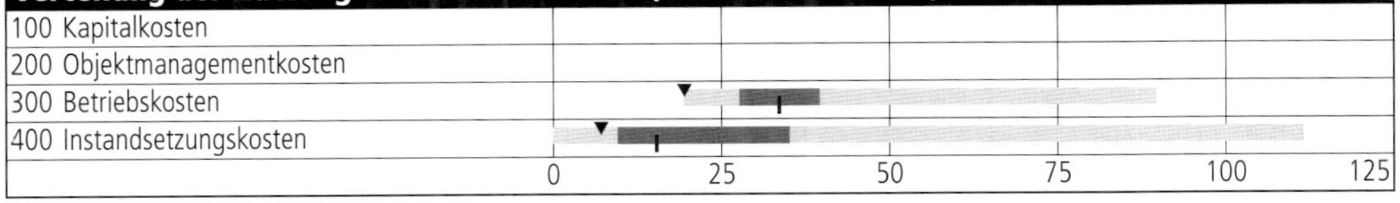

Kostenstand: 1. Quartal 2010, inkl. MwSt.

Kostenkennwerte für die Kostengruppen der 1. Ebene nach DIN 18960

KG	Kostengruppe	Menge Einheit	Kosten €/a	€/Einheit*a	% an Summe
300	**Betriebskosten** **Versorgung**: Wasser • Fernwärme, Kernnutzung im untersten Geschoss, Skelettkonstruktion mit Kalksandsteinmauerwerk, Wärmedämmung nach gesetzlichem Standard im Jahre 1935, Wärmeerzeugungsanlagen ohne zentrale Wassererwärmung, Raumheizflächen Heizkörper • Strom, 425 EDV-Arbeitsplätze, Zu- und Abluftanlage, 1 Aufzug, 2 Paternoster. **Entsorgung**: Abwasser. **Reinigung und Pflege von Gebäuden**: Regelmäßige Unterhaltsreinigung, Leeren von Abfallbehältern und Entsorgung, Reinigung inkl. Reinigung innenliegender Glasflächen fremdvergeben, Angaben zu den Bodenbelägen: 66% der NGF Kunststoffbelag, 5% der NGF Steinbelag, 29% der NGF ohne Belag. **Bedienung, Inspektion und Wartung**: Reparaturen an Außentüren und -fenstern insbesondere Reparaturen an Beschlägen, Schlosser- und Schreinerarbeiten • Wartung von Brandmelde- und Elektroanlagen, Elektroarbeiten, Ersatzteile, Wartung von Aufzügen. **Sicherheits- und Überwachungsdienste**: Brandschauen, Inspektion von Feuerlöschern und Brandmeldeanlagen.	12.052,00 BGF	234.945	**19,49**	73,2
400	**Instandsetzungskosten** **Instandsetzung der Baukonstruktionen**: Instandsetzung von Außentüren und -fenstern, Reparaturen an Rollläden, Metallbauarbeiten • Instandsetzung von Wandbekleidungen insbesondere Putz- und Malerarbeiten, Schreinerarbeiten inkl. Baureinigung • Instandsetzung von Deckenbelägen inkl. Baureinigung • Instandsetzung von Trennwänden und Einbauten, Schreinerarbeiten. **Instandsetzung der Technischen Anlagen**: Instandsetzung von Sanitäranlagen insbesondere Instandsetzung von Sanitärapparaten und Wasserleitungen • Instandsetzung von Elektroanlagen.	12.052,00 BGF	86.231	**7,15**	26,9

Kostenkennwerte für die Kostengruppen der 2. Ebene nach DIN 18960

KG	Kostengruppe	Menge Einheit	Kosten €/a	€/Einheit*a	% an Summe
300	**Betriebskosten**				
310	**Versorgung**	12.052,00 BGF	140.526	**11,66**	59,8
	Wasser • Fernwärme: Kernnutzung im untersten Geschoss, Skelettkonstruktion mit Kalksandsteinmauerwerk, Wärmedämmung nach gesetzlichem Standard im Jahre 1935, Wärmeerzeugungsanlagen ohne zentrale Wassererwärmung, Raumheizflächen Heizkörper • Strom: 425 EDV-Arbeitsplätze, Zu- und Abluftanlage, 1 Aufzug, 2 Paternoster. Angaben zur Nutzung: Hochschulgebäude mit Werkstätten und Prüflabor, 90 h Betriebszeit/Woche, 425 EDV-Arbeitsplätze.				
320	**Entsorgung**	12.052,00 BGF	1.826	**0,15**	0,8
	Abwasser.				
330	**Reinigung und Pflege von Gebäuden**	12.052,00 BGF	76.984	**6,39**	32,8
	Regelmäßige Unterhaltsreinigung, Leeren von Abfallbehältern und Entsorgung, Reinigung inkl. Reinigung innenliegender Glasflächen fremdvergeben,				

Boden- und Deckenbelagsfläche

KG	Kostengruppe	Menge Einheit	Kosten €/a	€/Einheit*a	% an Summe
350	**Bedienung, Inspektion und Wartung**	12.052,00 BGF	12.426	**1,03**	5,3
	Inspektion und Wartung der Baukonstruktion: Reparaturen an Außentüren und -fenstern insbesondere Reparaturen an Beschlägen, Schlosser- und Schreinerarbeiten • Inspektion und Wartung der Technischen Anlagen: Wartung von Brandmelde- und Elektroanlagen, Elektroarbeiten, Ersatzteile, Wartung von Aufzügen.				
360	**Sicherheits- und Überwachungsdienste**	12.052,00 BGF	2.996	**0,25**	1,3
	Brandschauen, Inspektion von Feuerlöschern und Brandmeldeanlagen.				
390	**Betriebskosten, sonstiges**	12.052,00 BGF	186	**0,02**	0,1
	Ersatzteile, Material.				
400	**Instandsetzungskosten**				
410	**Instandsetzung der Baukonstruktionen**	12.052,00 BGF	68.994	**5,72**	80,0
	Außenwände: Instandsetzung von Außentüren und -fenstern, Reparaturen an Rollläden, Metallbauarbeiten • Innenwände: Instandsetzung von Wandbekleidungen insbesondere Putz- und Malerarbeiten, Schreinerarbeiten inkl. Baureinigung • Decken: Instandsetzung von Deckenbelägen inkl. Baureinigung • Baukonstruktive Einbauten: Instandsetzung von Trennwänden und Einbauten, Schreinerarbeiten.				
420	**Instandsetzung der Technischen Anlagen**	12.052,00 BGF	17.238	**1,43**	20,0
	Abwasser-, Wasser-, Gasanlagen: Instandsetzung von Sanitäranlagen insbesondere Instandsetzung von Sanitärapparaten und Wasserleitungen • Starkstromanlagen: Instandsetzung von Elektroanlagen.				

Schulen und Kindergärten

4

- 4100 Allgemeinbildende Schulen
- 4200 Berufliche Schulen
- 4300 Sonderschulen
- 4400 Kindertagesstätten

4500 Weiterbildungseinrichtungen

4100-085
Grundschule
(2-zügig)

Objektübersicht

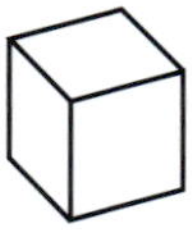

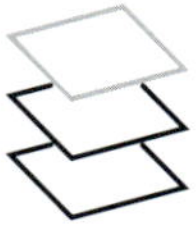

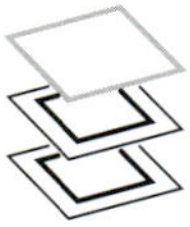

Kennwerte	bis 2. Ebene DIN 18960 inkl. Außenanlagen
Ausbau	Grund- und Mieterausbau
Land	Baden-Württemberg
Kreis	Stuttgart
Baujahr	1907
m^3 BRI	15.493
m^2 BGF	3.570
m^2 NF	2.315

1.726 €/Schüler*a

19 €/m^3 BRI*a

82 €/m^2 BGF*a

127 €/m^2 NF*a

Eigentümer:
Landeshauptstadt Stuttgart
Hauptstätter Str. 79
70178 Stuttgart

Bewirtschafter:
Schulverwaltungsamt
Hauptstätter Str. 79
70178 Stuttgart

Kostenstand: 1. Quartal 2010, inkl. MwSt.

Erläuternde Zeichnungen

NF1 Wohnen und Aufenthalt	NF4 Lagern, Verteilen und Verkaufen	NF7 Sonstige Nutzflächen
NF2 Büroarbeit	NF5 Bildung, Unterricht und Kultur	TF Technische Funktionsfläche
NF3 Prod., Hand- und Maschinenarb., Experimente	NF6 Heilen und Pflegen	VF Verkehrsfläche

Objektbeschreibung

Nutzung

1 Untergeschoss
Gymnastikraum, Werkraum, Nebenräume, Putzraum, Abstellräume, Haustechnik.

1 Erdgeschoss
Dienstzimmer, Unterrichtsräume, Sanitärräume, Putzraum, Abstellraum.

4 Obergeschosse
Büroräume, Besprechungsräume, Unterrichtsräume, Fachräume, Bibliothek, Bühnenräume, Sanitärräume, Putzräume, Abstellräume.

Nutzeinheiten

Schüler: 170
Unterrichtsräume: 14
Werkräume: 1
Fachräume: 5
Sonstige Gemeinschafts- und Unterrichtsräume: 6

Besonderer Kosteneinfluss

Nutzung
Regelschule mit Übermittagsbetreuung und verlässlicher Grundschule, 21 m^2 BGF/Schüler, 49 h Betriebszeit/Schulwoche, Dienstwohnung im Gebäude, Verbräuche getrennt messbar, Kernnutzung im untersten Geschoss, Dachgeschoss nicht ausgebaut.

Objekt
3 dezentrale Wassererwärmer, wassergespülte Urinale, Außenwände als schwere, einschalige Konstruktion, Standard der Außentüren und -fenster Zweischeibenverglasung, Holzrahmen, 10% der Außentüren und -fenster modernisiert im Jahre 2006, Wärmedämmung nach gesetzlichem Standard im Jahre 1907, Wärmeerzeugungsanlagen überwiegend mit zentraler Wassererwärmung, Heizungssteuerung Tagesprogramm, Raumheizflächen Heizkörper, Angaben zu den Bodenbelägen: 28% der NGF Holzbelag, 26% der NGF Kunststoffbelag, 32% der NGF Steinbelag, 14% der NGF ohne Belag, Angaben zur Außenverglasung: 405 m^2 Glasfläche als Außentüren und -fenster, Kastenfenster, 4-seitige Reinigung; 110 m^2 Glasfläche als Außentüren und -fenster, 2-seitige Reinigung; 5 m^2 Glasfläche als Dachfenster, 2-seitige, Angaben zur Innenverglasung: 15 m^2 Glasfläche als Innentüren und -fenster, 2-seitige Reinigung; 50 m^2 Glasfläche als Trennwände und Einbauten, 2-seitige Reinigung, Heizkessel aus dem Jahre 1982.

Grundstück

Standort: städtisch
Bauraum: freier Bauraum
Neigung: geneigtes Gelände
Standard der Außenanlagen: überwiegend Hartflächen

Betrieb

Geringe Betriebskosten:
Personalkosten des Objektmanagements inkl. arbeitsplatzbezogener Gemeinkosten wie Umlagen für arbeitsmedizinische und -sicherheitstechnische Dienste, Sekretariate, Registraturen und dgl., Wasserverbrauch 91 l/m^2 BGF und Jahr, Gas, Stromverbrauch 7 kWh/m^2 BGF und Jahr, regelmäßige Unterhaltsreinigung, Leeren von Abfallbehältern und Entsorgung, 1 Pflegefilmsanierung, 1 Sonderreinigung des Inventars, Reinigung fremdvergeben, Schädlingsbekämpfung, Kostenpauschale für regelmäßige Hausmeisterdienstleistungen im Zusammenhang mit der Reinigung und Pflege des Gebäudes wie Reinigungskontrollen und dgl., Kostenpauschale für regelmäßige Hausmeisterdienstleistungen im Zusammenhang mit der Bedienung, Inspektion und Wartung, Ersatzteile, Material, Kostenpauschale für regelmäßige Hausmeisterdienstleistungen im Zusammenhang mit Wach- und Schließdiensten, Abgaben für Grundstück und Gebäude.

Instandsetzung

Durchschnittliche Instandsetzungskosten:
Schreinerarbeiten, Brandschutzmaßnahmen an Türen und Brandschutzelementen insbesondere Instandsetzung von Trennwänden, Einbauten, Bodenbelägen und Wandbekleidungen, Parkett- und Schreinerarbeiten, Instandsetzung von Sanitärräumen insbesondere Abbruch- und Rohbauarbeiten, Herstellen von Probeöffnungen, Trockenbau- und Nassputzarbeiten, Platten- und Fliesenarbeiten, Planung der Baumaßnahme, Überwachung der Ausführung, Instandsetzung von Sanitäranlagen insbesondere Abtrennen von Wasserleitungen, Instandsetzung des Wärmeverteilnetzes insbesondere Instandsetzung von Rohrleitungen und Heizkörpern, 4-monatige Interimsmaßnahme in 2008 im Zug der Instandsetzung von Sanitäranlagen insbesondere Anmietung von Containern mit Sanitärapparaten inkl. Neuverrohrung, Verlegung von Anschlussleitungen, Begleitheizung, Reinigung instandgesetzter Sanitärräume vor Inbetriebnahme.

Planungskennwerte für Flächen und Rauminhalte nach DIN 277

Flächen des Grundstücks		Menge, Einheit	% an FBG
BF	Bebaute Fläche	836 m²	32,6
UBF	Unbebaute Fläche	1.732 m²	67,4
FBG	Fläche des Baugrundstücks	2.568 m²	100,0
FAB	Fläche außerhalb des Baugrundstücks	280 m²	7,8

Grundflächen des Bauwerks		Menge, Einheit	% an NF	% an BGF
NF	Nutzfläche	2.315 m²	100,0	64,8
TF	Technische Funktionsfläche	75 m²	3,2	2,1
VF	Verkehrsfläche	716 m²	30,9	20,1
NGF	Netto-Grundfläche	3.105 m²	134,2	87,0
KGF	Konstruktions-Grundfläche	464 m²	20,1	13,0
BGF	Brutto-Grundfläche	3.570 m²	154,2	100,0

Nutzflächen des Bauwerks		Menge, Einheit	% an NF	% an BGF
NF1	Wohnen und Aufenthalt	51 m²	2,2	1,4
NF2	Büroarbeit	87 m²	3,7	2,4
NF3	Produktion, Hand-, Maschinenarbeit, Exp.	22 m²	0,9	0,6
NF4	Lagern, Verteilen und Verkaufen	84 m²	3,6	2,4
NF5	Bildung, Unterricht und Kultur	1.573 m²	68,0	44,1
NF6	Heilen und Pflegen	0 m²	0,0	0,0
NF7	Sonstige Nutzflächen	498 m²	21,5	13,9

Brutto-Rauminhalt des Bauwerks		Menge, Einheit	BRI/NF (m)	BRI/BGF (m)
BRI	Brutto-Rauminhalt	15.493 m³	6,69	4,34

Lufttechnisch behandelte Flächen	Menge, Einheit	% an NF	% an BGF
Entlüftete Fläche	0 m²	0,0	0,0
Be- und entlüftete Fläche	0 m²	0,0	0,0
Teilklimatisierte Fläche	0 m²	0,0	0,0
Klimatisierte Fläche	0 m²	0,0	0,0

Kostenkennwerte für die Kostengruppen der 1. Ebene DIN 18960

KG	Kostengruppen (1. Ebene)	Kosten €/a	€/m² NF*a	€/m² BGF*a	€/m³ BRI*a	% an Summe
100	Kapitalkosten	–	–	–	–	–
200	Objektmanagementkosten	25.808	11	7	2	8,1
300	Betriebskosten	108.572	47	30	7	34,0
400	Instandsetzungskosten	184.796	80	52	12	57,9

Verteilung der Nutzungskosten €/m² BGF*a (Grundschulen)

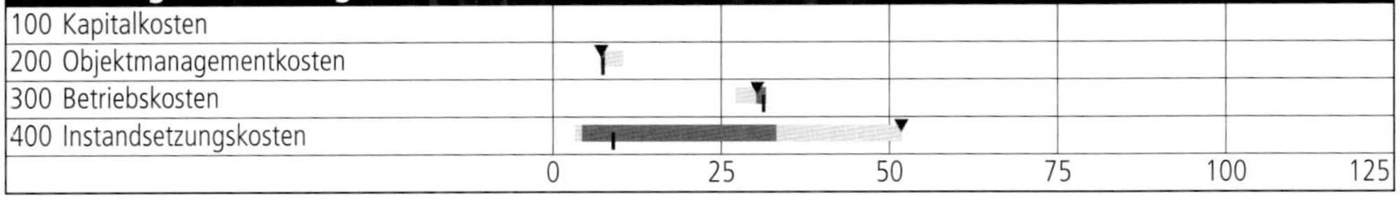

Kostenkennwerte für die Kostengruppen der 1. Ebene nach DIN 18960

KG	Kostengruppe	Menge Einheit	Kosten €/a	€/Einheit*a	% an Summe
200	**Objektmanagementkosten** **Personalkosten**: Personalkosten des Objektmanagements inkl. arbeitsplatzbezogener Gemeinkosten wie Umlagen für arbeitsmedizinische und -sicherheitstechnische Dienste, Sekretariate, Registraturen und dgl. **Sachkosten**: Sachkosten des Objektmanagements wie Raumkosten, Ausstattungskosten, Fernsprechkosten, Büroarbeitsplatz-, Bürobedarfskosten und dgl., Dienstfahrten.	3.569,89 BGF	25.808	**7,23**	8,1
300	**Betriebskosten** **Versorgung**: Wasser • Gas, Kernnutzung im untersten Geschoss, Dachgeschoss nicht ausgebaut, Außenwände als schwere, einschalige Konstruktion, Standard der Außentüren und -fenster Zweischeibenverglasung, Holzrahmen, 10% der Außentüren und -fenster modernisiert im Jahre 2006, Wärmedämmung nach gesetzlichem Standard im Jahre 1907, Wärmeerzeugungsanlagen überwiegend mit zentraler Wassererwärmung, Heizungssteuerung Tagesprogramm, Raumheizflächen Heizkörper • Strom. **Reinigung und Pflege von Gebäuden**: Regelmäßige Unterhaltsreinigung, Leeren von Abfallbehältern und Entsorgung, 1 Pflegefilmsanierung, 1 Sonderreinigung des Inventars, Reinigung fremdvergeben, 0,90 €/m² Reinigungsfläche und Jahr, Angaben zu den Bodenbelägen: 28% der NGF Holzbelag, 26% der NGF Kunststoffbelag, 32% der NGF Steinbelag, 14% der NGF ohne Belag • Schädlingsbekämpfung, Kostenpauschale für regelmäßige Hausmeisterdienstleistungen im Zusammenhang mit der Reinigung und Pflege des Gebäudes wie Reinigungskontrollen und dgl. **Bedienung, Inspektion und Wartung**: Schreinerarbeiten, Ersatzteile, Material • Reparaturen an Sanitäranlagen, Reparatur der Heizungsanlage, Wartung der Schwachstromanlage, Ersatzteile, Material • Kostenpauschale für regelmäßige Hausmeisterdienstleistungen im Zusammenhang mit der Bedienung, Inspektion und Wartung, Ersatzteile, Material. **Sicherheits- und Überwachungsdienste**: Kostenpauschale für regelmäßige Hausmeisterdienstleistungen im Zusammenhang mit Wach- und Schließdiensten. **Abgaben und Beiträge**: Abgaben für Grundstück und Gebäude.	3.569,89 BGF	108.572	**30,41**	34,0
400	**Instandsetzungskosten** **Instandsetzung der Baukonstruktionen**: Glaserarbeiten an Oberlichtern • Statische Untersuchung der Deckenkonstruktion, Dämmung der obersten Geschossdecke • Schreinerarbeiten • Brandschutzmaßnahmen an Türen und Brandschutzelementen insbesondere Instandsetzung von Trennwänden, Einbauten, Bodenbelägen und Wandbekleidungen, Parkett- und Schreinerarbeiten, Instandsetzung von Sanitärräumen insbesondere Abbruch- und Rohbauarbeiten, Herstellen von Probeöffnungen, Trockenbau- und Nassputzarbeiten, Platten- und Fliesenarbeiten, Planung der Baumaßnahme, Überwachung der Ausführung. **Instandsetzung der Technischen Anlagen**: Instandsetzung von Sanitäranlagen insbesondere Abtrennen von Wasserleitungen • Instandsetzung des Wärmeverteilnetzes insbesondere Instandsetzung von Rohrleitungen und Heizkörpern • Instandsetzung von Beleuchtungsanlagen, Instandsetzung von Elektroanlagen, Elektroarbeiten an der Rauch- und Wärmeabzugsanlage. **Instandsetzung der Ausstattung**: Beschaffung und Austausch von Möbeln.	3.569,89 BGF	184.796	**51,77**	57,9

Kostenkennwerte für die Kostengruppen der 2. Ebene nach DIN 18960

KG	Kostengruppe	Menge Einheit	Kosten €/a	€/Einheit*a	% an Summe
200	**Objektmanagementkosten**				
210	**Personalkosten**	3.569,89 BGF	22.166	**6,21**	85,9
	Personalkosten des Objektmanagements inkl. arbeitsplatzbezogener Gemeinkosten wie Umlagen für arbeitsmedizinische und -sicherheitstechnische Dienste, Sekretariate, Registraturen und dgl.				
220	**Sachkosten**	3.569,89 BGF	3.643	**1,02**	14,1
	Sachkosten des Objektmanagements wie Raumkosten, Ausstattungskosten, Fernsprechkosten, Büroarbeitsplatz-, Bürobedarfskosten und dgl., Dienstfahrten.				
300	**Betriebskosten**				
310	**Versorgung**	3.569,89 BGF	16.772	**4,70**	15,5
	Wasser: 3 dezentrale Wassererwärmer, wassergespülte Urinale • Gas: Kernnutzung im untersten Geschoss, Dachgeschoss nicht ausgebaut, Außenwände als schwere, einschalige Konstruktion, Standard der Außentüren und -fenster Zweischeibenverglasung, Holzrahmen, 10% der Außentüren und -fenster modernisiert im Jahre 2006, Wärmedämmung nach gesetzlichem Standard im Jahre 1907, Wärmeerzeugungsanlagen überwiegend mit zentraler Wassererwärmung, Heizungssteuerung Tagesprogramm, Raumheizflächen Heizkörper • Strom. Angaben zur Nutzung: Grundschule, 170 Schüler, 2-zügig, Regelschule mit Übermittagsbetreuung und verlässlicher Grundschule, 49 h Betriebszeit/Schulwoche, Dienstwohnung im Gebäude, Verbräuche getrennt messbar.				
320	**Entsorgung**	3.569,89 BGF	531	**0,15**	0,5
	Abwasser • Abfall: Kompostierung.				
330	**Reinigung und Pflege von Gebäuden**	3.569,89 BGF	35.960	**10,07**	33,1
	Unterhaltsreinigung: regelmäßige Unterhaltsreinigung, Leeren von Abfallbehältern und Entsorgung, 1 Pflegefilmsanierung, 1 Sonderreinigung des Inventars, Reinigung fremdvergeben, 0,90 €/m² Reinigungsfläche und Jahr • Glasreinigung: 1 Reinigung der Außen- und Innenverglasung inkl. Rahmen, fremdvergeben, Angaben zur Außenverglasung: 405 m² Glasfläche als Außentüren und -fenster, Kastenfenster, 4-seitige Reinigung; 110 m² Glasfläche als Außentüren und -fenster, 2-seitige Reinigung; 5 m² Glasfläche als Dachfenster, 2-seitige, Angaben zur Innenverglasung: 15 m² Glasfläche als Innentüren und -fenster, 2-seitige Reinigung; 50 m² Glasfläche als Trennwände und Einbauten, 2-seitige Reinigung • Reinigung Technischer Anlagen: Kaminkehren • Reinigung und Pflege von Gebäuden, sonstiges: Schädlingsbekämpfung, Kostenpauschale für regelmäßige Hausmeisterdienstleistungen im Zusammenhang mit der Reinigung und Pflege des Gebäudes wie Reinigungskontrollen und dgl.				

Boden- und Deckenbelagsfläche

KG	Kostengruppe	Menge Einheit	Kosten €/a	€/Einheit*a	% an Summe
340	**Reinigung und Pflege von Außenanlagen**	3.569,89 BGF	2.744	**0,77**	2,5

Befestigte Flächen: Kostenpauschale für regelmäßige Hausmeisterdienstleistungen im Zusammenhang mit Reinigung, Winterdienst und dgl., Streumittel • Pflanz- und Grünflächen: Grünpflege, Baumpflege.
1,58 €/m² unbebaute Fläche des Baugrundstücks und Jahr, Angaben zum Grundstück: unbebaute Fläche des Grundstücks 1.730 m², Standort städtisch, geneigtes Gelände.

Unbebaute Fläche des Baugrundstücks

KG	Kostengruppe	Menge Einheit	Kosten €/a	€/Einheit*a	% an Summe
350	**Bedienung, Inspektion und Wartung**	3.569,89 BGF	32.415	**9,08**	29,9

Bedienung der Technischen Anlagen: Telekommunikation • Inspektion und Wartung der Baukonstruktion: Schreinerarbeiten, Ersatzteile, Material • Inspektion und Wartung der Technischen Anlagen: Reparaturen an Sanitäranlagen, Reparatur der Heizungsanlage, Wartung der Schwachstromanlage, Ersatzteile, Material • Inspektion und Wartung von Ausstattung und Kunstwerken: Wartung von Reinigungsgeräten • Bedienung, Inspektion und Wartung, sonstiges: Kostenpauschale für regelmäßige Hausmeisterdienstleistungen im Zusammenhang mit der Bedienung, Inspektion und Wartung, Ersatzteile, Material.

KG	Kostengruppe	Menge Einheit	Kosten €/a	€/Einheit*a	% an Summe
360	**Sicherheits- und Überwachungsdienste**	3.569,89 BGF	14.159	**3,97**	13,0

Kontrollen aufgrund öffentlich-rechtlicher Bestimmungen: Spielgerätekontrolle • Objekt- und Personenschutz: Kostenpauschale für regelmäßige Hausmeisterdienstleistungen im Zusammenhang mit Wach- und Schließdiensten.

KG	Kostengruppe	Menge Einheit	Kosten €/a	€/Einheit*a	% an Summe
370	**Abgaben und Beiträge**	3.569,89 BGF	5.991	**1,68**	5,5

Abgaben für Grundstück und Gebäude.

400 Instandsetzungskosten

KG	Kostengruppe	Menge Einheit	Kosten €/a	€/Einheit*a	% an Summe
410	**Instandsetzung der Baukonstruktionen**	3.569,89 BGF	104.975	**29,41**	56,8

Innenwände: Glaserarbeiten an Oberlichtern • Decken: Statische Untersuchung der Deckenkonstruktion, Dämmung der obersten Geschossdecke • Baukonstruktive Einbauten: Schreinerarbeiten • Instandsetzungskosten der Baukonstruktionen, sonstiges: Brandschutzmaßnahmen an Türen und Brandschutzelementen insbesondere Instandsetzung von Trennwänden, Einbauten, Bodenbelägen und Wandbekleidungen, Parkett- und Schreinerarbeiten, Instandsetzung von Sanitärräumen insbesondere Abbruch- und Rohbauarbeiten, Herstellen von Probeöffnungen, Trockenbau- und Nassputzarbeiten, Platten- und Fliesenarbeiten, Planung der Baumaßnahme, Überwachung der Ausführung.

KG	Kostengruppe	Menge Einheit	Kosten €/a	€/Einheit*a	% an Summe
420	**Instandsetzung der Technischen Anlagen**	3.569,89 BGF	65.996	**18,49**	35,7

Abwasser-, Wasser-, Gasanlagen: Instandsetzung von Sanitäranlagen insbesondere Abtrennen von Wasserleitungen • Wärmeversorgungsanlagen: Instandsetzung des Wärmeverteilnetzes insbesondere Instandsetzung von Rohrleitungen und Heizkörpern • Starkstromanlagen: Instandsetzung von Beleuchtungsanlagen, Instandsetzung von Elektroanlagen, Elektroarbeiten an der Rauch- und Wärmeabzugsanlage.

KG	Kostengruppe	Menge Einheit	Kosten €/a	€/Einheit*a	% an Summe
440	**Instandsetzung der Ausstattung**	3.569,89 BGF	1.429	**0,40**	0,8

Beschaffung und Austausch von Möbeln.

KG	Kostengruppe	Menge Einheit	Kosten €/a	€/Einheit*a	% an Summe
490	**Instandsetzungskosten, sonstiges** 4-monatige Interimsmaßnahme in 2008 im Zug der Instandsetzung von Sanitäranlagen insbesondere Anmietung von Containern mit Sanitärapparaten inkl. Neuverrohrung, Verlegung von Anschlussleitungen, Begleitheizung, Reinigung instandgesetzter Sanitärräume vor Inbetriebnahme.	3.569,89 BGF	12.396	**3,47**	6,7

4100-086
Gymnasium
(3-zügig)

Objektübersicht

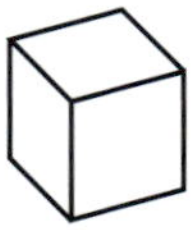

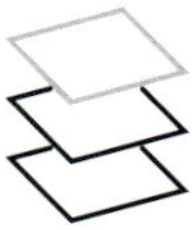

533 €/Schüler*a

11 €/m³ BRI*a

50 €/m² BGF*a

82 €/m² NF*a

Kennwerte	bis 2. Ebene DIN 18960 inkl. Außenanlagen
Ausbau	Grund- und Mieterausbau
Land	Baden-Württemberg
Kreis	Stuttgart
Baujahr	1885
m³ BRI	25.907
m² BGF	5.783
m² NF	3.532

Eigentümer:
Landeshauptstadt Stuttgart
Hauptstätter Str. 79
70178 Stuttgart

Bewirtschafter:
Schulverwaltungsamt
Hauptstätter Str. 79
70178 Stuttgart

Kostenstand: 1. Quartal 2010, inkl. MwSt.

Erläuternde Zeichnungen

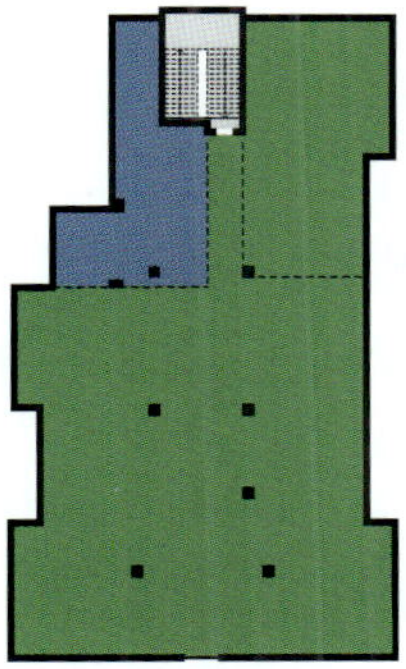

4. Obergeschoss

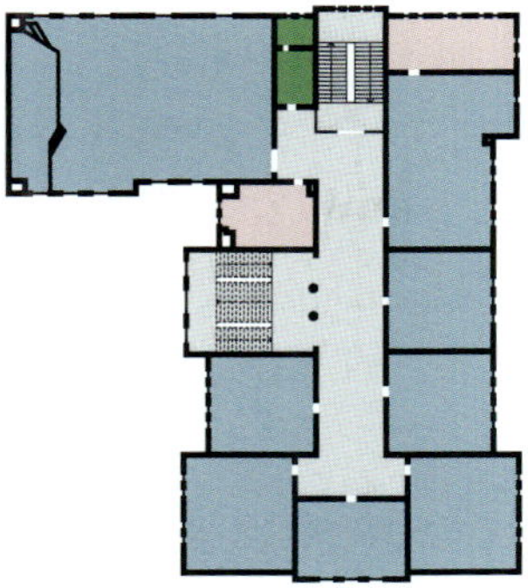

3. Obergeschoss

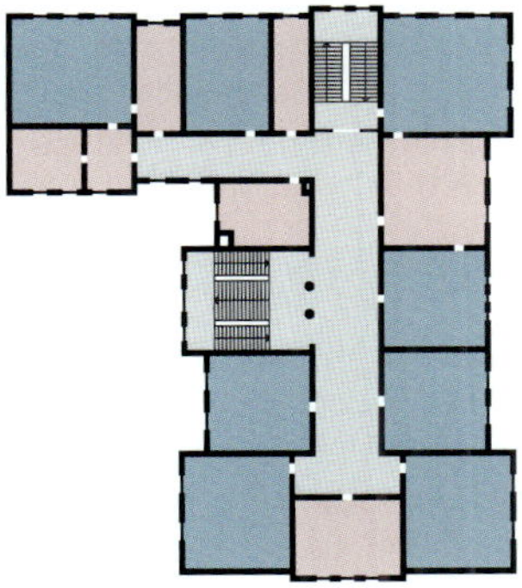

2. Obergeschoss

1. Obergeschoss

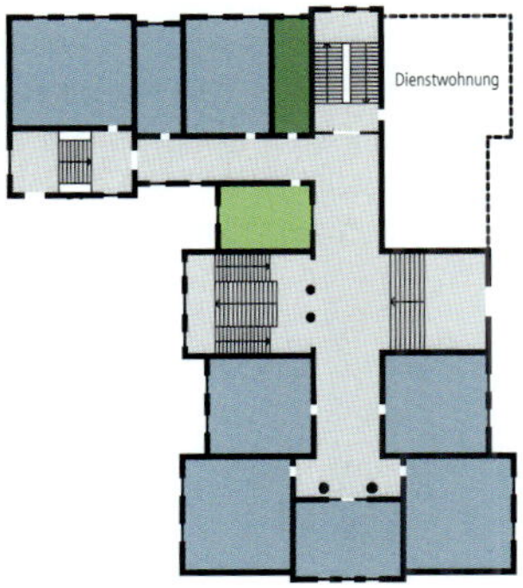

Erdgeschoss

Untergeschoss

NF1 Wohnen und Aufenthalt	NF4 Lagern, Verteilen und Verkaufen	NF7 Sonstige Nutzflächen
NF2 Büroarbeit	NF5 Bildung, Unterricht und Kultur	TF Technische Funktionsfläche
NF3 Prod., Hand- und Maschinenarb., Experimente	NF6 Heilen und Pflegen	VF Verkehrsfläche

Objektbeschreibung

Nutzung

1 Untergeschoss
Cafeteria, Küche, Werkstatt, Sanitärräume, Putzraum, Abstellräume, Haustechnik.

1 Erdgeschoss
Gemeinschaftsraum, Dienstzimmer, Unterrichtsräume, Bibliotheksräume, Sanitärräume.

4 Obergeschosse
Büroräume, Besprechungsräume, Unterrichtsräume, Fachräume, Räume für naturwissenschaftlichen Unterricht, EDV-Computerraum, Versammlungsraum, Bühnenraum, Sanitärräume, Abstellräume, Haustechnik.

Nutzeinheiten

Schüler: 545
Unterrichtsräume: 17
Naturwissenschaftliche Räume: 4
Sonstige Gemeinschafts- und Unterrichtsräume: 6

Besonderer Kosteneinfluss

Nutzung
Regelschule, 10 m² BGF/Schüler, Essensangebot, Catering, Küchenbetrieb, 55 Essen/Schultag, Dienstwohnung im Gebäude, Verbräuche getrennt messbar, keine Kernnutzung im untersten Geschoss, Dachgeschoss nicht ausgebaut.

Objekt
Außenwände als schwere, einschalige Konstruktion, Standard der Außentüren und -fenster Zweischeibenverglasung, Holzrahmen, modernisiert im Jahre 2006, Wärmedämmung nach gesetzlichem Standard im Jahre 1885, zusätzliche Dämmung der obersten Geschossdecke, Wärmeerzeugungsanlagen mit zentraler Wassererwärmung, Raumheizflächen Heizkörper, Zu- und Abluftanlage im Musiksaal, Angaben zu den Bodenbelägen: 35% der NGF Holzbelag, 12% der NGF Kunststoffbelag, 38% der NGF Steinbelag, 15% der NGF ohne Belag, Angaben zur Außenverglasung: 470 m² Glasfläche als Außentüren und -fenster, Kastenfenster, 4-seitige Reinigung; 120 m² Glasfläche als Außentüren und -fenster, 2-seitige Reinigung; 5 m² Glasfläche als Dachfenster, 2-seitige, Angaben zur Innenverglasung: 35 m² Glasfläche als Innentüren und -fenster, 2-seitige Reinigung, 195 m² Glasfläche als Trennwände und Einbauten, 2-seitige Reinigung, Denkmalschutz.

Grundstück

Standort: innerstädtisch
Bauraum: beengt
Neigung: geneigtes Gelände
Standard der Außenanlagen: überwiegend Hartflächen

Betrieb

Geringe Betriebskosten:
Personalkosten des Objektmanagements inkl. arbeitsplatzbezogener Gemeinkosten wie Umlagen für arbeitsmedizinische und -sicherheitstechnische Dienste, Sekretariate, Registraturen und dgl., Energiemanagement, Gas, Fernwärme, Strom, regelmäßige Unterhaltsreinigung, Leeren von Abfallbehältern und Entsorgung, 2 Pflegefilmsanierungen, Reinigung fremdvergeben, Kostenpauschale für regelmäßige Hausmeisterdienstleistungen im Zusammenhang mit der Bedienung, Inspektion und Wartung, Kostenpauschale für regelmäßige Hausmeisterdienstleistungen im Zusammenhang mit Wach- und Schließdiensten, Abgaben für Grundstück und Gebäude.

Instandsetzung

Geringe Instandsetzungskosten:
Abdichtung der Kellerwände inkl. erforderlicher Vorarbeiten des Garten- und Landschaftsbaus, Schuttmulde und -container, Maurerarbeiten, Instandsetzung von Außentüren und -fenstern insbesondere Schlosser- und Schreinerarbeiten, Instandsetzung des Sonnenschutzes, Maler- und Fliesenarbeiten, Schreinerarbeiten an Innentüren, Instandsetzung von Rohrleitungen inkl. Abdichtung von Kellerwänden, Planung der Baumaßnahme, Überwachung der Ausführung, Instandsetzung der Sanitäranlagen insbesondere Instandsetzung von Rohrleitungen inkl. Reinigung der Sanitärräume vor Inbetriebnahme, Prüfung und Instandsetzung des Blitzschutzes, Elektroarbeiten, Instandsetzung von EDV-Übertragungsnetzen, System- und Netzwerktechnik, Kabelleitungen.

Planungskennwerte für Flächen und Rauminhalte nach DIN 277

Flächen des Grundstücks		Menge, Einheit	% an FBG
BF	Bebaute Fläche	2.615 m²	48,2
UBF	Unbebaute Fläche	2.808 m²	51,8
FBG	Fläche des Baugrundstücks	5.423 m²	100,0
FAB	Fläche außerhalb des Baugrundstücks	1.035 m²	17,9

Grundflächen des Bauwerks		Menge, Einheit	% an NF	% an BGF
NF	Nutzfläche	3.532 m²	100,0	61,1
TF	Technische Funktionsfläche	205 m²	5,8	3,5
VF	Verkehrsfläche	1.274 m²	36,1	22,0
NGF	Netto-Grundfläche	5.011 m²	141,9	86,7
KGF	Konstruktions-Grundfläche	772 m²	21,9	13,3
BGF	Brutto-Grundfläche	5.783 m²	163,7	100,0

Nutzflächen des Bauwerks		Menge, Einheit	% an NF	% an BGF
NF1	Wohnen und Aufenthalt	62 m²	1,8	1,1
NF2	Büroarbeit	269 m²	7,6	4,6
NF3	Produktion, Hand-, Maschinenarbeit, Exp.	79 m²	2,2	1,4
NF4	Lagern, Verteilen und Verkaufen	289 m²	8,2	5,0
NF5	Bildung, Unterricht und Kultur	1.739 m²	49,2	30,1
NF6	Heilen und Pflegen	0 m²	0,0	0,0
NF7	Sonstige Nutzflächen	1.093 m²	31,0	18,9

Brutto-Rauminhalt des Bauwerks		Menge, Einheit	BRI/NF (m)	BRI/BGF (m)
BRI	Brutto-Rauminhalt	25.907 m³	7,34	4,48

Lufttechnisch behandelte Flächen	Menge, Einheit	% an NF	% an BGF
Entlüftete Fläche	0 m²	0,0	0,0
Be- und entlüftete Fläche	242 m²	6,8	4,2
Teilklimatisierte Fläche	0 m²	0,0	0,0
Klimatisierte Fläche	0 m²	0,0	0,0

Kostenkennwerte für die Kostengruppen der 1. Ebene DIN 18960

KG	Kostengruppen (1. Ebene)	Kosten €/a	€/m² NF*a	€/m² BGF*a	€/m³ BRI*a	% an Summe
100	Kapitalkosten	–	–	–	–	–
200	Objektmanagementkosten	45.213	13	8	2	13,5
300	Betriebskosten	156.759	44	27	6	46,7
400	Instandsetzungskosten	133.650	38	23	5	39,8

Verteilung der Nutzungskosten €/m² BGF*a (Gymnasien)

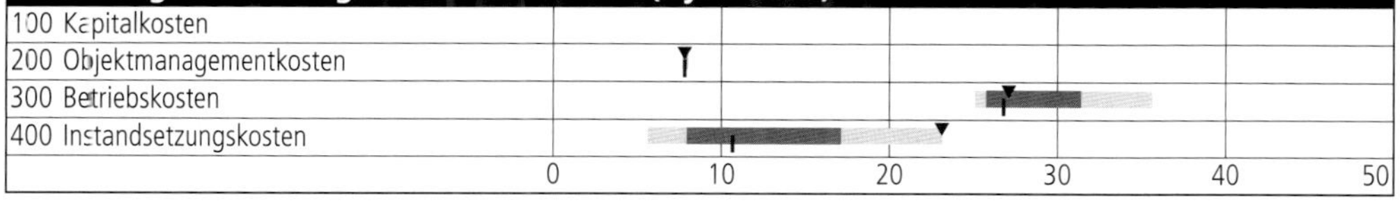

Kostenkennwerte für die Kostengruppen der 1. Ebene nach DIN 18960

KG	Kostengruppe	Menge Einheit	Kosten €/a	€/Einheit*a	% an Summe
200	**Objektmanagementkosten** **Personalkosten**: Personalkosten des Objektmanagements inkl. arbeitsplatzbezogener Gemeinkosten wie Umlagen für arbeitsmedizinische und -sicherheitstechnische Dienste, Sekretariate, Registraturen und dgl., Energiemanagement. **Sachkosten**: Sachkosten des Objektmanagements wie Raumkosten, Ausstattungskosten, Fernsprechkosten, Büroarbeitsplatz-, Bürobedarfskosten und dgl., Dienstfahrten. **Fremdleistungen**: Leistungen im Zusammenhang mit einer Baugenehmigung.	5.782,80 BGF	45.213	**7,82**	13,5
300	**Betriebskosten** **Versorgung**: Wasser • Gas, Fernwärme, keine Kernnutzung im untersten Geschoss, Dachgeschoss nicht ausgebaut, Außenwände als schwere, einschalige Konstruktion, Standard der Außentüren und -fenster Zweischeibenverglasung, Holzrahmen, modernisiert im Jahre 2006, Wärmedämmung nach gesetzlichem Standard im Jahre 1885, zusätzliche Dämmung der obersten Geschossdecke, Wärmeerzeugungsanlagen mit zentraler Wassererwärmung, Raumheizflächen Heizkörper • Strom, Zu- und Abluftanlage im Musiksaal. **Reinigung und Pflege von Gebäuden**: Regelmäßige Unterhaltsreinigung, Leeren von Abfallbehältern und Entsorgung, 2 Pflegefilmsanierungen, Reinigung fremdvergeben, 1,68 €/m² Reinigungsfläche und Jahr, Angaben zu den Bodenbelägen: 35% der NGF Holzbelag, 12% der NGF Kunststoffbelag, 38% der NGF Steinbelag, 15% der NGF ohne Belag. **Reinigung und Pflege von Außenanlagen**: Reinigung fremdvergeben, Kostenpauschale für regelmäßige Hausmeisterdienstleistungen im Zusammenhang mit Reinigung, Winterdienst und dgl., Streumittel. **Bedienung, Inspektion und Wartung**: Telekommunikation, EDV- und Internetdienste • Reparaturen an Sanitäranlagen, Wartung des Brenners, Abgaswegeuntersuchung, Wartung der Rauch- und Wärmeabzugsanlage, Wartung der Schwachstromanlagen, Elektroarbeiten, Reparaturen an Schaltuhren und Dimmern, Ersatzteile, Material • Kostenpauschale für regelmäßige Hausmeisterdienstleistungen im Zusammenhang mit der Bedienung, Inspektion und Wartung. **Sicherheits- und Überwachungsdienste**: Kostenpauschale für regelmäßige Hausmeisterdienstleistungen im Zusammenhang mit Wach- und Schließdiensten. **Abgaben und Beiträge**: Abgaben für Grundstück und Gebäude.	5.782,80 BGF	156.759	**27,11**	46,7

KG	Kostengruppe	Menge Einheit	Kosten €/a	€/Einheit*a	% an Summe
400	**Instandsetzungskosten**	5.782,80 BGF	133.650	**23,11**	39,8

Instandsetzung der Baukonstruktionen: Abdichtung der Kellerwände inkl. erforderlicher Vorarbeiten des Garten- und Landschaftsbaus, Schuttmulde und -container, Maurerarbeiten, Instandsetzung von Außentüren und -fenstern insbesondere Schlosser- und Schreinerarbeiten, Instandsetzung des Sonnenschutzes • Maler- und Fliesenarbeiten, Schreinerarbeiten an Innentüren • Instandsetzung von Deckenbelägen und -bekleidungen insbesondere Verputzarbeiten an Decken, Bodenbelagsarbeiten • Abbrucharbeiten an Innenwänden, Decken und -belägen.

Instandsetzung der Technischen Anlagen: Instandsetzung von Rohrleitungen inkl. Abdichtung von Kellerwänden, Planung der Baumaßnahme, Überwachung der Ausführung, Instandsetzung der Sanitäranlagen insbesondere Instandsetzung von Rohrleitungen inkl. Reinigung der Sanitärräume vor Inbetriebnahme • Instandsetzung lufttechnischer Anlagen insbesondere Instandsetzung von Ventilatoren • Prüfung und Instandsetzung des Blitzschutzes, Elektroarbeiten • Instandsetzung von EDV-Übertragungsnetzen, System- und Netzwerktechnik, Kabelleitungen.

Instandsetzung der Ausstattung: Austausch und Montage von Beamern.

Kostenkennwerte für die Kostengruppen der 2. Ebene nach DIN 18960

KG	Kostengruppe	Menge	Einheit	Kosten €/a	€/Einheit*a	% an Summe
200	**Objektmanagementkosten**					
210	**Personalkosten** Personalkosten des Objektmanagements inkl. arbeitsplatzbezogener Gemeinkosten wie Umlagen für arbeitsmedizinische und -sicherheitstechnische Dienste, Sekretariate, Registraturen und dgl., Energiemanagement.	5.782,80	BGF	37.868	**6,55**	83,8
220	**Sachkosten** Sachkosten des Objektmanagements wie Raumkosten, Ausstattungskosten, Fernsprechkosten, Büroarbeitsplatz-, Bürobedarfskosten und dgl., Dienstfahrten.	5.782,80	BGF	6.277	**1,09**	13,9
230	**Fremdleistungen** Leistungen im Zusammenhang mit einer Baugenehmigung.	5.782,80	BGF	1.068	**0,18**	2,4
300	**Betriebskosten**					
310	**Versorgung** Wasser • Gas, Fernwärme: keine Kernnutzung im untersten Geschoss, Dachgeschoss nicht ausgebaut, Außenwände als schwere, einschalige Konstruktion, Standard der Außentüren und -fenster Zweischeibenverglasung, Holzrahmen, modernisiert im Jahre 2006, Wärmedämmung nach gesetzlichem Standard im Jahre 1885, zusätzliche Dämmung der obersten Geschossdecke, Wärmeerzeugungsanlagen mit zentraler Wassererwärmung, Raumheizflächen Heizkörper • Strom: Zu- und Abluftanlage im Musiksaal. Angaben zur Nutzung: Gymnasium, 545 Schüler, 3-zügig, Regelschule, Essensangebot, Catering, Küchenbetrieb, 55 Essen/Schultag, Dienstwohnung im Gebäude, Verbräuche getrennt messbar.	5.782,80	BGF	38.663	**6,69**	24,7
320	**Entsorgung** Abwasser.	5.782,80	BGF	652	**0,11**	0,4

KG	Kostengruppe	Menge Einheit	Kosten €/a	€/Einheit*a	% an Summe
330	**Reinigung und Pflege von Gebäuden**	5.782,80 BGF	49.965	**8,64**	31,9

Unterhaltsreinigung: regelmäßige Unterhaltsreinigung, Leeren von Abfallbehältern und Entsorgung, 2 Pflegefilmsanierungen, Reinigung fremdvergeben, 1,68 €/m² Reinigungsfläche und Jahr • Glasreinigung: 1 Reinigung der Außen- und Innenverglasung inkl. Rahmen, fremdvergeben, Angaben zur Außenverglasung: 470 m² Glasfläche als Außentüren und -fenster, Kastenfenster, 4-seitige Reinigung; 120 m² Glasfläche als Außentüren und -fenster, 2-seitige Reinigung; 5 m² Glasfläche als Dachfenster, 2-seitige, Angaben zur Innenverglasung: 35 m² Glasfläche als Innentüren und -fenster, 2-seitige Reinigung, 195 m² Glasfläche als Trennwände und Einbauten, 2-seitige Reinigung • Reinigung und Pflege von Gebäuden, sonstiges: Schädlingsbekämpfung, Kostenpauschale für regelmäßige Hausmeisterdienstleistungen im Zusammenhang mit der Reinigung und Pflege des Gebäudes wie Reinigungskontrollen und dgl.

Boden- und Deckenbelagsfläche

KG	Kostengruppe	Menge Einheit	Kosten €/a	€/Einheit*a	% an Summe
340	**Reinigung und Pflege von Außenanlagen**	5.782,80 BGF	8.349	**1,44**	5,3

Befestigte Flächen: Reinigung fremdvergeben, Kostenpauschale für regelmäßige Hausmeisterdienstleistungen im Zusammenhang mit Reinigung, Winterdienst und dgl., Streumittel • Pflanz- und Grünflächen: Grünpflege.
2,97 €/m² unbebaute Fläche des Baugrundstücks und Jahr, Angaben zum Grundstück: unbebaute Fläche des Grundstücks 2.810 m², Standort innerstädtisch, geneigtes Gelände.

Unbebaute Fläche des Baugrundstücks

KG	Kostengruppe	Menge Einheit	Kosten €/a	€/Einheit*a	% an Summe
350	**Bedienung, Inspektion und Wartung**	5.782,80 BGF	32.336	**5,59**	20,6

Bedienung der Technischen Anlagen: Telekommunikation, EDV- und Internetdienste • Inspektion und Wartung der Baukonstruktion: Schreinerarbeiten, allgemeine Wartungsarbeiten, Ersatzteile • Inspektion und Wartung der Technischen Anlagen: Reparaturen an Sanitäranlagen, Wartung des Brenners, Abgaswegeuntersuchung, Wartung der Rauch- und Wärmeabzugsanlage, Wartung der Schwachstromanlagen, Elektroarbeiten, Reparaturen an Schaltuhren und Dimmern, Ersatzteile, Material • Bedienung, Inspektion und Wartung, sonstiges: Kostenpauschale für regelmäßige Hausmeisterdienstleistungen im Zusammenhang mit der Bedienung, Inspektion und Wartung.

KG	Kostengruppe	Menge Einheit	Kosten €/a	€/Einheit*a	% an Summe
360	**Sicherheits- und Überwachungsdienste**	5.782,80 BGF	12.107	**2,09**	7,7

Kontrollen aufgrund öffentlich-rechtlicher Bestimmungen: Spielgerätekontrolle • Objekt- und Personenschutz: Kostenpauschale für regelmäßige Hausmeisterdienstleistungen im Zusammenhang mit Wach- und Schließdiensten.

KG	Kostengruppe	Menge Einheit	Kosten €/a	€/Einheit*a	% an Summe
370	**Abgaben und Beiträge**	5.782,80 BGF	14.688	**2,54**	9,4

Abgaben für Grundstück und Gebäude.

KG	Kostengruppe	Menge Einheit	Kosten €/a	€/Einheit*a	% an Summe
400	**Instandsetzungskosten**				
410	**Instandsetzung der Baukonstruktionen** Außenwände: Abdichtung der Kellerwände inkl. erforderlicher Vorarbeiten des Garten- und Landschaftsbaus, Schuttmulde und -container, Maurerarbeiten, Instandsetzung von Außentüren und -fenstern insbesondere Schlosser- und Schreinerarbeiten, Instandsetzung des Sonnenschutzes • Innenwände: Maler- und Fliesenarbeiten, Schreinerarbeiten an Innentüren • Decken: Instandsetzung von Deckenbelägen und -bekleidungen insbesondere Verputzarbeiten an Decken, Bodenbelagsarbeiten • Instandsetzungskosten der Baukonstruktionen, sonstiges: Abbrucharbeiten an Innenwänden, Decken und -belägen.	5.782,80 BGF	94.620	**16,36**	70,8
420	**Instandsetzung der Technischen Anlagen** Abwasser-, Wasser-, Gasanlagen: Instandsetzung von Rohrleitungen inkl. Abdichtung von Kellerwänden, Planung der Baumaßnahme, Überwachung der Ausführung, Instandsetzung der Sanitäranlagen insbesondere Instandsetzung von Rohrleitungen inkl. Reinigung der Sanitärräume vor Inbetriebnahme • Lufttechnische Anlagen: Instandsetzung lufttechnischer Anlagen insbesondere Instandsetzung von Ventilatoren • Starkstromanlagen: Prüfung und Instandsetzung des Blitzschutzes, Elektroarbeiten • Fernmelde- und informationstechnische Anlagen: Instandsetzung von EDV-Übertragungsnetzen, System- und Netzwerktechnik, Kabelleitungen.	5.782,80 BGF	37.079	**6,41**	27,7
440	**Instandsetzung der Ausstattung** Austausch und Montage von Beamern.	5.782,80 BGF	1.951	**0,34**	1,5

4100-087
Gymnasium
(4-zügig)

Objektübersicht

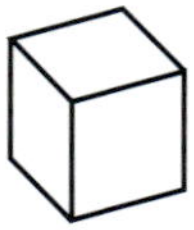

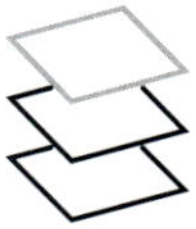

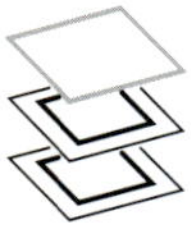

421 €/Schüler*a

10 €/m³ BRI*a

41 €/m² BGF*a

76 €/m² NF*a

Kennwerte	bis 2. Ebene DIN 18960 inkl. Außenanlagen
Ausbau	Grund- und Mieterausbau
Land	Baden-Württemberg
Kreis	Stuttgart
Baujahr	1976
m³ BRI	38.886
m² BGF	9.445
m² NF	5.156

Eigentümer:
Landeshauptstadt Stuttgart
Hauptstätter Str. 79
70178 Stuttgart

Bewirtschafter:
Schulverwaltungsamt
Hauptstätter Str. 79
70178 Stuttgart

Kostenstand: 1. Quartal 2010, inkl. MwSt.

1. Obergeschoss

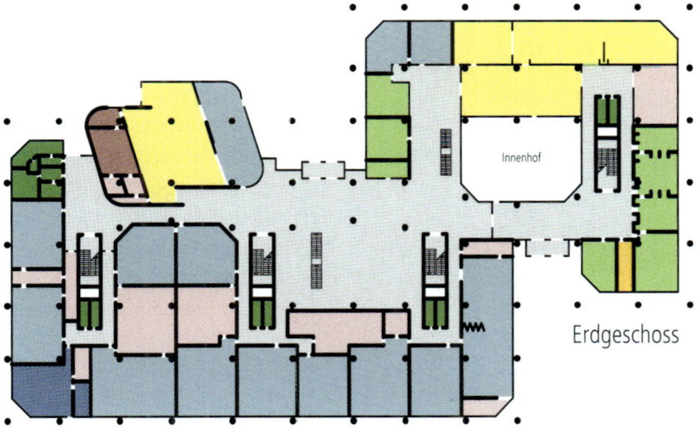

Erdgeschoss

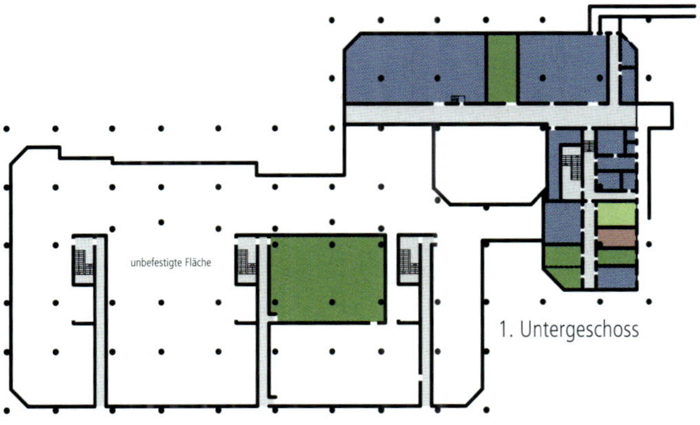

1. Untergeschoss

- NF1 Wohnen und Aufenthalt
- NF2 Büroarbeit
- NF3 Prod., Hand- und Maschinenarb., Experimente
- NF4 Lagern, Verteilen und Verkaufen
- NF5 Bildung, Unterricht und Kultur
- NF6 Heilen und Pflegen
- NF7 Sonstige Nutzflächen
- TF Technische Funktionsfläche
- VF Verkehrsfläche

Objektbeschreibung

Nutzung

1 Untergeschoss
Gemeinschaftsraum, Werkstatt, Fachraum, Abstellräume, Haustechnik.

1 Erdgeschoss
Gemeinschaftsräume, Speiseraum, Büroräume, Dienstzimmer, Küche, Kühlräume, Räume für naturwissenschaftlichen Unterricht, Fachräume, Bibliotheksräume, Arztzimmer, Sanitärräume, Putzräume, Abstellräume, Haustechnik.

1 Obergeschoss
Unterrichtsräume, Fachräume, EDV-Computerraum, Serverraum, Sanitärräume, Putzraum, Abstellräume.

Nutzeinheiten

Schüler: 926
Unterrichtsräume: 35
Naturwissenschaftliche Räume: 8
Sonstige Gemeinschafts- und Unterrichtsräume: 10

Besonderer Kosteneinfluss

Nutzung
Regelschule, 10 m^2 BGF/Schüler, Essensangebot, Küchenbetrieb, 150 Essen/Schultag, 25 EDV-Arbeitsplätze, Kernnutzung im untersten Geschoss.

Objekt
Außenwände als Pfosten-Riegel-Konstruktion, Standard der Außentüren und -fenster Zweischeibenverglasung, Aluminiumrahmen, Wärmedämmung nach gesetzlichem Standard im Jahre 1976, Wärmeerzeugungsanlagen mit zentraler Wassererwärmung, Heizungssteuerung Tagesprogramm, Zu- und Abluftanlage, Angaben zu den Bodenbelägen: 1% der NGF Holzbelag, 67% der NGF Kunststoffbelag, 27% der NGF Steinbelag, 5% der NGF Teppichbelag, Angaben zur Außenverglasung: 2.460 m^2 Glasfläche als Außentüren und -fenster, 2-seitige Reinigung; 115 m^2 Glasfläche als Lichtkuppel, 2-seitige Reinigung, Angaben zur Innenverglasung: 550 m^2 Glasfläche als Innentüren und -fenster, 2-seitige Reinigung; 160 m^2 Glasfläche als Trennwände und Einbauten, 2-seitige Reinigung, Heizkessel aus dem Jahre 1975.

Grundstück

Standort: städtisch
Bauraum: beengt
Neigung: ebenes Gelände
Standard der Außenanlagen: ausreichend Grünflächen

Betrieb

Geringe Betriebskosten:
Personalkosten des Objektmanagements inkl. arbeitsplatzbezogener Gemeinkosten wie Umlagen für arbeitsmedizinische und -sicherheitstechnische Dienste, Sekretariate, Registraturen und dgl., Energiemanagement, Gas, Strom, regelmäßige Unterhaltsreinigung, Leeren von Abfallbehältern und Entsorgung, 2 Pflegefilmsanierungen, 1 Sonderreinigung von Trennwänden in Sanitäranlagen, Reinigung fremdvergeben, Kostenpauschale für regelmäßige Hausmeisterdienstleistungen im Zusammenhang mit der Bedienung, Inspektion und Wartung, Kostenpauschale für regelmäßige Hausmeisterdienstleistungen im Zusammenhang mit Wach- und Schließdiensten, Abgaben für Grundstück und Gebäude.

Instandsetzung

Geringe Instandsetzungskosten:
Instandsetzung von Außentüren und -fenstern insbesondere Instandsetzung von Jalousien, Schließanlagen und Kippfenstern, Schlosser- und Glaserarbeiten, Instandsetzung von Trennwänden in Sanitäranlagen, Instandsetzung der Heizungsregelung, -steuerung und -technik, Instandsetzung des Brenners und Heizkessels insbesondere Reparaturen an Kompressoren und Umformern, Instandsetzung von Elektroanlagen, Elektroarbeiten an Beleuchtungsanlagen, Vorschaltgeräten und Schaltern, Instandsetzung von Mastleuchten.

Planungskennwerte für Flächen und Rauminhalte nach DIN 277

Flächen des Grundstücks		Menge, Einheit	% an FBG
BF	Bebaute Fläche	6.022 m^2	25,1
UBF	Unbebaute Fläche	17.994 m^2	74,9
FBG	Fläche des Baugrundstücks	24.016 m^2	100,0
FAB	Fläche außerhalb des Baugrundstücks	1.830 m^2	19,4

Grundflächen des Bauwerks		Menge, Einheit	% an NF	% an BGF
NF	Nutzfläche	5.156 m^2	100,0	54,6
TF	Technische Funktionsfläche	562 m^2	10,9	5,9
VF	Verkehrsfläche	2.604 m^2	50,5	27,6
NGF	Netto-Grundfläche	8.322 m^2	161,4	88,1
KGF	Konstruktions-Grundfläche	1.123 m^2	21,8	11,9
BGF	Brutto-Grundfläche	9.445 m^2	183,2	100,0

Nutzflächen des Bauwerks		Menge, Einheit	% an NF	% an BGF
NF1	Wohnen und Aufenthalt	679 m^2	13,2	7,2
NF2	Büroarbeit	243 m^2	4,7	2,6
NF3	Produktion, Hand-, Maschinenarbeit, Exp.	47 m^2	0,9	0,5
NF4	Lagern, Verteilen und Verkaufen	156 m^2	3,0	1,6
NF5	Bildung, Unterricht und Kultur	3.484 m^2	67,6	36,9
NF6	Heilen und Pflegen	17 m^2	0,3	0,2
NF7	Sonstige Nutzflächen	531 m^2	10,3	5,6

Brutto-Rauminhalt des Bauwerks		Menge, Einheit	BRI/NF (m)	BRI/BGF (m)
BRI	Brutto-Rauminhalt	38.886 m^3	7,54	4,12

Lufttechnisch behandelte Flächen	Menge, Einheit	% an NF	% an BGF
Entlüftete Fläche	0 m^2	0,0	0,0
Be- und entlüftete Fläche	793 m^2	15,4	8,4
Teilklimatisierte Fläche	0 m^2	0,0	0,0
Klimatisierte Fläche	0 m^2	0,0	0,0

Kostenkennwerte für die Kostengruppen der 1. Ebene DIN 18960

KG	Kostengruppen (1. Ebene)	Kosten €/a	€/m^2 NF*a	€/m^2 BGF*a	€/m^3 BRI*a	% an Summe
100	Kapitalkosten	–	–	–	–	–
200	Objektmanagementkosten	73.179	14	8	2	15,8
300	Betriebskosten	336.103	65	36	9	72,6
400	Instandsetzungskosten	53.648	10	6	1	11,6

Verteilung der Nutzungskosten €/m^2 BGF*a (Gymnasien)

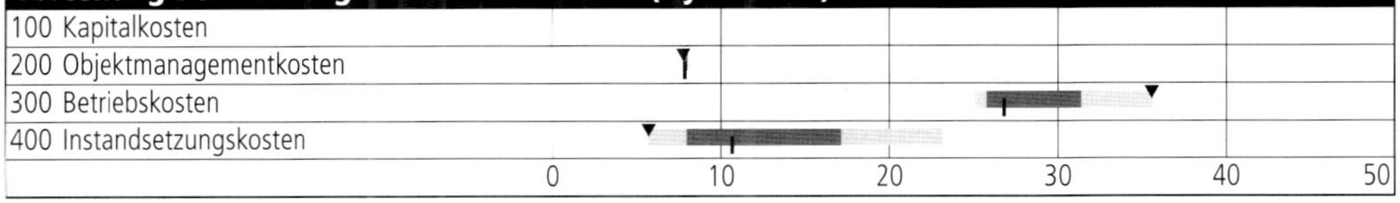

Kostenkennwerte für die Kostengruppen der 1. Ebene nach DIN 18960

KG	Kostengruppe	Menge Einheit	Kosten €/a	€/Einheit*a	% an Summe
200	**Objektmanagementkosten** **Personalkosten**: Personalkosten des Objektmanagements inkl. arbeitsplatzbezogener Gemeinkosten wie Umlagen für arbeitsmedizinische und -sicherheitstechnische Dienste, Sekretariate, Registraturen und dgl., Energiemanagement. **Sachkosten**: Sachkosten des Objektmanagements wie Raumkosten, Ausstattungskosten, Fernsprechkosten, Büroarbeitsplatz-, Bürobedarfskosten und dgl., Dienstfahrten. **Fremdleistungen**: Vermessungsarbeiten.	9.445,00 BGF	73.179	**7,75**	15,8
300	**Betriebskosten** **Versorgung**: Wasser • Gas, Kernnutzung im untersten Geschoss, Außenwände als Pfosten-Riegel-Konstruktion, Standard der Außentüren und -fenster Zweischeibenverglasung, Aluminiumrahmen, Wärmedämmung nach gesetzlichem Standard im Jahre 1976, Wärmeerzeugungsanlagen mit zentraler Wassererwärmung, Heizungssteuerung Tagesprogramm • Strom, 25 EDV-Arbeitsplätze, Zu- und Abluftanlage. **Reinigung und Pflege von Gebäuden**: Regelmäßige Unterhaltsreinigung, Leeren von Abfallbehältern und Entsorgung, 2 Pflegefilmsanierungen, 1 Sonderreinigung von Trennwänden in Sanitäranlagen, Reinigung fremdvergeben, 1,71 €/m2 Reinigungsfläche und Jahr, Angaben zu den Bodenbelägen: 1% der NGF Holzbelag, 67% der NGF Kunststoffbelag, 27% der NGF Steinbelag, 5% der NGF Teppichbelag. **Reinigung und Pflege von Außenanlagen**: Reinigung fremdvergeben, Kostenpauschale für regelmäßige Hausmeisterdienstleistungen im Zusammenhang mit Reinigung, Winterdienst und dgl., Streumittel, Verbrauchsmittel. **Bedienung, Inspektion und Wartung**: Reparaturen an Außentüren und -fenstern insbesondere Reparaturen an Schließanlagen, Zylindern und Jalousien, Schreiner- und Schlosserarbeiten, Austausch von Fensterscheiben, Glaserarbeiten, Probeöffnung, Inspektion und Reparaturen an der Dachkonstruktion • Abgaswegeuntersuchung, vorbeugender Korrosionsschutz an Wasserleitungen und wasserführenden Armaturen, Einbau eines Flüssigkeitsdosiergeräts, Reparaturen an Sanitäranlagen, Inspektion des Brenners, Wartung der Rauch- und Wärmeabzugsanlage, Wartung von Brandschutzklappen, Wartung der Batterieanlage, Wartung der Schwachstromanlage, Elektroarbeiten, Austausch von Filtern der Lüftungsanlage, Reparaturen an Steckdosen, Kühlern, Digestorien, Ersatzteile, Material • Kostenpauschale für regelmäßige Hausmeisterdienstleistungen im Zusammenhang mit der Bedienung, Inspektion und Wartung. **Sicherheits- und Überwachungsdienste**: Kostenpauschale für regelmäßige Hausmeisterdienstleistungen im Zusammenhang mit Wach- und Schließdiensten. **Abgaben und Beiträge**: Abgaben für Grundstück und Gebäude.	9.445,00 BGF	336.103	**35,59**	72,6

KG	Kostengruppe	Menge Einheit	Kosten €/a	€/Einheit*a	% an Summe
400	**Instandsetzungskosten**	9.445,00 BGF	53.648	**5,68**	11,6

Instandsetzung der Baukonstruktionen: Instandsetzung von Außentüren und -fenstern insbesondere Instandsetzung von Jalousien, Schließanlagen und Kippfenstern, Schlosser- und Glaserarbeiten • Instandsetzung von Innentüren, Fliesenarbeiten in Sanitäranlagen, Zimmerarbeiten an Holzpaneelen • Austausch von Linoleumbelägen, Demontage und Austausch von Deckenplatten • Instandsetzung von Trennwänden in Sanitäranlagen.

Instandsetzung der Technischen Anlagen: Instandsetzung der Heizungsregelung, -steuerung und -technik, Instandsetzung des Brenners und Heizkessels insbesondere Reparaturen an Kompressoren und Umformern • Instandsetzung von Brandschutzklappen • Instandsetzung von Elektroanlagen, Elektroarbeiten an Beleuchtungsanlagen, Vorschaltgeräten und Schaltern.

Instandsetzung der Außenanlagen: Abbruch- und Rohbauarbeiten am Müllplatz • Instandsetzung von Mastleuchten.

Kostenkennwerte für die Kostengruppen der 2. Ebene nach DIN 18960

KG	Kostengruppe	Menge Einheit	Kosten €/a	€/Einheit*a	% an Summe
200	**Objektmanagementkosten**				
210	**Personalkosten**	9.445,00 BGF	60.451	**6,40**	82,6
	Personalkosten des Objektmanagements inkl. arbeitsplatzbezogener Gemeinkosten wie Umlagen für arbeitsmedizinische und -sicherheitstechnische Dienste, Sekretariate, Registraturen und dgl., Energiemanagement.				
220	**Sachkosten**	9.445,00 BGF	9.726	**1,03**	13,3
	Sachkosten des Objektmanagements wie Raumkosten, Ausstattungskosten, Fernsprechkosten, Büroarbeitsplatz-, Bürobedarfskosten und dgl., Dienstfahrten.				
230	**Fremdleistungen**	9.445,00 BGF	3.002	**0,32**	4,1
	Vermessungsarbeiten.				
300	**Betriebskosten**				
310	**Versorgung**	9.445,00 BGF	124.164	**13,15**	36,9
	Wasser • Gas: Kernnutzung im untersten Geschoss, Außenwände als Pfosten-Riegel-Konstruktion, Standard der Außentüren und -fenster Zweischeibenverglasung, Aluminiumrahmen, Wärmedämmung nach gesetzlichem Standard im Jahre 1976, Wärme erzeugungsanlagen mit zentraler Wassererwärmung, Heizungssteuerung Tagesprogramm • Strom: 25 EDV-Arbeitsplätze, Zu- und Abluftanlage. Angaben zur Nutzung: Gymnasium, 926 Schüler, 4-zügig, Regelschule, Essensangebot, Küchenbetrieb, 150 Essen/Schultag, 25 EDV-Arbeitsplätze.				
320	**Entsorgung**	9.445,00 BGF	3.494	**0,37**	1,0
	Abwasser • Abfall: verbrauchte Leuchtmittel, Kompostierung.				
330	**Reinigung und Pflege von Gebäuden**	9.445,00 BGF	75.539	**8,00**	22,5
	Unterhaltsreinigung: regelmäßige Unterhaltsreinigung, Leeren von Abfallbehältern und Entsorgung, 2 Pflegefilmsanierungen, 1 Sonderreinigung von Trennwänden in Sanitäranlagen, Reinigung fremdvergeben, 1,71 €/m² Reinigungsfläche und Jahr • Glasreinigung: 1 Reinigung der Außen- und Innenverglasung inkl. Rahmen, fremdvergeben, Angaben zur Außenverglasung: 2.460 m² Glasfläche als Außentüren und -fenster, 2-seitige Reinigung; 115 m² Glasfläche als Lichtkuppel, 2-seitige Reinigung, Angaben zur Innenverglasung: 550 m² Glasfläche als Innentüren und -fenster, 2-seitige Reinigung; 160 m² Glasfläche als Trennwände und Einbauten, 2-seitige Reinigung • Reinigung Technischer Anlagen: Rohrreinigung • Reinigung und Pflege von Gebäuden, sonstiges: Schädlingsbekämpfung, Kostenpauschale für regelmäßige Hausmeisterdienstleistungen im Zusammenhang mit der Reinigung und Pflege des Gebäudes wie Reinigungskontrollen und dgl.				

Boden- und Deckenbelagsfläche

KG	Kostengruppe	Menge	Einheit	Kosten €/a	€/Einheit*a	% an Summe
340	**Reinigung und Pflege von Außenanlagen**	9.445,00	BGF	14.304	**1,51**	4,3

Befestigte Flächen: Reinigung fremdvergeben, Kostenpauschale für regelmäßige Hausmeisterdienstleistungen im Zusammenhang mit Reinigung, Winterdienst und dgl., Streumittel, Verbrauchsmittel • Pflanz- und Grünflächen: Grünpflege, Wartung gärtnerischer Anlagen.

0,79 €/m² unbebaute Fläche des Baugrundstücks und Jahr, Angaben zum Grundstück: unbebaute Fläche des Grundstücks 17.995 m², Standort städtisch, ebenes Gelände.

Unbebaute Fläche des Baugrundstücks

KG	Kostengruppe	Menge	Einheit	Kosten €/a	€/Einheit*a	% an Summe
350	**Bedienung, Inspektion und Wartung**	9.445,00	BGF	77.015	**8,15**	22,9

Bedienung der Technischen Anlagen: Telekommunikation, EDV- und Internetdienste • Inspektion und Wartung der Baukonstruktion: Reparaturen an Außentüren und -fenstern insbesondere Reparaturen an Schließanlagen, Zylindern und Jalousien, Schreiner- und Schlosserarbeiten, Austausch von Fensterscheiben, Glaserarbeiten, Probeöffnung, Inspektion und Reparaturen an der Dachkonstruktion • Inspektion und Wartung der Technischen Anlagen: Abgaswegeuntersuchung, vorbeugender Korrosionsschutz an Wasserleitungen und wasserführenden Armaturen, Einbau eines Flüssigkeitsdosiergeräts, Reparaturen an Sanitäranlagen, Inspektion des Brenners, Wartung der Rauch- und Wärmeabzugsanlage, Wartung von Brandschutzklappen, Wartung der Batterieanlage, Wartung der Schwachstromanlage, Elektroarbeiten, Austausch von Filtern der Lüftungsanlage, Reparaturen an Steckdosen, Kühlern, Digestorien, Ersatzteile, Material • Inspektion und Wartung der Außenanlagen: Wartung der Außenbeleuchtungen, Elektroarbeiten, Wartung der Sprunggrube • Inspektion und Wartung von Ausstattung und Kunstwerken: Schlosser- und Schreinerarbeiten an Vitrinen, Schränken, Tischen und Stühlen, Wartung von Reinigungsgeräten, Ersatzteile • Bedienung, Inspektion und Wartung, sonstiges: Kostenpauschale für regelmäßige Hausmeisterdienstleistungen im Zusammenhang mit der Bedienung, Inspektion und Wartung.

KG	Kostengruppe	Menge	Einheit	Kosten €/a	€/Einheit*a	% an Summe
360	**Sicherheits- und Überwachungsdienste**	9.445,00	BGF	22.246	**2,36**	6,6

Kostenpauschale für regelmäßige Hausmeisterdienstleistungen im Zusammenhang mit Wach- und Schließdiensten.

KG	Kostengruppe	Menge	Einheit	Kosten €/a	€/Einheit*a	% an Summe
370	**Abgaben und Beiträge**	9.445,00	BGF	19.341	**2,05**	5,8

Abgaben für Grundstück und Gebäude.

400 Instandsetzungskosten

KG	Kostengruppe	Menge	Einheit	Kosten €/a	€/Einheit*a	% an Summe
410	**Instandsetzung der Baukonstruktionen**	9.445,00	BGF	17.809	**1,89**	33,2

Außenwände: Instandsetzung von Außentüren und -fenstern insbesondere Instandsetzung von Jalousien, Schließanlagen und Kippfenstern, Schlosser- und Glaserarbeiten • Innenwände: Instandsetzung von Innentüren, Fliesenarbeiten in Sanitäranlagen, Zimmerarbeiten an Holzpaneelen • Decken: Austausch von Linoleumbelägen, Demontage und Austausch von Deckenplatten • Baukonstruktive Einbauten: Instandsetzung von Trennwänden in Sanitäranlagen.

KG	Kostengruppe	Menge Einheit	Kosten €/a	€/Einheit*a	% an Summe
420	**Instandsetzung der Technischen Anlagen** Wärmeversorgungsanlagen: Instandsetzung der Heizungsregelung, -steuerung und -technik, Instandsetzung des Brenners und Heizkessels insbesondere Reparaturen an Kompressoren und Umformern • Lufttechnische Anlagen: Instandsetzung von Brandschutzklappen • Starkstromanlagen: Instandsetzung von Elektroanlagen, Elektroarbeiten an Beleuchtungsanlagen, Vorschaltgeräten und Schaltern.	9.445,00 BGF	28.404	**3,01**	53,0
430	**Instandsetzung der Außenanlagen** Baukonstruktionen in Außenanlagen: Abbruch- und Rohbauarbeiten am Müllplatz • Technische Anlagen in Außenanlagen: Instandsetzung von Mastleuchten.	9.445,00 BGF	7.435	**0,79**	13,9

4100-088
Hauptschule
(3-zügig)

Objektübersicht

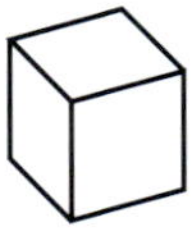
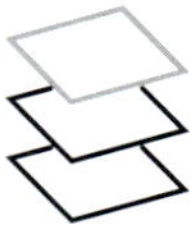

Kennwerte	bis 2. Ebene DIN 18960 inkl. Außenanlagen
Ausbau	Grund- und Mieterausbau
Land	Baden-Württemberg
Kreis	Stuttgart
Baujahr	1988
m^3 BRI	28.298
m^2 BGF	6.674
m^2 NF	4.181

1.035 €/Schüler*a

11 €/m^3 BRI*a

45 €/m^2 BGF*a

72 €/m^2 NF*a

Eigentümer:
Landeshauptstadt Stuttgart
Hauptstätter Str. 79
70178 Stuttgart

Bewirtschafter:
Schulverwaltungsamt
Hauptstätter Str. 79
70178 Stuttgart

Kostenstand: 1. Quartal 2010, inkl. MwSt.

4. Obergeschoss

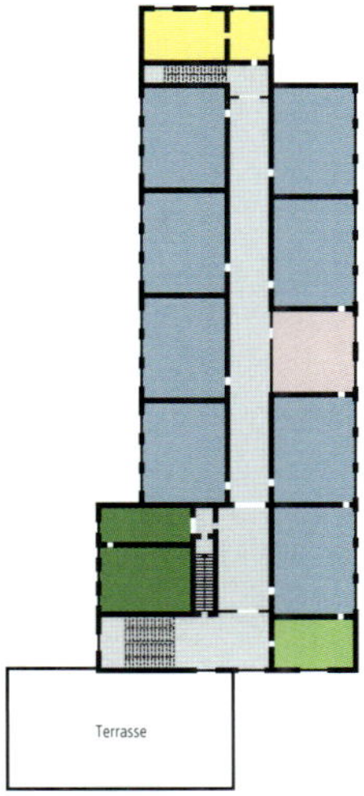

3. Obergeschoss

2. Obergeschoss

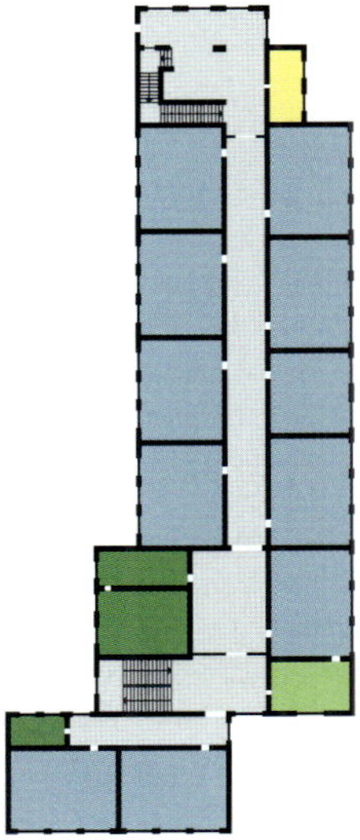

1. Obergeschoss

Erdgeschoss

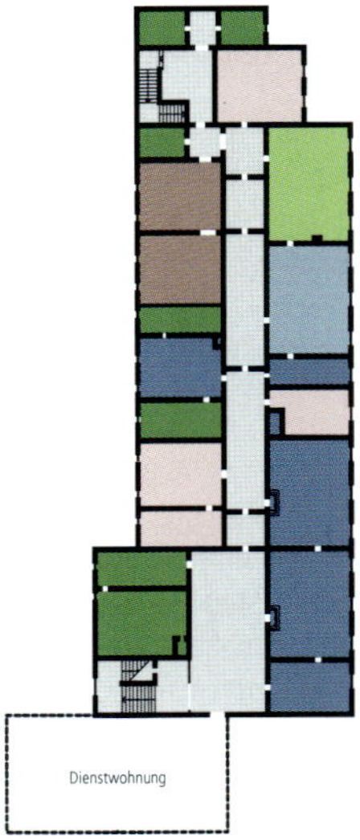

1. Untergeschoss

NF1 Wohnen und Aufenthalt
NF2 Büroarbeit
NF3 Prod., Hand- und Maschinenarb., Experimente
NF4 Lagern, Verteilen und Verkaufen
NF5 Bildung, Unterricht und Kultur
NF6 Heilen und Pflegen
NF7 Sonstige Nutzflächen
TF Technische Funktionsfläche
VF Verkehrsfläche

Objektbeschreibung

Nutzung

1 Untergeschoss
Fachräume, Werkstatt, Sanitärräume, Putzräume, Abstellräume, Haustechnik.

1 Erdgeschoss
Dienstzimmer, Gemeinschaftsraum, Cafeteria, Küche, Unterrichtsräume, Fachräume, EDV-Computerraum, Putzraum, Abstellräume.

4 Obergeschosse
Gemeinschaftsräume, Büroräume, Unterrichtsräume, Fachraum, Räume für naturwissenschaftlichen Unterricht, EDV-Computerraum, Bühnenräume, Sanitärräume, Putzraum, Abstellräume.

Nutzeinheiten

Schüler: 291
Unterrichtsräume: 21
Naturwissenschaftliche Räume: 4
Werkräume: 4
Fachräume: 10
Sonstige Gemeinschafts- und Unterrichtsräume: 7

Besonderer Kosteneinfluss

Nutzung
Ganztagsschule, 22 m² BGF/Schüler, 46 h Betriebszeit/Schulwoche, Essensangebot, Küchenbetrieb, 100 Essen/Schultag, 28 EDV-Arbeitsplätze, Dienstwohnung im Gebäude, Verbräuche nicht getrennt messbar, Kernnutzung im untersten Geschoss, Dachgeschoss nicht ausgebaut.

Objekt
Wassergespülte Urinale, Außenwände als schwere, einschalige Konstruktion, Standard der Außentüren und -fenster Zweischeibenverglasung, Holzrahmen, Wärmedämmung nach gesetzlichem Standard im Jahre 1988, Wärmeerzeugungsanlagen mit zentraler Wassererwärmung, Heizungssteuerung Jahresprogramm, Raumheizflächen Heizkörper, Angaben zu den Bodenbelägen: 14% der NGF Holzbelag, 48% der NGF Kunststoffbelag, 38% der NGF Steinbelag, Angaben zur Außenverglasung: 5 m² Glasfläche als Außentüren und -fenster, Kastenfenster, 4-seitige Reinigung; 970 m² Glasfläche als Außentüren und -fenster, 2-seitige Reinigung; 10 m² Glasfläche als Dachfenster, 2-seitige Reinigung, Angaben zur Innenverglasung: 30 m² Glasfläche als Innentüren und -fenster, 2-seitige Reinigung; 140 m² Glasfläche als Trennwände und Einbauten, 2-seitige Reinigung.

Grundstück

Standort: städtisch
Bauraum: Baulücke
Neigung: ebenes Gelände
Standard der Außenanlagen: überwiegend Hartflächen

Betrieb

Geringe Betriebskosten:
Personalkosten des Objektmanagements inkl. arbeitsplatzbezogener Gemeinkosten wie Umlagen für arbeitsmedizinische und -sicherheitstechnische Dienste, Sekretariate, Registraturen und dgl., Wasserverbrauch 107 l/m² BGF und Jahr, Wärmeverbrauch 66 kWh/m² BGF und Jahr, Gas, Stromverbrauch 13 kWh/m² BGF und Jahr, regelmäßige Unterhaltsreinigung, Leeren von Abfallbehältern und Entsorgung, 2 Pflegefilmsanierungen, Reinigung fremdvergeben, Telekommunikation, EDV- und Internetdienste, Reparaturen an Sanitäranlagen, Heizungsarbeiten, Ersatz von Sicherheitsventilen, Wartung der Schwachstromanlagen, Material, Kostenpauschale für regelmäßige Hausmeisterdienstleistungen im Zusammenhang mit der Bedienung, Inspektion und Wartung, Ersatzteile, Material.

Instandsetzung

Geringe Instandsetzungskosten:
Instandsetzung von Außenwänden, Betonarbeiten, Instandsetzung von Außentüren und -fenstern insbesondere Instandsetzung von Rollläden, Glaserarbeiten, Instandsetzung von Deckenkonstruktionen und Treppen insbesondere statische Untersuchung der Deckenkonstruktion, Abbruch- und Rohbauarbeiten, Schlosser- und Metallbauarbeiten an Treppengeländern, Natur- und Kunststeinarbeiten an Deckenbelägen, Holzarbeiten an Deckenbekleidungen, Verputz- und Gipserarbeiten, Baustellencontainer, Reinigung vor Inbetriebnahme, Instandsetzung von Dachbelägen insbesondere Ausbesserungen und Dachdeckungsarbeiten, Instandsetzung von Elektroanlagen, Schwachstrom- und Elektroarbeiten, Instandsetzung von Fernmeldeanlagen, Elektroarbeiten.

Planungskennwerte für Flächen und Rauminhalte nach DIN 277

Flächen des Grundstücks		Menge, Einheit	% an FBG
BF	Bebaute Fläche	2.216 m²	46,4
UBF	Unbebaute Fläche	2.562 m²	53,6
FBG	Fläche des Baugrundstücks	4.778 m²	100,0
FAB	Fläche außerhalb des Baugrundstücks	185 m²	2,8

Grundflächen des Bauwerks		Menge, Einheit	% an NF	% an BGF
NF	Nutzfläche	4.181 m²	100,0	62,6
TF	Technische Funktionsfläche	197 m²	4,7	2,9
VF	Verkehrsfläche	1.497 m²	35,8	22,4
NGF	Netto-Grundfläche	5.875 m²	140,5	88,0
KGF	Konstruktions-Grundfläche	800 m²	19,1	12,0
BGF	Brutto-Grundfläche	6.674 m²	159,6	100,0

Nutzflächen des Bauwerks		Menge, Einheit	% an NF	% an BGF
NF1	Wohnen und Aufenthalt	383 m²	9,2	5,7
NF2	Büroarbeit	243 m²	5,8	3,6
NF3	Produktion, Hand-, Maschinenarbeit, Exp.	59 m²	1,4	0,9
NF4	Lagern, Verteilen und Verkaufen	162 m²	3,9	2,4
NF5	Bildung, Unterricht und Kultur	2.039 m²	48,8	30,6
NF6	Heilen und Pflegen	0 m²	0,0	0,0
NF7	Sonstige Nutzflächen	1.294 m²	31,0	19,4

Brutto-Rauminhalt des Bauwerks		Menge, Einheit	BRI/NF (m)	BRI/BGF (m)
BRI	Brutto-Rauminhalt	28.298 m³	6,77	4,24

Lufttechnisch behandelte Flächen	Menge, Einheit	% an NF	% an BGF
Entlüftete Fläche	0 m²	0,0	0,0
Be- und entlüftete Fläche	0 m²	0,0	0,0
Teilklimatisierte Fläche	0 m²	0,0	0,0
Klimatisierte Fläche	0 m²	0,0	0,0

Kostenkennwerte für die Kostengruppen der 1. Ebene DIN 18960

KG	Kostengruppen (1. Ebene)	Kosten €/a	€/m² NF*a	€/m² BGF*a	€/m³ BRI*a	% an Summe
100	Kapitalkosten	–	–	–	–	–
200	Objektmanagementkosten	48.786	12	7	2	13,9
300	Betriebskosten	154.510	37	23	5	44,2
400	Instandsetzungskosten	146.664	35	22	5	41,9

Verteilung der Nutzungskosten €/m² BGF*a (Allgemeinbildende Schulen)

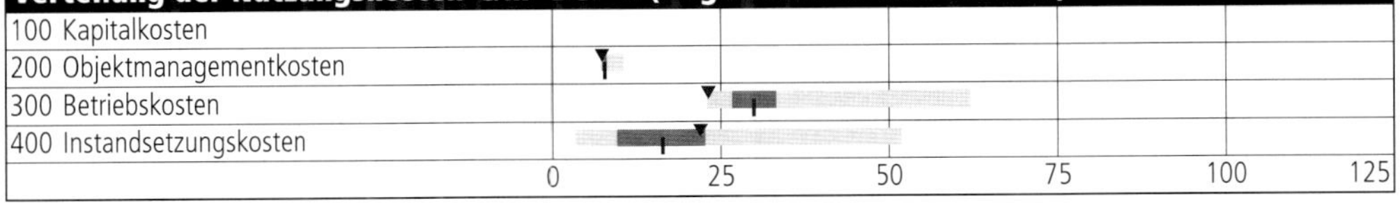

Kostenkennwerte für die Kostengruppen der 1. Ebene nach DIN 18960

KG	Kostengruppe	Menge Einheit	Kosten €/a	€/Einheit*a	% an Summe
200	**Objektmanagementkosten** **Personalkosten**: Personalkosten des Objektmanagements inkl. arbeitsplatzbezogener Gemeinkosten wie Umlagen für arbeitsmedizinische und -sicherheitstechnische Dienste, Sekretariate, Registraturen und dgl. **Sachkosten**: Allgemeine Sachkostenpauschale für Raumkosten, Fernsprechkosten, Einrichtungs- und Ausstattungskosten, Büroarbeitsplatz- und Bürobedarfskosten.	6.674,00 BGF	48.786	**7,31**	13,9
300	**Betriebskosten** **Versorgung**: Wasser • Gas, Kernnutzung im untersten Geschoss, Dachgeschoss nicht ausgebaut, Außenwände als schwere, einschalige Konstruktion, Standard der Außentüren und -fenster Zweischeibenverglasung, Holzrahmen, Wärmedämmung nach gesetzlichem Standard im Jahre 1988, Wärmeerzeugungsanlagen mit zentraler Wassererwärmung, Heizungssteuerung Jahresprogramm, Raumheizflächen Heizkörper • Strom, 28 EDV-Arbeitsplätze. **Reinigung und Pflege von Gebäuden**: Regelmäßige Unterhaltsreinigung, Leeren von Abfallbehältern und Entsorgung, 2 Pflegefilmsanierungen, Reinigung fremdvergeben, 0,52 €/m² Reinigungsfläche und Jahr, Angaben zu den Bodenbelägen: 14% der NGF Holzbelag, 48% der NGF Kunststoffbelag, 38% der NGF Steinbelag. **Bedienung, Inspektion und Wartung**: Telekommunikation, EDV- und Internetdienste • Reparaturen an Sanitäranlagen, Heizungsarbeiten, Ersatz von Sicherheitsventilen, Wartung der Schwachstromanlagen, Material • Wartung der Sprunggrube, Wartung von Außenanlagen • Kostenpauschale für regelmäßige Hausmeisterdienstleistungen im Zusammenhang mit der Bedienung, Inspektion und Wartung, Ersatzteile, Material. **Sicherheits- und Überwachungsdienste**: Kostenpauschale für regelmäßige Hausmeisterdienstleistungen im Zusammenhang mit Wach- und Schließdiensten. **Abgaben und Beiträge**: Abgaben für Grundstück und Gebäude.	6.674,00 BGF	154.510	**23,15**	44,2
400	**Instandsetzungskosten** **Instandsetzung der Baukonstruktionen**: Instandsetzung von Außenwänden, Betonarbeiten, Instandsetzung von Außentüren und -fenstern insbesondere Instandsetzung von Rollläden, Glaserarbeiten • Instandsetzung von Innentüren und -fenster insbesondere Schreiner- und Malerarbeiten • Instandsetzung von Deckenkonstruktionen und Treppen insbesondere statische Untersuchung der Deckenkonstruktion, Abbruch- und Rohbauarbeiten, Schlosser- und Metallbauarbeiten an Treppengeländern, Natur- und Kunststeinarbeiten an Deckenbelägen, Holzarbeiten an Deckenbekleidungen, Verputz- und Gipserarbeiten, Baustellencontainer, Reinigung vor Inbetriebnahme • Instandsetzung von Dachbelägen insbesondere Ausbesserungen und Dachdeckungsarbeiten • Schreinerarbeiten an Trennwänden und Einbauten. **Instandsetzung der Technischen Anlagen**: Instandsetzung von Sanitäranlagen insbesondere Instandsetzung von Wasserleitungen, Flaschnerarbeiten • Instandsetzung von Elektroanlagen, Schwachstrom- und Elektroarbeiten • Instandsetzung von Fernmeldeanlagen, Elektroarbeiten. **Instandsetzung der Ausstattung**: Beschaffung und Austausch von Möbeln und Geräten, Montage und Installation von Beamern.	6.674,00 BGF	146.664	**21,98**	41,9

Kostenkennwerte für die Kostengruppen der 2. Ebene nach DIN 18960

KG	Kostengruppe	Menge Einheit	Kosten €/a	€/Einheit*a	% an Summe
200	**Objektmanagementkosten**				
210	**Personalkosten**	6.674,00 BGF	41.930	**6,28**	86,0
	Personalkosten des Objektmanagements inkl. arbeitsplatzbezogener Gemeinkosten wie Umlagen für arbeitsmedizinische und -sicherheitstechnische Dienste, Sekretariate, Registraturen und dgl.				
220	**Sachkosten**	6.674,00 BGF	6.856	**1,03**	14,1
	Allgemeine Sachkostenpauschale für Raumkosten, Fernsprechkosten, Einrichtungs- und Ausstattungskosten, Büroarbeitsplatz- und Bürobedarfskosten.				
300	**Betriebskosten**				
310	**Versorgung**	6.674,00 BGF	54.025	**8,09**	35,0
	Wasser: wassergespülte Urinale • Gas: Kernnutzung im untersten Geschoss, Dachgeschoss nicht ausgebaut, Außenwände als schwere, einschalige Konstruktion, Standard der Außentüren und -fenster Zweischeibenverglasung, Holzrahmen, Wärmedämmung nach gesetzlichem Standard im Jahre 1988, Wärmeerzeugungsanlagen mit zentraler Wassererwärmung, Heizungssteuerung Jahresprogramm, Raumheizflächen Heizkörper • Strom: 28 EDV-Arbeitsplätze. Angaben zur Nutzung: Hauptschule, 291 Schüler, 3-zügig, Ganztagsschule, 46 h Betriebszeit/Schulwoche, Essensangebot, Küchenbetrieb, 100 Essen/Schultag, 28 EDV-Arbeitsplätze, Dienstwohnung im Gebäude, Verbräuche nicht getrennt messbar.				
320	**Entsorgung**	6.674,00 BGF	998	**0,15**	0,7
	Abwasser • Abfall: Kompostierung.				
330	**Reinigung und Pflege von Gebäuden**	6.674,00 BGF	26.306	**3,94**	17,0
	Unterhaltsreinigung: regelmäßige Unterhaltsreinigung, Leeren von Abfallbehältern und Entsorgung, 2 Pflegefilmsanierungen, Reinigung fremdvergeben, 0,52 €/m² Reinigungsfläche und Jahr • Glasreinigung: 1 Reinigung der Außen- und Innenverglasung inkl. Rahmen, fremdvergeben, Angaben zur Außenverglasung: 5 m² Glasfläche als Außentüren und -fenster, Kastenfenster, 4-seitige Reinigung; 970 m² Glasfläche als Außentüren und -fenster, 2-seitige Reinigung; 10 m² Glasfläche als Dachfenster, 2-seitige Reinigung, Angaben zur Innenverglasung: 30 m² Glasfläche als Innentüren und -fenster, 2-seitige Reinigung; 140 m² Glasfläche als Trennwände und Einbauten, 2-seitige Reinigung • Reinigung Technischer Anlagen: Reinigung der Zu- und Abwasserleitungen • Reinigung und Pflege von Gebäuden, sonstiges: Kostenpauschale für regelmäßige Hausmeisterdienstleistungen im Zusammenhang mit der Reinigung und Pflege des Gebäudes wie Reinigungskontrollen und dgl.				

Boden- und Deckenbelagsfläche

KG	Kostengruppe	Menge Einheit	Kosten €/a	€/Einheit*a	% an Summe
340	**Reinigung und Pflege von Außenanlagen**	6.674,00 BGF	3.068	**0,46**	2,0

Befestigte Flächen: Kostenpauschale für regelmäßige Hausmeisterdienstleistungen im Zusammenhang mit Reinigung, Winterdienst und dgl., Streumittel • Pflanz- und Grünflächen: Grünpflege, Baumkontrolle.
1,19 €/m² unbebaute Fläche des Baugrundstücks und Jahr, Angaben zum Grundstück: unbebaute Fläche des Grundstücks 2.560 m², Standort städtisch, ebenes Gelände.

Unbebaute Fläche des Baugrundstücks

KG	Kostengruppe	Menge Einheit	Kosten €/a	€/Einheit*a	% an Summe
350	**Bedienung, Inspektion und Wartung**	6.674,00 BGF	50.319	**7,54**	32,6

Bedienung der Technischen Anlagen: Telekommunikation, EDV- und Internetdienste • Inspektion und Wartung der Baukonstruktion: Reparaturen an Außentüren und -fenstern insbesondere Reparaturen an Beschlägen und Zylindern, Schlosser- und Schreinerarbeiten, Reinigung der Regenrinnen, Dachdeckungsarbeiten • Inspektion und Wartung der Technischen Anlagen: Reparaturen an Sanitäranlagen, Heizungsarbeiten, Ersatz von Sicherheitsventilen, Wartung der Schwachstromanlagen, Material • Inspektion und Wartung der Außenanlagen: Wartung der Sprunggrube, Wartung von Außenanlagen • Inspektion und Wartung von Ausstattung und Kunstwerken: Wartung der Ausstattung, Wartung von Reinigungsgeräten • Bedienung, Inspektion und Wartung, sonstiges: Kostenpauschale für regelmäßige Hausmeisterdienstleistungen im Zusammenhang mit der Bedienung, Inspektion und Wartung, Ersatzteile, Material.

KG	Kostengruppe	Menge Einheit	Kosten €/a	€/Einheit*a	% an Summe
360	**Sicherheits- und Überwachungsdienste**	6.674,00 BGF	8.331	**1,25**	5,4

Kontrollen aufgrund öffentlich-rechtlicher Bestimmungen: Spielgerätekontrolle • Objekt- und Personenschutz: Kostenpauschale für regelmäßige Hausmeisterdienstleistungen im Zusammenhang mit Wach- und Schließdiensten.

KG	Kostengruppe	Menge Einheit	Kosten €/a	€/Einheit*a	% an Summe
370	**Abgaben und Beiträge**	6.674,00 BGF	11.464	**1,72**	7,4

Abgaben für Grundstück und Gebäude.

400 Instandsetzungskosten

KG	Kostengruppe	Menge Einheit	Kosten €/a	€/Einheit*a	% an Summe
410	**Instandsetzung der Baukonstruktionen**	6.674,00 BGF	107.996	**16,18**	73,6

Außenwände: Instandsetzung von Außenwänden, Betonarbeiten, Instandsetzung von Außentüren und -fenstern insbesondere Instandsetzung von Rollläden, Glaserarbeiten • Innenwände: Instandsetzung von Innentüren und -fenster insbesondere Schreiner- und Malerarbeiten • Decken: Instandsetzung von Deckenkonstruktionen und Treppen insbesondere statische Untersuchung der Deckenkonstruktion, Abbruch- und Rohbauarbeiten, Schlosser- und Metallbauarbeiten an Treppengeländern, Natur- und Kunststeinarbeiten an Deckenbelägen, Holzarbeiten an Deckenbekleidungen, Verputz- und Gipserarbeiten, Baustellencontainer, Reinigung vor Inbetriebnahme • Dächer: Instandsetzung von Dachbelägen insbesondere Ausbesserungen und Dachdeckungsarbeiten • Baukonstruktive Einbauten: Schreinerarbeiten an Trennwänden und Einbauten.

KG	Kostengruppe	Menge Einheit	Kosten €/a	€/Einheit*a	% an Summe
420	**Instandsetzung der Technischen Anlagen** Abwasser-, Wasser-, Gasanlagen: Instandsetzung von Sanitäranlagen insbesondere Instandsetzung von Wasserleitungen, Flaschnerarbeiten • Starkstromanlagen: Instandsetzung von Elektroanlagen, Schwachstrom- und Elektroarbeiten • Fernmelde- und informationstechnische Anlagen: Instandsetzung von Fernmeldeanlagen, Elektroarbeiten.	6.674,00 BGF	31.916	**4,78**	21,8
440	**Instandsetzung der Ausstattung** Beschaffung und Austausch von Möbeln und Geräten, Montage und Installation von Beamern.	6.674,00 BGF	6.752	**1,01**	4,6

4100-089
Gymnasium
(3-zügig)

Objektübersicht

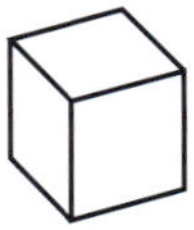

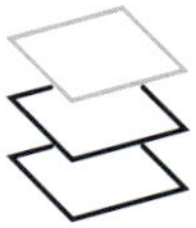

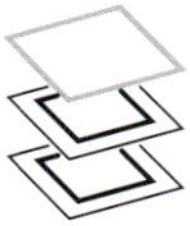

Kennwerte	bis 2. Ebene DIN 18960 inkl. Außenanlagen
Ausbau	Grund- und Mieterausbau
Land	Baden-Württemberg
Kreis	Stuttgart
Baujahr	1958
m^3 BRI	33.386
m^2 BGF	7.675
m^2 NF	4.057

470 €/Schüler*a

9 €/m^3 BRI*a

38 €/m^2 BGF*a

71 €/m^2 NF*a

Eigentümer:
Landeshauptstadt Stuttgart
Hauptstätter Str. 79
70178 Stuttgart

Bewirtschafter:
Schulverwaltungsamt
Hauptstätter Str. 79
70178 Stuttgart

Kostenstand: 1. Quartal 2010, inkl. MwSt.

Erläuternde Zeichnungen

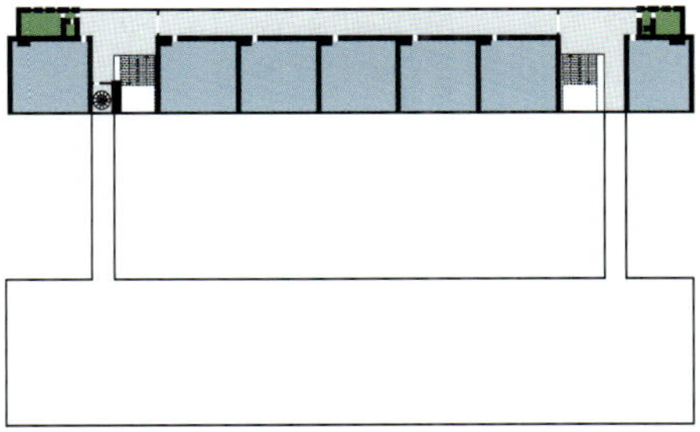

3. Obergeschoss

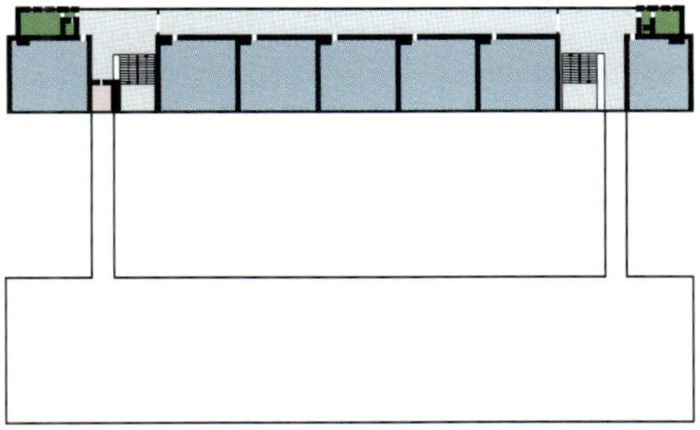

2. Obergeschoss

1. Obergeschoss

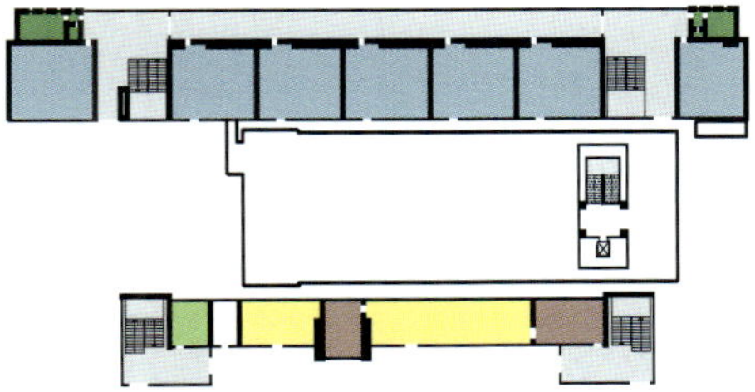

Erdgeschoss

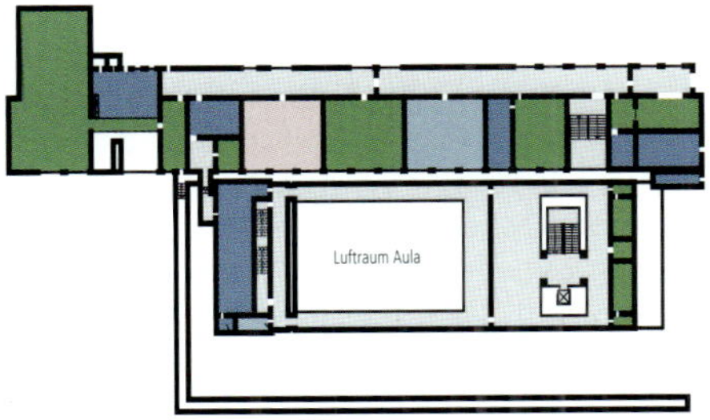

1. Untergeschoss

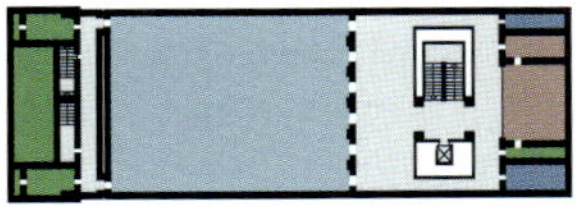

2. Untergeschoss

- NF1 Wohnen und Aufenthalt
- NF2 Büroarbeit
- NF3 Prod., Hand- und Maschinenarb., Experimente
- NF4 Lagern, Verteilen und Verkaufen
- NF5 Bildung, Unterricht und Kultur
- NF6 Heilen und Pflegen
- NF7 Sonstige Nutzflächen
- TF Technische Funktionsfläche
- VF Verkehrsfläche

Objektbeschreibung

Nutzung

2 Untergeschosse
Küchen, Umkleideräume, Sanitärräume, Abstellräume, Haustechnik.

1 Erdgeschoss
Gemeinschaftsräume, Cafeterien, Dienstzimmer, Unterrichtsräume, Sanitärräume, Putzräume.

4 Obergeschosse
Büroräume, Gemeinschaftsraum, Fachräume, Räume für naturwissenschaftlichen Unterricht, EDV-Computerräume, Bühnenraum, Arztzimmer, Sanitärräume, Putzräume, Abstellräume, Haustechnik.

Nutzeinheiten

Schüler: 613
Unterrichtsräume: 18
Naturwissenschaftliche Räume: 8
Werkräume: 3
Fachräume: 6
Sonstige Gemeinschafts- und Unterrichtsräume: 4

Besonderer Kosteneinfluss

Nutzung
Ganztagsschule, 12 m² BGF/Schüler, 45 h Betriebszeit/Schulwoche, Essensangebot, Küchenbetrieb, 100 Essen/Schultag, 56 EDV-Arbeitsplätze, Kernnutzung im untersten Geschoss.

Objekt
Wassergespülte Urinale, Außenwände als schwere, einschalige Konstruktion, Standard der Außentüren und -fenster Zweischeibenverglasung, Holzrahmen, Wärmedämmung nach gesetzlichem Standard im Jahre 1958, Wärmeerzeugungsanlagen mit zentraler Wassererwärmung, Heizungssteuerung Jahresprogramm, Raumheizflächen Heizkörper, Zu- und Abluftanlage in der Aula, 40% Auslastung der Lüftungsanlage, Angaben zu den Bodenbelägen: 17% der NGF Holzbelag, 37% der NGF Kunststoffbelag, 46% der NGF Steinbelag, Angaben zur Außenverglasung: 180 m² Glasfläche als Außentüren und -fenster, Kastenfenster, 4-seitige Reinigung; 2.110 m² Glasfläche als Außentüren und -fenster, 2-seitige Reinigung; 175 m² Glasfläche als Dachfenster und Lichtkuppel, 2-seitige Reinigung, Angaben zur Innenverglasung: 370 m² Glasfläche als Innentüren und -fenster, 2-seitige Reinigung; 120 m² Glasfläche als Trennwände und Einbauten, 2-seitige Reinigung, Denkmalschutz, 1 Aufzug.

Grundstück

Standort: innerstädtisch
Bauraum: Baulücke
Neigung: geneigtes Gelände
Standard der Außenanlagen: ausreichend Grünflächen

Betrieb

Geringe Betriebskosten:
Personalkosten des Objektmanagements inkl. arbeitsplatzbezogener Gemeinkosten wie Umlagen für arbeitsmedizinische und -sicherheitstechnische Dienste, Sekretariate, Registraturen und dgl., Fernwärme, Strom, regelmäßige Unterhaltsreinigung, Leeren von Abfallbehältern und Entsorgung, 2 Pflegefilmsanierungen, 1 Sonderreinigung von naturwissenschaftlichen Einbauten, Reinigung fremdvergeben, Reparaturen an Sanitäranlagen insbesondere Reparaturen an Sanitärapparaten und Armaturen, Wartung der Sprinkleranlage, Wartung der Elektroanlagen, Wartung der Batterie-anlage, Elektroarbeiten, Wartung der Rauch- und Wärmeabzugsanlage, Wartung der Schwachstromanlagen, System- und Netzwerkbetreiberdienste, Wartung des Aufzugs, Kostenpauschale für regelmäßige Hausmeisterdienstleistungen im Zusammenhang mit der Bedienung, Inspektion und Wartung, Kostenpauschale für regelmäßige Hausmeisterdienstleistungen im Zusammenhang mit Wach- und Schließdiensten.

Instandsetzung

Geringe Instandsetzungskosten:
Instandsetzung von Außentüren und -fenstern insbesondere Erneuerung von Isolier- und Notverglasungen, Austausch von Floatglasscheiben, Glaserarbeiten, Verputzarbeiten inkl. Gerüstbauarbeiten, Instandsetzung von Jalousien und Verdunklungselementen, Tragwerksplanung, Herstellen eines Wanddurchbruchs, Einbau von Revisionstüren, Schreinerarbeiten, Malerarbeiten, Instandsetzung von Außentüren und -fenster insbesondere Austausch von Glasscheiben und Ornamentglasscheiben, Glaserarbeiten, Instandsetzung von Einbauschränken, Schlosser- und Metallbauarbeiten, Instandsetzung von Einbauten in naturwissenschaftlichen Räumen und Vorbereitungsräumen, Ersatz und Instandsetzung von Werkbänken im Werkraum, Instandsetzung der Wärmeerzeugungsanlage insbesondere Instandsetzung der Heizungssteuerung und -regelung, Instandsetzung des Gartenzauns, Ersatz des Schrankenbaums, Schlosser- und Metallbauarbeiten.

Planungskennwerte für Flächen und Rauminhalte nach DIN 277

Flächen des Grundstücks	Menge, Einheit	% an FBG
BF Bebaute Fläche	2.175 m²	25,8
UBF Unbebaute Fläche	6.246 m²	74,2
FBG Fläche des Baugrundstücks	8.421 m²	100,0
FAB Fläche außerhalb des Baugrundstücks	1.180 m²	15,4

Grundflächen des Bauwerks	Menge, Einheit	% an NF	% an BGF
NF Nutzfläche	4.057 m²	100,0	52,9
TF Technische Funktionsfläche	343 m²	8,5	4,5
VF Verkehrsfläche	2.343 m²	57,7	30,5
NGF Netto-Grundfläche	6.743 m²	166,2	87,9
KGF Konstruktions-Grundfläche	932 m²	23,0	12,1
BGF Brutto-Grundfläche	7.675 m²	189,2	100,0

Nutzflächen des Bauwerks	Menge, Einheit	% an NF	% an BGF
NF1 Wohnen und Aufenthalt	331 m²	8,1	4,3
NF2 Büroarbeit	150 m²	3,7	1,9
NF3 Produktion, Hand-, Maschinenarbeit, Exp.	39 m²	1,0	0,5
NF4 Lagern, Verteilen und Verkaufen	597 m²	14,7	7,8
NF5 Bildung, Unterricht und Kultur	2.498 m²	61,6	32,5
NF6 Heilen und Pflegen	21 m²	0,5	0,3
NF7 Sonstige Nutzflächen	422 m²	10,4	5,5

Brutto-Rauminhalt des Bauwerks	Menge, Einheit	BRI/NF (m)	BRI/BGF (m)
BRI Brutto-Rauminhalt	33.386 m³	8,23	4,35

Lufttechnisch behandelte Flächen	Menge, Einheit	% an NF	% an BGF
Entlüftete Fläche	0 m²	0,0	0,0
Be- und entlüftete Fläche	1.192 m²	29,4	15,5
Teilklimatisierte Fläche	0 m²	0,0	0,0
Klimatisierte Fläche	0 m²	0,0	0,0

Kostenkennwerte für die Kostengruppen der 1. Ebene DIN 18960

KG Kostengruppen (1. Ebene)	Kosten €/a	€/m² NF*a	€/m² BGF*a	€/m³ BRI*a	% an Summe
100 Kapitalkosten	–	–	–	–	–
200 Objektmanagementkosten	61.368	15	8	2	17,6
300 Betriebskosten	203.362	50	26	6	58,2
400 Instandsetzungskosten	84.633	21	11	3	24,2

Verteilung der Nutzungskosten €/m² BGF*a (Gymnasien)

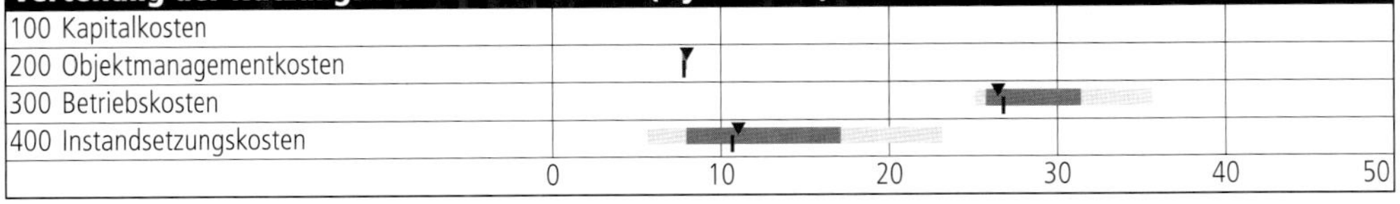

Kostenkennwerte für die Kostengruppen der 1. Ebene nach DIN 18960

KG	Kostengruppe	Menge Einheit	Kosten €/a	€/Einheit*a	% an Summe
200	**Objektmanagementkosten**	7.674,96 BGF	61.368	**8,00**	17,6
	Personalkosten: Personalkosten des Objektmanagements inkl. arbeitsplatzbezogener Gemeinkosten wie Umlagen für arbeitsmedizinische und -sicherheitstechnische Dienste, Sekretariate, Registraturen und dgl. **Sachkosten**: Sachkosten des Objektmanagements wie Raumkosten, Ausstattungskosten, Fernsprechkosten, Büroarbeitsplatz-, Bürobedarfskosten und dgl., Dienstfahrten. **Fremdleistungen**: Leistungen im Zusammenhang mit einem Baugesuch, Erstellen von Flucht- und Rettungswegplänen.				
300	**Betriebskosten**	7.674,96 BGF	203.362	**26,50**	58,2
	Versorgung: Wasser • Fernwärme, Kernnutzung im untersten Geschoss, Außenwände als schwere, einschalige Konstruktion, Standard der Außentüren und -fenster Zweischeibenverglasung, Holzrahmen, Wärmedämmung nach gesetzlichem Standard im Jahre 1958, Wärmeerzeugungsanlagen mit zentraler Wassererwärmung, Heizungssteuerung Jahresprogramm, Raumheizflächen Heizkörper • Strom, 56 EDV-Arbeitsplätze, Zu- und Abluftanlage in der Aula, 40% Auslastung der Lüftungsanlage, 1 Aufzug. **Reinigung und Pflege von Gebäuden**: Regelmäßige Unterhaltsreinigung, Leeren von Abfallbehältern und Entsorgung, 2 Pflegefilmsanierungen, 1 Sonderreinigung von naturwissenschaftlichen Einbauten, Reinigung fremdvergeben, 0,81 €/m² Reinigungsfläche und Jahr, Angaben zu den Bodenbelägen: 17% der NGF Holzbelag, 37% der NGF Kunststoffbelag, 46% der NGF Steinbelag. **Bedienung, Inspektion und Wartung**: Telekommunikation, EDV- und Internetdienste • Reparaturen an Außentüren und -fenstern insbesondere Schlosser- und, Metallbauarbeiten, Schreinerarbeiten, Reparaturen an Treppenstufen, Dachdeckungsarbeiten • Reparaturen an Sanitäranlagen insbesondere Reparaturen an Sanitärapparaten und Armaturen, Wartung der Sprinkleranlage, Wartung der Elektroanlagen, Wartung der Batterieanlage, Elektroarbeiten, Wartung der Rauch- und Wärmeabzugsanlage, Wartung der Schwachstromanlagen, System- und Netzwerkbetreiberdienste, Wartung des Aufzugs • Kostenpauschale für regelmäßige Hausmeisterdienstleistungen im Zusammenhang mit der Bedienung, Inspektion und Wartung. **Sicherheits- und Überwachungsdienste**: Kostenpauschale für regelmäßige Hausmeisterdienstleistungen im Zusammenhang mit Wach- und Schließdiensten. **Abgaben und Beiträge**: Abgaben für Grundstück und Gebäude.				

KG	Kostengruppe	Menge Einheit	Kosten €/a	€/Einheit*a	% an Summe
400	**Instandsetzungskosten**	7.674,96 BGF	84.633	**11,03**	24,2

Instandsetzung der Baukonstruktionen: Instandsetzung von Außentüren und -fenstern insbesondere Erneuerung von Isolier- und Notverglasungen, Austausch von Floatglasscheiben, Glaserarbeiten, Verputzarbeiten inkl. Gerüstbauarbeiten, Instandsetzung von Jalousien und Verdunklungselementen • Tragwerksplanung, Herstellen eines Wanddurchbruchs, Einbau von Revisionstüren, Schreinerarbeiten, Malerarbeiten, Instandsetzung von Außentüren und -fenster insbesondere Austausch von Glasscheiben und Ornamentglasscheiben, Glaserarbeiten • Instandsetzung von Einbauschränken, Schlosser- und Metallbauarbeiten, Instandsetzung von Einbauten in naturwissenschaftlichen Räumen und Vorbereitungsräumen, Ersatz und Instandsetzung von Werkbänken im Werkraum.

Instandsetzung der Technischen Anlagen: Instandsetzung von Sanitäranlagen insbesondere Austausch von Sanitärapparaten und Armaturen, Instandsetzung eines Fettabscheiders • Instandsetzung der Wärmeerzeugungsanlage insbesondere Instandsetzung der Heizungssteuerung und -regelung • Instandsetzung der Abluftanlage im Serverraum, Ersatz von Filtern, Elektroarbeiten • Instandsetzung von Elektroanlagen, Reparaturen an Steckdosen und Schaltern, Elektroarbeiten.

Instandsetzung der Außenanlagen: Instandsetzung des Gartenzauns, Ersatz des Schrankenbaums, Schlosser- und Metallbauarbeiten.

Instandsetzung der Ausstattung: Montage und Installation von Beamern, Ersatz von Türschildern.

Kostenkennwerte für die Kostengruppen der 2. Ebene nach DIN 18960

KG	Kostengruppe	Menge Einheit	Kosten €/a	€/Einheit*a	% an Summe
200	**Objektmanagementkosten**				
210	**Personalkosten**	7.674,96 BGF	48.131	**6,27**	78,4
	Personalkosten des Objektmanagements inkl. arbeitsplatzbezogener Gemeinkosten wie Umlagen für arbeitsmedizinische und -sicherheitstechnische Dienste, Sekretariate, Registraturen und dgl.				
220	**Sachkosten**	7.674,96 BGF	7.949	**1,04**	13,0
	Sachkosten des Objektmanagements wie Raumkosten, Ausstattungskosten, Fernsprechkosten, Büroarbeitsplatz-, Bürobedarfskosten und dgl., Dienstfahrten.				
230	**Fremdleistungen**	7.674,96 BGF	5.289	**0,69**	8,6
	Leistungen im Zusammenhang mit einem Baugesuch, Erstellen von Flucht- und Rettungswegplänen.				
300	**Betriebskosten**				
310	**Versorgung**	7.674,96 BGF	64.360	**8,39**	31,7
	Wasser: wassergespülte Urinale • Fernwärme: Kernnutzung im untersten Geschoss, Außenwände als schwere, einschalige Konstruktion, Standard der Außentüren und -fenster Zweischeibenverglasung, Holzrahmen, Wärmedämmung nach gesetzlichem Standard im Jahre 1958, Wärmeerzeugungsanlagen mit zentraler Wassererwärmung, Heizungssteuerung Jahresprogramm, Raumheizflächen Heizkörper • Strom: 56 EDV-Arbeitsplätze, Zu- und Abluftanlage in der Aula, 40% Auslastung der Lüftungsanlage, 1 Aufzug. Angaben zur Nutzung: Gymnasium, 613 Schüler, 3-zügig, Ganztagsschule, 45 h Betriebszeit/Schulwoche, Essensangebot, Küchenbetrieb, 100 Essen/Schultag, 56 EDV-Arbeitsplätze.				
320	**Entsorgung**	7.674,96 BGF	2.040	**0,27**	1,0
	Abwasser • Abfall: Kompostierung.				

KG	Kostengruppe	Menge Einheit	Kosten €/a	€/Einheit*a	% an Summe
330	**Reinigung und Pflege von Gebäuden**	7.674,96 BGF	65.156	**8,49**	32,0

Unterhaltsreinigung: regelmäßige Unterhaltsreinigung, Leeren von Abfallbehältern und Entsorgung, 2 Pflegefilmsanierungen, 1 Sonderreinigung von naturwissenschaftlichen Einbauten, Reinigung fremdvergeben, 0,81 €/m^2 Reinigungsfläche und Jahr • Glasreinigung: 1 Reinigung der Außen- und Innenverglasung inkl. Rahmen, fremdvergeben, Angaben zur Außenverglasung: 180 m^2 Glasfläche als Außentüren und -fenster, Kastenfenster, 4-seitige Reinigung; 2.110 m^2 Glasfläche als Außentüren und -fenster, 2-seitige Reinigung; 175 m^2 Glasfläche als Dachfenster und Lichtkuppel, 2-seitige Reinigung, Angaben zur Innenverglasung: 370 m^2 Glasfläche als Innentüren und -fenster, 2-seitige Reinigung; 120 m^2 Glasfläche als Trennwände und Einbauten, 2-seitige Reinigung • Reinigung Technischer Anlagen: Rohrreinigung • Reinigung und Pflege von Gebäuden, sonstiges: Schädlingsbekämpfung, Kostenpauschale für regelmäßige Hausmeisterdienstleistungen im Zusammenhang mit der Reinigung und Pflege des Gebäudes wie Reinigungskontrollen und dgl.

Boden- und Deckenbelagsfläche

KG	Kostengruppe	Menge Einheit	Kosten €/a	€/Einheit*a	% an Summe
340	**Reinigung und Pflege von Außenanlagen**	7.674,96 BGF	5.492	**0,72**	2,7

Befestigte Flächen: Kostenpauschale für regelmäßige Hausmeisterdienstleistungen im Zusammenhang mit Reinigung, Winterdienst und dgl., Streumittel • Pflanz- und Grünflächen: Grünpflege, Wartung gärtnerischer Anlagen.

0,87 €/m^2 unbebaute Fläche des Baugrundstücks und Jahr, Angaben zum Grundstück: unbebaute Fläche des Grundstücks 6.245 m^2, Standort innerstädtisch, geneigtes Gelände.

Unbebaute Fläche des Baugrundstücks

KG	Kostengruppe	Menge Einheit	Kosten €/a	€/Einheit*a	% an Summe
350	**Bedienung, Inspektion und Wartung**	7.674,96 BGF	49.006	**6,39**	24,1

Bedienung der Technischen Anlagen: Telekommunikation, EDV- und Internetdienste • Inspektion und Wartung der Baukonstruktion: Reparaturen an Außentüren und -fenstern insbesondere Schlosser- und, Metallbauarbeiten, Schreinerarbeiten, Reparaturen an Treppenstufen, Dachdeckungsarbeiten • Inspektion und Wartung der Technischen Anlagen: Reparaturen an Sanitäranlagen insbesondere Reparaturen an Sanitärapparaten und Armaturen, Wartung der Sprinkleranlage, Wartung der Elektroanlagen, Wartung der Batterieanlage, Elektroarbeiten, Wartung der Rauch- und Wärmeabzugsanlage, Wartung der Schwachstromanlagen, System- und Netzwerkbetreiberdienste, Wartung des Aufzugs • Inspektion und Wartung der Außenanlagen: Stilllegen von Wasserleitungen in Außenanlagen, Wartung der Sprunggrube, Reparaturen an Spiel- und Sportgeräten auf dem Pausenhof • Inspektion und Wartung von Ausstattung und Kunstwerken: Wartung der Ausstattung, Wartung von Reinigungsgeräten • Bedienung, Inspektion und Wartung, sonstiges: Kostenpauschale für regelmäßige Hausmeisterdienstleistungen im Zusammenhang mit der Bedienung, Inspektion und Wartung.

KG	Kostengruppe	Menge Einheit	Kosten €/a	€/Einheit*a	% an Summe
360	**Sicherheits- und Überwachungsdienste** Kostenpauschale für regelmäßige Hausmeisterdienstleistungen im Zusammenhang mit Wach- und Schließdiensten.	7.674,96 BGF	11.214	**1,46**	5,5
370	**Abgaben und Beiträge** Abgaben für Grundstück und Gebäude.	7.674,96 BGF	6.093	**0,79**	3,0
400	**Instandsetzungskosten**				
410	**Instandsetzung der Baukonstruktionen** Außenwände: Instandsetzung von Außentüren und -fenstern insbesondere Erneuerung von Isolier- und Notverglasungen, Austausch von Floatglasscheiben, Glaserarbeiten, Verputzarbeiten inkl. Gerüstbauarbeiten, Instandsetzung von Jalousien und Verdunklungselementen • Innenwände: Tragwerksplanung, Herstellen eines Wanddurchbruchs, Einbau von Revisionstüren, Schreinerarbeiten, Malerarbeiten, Instandsetzung von Außentüren und -fenster insbesondere Austausch von Glasscheiben und Ornamentglasscheiben, Glaserarbeiten • Decken: Instandsetzung von Deckenbelägen und -bekleidungen insbesondere Trockenbauarbeiten, Anbringen von Unterkonstruktionen für Deckenbeleuchtungen, Verputzarbeiten • Baukonstruktive Einbauten: Instandsetzung von Einbauschränken, Schlosser- und Metallbauarbeiten, Instandsetzung von Einbauten in naturwissenschaftlichen Räumen und Vorbereitungsräumen, Ersatz und Instandsetzung von Werkbänken im Werkraum.	7.674,96 BGF	48.536	**6,32**	57,4
420	**Instandsetzung der Technischen Anlagen** Abwasser-, Wasser-, Gasanlagen: Instandsetzung von Sanitäranlagen insbesondere Austausch von Sanitärapparaten und Armaturen, Instandsetzung eines Fettabscheiders • Wärmeversorgungsanlagen: Instandsetzung der Wärmeerzeugungsanlage insbesondere Instandsetzung der Heizungssteuerung und -regelung • Lufttechnische Anlagen: Instandsetzung der Abluftanlage im Serverraum, Ersatz von Filtern, Elektroarbeiten • Starkstromanlagen: Instandsetzung von Elektroanlagen, Reparaturen an Steckdosen und Schaltern, Elektroarbeiten • Förderanlagen: Instandsetzung des Aufzugs.	7.674,96 BGF	27.237	**3,55**	32,2
430	**Instandsetzung der Außenanlagen** Instandsetzung des Gartenzauns, Ersatz des Schrankenbaums, Schlosser- und Metallbauarbeiten.	7.674,96 BGF	7.292	**0,95**	8,6
440	**Instandsetzung der Ausstattung** Montage und Installation von Beamern, Ersatz von Türschildern.	7.674,96 BGF	1.568	**0,20**	1,9

4100-090
Gymnasium (2-zügig) mit Turnhalle

Objektübersicht

Kennwerte	bis 2. Ebene DIN 18960 inkl. Außenanlagen
Ausbau	Grund- und Mieterausbau
Land	Baden-Württemberg
Kreis	Stuttgart
Baujahr	1956
m^3 BRI	33.227
m^2 BGF	7.815
m^2 NF	4.122

967 €/Schüler*a

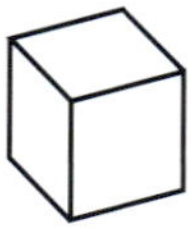

13 €/m^3 BRI*a

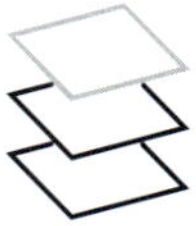

55 €/m^2 BGF*a

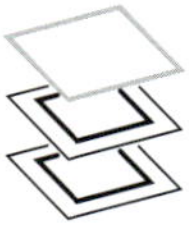

104 €/m^2 NF*a

Eigentümer:
Landeshauptstadt Stuttgart
Hauptstätter Str. 79
70178 Stuttgart

Bewirtschafter:
Schulverwaltungsamt
Hauptstätter Str. 79
70178 Stuttgart

Kostenstand: 1. Quartal 2010, inkl. MwSt.

NF1 Wohnen und Aufenthalt
NF2 Büroarbeit
NF3 Prod., Hand- und Maschinenarb., Experimente
NF4 Lagern, Verteilen und Verkaufen
NF5 Bildung, Unterricht und Kultur
NF6 Heilen und Pflegen
NF7 Sonstige Nutzflächen
TF Technische Funktionsfläche
VF Verkehrsfläche

Kostenstand: 1. Quartal 2010, inkl. MwSt.

Objektbeschreibung

Nutzung

3 Untergeschosse
Werkstatt, Unterrichtsräume, EDV-Computerraum, Sanitärräume, Abstellräume, Haustechnik.

1 Erdgeschoss
Cafeteria, Büroräume, Dienstzimmer, Unterrichtsräume, Fachräume, Teeküchen, Umkleideräume, Sanitärräume, Putzraum, Abstellräume, Haustechnik.

5 Obergeschosse
Gemeinschaftsräume, Speiseraum, Büroräume, Küchen, Turnhalle, Gymnastikhalle, Geräteraum, Fachräume, Räume für naturwissenschaftlichen Unterricht, Sanitärräume, Umkleideraum, Putzräume, Abstellräume, Haustechnik.

Nutzeinheiten

Schüler: 444
Unterrichtsräume: 20
Naturwissenschaftliche Räume: 6
Werkräume: 1
Fachräume: 5
Einfeldhalle: 1

Besonderer Kosteneinfluss

Nutzung
Regelschule mit Übermittagsbetreuung, Abendgymnasium, 17 m² BGF/Schüler, 64 h Betriebszeit/Schulwoche, Essensangebot, Catering, 40 Essen/Schultag, Dienstwohnung im Gebäude, Verbräuche getrennt messbar, Kernnutzung im untersten Geschoss.

Objekt
4 dezentrale Wassererwärmer, wasserlose Urinale, Außenwände als schwere, einschalige Konstruktion, Standard der Außentüren und -fenster 25% Einscheibenverglasung, Holzrahmen, 75% Zweischeibenverglasung, Aluminiumrahmen, modernisiert im Jahre 1990, Wärmedämmung nach gesetzlichem Standard im Jahre 1956, Wärmeerzeugungsanlagen überwiegend mit zentraler Wassererwärmung, Heizungssteuerung der Schule Tagesprogramm, Heizungssteuerung der Turnhalle Wochenprogramm, 4 Heizungsgruppen, Raumheizflächen 90% Heizkörper, 10% Deckenstrahlplatten, Angaben zu den Bodenbelägen: 1% der NGF Holzbelag, 51% der NGF Kunststoffbelag, 48% der NGF Steinbelag, Angaben zur Außenverglasung: 1.075 m² Glasfläche als Außentüren und -fenster, Kastenfenster, 4-seitige Reinigung; 1.025 m² Glasfläche als Außentüren und -fenster, 2-seitige Reinigung; 5 m² Glasfläche als Lichtkuppel, 2-seitige Reinigung, Angaben zur Innenverglasung: 160 m² Glasfläche als Innentüren und -fenster, 2-seitige Reinigung; 325 m² Glasfläche als Trennwände und Einbauten, 2-seitige Reinigung, Denkmalschutz, Heizkessel aus dem Jahre 1974, 1 Aufzug.

Grundstück

Standort: innerstädtisch
Bauraum: freier Bauraum
Neigung: Hanglage
Standard der Außenanlagen: ausreichend Grünflächen

Betrieb

Geringe Betriebskosten:
Personalkosten des Objektmanagements inkl. arbeitsplatzbezogener Gemeinkosten wie Umlagen für arbeitsmedizinische und -sicherheitstechnische Dienste, Sekretariate, Registraturen und dgl., Energiemanagement, Wasserverbrauch 146 l/m² BGF und Jahr, Wärmeverbrauch 102 kWh/m² BGF und Jahr, Gas, Stromverbrauch 20 kWh/m² BGF und Jahr, regelmäßige Unterhaltsreinigung, Leeren von Abfallbehältern und Entsorgung, 2 Pflegefilmsanierungen der Schule, 1 Pflegefilmsanierung der Turnhalle, 1 Sonderreinigung des Speisesaals, 1 Sonderreinigung der Turnhalle, Reinigung fremdvergeben, Kostenpauschale für regelmäßige Hausmeisterdienstleistungen im Zusammenhang mit der Bedienung, Inspektion und Wartung, Kostenpauschale für regelmäßige Hausmeisterdienstleistungen im Zusammenhang mit Wach- und Schließdiensten, Abgaben für Grundstück und Gebäude.

Instandsetzung

Geringe Instandsetzungskosten:
Instandsetzung von Außentüren und -fenstern insbesondere Austausch von Fensterscheiben und Panikschlössern, Montage von Verdunklungselementen in der Turnhalle, Anschluss von elektrischen Jalousien inkl. Montage erforderlicher Kabelkanäle und Deckenleitungen, Schlosser- und Glaserarbeiten, verschiedene Maßnahmen an den Baukonstruktionen, Instandsetzung von Sanitäranlagen, insbesondere Austausch und Montage eines Wärmetauschers, Austausch eines Mischverteilers, Reparaturen am Wasserverteiler, Instandsetzung des Wärmeverteilnetzes insbesondere Instandsetzung von Rohrleitungen, Heizungsarbeiten, Instandsetzung von Fernmeldeanlagen insbesondere Erweiterung des Datennetzes, Trassierung, Elektroarbeiten.

Planungskennwerte für Flächen und Rauminhalte nach DIN 277

Flächen des Grundstücks	Menge, Einheit	% an FBG
BF Bebaute Fläche	2.812 m²	27,9
UBF Unbebaute Fläche	7.266 m²	72,1
FBG Fläche des Baugrundstücks	10.078 m²	100,0
FAB Fläche außerhalb des Baugrundstücks	380 m²	4,9

Grundflächen des Bauwerks	Menge, Einheit	% an NF	% an BGF
NF Nutzfläche	4.122 m²	100,0	52,7
TF Technische Funktionsfläche	347 m²	8,4	4,4
VF Verkehrsfläche	2.418 m²	58,7	30,9
NGF Netto-Grundfläche	6.887 m²	167,1	88,1
KGF Konstruktions-Grundfläche	928 m²	22,5	11,9
BGF Brutto-Grundfläche	7.815 m²	189,6	100,0

Nutzflächen des Bauwerks	Menge, Einheit	% an NF	% an BGF
NF1 Wohnen und Aufenthalt	347 m²	8,4	4,4
NF2 Büroarbeit	234 m²	5,7	3,0
NF3 Produktion, Hand-, Maschinenarbeit, Exp.	100 m²	2,4	1,3
NF4 Lagern, Verteilen und Verkaufen	531 m²	12,9	6,8
NF5 Bildung, Unterricht und Kultur	2.451 m²	59,5	31,4
NF6 Heilen und Pflegen	0 m²	0,0	0,0
NF7 Sonstige Nutzflächen	458 m²	11,1	5,9

Brutto-Rauminhalt des Bauwerks	Menge, Einheit	BRI/NF (m)	BRI/BGF (m)
BRI Brutto-Rauminhalt	33.227 m³	8,06	4,25

Lufttechnisch behandelte Flächen	Menge, Einheit	% an NF	% an BGF
Entlüftete Fläche	0 m²	0,0	0,0
Be- und entlüftete Fläche	0 m²	0,0	0,0
Teilklimatisierte Fläche	0 m²	0,0	0,0
Klimatisierte Fläche	0 m²	0,0	0,0

Kostenkennwerte für die Kostengruppen der 1. Ebene DIN 18960

KG Kostengruppen (1. Ebene)	Kosten €/a	€/m² NF*a	€/m² BGF*a	€/m³ BRI*a	% an Summe
100 Kapitalkosten	–	–	–	–	–
200 Objektmanagementkosten	61.178	15	8	2	12,5
300 Betriebskosten	268.763	65	34	8	54,8
400 Instandsetzungskosten	160.408	39	21	5	32,7

Verteilung der Nutzungskosten €/m² BGF*a (Allgemeinbildende Schulen)

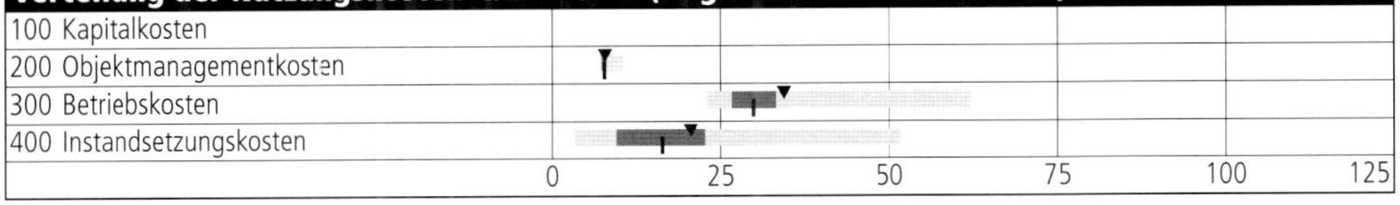

Kostenkennwerte für die Kostengruppen der 1. Ebene nach DIN 18960

KG	Kostengruppe	Menge Einheit	Kosten €/a	€/Einheit*a	% an Summe
200	**Objektmanagementkosten** **Personalkosten**: Personalkosten des Objektmanagements inkl. arbeitsplatzbezogener Gemeinkosten wie Umlagen für arbeitsmedizinische und -sicherheitstechnische Dienste, Sekretariate, Registraturen und dgl., Energiemanagement. **Sachkosten**: Allgemeine Sachkostenpauschale für Raumkosten, Fernsprechkosten, Einrichtungs- und Ausstattungskosten, Büroarbeitsplatz- und Bürobedarfskosten. **Fremdleistungen**: Leistungen im Zusammenhang mit einem Baugesuch.	7.815,00 BGF	61.178	**7,83**	12,5
300	**Betriebskosten** **Versorgung**: Wasser • Gas, Kernnutzung im untersten Geschoss, Außenwände als schwere, einschalige Konstruktion, Standard der Außentüren und -fenster 25% Einscheibenverglasung, Holzrahmen, 75% Zweischeibenverglasung, Aluminiumrahmen, modernisiert im Jahre 1990, Wärmedämmung nach gesetzlichem Standard im Jahre 1956, Wärmeerzeugungsanlagen überwiegend mit zentraler Wassererwärmung, Heizungssteuerung der Schule Tagesprogramm, Heizungssteuerung der Turnhalle Wochenprogramm, 4 Heizungsgruppen, Raumheizflächen 90% Heizkörper, 10% Deckenstrahlplatten, Verschattung der Außenwandfläche durch Baumbestand • Strom,1 Aufzug. **Reinigung und Pflege von Gebäuden**: Regelmäßige Unterhaltsreinigung, Leeren von Abfallbehältern und Entsorgung, 2 Pflegefilmsanierungen der Schule, 1 Pflegefilmsanierung der Turnhalle, 1 Sonderreinigung des Speisesaals, 1 Sonderreinigung der Turnhalle, Reinigung fremdvergeben, 1,15 €/m² Reinigungsfläche und Jahr, Angaben zu den Bodenbelägen: 1% der NGF Holzbelag, 51% der NGF Kunststoffbelag, 48% der NGF Steinbelag. **Reinigung und Pflege von Außenanlagen**: Reinigung fremdvergeben, Kostenpauschale für regelmäßige Hausmeisterdienstleistungen im Zusammenhang mit Reinigung, Winterdienst und dgl., Streumittel. **Bedienung, Inspektion und Wartung**: Telekommunikation • Reparaturen an Sanitäranlagen, Ersatz von Ventilen an der Wärmeübergabestation, Wartung der Rauch- und Wärmeabzugsanlage, Inspektion der Starkstromanlagen, Blitzschutzprüfung, Wartung der Schwachstromanlagen, System- und Netzwerkbetreiberdienste, Elektroarbeiten, Wartung des Aufzugs, Ersatzteile, Material • Kostenpauschale für regelmäßige Hausmeisterdienstleistungen im Zusammenhang mit der Bedienung, Inspektion und Wartung. **Sicherheits- und Überwachungsdienste**: Kostenpauschale für regelmäßige Hausmeisterdienstleistungen im Zusammenhang mit Wach- und Schließdiensten. **Abgaben und Beiträge**: Abgaben für Grundstück und Gebäude.	7.815,00 BGF	268.763	**34,39**	54,8

KG	Kostengruppe	Menge Einheit	Kosten €/a	€/Einheit*a	% an Summe
400	**Instandsetzungskosten**	7.815,00 BGF	160.408	**20,53**	32,7

Instandsetzung der Baukonstruktionen: Instandsetzung von Außentüren und -fenstern insbesondere Austausch von Fensterscheiben und Panikschlössern, Montage von Verdunklungselementen in der Turnhalle, Anschluss von elektrischen Jalousien inkl. Montage erforderlicher Kabelkanäle und Deckenleitungen, Schlosser- und Glaserarbeiten • Instandsetzung von Innentüren und -fenstern insbesondere Schlosser- und Malerarbeiten, Platten- und Fliesenarbeiten in Sanitärräumen, Montage von Spiegeln • Instandsetzung eines Bühnenvorhangs, Ersatz des Vorhangstoffs • verschiedene Maßnahmen an den Baukonstruktionen.

Instandsetzung der Technischen Anlagen: Instandsetzung von Sanitäranlagen, insbesondere Austausch und Montage eines Wärmetauschers, Austausch eines Mischverteilers, Reparaturen am Wasserverteiler • Instandsetzung des Wärmeverteilnetzes insbesondere Instandsetzung von Rohrleitungen, Heizungsarbeiten • Instandsetzung von Beleuchtungsanlagen in Schule und Turnhalle inkl. Deckenhalterung, Elektroarbeiten • Instandsetzung von Fernmeldeanlagen insbesondere Erweiterung des Datennetzes, Trassierung, Elektroarbeiten.

Instandsetzung der Ausstattung: Montage und Installation von Beamern inkl. Deckenhalterungen, Elektroarbeiten, Musikflügel.

Kostenkennwerte für die Kostengruppen der 2. Ebene nach DIN 18960

KG	Kostengruppe	Menge Einheit	Kosten €/a	€/Einheit*a	% an Summe
200	**Objektmanagementkosten**				
210	**Personalkosten** Personalkosten des Objektmanagements inkl. arbeitsplatzbezogener Gemeinkosten wie Umlagen für arbeitsmedizinische und -sicherheitstechnische Dienste, Sekretariate, Registraturen und dgl., Energiemanagement.	7.815,00 BGF	50.469	**6,46**	82,5
220	**Sachkosten** Allgemeine Sachkostenpauschale für Raumkosten, Fernsprechkosten, Einrichtungs- und Ausstattungskosten, Büroarbeitsplatz- und Bürobedarfskosten.	7.815,00 BGF	8.037	**1,03**	13,1
230	**Fremdleistungen** Leistungen im Zusammenhang mit einem Baugesuch.	7.815,00 BGF	2.672	**0,34**	4,4
300	**Betriebskosten**				
310	**Versorgung** Wasser: 4 dezentrale Wassererwärmer, wasserlose Urinale • Gas: Kernnutzung im unter.sten Geschoss, Außenwände als schwere, einschalige Konstruktion, Standard der Außentüren und -fenster 25% Einscheibenverglasung, Holzrahmen, 75% Zweischeibenverglasung, Aluminiumrahmen, modernisiert im Jahre 1990, Wärmedämmung nach gesetzlichem Standard im Jahre 1956, Wärmeerzeugungsanlagen überwiegend mit zentraler Wassererwärmung, Heizungssteuerung der Schule Tagesprogramm, Heizungssteuerung der Turnhalle Wochenprogramm, 4 Heizungsgruppen, Raumheizflächen 90% Heizkörper, 10% Deckenstrahlplatten, Verschattung der Außenwandfläche durch Baumbestand • Strom: 1 Aufzug. Angaben zur Nutzung: Gymnasium (2-zügig) mit Turnhalle, 444 Schüler, 2-zügig, Regelschule mit Übermittagsbetreuung, Abendgymnasium, 64 h Betriebszeit/Schulwoche, Essensangebot, Catering, 40 Essen/Schultag, Dienstwohnung im Gebäude, Verbräuche getrennt messbar.	7.815,00 BGF	94.859	**12,14**	35,3
320	**Entsorgung** Abwasser • Abfall: verbrauchte Leuchtmittel, Kompostierung.	7.815,00 BGF	2.187	**0,28**	0,8

KG	Kostengruppe	Menge Einheit	Kosten €/a	€/Einheit*a	% an Summe
330	**Reinigung und Pflege von Gebäuden**	7.815,00 BGF	71.021	**9,09**	26,4

Unterhaltsreinigung: regelmäßige Unterhaltsreinigung, Leeren von Abfallbehältern und Entsorgung, 2 Pflegefilmsanierungen der Schule, 1 Pflegefilmsanierung der Turnhalle, 1 Sonderreinigung des Speisesaals, 1 Sonderreinigung der Turnhalle, Reinigung fremdvergeben, 1,15 €/m² Reinigungsfläche und Jahr • Glasreinigung: 1 Reinigung der Außen- und Innenverglasung inkl. Rahmen, fremdvergeben, Angaben zur Außenverglasung: 1.075 m² Glasfläche als Außentüren und -fenster, Kastenfenster, 4-seitige Reinigung; 1.025 m² Glasfläche als Außentüren und -fenster, 2-seitige Reinigung; 5 m² Glasfläche als Lichtkuppel, 2-seitige Reinigung, Angaben zur Innenverglasung: 160 m² Glasfläche als Innentüren und -fenster, 2-seitige Reinigung; 325 m² Glasfläche als Trennwände und Einbauten, 2-seitige Reinigung • Reinigung Technischer Anlagen: Rohrreinigung • Reinigung und Pflege von Gebäuden, sonstiges: Schädlingsbekämpfung, Kostenpauschale für regelmäßige Hausmeisterdienstleistungen im Zusammenhang mit der Reinigung und Pflege des Gebäudes wie Reinigungskontrollen und dgl.

Boden- und Deckenbelagsfläche

KG	Kostengruppe	Menge Einheit	Kosten €/a	€/Einheit*a	% an Summe
340	**Reinigung und Pflege von Außenanlagen**	7.815,00 BGF	7.989	**1,02**	3,0

Befestigte Flächen: Reinigung fremdvergeben, Kostenpauschale für regelmäßige Hausmeisterdienstleistungen im Zusammenhang mit Reinigung, Winterdienst und dgl., Streumittel • Pflanz- und Grünflächen: Grünpflege, Wartung gärtnerischer Anlagen. 1,09 €/m² unbebaute Fläche des Baugrundstücks und Jahr, Angaben zum Grundstück: unbebaute Fläche des Grundstücks 7.265 m², Standort innerstädtisch, Hanglage.

Unbebaute Fläche des Baugrundstücks

KG	Kostengruppe	Menge Einheit	Kosten €/a	€/Einheit*a	% an Summe
350	**Bedienung, Inspektion und Wartung**	7.815,00 BGF	58.588	**7,50**	21,8

Bedienung der Technischen Anlagen: Telekommunikation • Inspektion und Wartung der Baukonstruktion: Reparaturen an Außentüren und -fenstern insbesondere Reparatur der Drehtür, Schlosserarbeiten, Belagsarbeiten an Treppen, Reparaturen von Trennvorhängen und Führungsschienen, Schreinerarbeiten, allgemeine Wartungsarbeiten, Ersatzteile • Inspektion und Wartung der Technischen Anlagen: Reparaturen an Sanitäranlagen, Ersatz von Ventilen an der Wärmeübergabestation, Wartung der Rauch- und Wärmeabzugsanlage, Inspektion der Starkstromanlagen, Blitzschutzprüfung, Wartung der Schwachstromanlagen, System- und Netzwerkbetreiberdienste, Elektroarbeiten, Wartung des Aufzugs, Ersatzteile, Material • Inspektion und Wartung der Außenanlagen: Wartung von Außenanlagen • Inspektion und Wartung von Ausstattung und Kunstwerken: Wartung der Ausstattung, Wartung von Turn- und Sportgeräten, Wartung von Reinigungsgeräten, Ersatzteile • Bedienung, Inspektion und Wartung, sonstiges: Kostenpauschale für regelmäßige Hausmeisterdienstleistungen im Zusammenhang mit der Bedienung, Inspektion und Wartung.

KG	Kostengruppe	Menge Einheit	Kosten €/a	€/Einheit*a	% an Summe
360	**Sicherheits- und Überwachungsdienste** Kontrollen aufgrund öffentlich-rechtlicher Bestimmungen: Spielgerätekontrolle • Objekt- und Personenschutz: Kostenpauschale für regelmäßige Hausmeisterdienstleistungen im Zusammenhang mit Wach- und Schließdiensten.	7.815,00 BGF	18.526	**2,37**	6,9
370	**Abgaben und Beiträge** Steuern: Abgaben für Grundstück und Gebäude • Versicherungsbeiträge: Gebäudeversicherungen.	7.815,00 BGF	15.593	**2,00**	5,8
400	**Instandsetzungskosten**				
410	**Instandsetzung der Baukonstruktionen** Außenwände: Instandsetzung von Außentüren und -fenstern insbesondere Austausch von Fensterscheiben und Panikschlössern, Montage von Verdunklungselementen in der Turnhalle, Anschluss von elektrischen Jalousien inkl. Montage erforderlicher Kabelkanäle und Deckenleitungen, Schlosser- und Glaserarbeiten • Innenwände: Instandsetzung von Innentüren und -fenstern insbesondere Schlosser- und Malerarbeiten, Platten- und Fliesenarbeiten in Sanitärräumen, Montage von Spiegeln • Dächer: Instandsetzung der Dachentwässerung • Baukonstruktive Einbauten: Instandsetzung eines Bühnenvorhangs, Ersatz des Vorhangstoffs • Instandsetzungskosten der Baukonstruktionen, sonstiges: verschiedene Maßnahmen an den Baukonstruktionen.	7.815,00 BGF	65.219	**8,35**	40,7
420	**Instandsetzung der Technischen Anlagen** Abwasser-, Wasser-, Gasanlagen: Instandsetzung von Sanitäranlagen, insbesondere Austausch und Montage eines Wärmetauschers, Austausch eines Mischverteilers, Reparaturen am Wasserverteiler • Wärmeversorgungsanlagen: Instandsetzung des Wärmeverteilnetzes insbesondere Instandsetzung von Rohrleitungen, Heizungsarbeiten • Starkstromanlagen: Instandsetzung von Beleuchtungsanlagen in Schule und Turnhalle inkl. Deckenhalterung, Elektroarbeiten • Fernmelde- und informationstechnische Anlagen: Instandsetzung von Fernmeldeanlagen insbesondere Erweiterung des Datennetzes, Trassierung, Elektroarbeiten • Instandsetzung der Technischen Anlagen, sonstiges: verschiedene Maßnahmen an den Technischen Anlagen.	7.815,00 BGF	85.689	**10,96**	53,4
430	**Instandsetzung der Außenanlagen** Instandsetzung von Außenbeleuchtungsanlagen, Elektroarbeiten.	7.815,00 BGF	507	**0,06**	0,3
440	**Instandsetzung der Ausstattung** Montage und Installation von Beamern inkl. Deckenhalterungen, Elektroarbeiten, Musikflügel.	7.815,00 BGF	8.993	**1,15**	5,6

4100-091
Grundschule
(3-zügig)

Objektübersicht

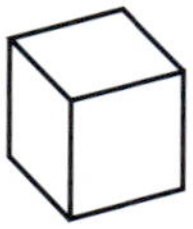

7 €/m³ BRI*a

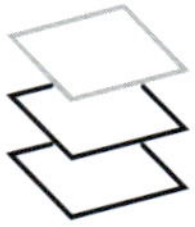

31 €/m² BGF*a

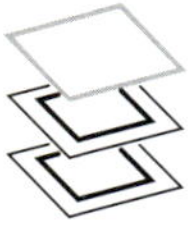

56 €/m² NF*a

600 €/Schüler*a

Kennwerte	bis 2. Ebene DIN 18960 exkl. Außenanlagen
Ausbau	Grund- und Mieterausbau
Land	Baden-Württemberg
Kreis	Stuttgart
Baujahr	1956
m³ BRI	20.853
m² BGF	4.765
m² NF	2.616

Eigentümer:
Landeshauptstadt Stuttgart
Hauptstätter Str. 79
70178 Stuttgart

Bewirtschafter:
Schulverwaltungsamt
Hauptstätter Str. 79
70178 Stuttgart

Kostenstand: 1. Quartal 2010, inkl. MwSt.

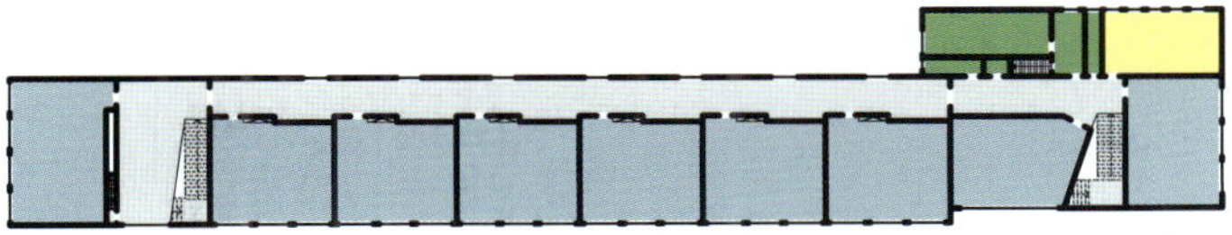

2. Obergeschoss

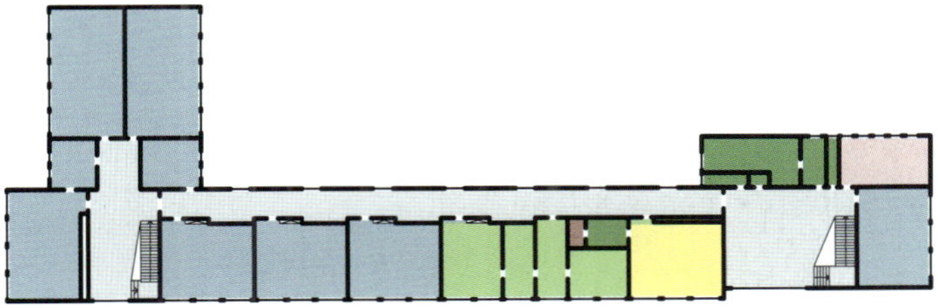

1. Obergeschoss

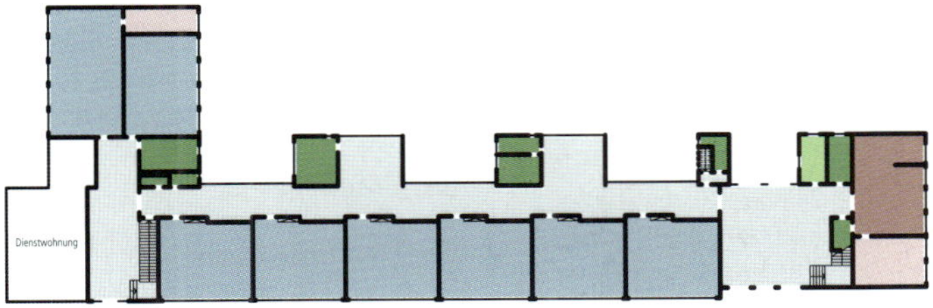

Erdgeschoss

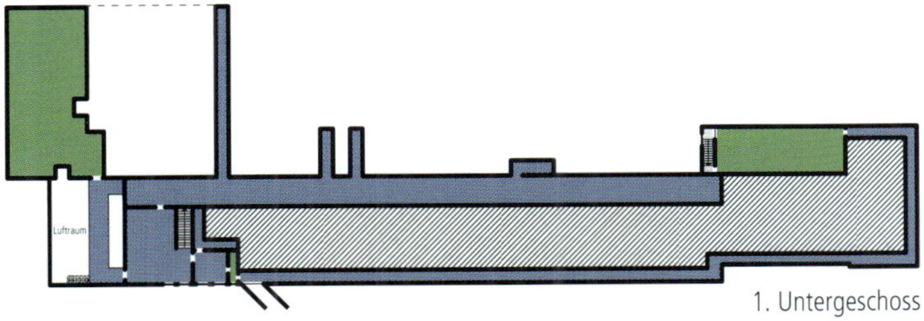

1. Untergeschoss

2. Untergeschoss

NF1 Wohnen und Aufenthalt
NF2 Büroarbeit
NF3 Prod., Hand- und Maschinenarb., Experimente
NF4 Lagern, Verteilen und Verkaufen
NF5 Bildung, Unterricht und Kultur
NF6 Heilen und Pflegen
NF7 Sonstige Nutzflächen
TF Technische Funktionsfläche
VF Verkehrsfläche

Objektbeschreibung

Nutzung

1 Untergeschoss
Abstellräume, Haustechnik.

2 Erdgeschosse
Küche, Lager, Unterrichtsräume, Sanitärräume, Putzraum, Abstellräume.

2 Obergeschosse
Büroräume, Gruppenraum, Küche, Unterrichtsräume, Musiksaal, Sanitärräume, Putzraum.

Nutzeinheiten

Schüler: 244
Unterrichtsräume: 18
Fachräume: 3
Sonstige Gemeinschafts- und Unterrichtsräume: 5

Besonderer Kosteneinfluss

Nutzung
Regelschule, 19 m² BGF/Schüler, 26 h Betriebszeit/Schulwoche, Essensangebot, Küchenbetrieb, 60 Essen/Schultag, 22 EDV-Arbeitsplätze, keine Kernnutzung im untersten Geschoss.

Objekt
5 dezentrale Wassererwärmer, 20% wassergespülte Urinale, 80% wasserlose Urinale, Außenwände schwere, einschalige Konstruktion, Standard der Außentüren und -fenster Zweischeibenverglasung, 50% der Außentüren und -fenster Holzrahmen, 50% der Außentüren und -fenster Aluminiumrahmen, Wärmedämmung nach gesetzlichem Standard im Jahre 1956, Wärmeerzeugungsanlagen ohne zentrale Wassererwärmung, Heizungssteuerung Wochenprogramm, Raumheizflächen Heizkörper, Angaben zu den Bodenbelägen: 60% der NGF Kunststoffbelag, 38% der NGF Steinbelag, 2% der NGF Teppichbelag, Angaben zur Außenverglasung: 5 m² Glasfläche als Außentüren und -fenster, Kastenfenster, 4-seitige Reinigung; 900 m² Glasfläche als Außentüren und -fenster, 2-seitige Reinigung, Angaben zur Innenverglasung: 65 m² Glasfläche als Innentüren und -fenster, 2-seitige Reinigung, 10 m² Glasfläche als Trennwände und Einbauten, 2-seitige Reinigung, Heizkessel aus dem Jahre 2004.

Grundstück

Standort: städtisch
Bauraum: freier Bauraum
Neigung: ebenes Gelände

Betrieb

Geringe Betriebskosten:
Personalkosten des Objektmanagements inkl. arbeitsplatzbezogener Gemeinkosten wie Umlagen für arbeitsmedizinische und -sicherheitstechnische Dienste, Sekretariate, Registraturen und dgl., Energiemanagement, Vermessungsarbeiten, Erstellen von Flucht- und Rettungswegplänen, Gas, regelmäßige Unterhaltsreinigung, Leeren von Abfallbehältern und Entsorgung, 2 Pflegefilmsanierungen, Reinigung fremdvergeben, Telekommunikation, EDV- und Internetdienste, Kostenpauschale für regelmäßige Hausmeisterdienstleistungen im Zusammenhang mit der Bedienung, Inspektion und Wartung, Kostenpauschale für regelmäßige Hausmeisterdienstleistungen im Zusammenhang mit Wach- und Schließdiensten.

Instandsetzung

Geringe Instandsetzungskosten:
Instandsetzung von Außentüren und -fenstern insbesondere Instandsetzung von Jalousien, Ersatz von Glasscheiben, Glaserarbeiten, Schlosser- und Schreinerarbeiten, Instandsetzung von Boden- und Wandbekleidungen insbesondere Trockenbau- und Malerarbeiten, Schallschutz- und Akustikmaßnahmen, Instandsetzung von Sanitäranlagen insbesondere Instandsetzung von Sanitärapparaten und Wasserleitungen, Instandsetzung der Heizungssteuerung und -regelung, Beschilderungen.

Planungskennwerte für Flächen und Rauminhalte nach DIN 277

Flächen des Grundstücks	Menge, Einheit	% an FBG
BF Bebaute Fläche	– m²	–
UBF Unbebaute Fläche	– m²	–
FBG Fläche des Baugrundstücks	– m²	–
FAB Fläche außerhalb des Baugrundstücks	– m²	–

Grundflächen des Bauwerks	Menge, Einheit	% an NF	% an BGF
NF Nutzfläche	2.616 m²	100,0	54,9
TF Technische Funktionsfläche	539 m²	20,6	11,3
VF Verkehrsfläche	1.074 m²	41,1	22,5
NGF Netto-Grundfläche	4.229 m²	161,6	88,8
KGF Konstruktions-Grundfläche	536 m²	20,5	11,2
BGF Brutto-Grundfläche	4.765 m²	182,1	100,0

Nutzflächen des Bauwerks	Menge, Einheit	% an NF	% an BGF
NF1 Wohnen und Aufenthalt	108 m²	4,1	2,3
NF2 Büroarbeit	130 m²	5,0	2,7
NF3 Produktion, Hand-, Maschinenarbeit, Exp.	75 m²	2,9	1,6
NF4 Lagern, Verteilen und Verkaufen	74 m²	2,8	1,6
NF5 Bildung, Unterricht und Kultur	1.762 m²	67,3	37,0
NF6 Heilen und Pflegen	0 m²	0,0	0,0
NF7 Sonstige Nutzflächen	467 m²	17,9	9,8

Brutto-Rauminhalt des Bauwerks	Menge, Einheit	BRI/NF (m)	BRI/BGF (m)
BRI Brutto-Rauminhalt	20.853 m³	7,97	4,38

Lufttechnisch behandelte Flächen	Menge, Einheit	% an NF	% an BGF
Entlüftete Fläche	0 m²	0,0	0,0
Be- und entlüftete Fläche	0 m²	0,0	0,0
Teilklimatisierte Fläche	0 m²	0,0	0,0
Klimatisierte Fläche	0 m²	0,0	0,0

Kostenkennwerte für die Kostengruppen der 1. Ebene DIN 18960

KG Kostengruppen (1. Ebene)	Kosten €/a	€/m² NF*a	€/m² BGF*a	€/m³ BRI*a	% an Summe
100 Kapitalkosten	–	–	–	–	–
200 Objektmanagementkosten	49.608	19	10	2	25,3
300 Betriebskosten	129.752	50	27	6	66,2
400 Instandsetzungskosten	16.535	6	3	1	8,4

Verteilung der Nutzungskosten €/m² BGF*a (Grundschulen)

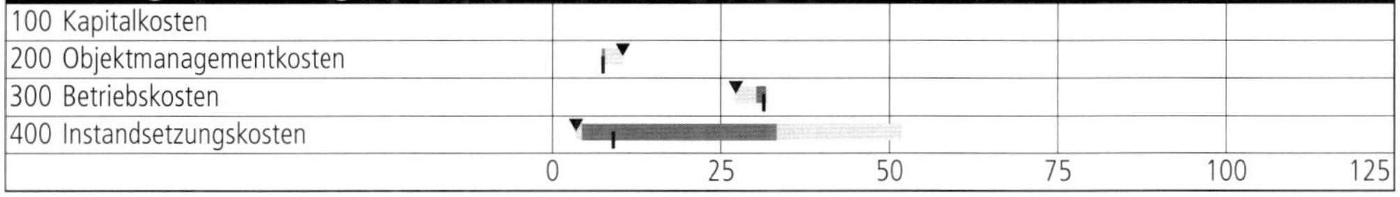

Kostenkennwerte für die Kostengruppen der 1. Ebene nach DIN 18960

KG	Kostengruppe	Menge Einheit	Kosten €/a	€/Einheit*a	% an Summe
200	**Objektmanagementkosten** **Personalkosten**: Personalkosten des Objektmanagements inkl. arbeitsplatzbezogener Gemeinkosten wie Umlagen für arbeitsmedizinische und -sicherheitstechnische Dienste, Sekretariate, Registraturen und dgl., Energiemanagement. **Sachkosten**: Allgemeine Sachkostenpauschale für Raumkosten, Fernsprechkosten, Einrichtungs- und Ausstattungskosten, Büroarbeitsplatz- und Bürobedarfskosten. **Fremdleistungen**: Vermessungsarbeiten, Erstellen von Flucht- und Rettungswegplänen.	4.764,60 BGF	49.608	**10,41**	25,3
300	**Betriebskosten** **Versorgung**: Wasser • Gas, keine Kernnutzung im untersten Geschoss, Außenwände schwere, einschalige Konstruktion, Standard der Außentüren und -fenster Zweischeibenverglasung, 50% der Außentüren und -fenster Holzrahmen, 50% der Außentüren und -fenster Aluminiumrahmen, Wärmedämmung nach gesetzlichem Standard im Jahre 1956, Wärmeerzeugungsanlagen ohne zentrale Wassererwärmung, Heizungssteuerung Wochenprogramm, Raumheizflächen Heizkörper • Strom. **Entsorgung**: Verbrauchte Leuchtmittel. **Reinigung und Pflege von Gebäuden**: Regelmäßige Unterhaltsreinigung, Leeren von Abfallbehältern und Entsorgung, 2 Pflegefilmsanierungen, Reinigung fremdvergeben, Angaben zu den Bodenbelägen: 60% der NGF Kunststoffbelag, 38% der NGF Steinbelag, 2% der NGF Teppichbelag • Kostenpauschale für regelmäßige Hausmeisterdienstleistungen im Zusammenhang mit der Reinigung und Pflege des Gebäudes wie Reinigungskontrollen und dgl. **Bedienung, Inspektion und Wartung**: Telekommunikation, EDV- und Internetdienste • Reparaturen an Außentüren und -fenstern insbesondere Reparaturen an Beschlägen, Austausch von Zylindern, Schlosser- und Schreinerarbeiten • Reparaturen an Sanitäranlagen, Wartung des Brenners, Abgaswegeprüfung, Wartung der Schwachstromanlagen, System- und Netzwerkbetreiberdienste, Ersatzteile • Kostenpauschale für regelmäßige Hausmeisterdienstleistungen im Zusammenhang mit der Bedienung, Inspektion und Wartung. **Sicherheits- und Überwachungsdienste**: Kostenpauschale für regelmäßige Hausmeisterdienstleistungen im Zusammenhang mit Wach- und Schließdiensten.	4.764,60 BGF	129.752	**27,23**	66,2
400	**Instandsetzungskosten** **Instandsetzung der Baukonstruktionen**: Instandsetzung von Außentüren und -fenstern insbesondere Instandsetzung von Jalousien, Ersatz von Glasscheiben, Glaserarbeiten, Schlosser- und Schreinerarbeiten • Instandsetzung von Innenwandbekleidungen insbesondere Schreinerarbeiten • Instandsetzung von Boden- und Wandbekleidungen insbesondere Trockenbau- und Malerarbeiten, Schallschutz- und Akustikmaßnahmen. **Instandsetzung der Technischen Anlagen**: Instandsetzung von Sanitäranlagen insbesondere Instandsetzung von Sanitärapparaten und Wasserleitungen • Instandsetzung der Heizungssteuerung und -regelung • Instandsetzung von Vorschaltgeräten und Batterieanlagen. **Instandsetzung der Ausstattung**: Beschilderungen.	4.764,60 BGF	16.535	**3,47**	8,4

Kostenkennwerte für die Kostengruppen der 2. Ebene nach DIN 18960

KG	Kostengruppe	Menge Einheit	Kosten €/a	€/Einheit*a	% an Summe
200	**Objektmanagementkosten**				
210	**Personalkosten** Personalkosten des Objektmanagements inkl. arbeitsplatzbezogener Gemeinkosten wie Umlagen für arbeitsmedizinische und -sicherheitstechnische Dienste, Sekretariate, Registraturen und dgl., Energiemanagement.	4.764,60 BGF	32.286	**6,78**	65,1
220	**Sachkosten** Allgemeine Sachkostenpauschale für Raumkosten, Fernsprechkosten, Einrichtungs- und Ausstattungskosten, Büroarbeitsplatz- und Bürobedarfskosten.	4.764,60 BGF	4.935	**1,04**	10,0
230	**Fremdleistungen** Vermessungsarbeiten, Erstellen von Flucht- und Rettungswegplänen.	4.764,60 BGF	12.388	**2,60**	25,0
300	**Betriebskosten**				
310	**Versorgung** Wasser: 5 dezentrale Wassererwärmer, 20% wassergespülte Urinale, 80% wasserlose Urinale • Gas: keine Kernnutzung im untersten Geschoss, Außenwände schwere, einschalige Konstruktion, Standard der Außentüren und -fenster Zweischeibenverglasung, 50% der Außentüren und -fenster Holzrahmen, 50% der Außentüren und -fenster Aluminiumrahmen, Wärmedämmung nach gesetzlichem Standard im Jahre 1956, Wärmeerzeugungsanlagen ohne zentrale Wassererwärmung, Heizungssteuerung Wochenprogramm, Raumheizflächen Heizkörper • Strom: 22 EDV-Arbeitsplätze. Angaben zur Nutzung: Grundschule, 244 Schüler, 3-zügig, Regelschule, 26 h Betriebszeit/Schulwoche, Essensangebot, Küchenbetrieb, 60 Essen/Schultag, 22 EDV-Arbeitsplätze.	4.764,60 BGF	30.606	**6,42**	23,6
320	**Entsorgung** Abwasser • Abfall: verbrauchte Leuchtmittel.	4.764,60 BGF	2.313	**0,49**	1,8
330	**Reinigung und Pflege von Gebäuden** Unterhaltsreinigung: regelmäßige Unterhaltsreinigung, Leeren von Abfallbehältern und Entsorgung, 2 Pflegefilmsanierungen, Reinigung fremdvergeben • Glasreinigung: 1 Reinigung der Außen- und Innenverglasung inkl. Rahmen, fremdvergeben, Angaben zur Außenverglasung: 5 m² Glasfläche als Außentüren und -fenster, Kastenfenster, 4-seitige Reinigung; 900 m² Glasfläche als Außentüren und -fenster, 2-seitige Reinigung, Angaben zur Innenverglasung: 65 m² Glasfläche als Innentüren und -fenster, 2-seitige Reinigung, 10 m² Glasfläche als Trennwände und Einbauten, 2-seitige Reinigung • Reinigung Technischer Anlagen: Rohrreinigung • Reinigung und Pflege von Gebäuden, sonstiges: Kostenpauschale für regelmäßige Hausmeisterdienstleistungen im Zusammenhang mit der Reinigung und Pflege des Gebäudes wie Reinigungskontrollen und dgl.	4.764,60 BGF	43.691	**9,17**	33,7

Boden- und Deckenbelagsfläche

KG	Kostengruppe	Menge Einheit	Kosten €/a	€/Einheit*a	% an Summe
350	**Bedienung, Inspektion und Wartung**	4.764,60 BGF	40.233	**8,44**	31,0
	Bedienung der Technischen Anlagen: Telekommunikation, EDV- und Internetdienste • Inspektion und Wartung der Baukonstruktion: Reparaturen an Außentüren und -fenstern insbesondere Reparaturen an Beschlägen, Austausch von Zylindern, Schlosser- und Schreinerarbeiten • Inspektion und Wartung der Technischen Anlagen: Reparaturen an Sanitäranlagen, Wartung des Brenners, Abgaswegeprüfung, Wartung der Schwachstromanlagen, System- und Netzwerkbetreiberdienste, Ersatzteile • Inspektion und Wartung von Ausstattung und Kunstwerken: Wartung der Ausstattung, Ersatzteile • Bedienung, Inspektion und Wartung, sonstiges: Kostenpauschale für regelmäßige Hausmeisterdienstleistungen im Zusammenhang mit der Bedienung, Inspektion und Wartung.				
360	**Sicherheits- und Überwachungsdienste**	4.764,60 BGF	12.862	**2,70**	9,9
	Kostenpauschale für regelmäßige Hausmeisterdienstleistungen im Zusammenhang mit Wach- und Schließdiensten.				
390	**Betriebskosten, sonstiges**	4.764,60 BGF	46	**0,01**	< 0,1
	Ersatzteile, Material.				
400	**Instandsetzungskosten**				
410	**Instandsetzung der Baukonstruktionen**	4.764,60 BGF	11.667	**2,45**	70,6
	Außenwände: Instandsetzung von Außentüren und -fenstern insbesondere Instandsetzung von Jalousien, Ersatz von Glasscheiben, Glaserarbeiten, Schlosser- und Schreinerarbeiten • Innenwände: Instandsetzung von Innenwandbekleidungen insbesondere Schreinerarbeiten • Instandsetzungskosten der Baukonstruktionen, sonstiges: Instandsetzung von Boden- und Wandbekleidungen insbesondere Trockenbau- und Malerarbeiten, Schallschutz- und Akustikmaßnahmen.				
420	**Instandsetzung der Technischen Anlagen**	4.764,60 BGF	3.580	**0,75**	21,7
	Abwasser-, Wasser-, Gasanlagen: Instandsetzung von Sanitäranlagen insbesondere Instandsetzung von Sanitärapparaten und Wasserleitungen • Wärmeversorgungsanlagen: Instandsetzung der Heizungssteuerung und -regelung • Starkstromanlagen: Instandsetzung von Vorschaltgeräten und Batterieanlagen.				
440	**Instandsetzung der Ausstattung**	4.764,60 BGF	1.288	**0,27**	7,8
	Beschilderungen.				

4100-092
Grundschule
(4-zügig)

Objektübersicht

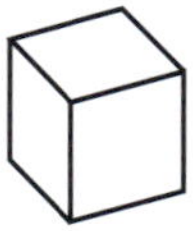
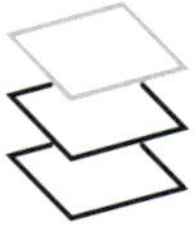
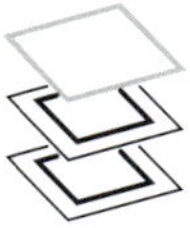

1.136 €/Schüler*a	14 €/m³ BRI*a	65 €/m² BGF*a	105 €/m² NF*a		

Kennwerte	bis 2. Ebene DIN 18960 inkl. Außenanlagen
Ausbau	Grund- und Mieterausbau
Land	Baden-Württemberg
Kreis	Stuttgart
Baujahr	1889
m³ BRI	25.129
m² BGF	5.443
m² NF	3.338

Eigentümer:
Landeshauptstadt Stuttgart
Hauptstätter Str. 79
70178 Stuttgart

Bewirtschafter:
Schulverwaltungsamt
Hauptstätter Str. 79
70178 Stuttgart

Kostenstand: 1. Quartal 2010, inkl. MwSt.

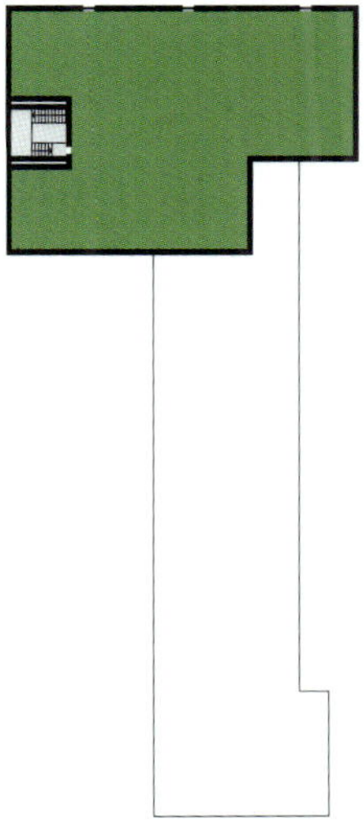

4. Obergeschoss

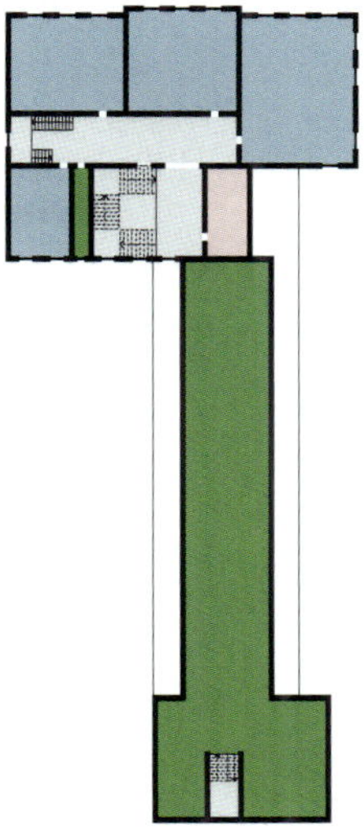

3. Obergeschoss

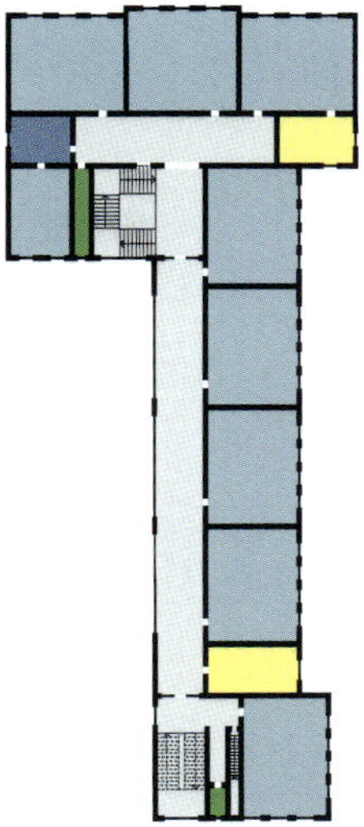

2. Obergeschoss

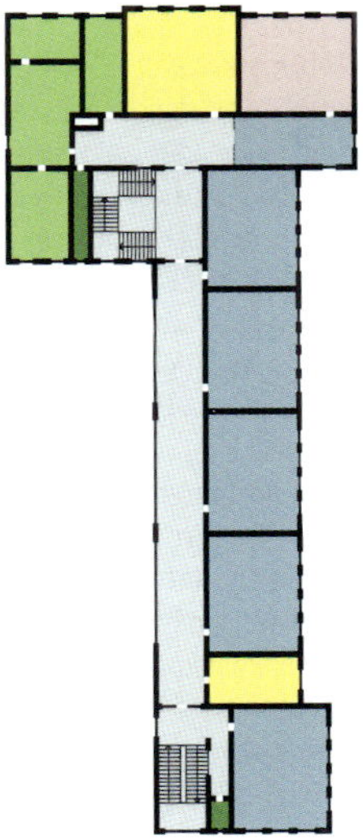

1. Obergeschoss

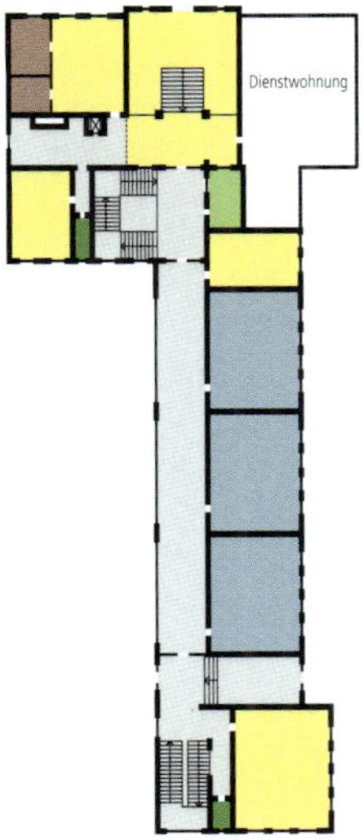

Erdgeschoss

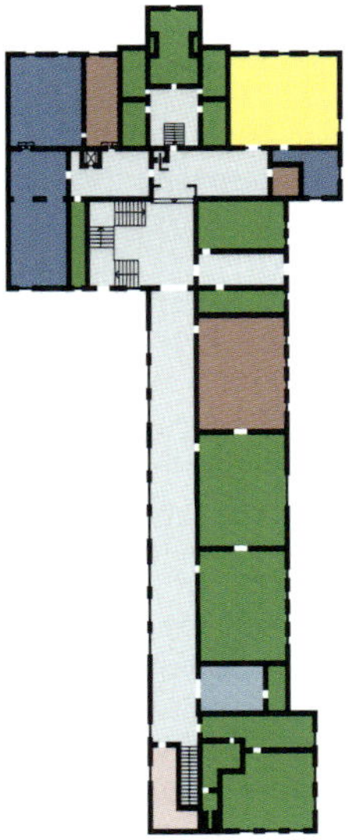

1. Untergeschoss

NF1 Wohnen und Aufenthalt
NF2 Büroarbeit
NF3 Prod., Hand- und Maschinenarb., Experimente
NF4 Lagern, Verteilen und Verkaufen
NF5 Bildung, Unterricht und Kultur
NF6 Heilen und Pflegen
NF7 Sonstige Nutzflächen
TF Technische Funktionsfläche
VF Verkehrsfläche

Objektbeschreibung

Nutzung

1 Untergeschoss
Küche, Werkstatt, Waschküche, Sanitärräume, Putzräume, Abstellräume, Haustechnik.

1 Erdgeschoss
Gruppenräume, Dienstzimmer, Küche, Unterrichtsräume, Sanitärräume.

4 Obergeschosse
Gruppenräume, Büroräume, Lager, Unterrichtsräume, EDV-Computerräume, Musiksaal, Sanitärräume, Abstellräume.

Nutzeinheiten

Schüler: 309
Unterrichtsräume: 16
Werkräume: 1
Fachräume: 7
Sonstige Gemeinschafts- und Unterrichtsräume: 6
Stellplätze: 8

Besonderer Kosteneinfluss

Nutzung
Ganztagsschule, 17 m² BGF/Schüler, 47 h Betriebszeit/Schulwoche, Essensangebot, Catering, 110 Essen/Schultag, 28 EDV-Arbeitsplätze, Kernnutzung im untersten Geschoss, Dachgeschoss nicht ausgebaut.

Objekt
Wasserlose Urinale, Außenwände schwere, einschalige Konstruktion, Standard der Außentüren und -fenster Zweischeibenverglasung, Holzrahmen, 25% modernisiert im Jahre 2008, Wärmedämmung der Gründungsfläche nicht vorhanden, Wärmedämmung der Außenwandfläche zu 60% modernisiert im Jahre 2008, Wärmedämmung der Dachfläche zu 45% modernisiert im Jahre 2008, Wärmeerzeugungsanlagen ohne zentrale Wassererwärmung, Heizungssteuerung Jahresprogramm, Raumheizflächen Heizkörper, Zu- und Abluftanlage, Angaben zu den Bodenbelägen: 38% der NGF Holzbelag, 13% der NGF Kunststoffbelag, 41% der NGF Steinbelag, 8% der NGF ohne Belag, Angaben zur Außenverglasung: 170 m² Glasfläche als Außentüren und -fenster, Kastenfenster, 4-seitige Reinigung; 535 m² Glasfläche als Außentüren und -fenster, 2-seitige Reinigung; 115 m² Glasfläche als Dachfenster, 2-seitige Reinigung; 20 m² Glasfläche als Überdachung, 2-seitige Reinigung, Angaben zur Innenverglasung: 135 m² Glasfläche als Innentüren und -fenster, 2-seitige Reinigung; 90 m² Glasfläche als Trennwände und Einbauten, 2-seitige Reinigung, Heizkessel aus dem Jahre 1975.

Grundstück

Standort: städtisch
Bauraum: Baulücke
Neigung: geneigtes Gelände
Standard der Außenanlagen: überwiegend Hartflächen

Betrieb

Geringe Betriebskosten:
Personalkosten des Objektmanagements inkl. arbeitsplatzbezogener Gemeinkosten wie Umlagen für arbeitsmedizinische und -sicherheitstechnische Dienste, Sekretariate, Registraturen und dgl., Energiemanagement, Gas, Strom, regelmäßige Unterhaltsreinigung, Leeren von Abfallbehältern und Entsorgung, 2 Pflegefilmsanierungen, 1 Sonderreinigung, Reinigung fremdvergeben, Wartung der Schwachstromanlagen, Abgaswegeprüfung, Inspektion von Brennern und Pumpen, Wartung des Aufzugs, Ersatzteile, Kostenpauschale für regelmäßige Hausmeisterdienstleistungen im Zusammenhang mit der Bedienung, Inspektion und Wartung, Kostenpauschale für regelmäßige Hausmeisterdienstleistungen im Zusammenhang mit Wach- und Schließdiensten.

Instandsetzung

Durchschnittliche Instandsetzungskosten:
Instandsetzung von Außentüren und -fenstern insbesondere Instandsetzung von Roll- und Klappläden, Jalousien, Elektroarbeiten, Schlosser- und Metallbauarbeiten, Schreinerarbeiten, Instandsetzung von Außenwandbekleidungen insbesondere Erneuerung des Wärmedämmverbundsystems inkl. Gerüstbauarbeiten, Planen der Baumaßnahme, Überwachung der Ausführung und Glasreinigung, Instandsetzung von Dachkonstruktionen und -belägen insbesondere Ausbesserungen am Steildach, Dachdeckungs- und Flaschnerarbeiten, Dachabdichtungsarbeiten, Instandsetzung von Wasserleitungen infolge eines Wasserrohrbruchs insbesondere Rohrreinigung, Sanitärarbeiten, Instandsetzung von Sanitäranlagen inkl. Interimsmaßnahme insbesondere Anmietung von Sanitärkabinen, Baustrom, Überwachung der Ausführung, Baureinigung, Instandsetzung von Elektro- und Beleuchtungsanlagen, Instandsetzung des Blitzschutzes, Reparaturen an der Pausenklingel, Demontage und Ersatz elektrischer Geräte, Elektroarbeiten, Instandsetzung von Zäunen und Toren, Demontage und Ausbesserungen an Vordächern insbesondere Glaserarbeiten, Schlosser und Metallbauarbeiten.

Planungskennwerte für Flächen und Rauminhalte nach DIN 277

Flächen des Grundstücks		Menge, Einheit	% an FBG
BF	Bebaute Fläche	1.510 m²	32,8
UBF	Unbebaute Fläche	3.089 m²	67,2
FBG	Fläche des Baugrundstücks	4.599 m²	100,0
FAB	Fläche außerhalb des Baugrundstücks	245 m²	4,5

Grundflächen des Bauwerks		Menge, Einheit	% an NF	% an BGF
NF	Nutzfläche	3.338 m²	100,0	61,3
TF	Technische Funktionsfläche	124 m²	3,7	2,3
VF	Verkehrsfläche	1.207 m²	36,1	22,2
NGF	Netto-Grundfläche	4.669 m²	139,9	85,8
KGF	Konstruktions-Grundfläche	774 m²	23,2	14,2
BGF	Brutto-Grundfläche	5.443 m²	163,0	100,0

Nutzflächen des Bauwerks		Menge, Einheit	% an NF	% an BGF
NF1	Wohnen und Aufenthalt	491 m²	14,7	9,0
NF2	Büroarbeit	127 m²	3,8	2,3
NF3	Produktion, Hand-, Maschinenarbeit, Exp.	106 m²	3,2	1,9
NF4	Lagern, Verteilen und Verkaufen	102 m²	3,0	1,9
NF5	Bildung, Unterricht und Kultur	1.394 m²	41,8	25,6
NF6	Heilen und Pflegen	0 m²	0,0	0,0
NF7	Sonstige Nutzflächen	1.119 m²	33,5	20,6

Brutto-Rauminhalt des Bauwerks		Menge, Einheit	BRI/NF (m)	BRI/BGF (m)
BRI	Brutto-Rauminhalt	25.129 m³	7,53	4,62

Lufttechnisch behandelte Flächen	Menge, Einheit	% an NF	% an BGF
Entlüftete Fläche	0 m²	0,0	0,0
Be- und entlüftete Fläche	1.200 m²	36,0	22,1
Teilklimatisierte Fläche	0 m²	0,0	0,0
Klimatisierte Fläche	0 m²	0,0	0,0

Kostenkennwerte für die Kostengruppen der 1. Ebene DIN 18960

KG	Kostengruppen (1. Ebene)	Kosten €/a	€/m² NF*a	€/m² BGF*a	€/m³ BRI*a	% an Summe
100	Kapitalkosten	–	–	–	–	–
200	Objektmanagementkosten	40.698	12	7	2	10,4
300	Betriebskosten	170.745	51	31	7	43,6
400	Instandsetzungskosten	180.363	54	33	7	46,0

Verteilung der Nutzungskosten €/m² BGF*a (Grundschulen)

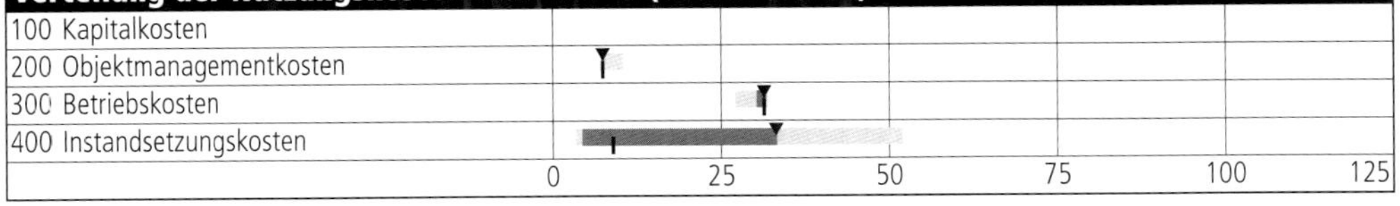

Kostenkennwerte für die Kostengruppen der 1. Ebene nach DIN 18960

KG	Kostengruppe	Menge Einheit	Kosten €/a	€/Einheit*a	% an Summe
200	**Objektmanagementkosten** **Personalkosten**: Personalkosten des Objektmanagements inkl. arbeitsplatzbezogener Gemeinkosten wie Umlagen für arbeitsmedizinische und -sicherheitstechnische Dienste, Sekretariate, Registraturen und dgl., Energiemanagement. **Sachkosten**: Sachkosten des Objektmanagements wie Raumkosten, Ausstattungskosten, Fernsprechkosten, Büroarbeitsplatz-, Bürobedarfskosten und dgl., Dienstfahrten. **Fremdleistungen**: Vermessungsarbeiten, Erstellen von Flucht- und Rettungswegplänen.	5.443,02 BGF	40.698	**7,48**	10,4
300	**Betriebskosten** **Versorgung**: Wasser • Gas, Kernnutzung im untersten Geschoss, Dachgeschoss nicht ausgebaut, Außenwände schwere, einschalige Konstruktion, Standard der Außentüren und -fenster Zweischeibenverglasung, Holzrahmen, 25% modernisiert im Jahre 2008, Wärmedämmung der Gründungsfläche nicht vorhanden, Wärmedämmung der Außenwandfläche zu 60% modernisiert im Jahre 2008, Wärmedämmung der Dachfläche zu 45% modernisiert im Jahre 2008, Wärmeerzeugungsanlagen ohne zentrale Wassererwärmung, Heizungssteuerung Jahresprogramm, Raumheizflächen Heizkörper • Strom, 28 EDV-Arbeitsplätze, Zu- und Abluftanlage. **Reinigung und Pflege von Gebäuden**: Regelmäßige Unterhaltsreinigung, Leeren von Abfallbehältern und Entsorgung, 2 Pflegefilmsanierungen, 1 Sonderreinigung, Reinigung fremdvergeben, 2,39 €/m² Reinigungsfläche und Jahr, Angaben zu den Bodenbelägen: 38% der NGF Holzbelag, 13% der NGF Kunststoffbelag, 41% der NGF Steinbelag, 8% der NGF ohne Belag • Schädlingsbekämpfung, Kostenpauschale für regelmäßige Hausmeisterdienstleistungen im Zusammenhang mit der Reinigung und Pflege des Gebäudes wie Reinigungskontrollen und dgl. **Reinigung und Pflege von Außenanlagen**: Reinigung fremdvergeben, Kostenpauschale für regelmäßige Hausmeisterdienstleistungen im Zusammenhang mit Reinigung, Winterdienst und dgl. **Bedienung, Inspektion und Wartung**: Wartung der Schwachstromanlagen, Abgaswegeprüfung, Inspektion von Brennern und Pumpen, Wartung des Aufzugs, Ersatzteile • Kostenpauschale für regelmäßige Hausmeisterdienstleistungen im Zusammenhang mit der Bedienung, Inspektion und Wartung. **Sicherheits- und Überwachungsdienste**: Kostenpauschale für regelmäßige Hausmeisterdienstleistungen im Zusammenhang mit Wach- und Schließdiensten. **Abgaben und Beiträge**: Abgaben für Grundstück und Gebäude.	5.443,02 BGF	170.745	**31,37**	43,6

KG	Kostengruppe	Menge Einheit	Kosten €/a	€/Einheit*a	% an Summe
400	**Instandsetzungskosten**	5.443,02 BGF	180.363	**33,14**	46,0

Instandsetzung der Baukonstruktionen: Instandsetzung von Außentüren und -fenstern insbesondere Instandsetzung von Roll- und Klappläden, Jalousien, Elektroarbeiten, Schlosser- und Metallbauarbeiten, Schreinerarbeiten, Instandsetzung von Außenwandbekleidungen insbesondere Erneuerung des Wärmedämmverbundsystems inkl. Gerüstbauarbeiten, Planen der Baumaßnahme, Überwachung der Ausführung und Glasreinigung • Instandsetzung von Innentüren und -fenstern insbesondere Autausch von Glasscheiben, Glaserarbeiten, Maler- und Verputzarbeiten, Platten- und Fliesenarbeiten • Instandsetzung von Deckenbelägen insbesondere Natursteinarbeiten, Bodenbelagsarbeiten • Instandsetzung von Dachkonstruktionen und -belägen insbesondere Ausbesserungen am Steildach, Dachdeckungs- und Flaschnerarbeiten, Dachabdichtungsarbeiten • Instandsetzung von Einbauten, Trennwänden und Garderoben, Schlosser- und Schreinerarbeiten.

Instandsetzung der Technischen Anlagen: Instandsetzung von Wasserleitungen infolge eines Wasserrohrbruchs insbesondere Rohrreinigung, Sanitärarbeiten, Instandsetzung von Sanitäranlagen inkl. Interimsmaßnahme insbesondere Anmietung von Sanitärkabinen, Baustrom, Überwachung der Ausführung, Baureinigung • Instandsetzung von Rohrleitungen, Heizungsarbeiten • Instandsetzung von Elektro- und Beleuchtungsanlagen, Instandsetzung des Blitzschutzes, Reparaturen an der Pausenklingel, Demontage und Ersatz elektrischer Geräte, Elektroarbeiten.

Instandsetzung der Außenanlagen: Instandsetzung von Zäunen und Toren, Demontage und Ausbesserungen an Vordächern insbesondere Glaserarbeiten, Schlosser und Metallbauarbeiten.

Kostenkennwerte für die Kostengruppen der 2. Ebene nach DIN 18960

KG	Kostengruppe	Menge Einheit	Kosten €/a	€/Einheit*a	% an Summe
200	**Objektmanagementkosten**				
210	**Personalkosten**	5.443,02 BGF	33.923	**6,23**	83,4
	Personalkosten des Objektmanagements inkl. arbeitsplatzbezogener Gemeinkosten wie Umlagen für arbeitsmedizinische und -sicherheitstechnische Dienste, Sekretariate, Registraturen und dgl., Energiemanagement.				
220	**Sachkosten**	5.443,02 BGF	5.393	**0,99**	13,3
	Sachkosten des Objektmanagements wie Raumkosten, Ausstattungskosten, Fernsprechkosten, Büroarbeitsplatz-, Bürobedarfskosten und dgl., Dienstfahrten.				
230	**Fremdleistungen**	5.443,02 BGF	1.382	**0,25**	3,4
	Vermessungsarbeiten, Erstellen von Flucht- und Rettungswegplänen.				
300	**Betriebskosten**				
310	**Versorgung**	5.443,02 BGF	53.299	**9,79**	31,2
	Wasser: wasserlose Urinale • Gas: Kernnutzung im untersten Geschoss, Dachgeschoss nicht ausgebaut, Außenwände schwere, einschalige Konstruktion, Standard der Außentüren und -fenster Zweischeibenverglasung, Holzrahmen, 25% modernisiert im Jahre 2008, Wärmedämmung der Gründungsfläche nicht vorhanden, Wärmedämmung der Außenwandfläche zu 60% modernisiert im Jahre 2008, Wärmedämmung der Dachfläche zu 45% modernisiert im Jahre 2008, Wärmeerzeugungsanlagen ohne zentrale Wassererwärmung, Heizungssteuerung Jahresprogramm, Raumheizflächen Heizkörper • Strom: 28 EDV-Arbeitsplätze, Zu- und Abluftanlage. Angaben zur Nutzung: Grundschule, 309 Schüler, 4-zügig, Ganztagsschule, 47 h Betriebszeit/Schulwoche, Essensangebot, Catering, 110 Essen/Schultag, 28 EDV-Arbeitsplätze.				
320	**Entsorgung**	5.443,02 BGF	984	**0,18**	0,6
	Abwasser • Abfall: verbrauchte Leuchtmittel, Kompostierung.				

KG	Kostengruppe	Menge Einheit	Kosten €/a	€/Einheit*a	% an Summe
330	**Reinigung und Pflege von Gebäuden**	5.443,02 BGF	42.312	**7,77**	24,8

Unterhaltsreinigung: regelmäßige Unterhaltsreinigung, Leeren von Abfallbehältern und Entsorgung, 2 Pflegefilmsanierungen, 1 Sonderreinigung, Reinigung fremdvergeben, 2,39 €/m² Reinigungsfläche und Jahr • Glasreinigung: 1 Reinigung der Außen- und Innenverglasung inkl. Rahmen, fremdvergeben, Angaben zur Außenverglasung: 170 m² Glasfläche als Außentüren und -fenster, Kastenfenster, 4-seitige Reinigung; 535 m² Glasfläche als Außentüren und -fenster, 2-seitige Reinigung; 115 m² Glasfläche als Dachfenster, 2-seitige Reinigung; 20 m² Glasfläche als Überdachung, 2-seitige Reinigung, Angaben zur Innenverglasung: 135 m² Glasfläche als Innentüren und -fenster, 2-seitige Reinigung; 90 m² Glasfläche als Trennwände und Einbauten, 2-seitige Reinigung • Reinigung und Pflege von Gebäuden, sonstiges: Schädlingsbekämpfung, Kostenpauschale für regelmäßige Hausmeisterdienstleistungen im Zusammenhang mit der Reinigung und Pflege des Gebäudes wie Reinigungskontrollen und dgl.

Boden- und Deckenbelagsfläche

340	**Reinigung und Pflege von Außenanlagen**	5.443,02 BGF	11.122	**2,04**	6,5

Befestigte Flächen: Reinigung fremdvergeben, Kostenpauschale für regelmäßige Hausmeisterdienstleistungen im Zusammenhang mit Reinigung, Winterdienst und dgl. • Pflanz- und Grünflächen: Grünpflege, Baumpflege, Wartung gärtnerischer Anlagen. 3,60 €/m² unbebaute Fläche des Baugrundstücks und Jahr, Angaben zum Grundstück: unbebaute Fläche des Grundstücks 3.090 m², Standort städtisch, geneigtes Gelände.

Unbebaute Fläche des Baugrundstücks

350	**Bedienung, Inspektion und Wartung**	5.443,02 BGF	40.233	**7,39**	23,6

Bedienung der Technischen Anlagen: Telekommunikation • Inspektion und Wartung der Baukonstruktion: Schreinerarbeiten, Ersatzteile, Material • Inspektion und Wartung der Technischen Anlagen: Wartung der Schwachstromanlagen, Abgaswegeprüfung, Inspektion von Brennern und Pumpen, Wartung des Aufzugs, Ersatzteile • Inspektion und Wartung der Außenanlagen: Reparaturen an Spielgeräten, Austausch von Tornetzen • Inspektion und Wartung von Ausstattung und Kunstwerken: Wartung der Ausstattung • Bedienung, Inspektion und Wartung, sonstiges: Kostenpauschale für regelmäßige Hausmeisterdienstleistungen im Zusammenhang mit der Bedienung, Inspektion und Wartung.

360	**Sicherheits- und Überwachungsdienste**	5.443,02 BGF	16.327	**3,00**	9,6

Kontrollen aufgrund öffentlich-rechtlicher Bestimmungen: Spielgerätekontrolle • Objekt- und Personenschutz: Kostenpauschale für regelmäßige Hausmeisterdienstleistungen im Zusammenhang mit Wach- und Schließdiensten.

370	**Abgaben und Beiträge**	5.443,02 BGF	6.299	**1,16**	3,7

Abgaben für Grundstück und Gebäude.

KG	Kostengruppe	Menge Einheit	Kosten €/a	€/Einheit*a	% an Summe
390	**Betriebskosten, sonstiges** Ersatzteile, Material.	5.443,02 BGF	168	**0,03**	0,1
400	**Instandsetzungskosten**				
410	**Instandsetzung der Baukonstruktionen** Außenwände: Instandsetzung von Außentüren und -fenstern insbesondere Instandsetzung von Roll- und Klappläden, Jalousien, Elektroarbeiten, Schlosser- und Metallbauarbeiten, Schreinerarbeiten, Instandsetzung von Außenwandbekleidungen insbesondere Erneuerung des Wärmedämmverbundsystems inkl. Gerüstbauarbeiten, Planen der Baumaßnahme, Überwachung der Ausführung und Glasreinigung • Innenwände: Instandsetzung von Innentüren und -fenstern insbesondere Austausch von Glasscheiben, Glaser arbeiten, Maler- und Verputzarbeiten, Platten- und Fliesenarbeiten • Decken: Instandsetzung von Deckenbelägen insbesondere Natursteinarbeiten, Bodenbelagsarbeiten • Dächer: Instandsetzung von Dachkonstruktionen und -belägen insbesondere Ausbesserungen am Steildach, Dachdeckungs- und Flaschnerarbeiten, Dachabdichtungsarbeiten • Baukonstruktive Einbauten: Instandsetzung von Einbauten, Trennwänden und Garderoben, Schlosser- und Schreinerarbeiten.	5.443,02 BGF	142.561	**26,19**	79,0
420	**Instandsetzung der Technischen Anlagen** Abwasser-, Wasser-, Gasanlagen: Instandsetzung von Wasserleitungen infolge eines Wasserrohrbruchs insbesondere Rohrreinigung, Sanitärarbeiten, Instandsetzung von Sanitäranlagen inkl. Interimsmaßnahme insbesondere Anmietung von Sanitärkabinen, Baustrom, Überwachung der Ausführung, Baureinigung • Wärmeversorgungsanlagen: Instandsetzung von Rohrleitungen, Heizungsarbeiten • Starkstromanlagen: Instandsetzung von Elektro- und Beleuchtungsanlagen, Instandsetzung des Blitzschutzes, Reparaturen an der Pausenklingel, Demontage und Ersatz elektrischer Geräte, Elektroarbeiten.	5.443,02 BGF	29.233	**5,37**	16,2
430	**Instandsetzung der Außenanlagen** Instandsetzung von Zäunen und Toren, Demontage und Ausbesserungen an Vordächern insbesondere Glaserarbeiten, Schlosser und Metallbauarbeiten.	5.443,02 BGF	8.568	**1,57**	4,8

4100-093
Grundschule
(4-zügig)

Objektübersicht

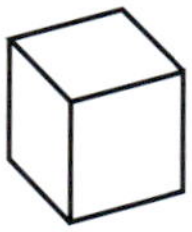

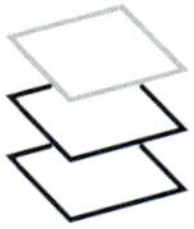

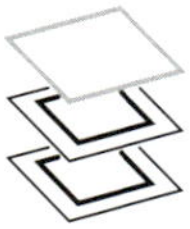

Kennwerte	bis 2. Ebene DIN 18960 inkl. Außenanlagen
Ausbau	Grund- und Mieterausbau
Land	Baden-Württemberg
Kreis	Stuttgart
Baujahr	1902
m^3 BRI	19.571
m^2 BGF	4.428
m^2 NF	2.736

551 €/Schüler*a

9 €/m^3 BRI*a

41 €/m^2 BGF*a

66 €/m^2 NF*a

Eigentümer:
Landeshauptstadt Stuttgart
Hauptstätter Str. 79
70178 Stuttgart

Bewirtschafter:
Schulverwaltungsamt
Hauptstätter Str. 79
70178 Stuttgart

Kostenstand: 1. Quartal 2010, inkl. MwSt.

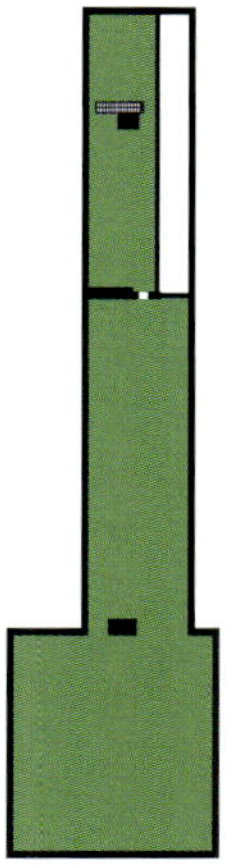

4. Obergeschoss

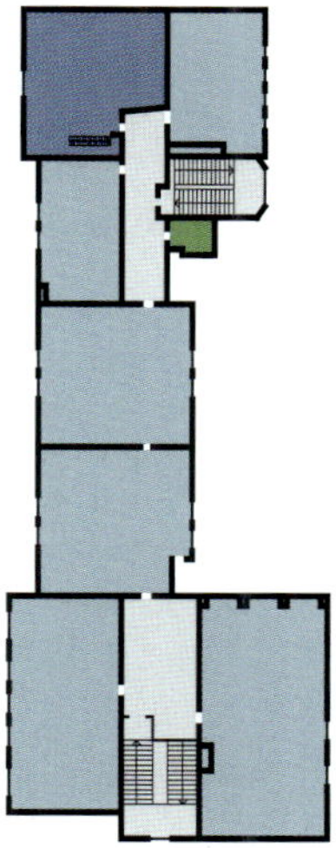

3. Obergeschoss

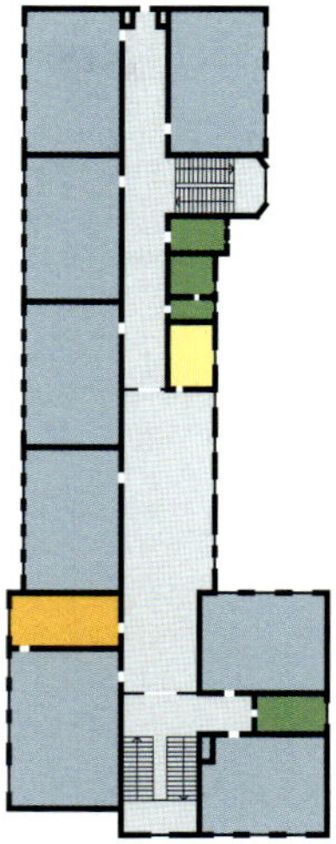

2. Obergeschoss

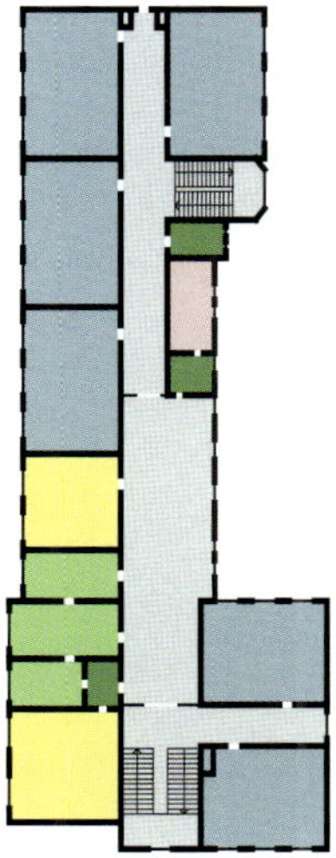

1. Obergeschoss

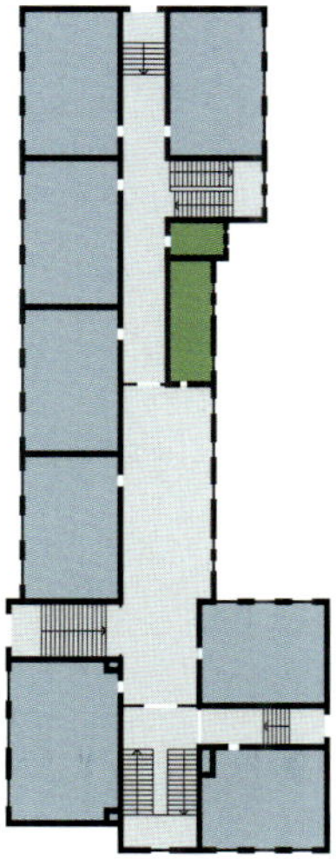

Erdgeschoss

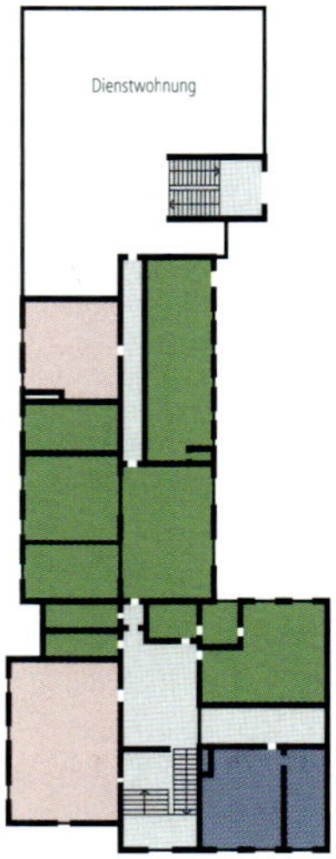

1. Untergeschoss

NF1 Wohnen und Aufenthalt
NF2 Büroarbeit
NF3 Prod., Hand- und Maschinenarb., Experimente
NF4 Lagern, Verteilen und Verkaufen
NF5 Bildung, Unterricht und Kultur
NF6 Heilen und Pflegen
NF7 Sonstige Nutzflächen
TF Technische Funktionsfläche
VF Verkehrsfläche

Objektbeschreibung

Nutzung

1 Untergeschoss
Lager, Sanitärräume, Putzraum, Abstellraum, Haustechnik.

1 Erdgeschoss
Unterrichtsräume, Sanitärräume, Putzraum.

4 Obergeschosse
Büroräume, Lager, Unterrichtsräume, Sanitärräume, Putzraum, Abstellräume.

Nutzeinheiten

Schüler: 326
Unterrichtsräume: 19
Werkräume: 1
Fachräume: 5
Sonstige Gemeinschafts- und Unterrichtsräume: 2
Stellplätze: 7

Besonderer Kosteneinfluss

Nutzung
Regelschule mit Übermittagsbetreuung, 13 m^2 BGF/Schüler, 29h Betriebszeit/Schulwoche, 28 EDV-Arbeitsplätze, keine Kernnutzung im untersten Geschoss, Dachgeschoss nicht ausgebaut.

Objekt
Wassergespülte Urinale, Außenwände schwere, einschalige Konstruktion, Standard der Außentüren und -fenster Zweischeibenverglasung, Holzrahmen, Wärmedämmung nach gesetzlichem Standard im Jahre 1902, Wärmeerzeugungsanlagen mit zentraler Wassererwärmung, Heizungssteuerung Jahresprogramm, Raumheizflächen Heizkörper, Angaben zu den Bodenbelägen: 10% der NGF Holzbelag, 53% der NGF Kunststoffbelag, 37% der NGF Steinbelag, Angaben zur Außenverglasung: 330 m^2 Glasfläche als Außentüren und -fenster, Kastenfenster, 4-seitige Reinigung; 235 m^2 Glasfläche als Außentüren und -fenster, 2-seitige Reinigung; 5 m^2 Glasfläche als Dachfenster, 2-seitige Reinigung, Angaben zur Innenverglasung: 15 m^2 Glasfläche als Innentüren und -fenster, 2-seitige Reinigung; 115 m^2 Glasfläche als Trennwände und Einbauten, 2-seitige Reinigung.

Grundstück

Standort: städtisch
Bauraum: Baulücke
Neigung: geneigtes Gelände
Standard der Außenanlagen: überwiegend Hartflächen

Betrieb

Geringe Betriebskosten:
Personalkosten des Objektmanagements inkl. arbeitsplatzbezogener Gemeinkosten wie Umlagen für arbeitsmedizinische und -sicherheitstechnische Dienste, Sekretariate, Registraturen und dgl., Energiemanagement, Wasserverbrauch 151 l/m^2 BGF und Jahr, Gas, Fernwärme, Stromverbrauch 12 kWh/m^2 BGF und Jahr, regelmäßige Unterhaltsreinigung, Leeren von Abfallbehältern und Entsorgung, 2 Pflegefilmsanierungen, Reinigung fremdvergeben, Kostenpauschale für regelmäßige Hausmeisterdienstleistungen im Zusammenhang mit der Bedienung, Inspektion und Wartung, Kostenpauschale für regelmäßige Hausmeisterdienstleistungen im Zusammenhang mit Wach- und Schließdiensten, Abgaben für Grundstück und Gebäude.

Instandsetzung

Geringe Instandsetzungskosten:
Instandsetzung von Außentüren und -fenstern insbesondere Einbau von Glasscheiben und Beschlägen, Glaserarbeiten, Schlosser- und Schreinerarbeiten, Instandsetzung von Innenwandbekleidungen, Maler- und Verputzarbeiten, Instandsetzung von Sanitäranlagen insbesondere Instandsetzung von Sanitärapparaten und Armaturen, Instandsetzung der Heizungssteuerung und -regelung, Ersatz von Heizungsfühlern und -schiebern, Heizungsarbeiten, Instandsetzung von Beleuchtungsanlagen, Instandsetzung von Elektroanlagen.

Planungskennwerte für Flächen und Rauminhalte nach DIN 277

Flächen des Grundstücks		Menge, Einheit	% an FBG
BF	Bebaute Fläche	1.424 m²	32,3
UBF	Unbebaute Fläche	2.986 m²	67,7
FBG	Fläche des Baugrundstücks	4.410 m²	100,0
FAB	Fläche außerhalb des Baugrundstücks	345 m²	7,8

Grundflächen des Bauwerks		Menge, Einheit	% an NF	% an BGF
NF	Nutzfläche	2.736 m²	100,0	61,8
TF	Technische Funktionsfläche	128 m²	4,7	2,9
VF	Verkehrsfläche	996 m²	36,4	22,5
NGF	Netto-Grundfläche	3.860 m²	141,1	87,2
KGF	Konstruktions-Grundfläche	568 m²	20,8	12,8
BGF	Brutto-Grundfläche	4.428 m²	161,9	100,0

Nutzflächen des Bauwerks		Menge, Einheit	% an NF	% an BGF
NF1	Wohnen und Aufenthalt	94 m²	3,4	2,1
NF2	Büroarbeit	64 m²	2,3	1,4
NF3	Produktion, Hand-, Maschinenarbeit, Exp.	0 m²	0,0	0,0
NF4	Lagern, Verteilen und Verkaufen	137 m²	5,0	3,1
NF5	Bildung, Unterricht und Kultur	1.797 m²	65,7	40,6
NF6	Heilen und Pflegen	25 m²	0,9	0,6
NF7	Sonstige Nutzflächen	620 m²	22,7	14,0

Brutto-Rauminhalt des Bauwerks		Menge, Einheit	BRI/NF (m)	BRI/BGF (m)
BRI	Brutto-Rauminhalt	19.571 m³	7,15	4,42

Lufttechnisch behandelte Flächen	Menge, Einheit	% an NF	% an BGF
Entlüftete Fläche	0 m²	0,0	0,0
Be- und entlüftete Fläche	0 m²	0,0	0,0
Teilklimatisierte Fläche	0 m²	0,0	0,0
Klimatisierte Fläche	0 m²	0,0	0,0

Kostenkennwerte für die Kostengruppen der 1. Ebene DIN 18960

KG	Kostengruppen (1. Ebene)	Kosten €/a	€/m² NF*a	€/m² BGF*a	€/m³ BRI*a	% an Summe
100	Kapitalkosten	–	–	–	–	–
200	Objektmanagementkosten	33.105	12	7	2	15,6
300	Betriebskosten	139.690	51	32	7	65,7
400	Instandsetzungskosten	39.843	15	9	2	18,7

Verteilung der Nutzungskosten €/m² BGF*a (Grundschulen)

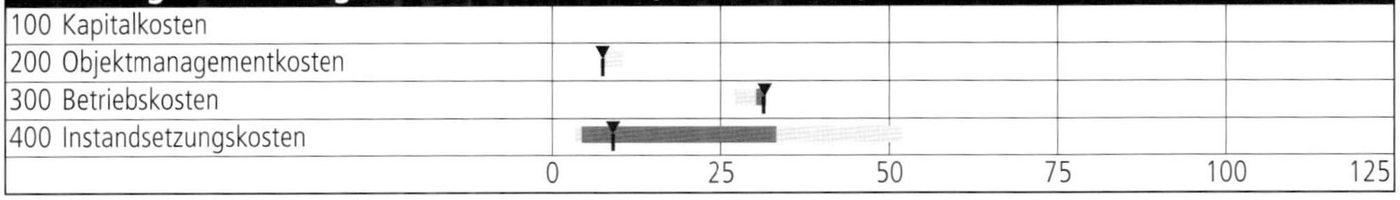

Kostenkennwerte für die Kostengruppen der 1. Ebene nach DIN 18960

KG	Kostengruppe	Menge Einheit	Kosten €/a	€/Einheit*a	% an Summe
200	**Objektmanagementkosten** **Personalkosten**: Personalkosten des Objektmanagements inkl. arbeitsplatzbezogener Gemeinkosten wie Umlagen für arbeitsmedizinische und -sicherheitstechnische Dienste, Sekretariate, Registraturen und dgl., Energiemanagement. **Sachkosten**: Allgemeine Sachkostenpauschale für Raumkosten, Fernsprechkosten, Einrichtungs- und Ausstattungskosten, Büroarbeitsplatz- und Bürobedarfskosten.	4.427,88 BGF	33.105	**7,48**	15,6
300	**Betriebskosten** **Versorgung**: Wasser • Gas, Fernwärme, keine Kernnutzung im untersten Geschoss, Dachgeschoss nicht ausgebaut, Außenwände schwere, einschalige Konstruktion, Standard der Außentüren und -fenster Zweischeibenverglasung, Holzrahmen, Wärmedämmung nach gesetzlichem Standard im Jahre 1902, Wärmeerzeugungsanlagen mit zentraler Wassererwärmung, Heizungssteuerung Jahresprogramm, Raumheizflächen Heizkörper • Strom, 28 EDV-Arbeitsplätze. **Reinigung und Pflege von Gebäuden**: Regelmäßige Unterhaltsreinigung, Leeren von Abfallbehältern und Entsorgung, 2 Pflegefilmsanierungen, Reinigung fremdvergeben, 2,43 €/m² Reinigungsfläche und Jahr, Angaben zu den Bodenbelägen: 10% der NGF Holzbelag, 53% der NGF Kunststoffbelag, 37% der NGF Steinbelag. **Reinigung und Pflege von Außenanlagen**: Reinigung fremdvergeben, Kostenpauschale für regelmäßige Hausmeisterdienstleistungen im Zusammenhang mit Reinigung, Winterdienst und dgl., Verbrauchsmittel • Grünpflege, Baumpflege, Wartung gärtnerischer Anlagen. **Bedienung, Inspektion und Wartung**: Kostenpauschale für regelmäßige Hausmeisterdienstleistungen im Zusammenhang mit der Bedienung, Inspektion und Wartung. **Sicherheits- und Überwachungsdienste**: Kostenpauschale für regelmäßige Hausmeisterdienstleistungen im Zusammenhang mit Wach- und Schließdiensten. **Abgaben und Beiträge**: Abgaben für Grundstück und Gebäude.	4.427,88 BGF	139.690	**31,55**	65,7
400	**Instandsetzungskosten** **Instandsetzung der Baukonstruktionen**: Instandsetzung von Außentüren und -fenstern insbesondere Einbau von Glasscheiben und Beschlägen, Glaserarbeiten, Schlosser- und Schreinerarbeiten • Instandsetzung von Innenwandbekleidungen, Maler- und Verputzarbeiten. **Instandsetzung der Technischen Anlagen**: Instandsetzung von Sanitäranlagen insbesondere Instandsetzung von Sanitärapparaten und Armaturen • Instandsetzung der Heizungssteuerung und -regelung, Ersatz von Heizungsfühlern und -schiebern, Heizungsarbeiten • Instandsetzung von Beleuchtungsanlagen, Instandsetzung von Elektroanlagen. **Instandsetzung der Außenanlagen**: Demontage und Ersatz von Absperrpfosten.	4.427,88 BGF	39.843	**9,00**	18,7

Kostenkennwerte für die Kostengruppen der 2. Ebene nach DIN 18960

KG	Kostengruppe	Menge Einheit	Kosten €/a	€/Einheit*a	% an Summe
200	**Objektmanagementkosten**				
210	**Personalkosten**	4.427,88 BGF	28.600	**6,46**	86,4
	Personalkosten des Objektmanagements inkl. arbeitsplatzbezogener Gemeinkosten wie Umlagen für arbeitsmedizinische und -sicherheitstechnische Dienste, Sekretariate, Registraturen und dgl., Energiemanagement.				
220	**Sachkosten**	4.427,88 BGF	4.504	**1,02**	13,6
	Allgemeine Sachkostenpauschale für Raumkosten, Fernsprechkosten, Einrichtungs- und Ausstattungskosten, Büroarbeitsplatz- und Bürobedarfskosten.				
300	**Betriebskosten**				
310	**Versorgung**	4.427,88 BGF	41.769	**9,43**	29,9
	Wasser: wassergespülte Urinale • Gas, Fernwärme: keine Kernnutzung im untersten Geschoss, Dachgeschoss nicht ausgebaut, Außenwände schwere, einschalige Konstruktion, Standard der Außentüren und -fenster Zweischeibenverglasung, Holzrahmen, Wärmedämmung nach gesetzlichem Standard im Jahre 1902, Wärmeerzeugungsanlagen mit zentraler Wassererwärmung, Heizungssteuerung Jahresprogramm, Raumheizflächen Heizkörper • Strom: 28 EDV-Arbeitsplätze. Angaben zur Nutzung: Grundschule, 326 Schüler, 4-zügig, Regelschule mit Übermittagsbetreuung, 29 h Betriebszeit/Schulwoche, 28 EDV-Arbeitsplätze.				
320	**Entsorgung**	4.427,88 BGF	932	**0,21**	0,7
	Abwasser • Abfall: Kompostierung.				
330	**Reinigung und Pflege von Gebäuden**	4.427,88 BGF	55.049	**12,43**	39,4
	Unterhaltsreinigung: regelmäßige Unterhaltsreinigung, Leeren von Abfallbehältern und Entsorgung, 2 Pflegefilmsanierungen, Reinigung fremdvergeben, 2,43 €/m² Reinigungsfläche und Jahr • Glasreinigung: 1 Reinigung der Außen- und Innenverglasung inkl. Rahmen, fremdvergeben, Angaben zur Außenverglasung: 330 m² Glasfläche als Außentüren und -fenster, Kastenfenster, 4-seitige Reinigung; 235 m² Glasfläche als Außentüren und -fenster, 2-seitige Reinigung; 5 m² Glasfläche als Dachfenster, 2-seitige Reinigung, Angaben zur Innenverglasung: 15 m² Glasfläche als Innentüren und -fenster, 2-seitige Reinigung; 115 m² Glasfläche als Trennwände und Einbauten, 2-seitige Reinigung • Reinigung und Pflege von Gebäuden, sonstiges: Kostenpauschale für regelmäßige Hausmeisterdienstleistungen im Zusammenhang mit der Reinigung und Pflege des Gebäudes wie Reinigungskontrollen und dgl.				

Boden- und Deckenbelagsfläche

10% Holzbelag
53% Kunststoffbelag
37% Steinbelag

KG	Kostengruppe	Menge Einheit	Kosten €/a	€/Einheit*a	% an Summe
340	**Reinigung und Pflege von Außenanlagen** Befestigte Flächen: Reinigung fremdvergeben, Kostenpauschale für regelmäßige Hausmeisterdienstleistungen im Zusammenhang mit Reinigung, Winterdienst und dgl., Verbrauchsmittel • Pflanz- und Grünflächen: Grünpflege, Baumpflege, Wartung gärtnerischer Anlagen. 3,16 €/m² unbebaute Fläche des Baugrundstücks und Jahr, Angaben zum Grundstück: unbebaute Fläche des Grundstücks 2.985 m², Standort städtisch, geneigtes Gelände.	4.427,88 BGF	9.464	**2,14**	6,8

Unbebaute Fläche des Baugrundstücks

67% Wege- und Hoffläche
33% Pflanz- und Grünfläche

KG	Kostengruppe	Menge Einheit	Kosten €/a	€/Einheit*a	% an Summe
350	**Bedienung, Inspektion und Wartung** Bedienung der Technischen Anlagen: Telekommunikation • Inspektion und Wartung der Baukonstruktion: Bodenbelagsarbeiten, Schreinerarbeiten • Inspektion und Wartung der Technischen Anlagen: Reparaturen an Sanitäranlagen, Wartung der Rauch- und Wärmeabzugsanlage, Abgaswegeprüfung, Wartung der Schwachstromanlagen, System- und Netzwerkbetreiberdienste, Reparaturen an Bewegungsmeldern, Ersatzteile • Inspektion und Wartung von Ausstattung und Kunstwerken: Reparaturen an Bänken, Schreinerarbeiten, Wartung von Reinigungsgeräten • Bedienung, Inspektion und Wartung, sonstiges: Kostenpauschale für regelmäßige Hausmeisterdienstleistungen im Zusammenhang mit der Bedienung, Inspektion und Wartung.	4.427,88 BGF	16.076	**3,63**	11,5
360	**Sicherheits- und Überwachungsdienste** Kontrollen aufgrund öffentlich-rechtlicher Bestimmungen: Spielgerätekontrolle • Objekt- und Personenschutz: Kostenpauschale für regelmäßige Hausmeisterdienstleistungen im Zusammenhang mit Wach- und Schließdiensten.	4.427,88 BGF	6.296	**1,42**	4,5
370	**Abgaben und Beiträge** Abgaben für Grundstück und Gebäude.	4.427,88 BGF	9.956	**2,25**	7,1
390	**Betriebskosten, sonstiges** Ersatzteile, Material.	4.427,88 BGF	148	**0,03**	0,1
400	**Instandsetzungskosten**				
410	**Instandsetzung der Baukonstruktionen** Außenwände: Instandsetzung von Außentüren und -fenstern insbesondere Einbau von Glasscheiben und Beschlägen, Glaserarbeiten, Schlosser- und Schreinerarbeiten • Innenwände: Instandsetzung von Innenwandbekleidungen, Maler- und Verputzarbeiten.	4.427,88 BGF	21.572	**4,87**	54,1
420	**Instandsetzung der Technischen Anlagen** Abwasser-, Wasser-, Gasanlagen: Instandsetzung von Sanitäranlagen insbesondere Instandsetzung von Sanitärapparaten und Armaturen • Wärmeversorgungsanlagen: Instandsetzung der Heizungssteuerung und -regelung, Ersatz von Heizungsfühlern und -schiebern, Heizungsarbeiten • Starkstromanlagen: Instandsetzung von Beleuchtungsanlagen, Instandsetzung von Elektroanlagen.	4.427,88 BGF	16.875	**3,81**	42,4
430	**Instandsetzung der Außenanlagen** Demontage und Ersatz von Absperrpfosten.	4.427,88 BGF	1.396	**0,32**	3,5

4100-095 Grundschule (2-zügig) mit Turnhalle

Objektübersicht

Kennwerte	bis 2. Ebene DIN 18960 inkl. Außenanlagen
Ausbau	Grund- und Mieterausbau
Land	Baden-Württemberg
Kreis	Stuttgart
Baujahr	1975
m^3 BRI	14.251
m^2 BGF	3.261
m^2 NF	2.300

1.168 €/Schüler*a

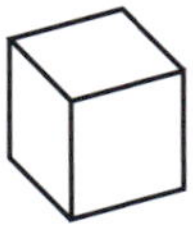

16 €/m^3 BRI*a

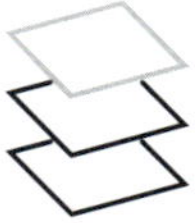

71 €/m^2 BGF*a

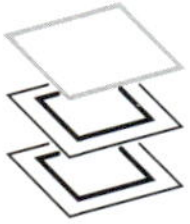

100 €/m^2 NF*a

Eigentümer:
Landeshauptstadt Stuttgart
Hauptstätter Str. 79
70178 Stuttgart

Bewirtschafter:
Schulverwaltungsamt
Hauptstätter Str. 79
70178 Stuttgart

Kostenstand: 1. Quartal 2010, inkl. MwSt.

2. Obergeschoss
1. Obergeschoss
Erdgeschoss
Luftraum Turnhalle
1. Untergeschoss
2. Untergeschoss
NF1 Wohnen und Aufenthalt
NF2 Büroarbeit
NF3 Prod., Hand- und Maschinenarb., Experimente
NF4 Lagern, Verteilen und Verkaufen
NF5 Bildung, Unterricht und Kultur
NF6 Heilen und Pflegen
NF7 Sonstige Nutzflächen
TF Technische Funktionsfläche
VF Verkehrsfläche

Objektbeschreibung

Nutzung

2 Untergeschosse
Werkstatt, Geräteraum, Lager, Unterrichtsraum, Umkleideräume, Sanitärräume, Putzräume, Haustechnik.

1 Erdgeschoss
Dienstzimmer, Besprechungsraum, Küche, Lager, Unterrichtsräume, EDV-Computerraum, Aula, Putzraum, Sanitärräume, Haustechnik.

2 Obergeschosse
Lehrerzimmer, Büroräume, Lager, Unterrichtsräume, Putzraum, Sanitärräume.

Nutzeinheiten

Schüler: 197
Unterrichtsräume: 14
Fachräume: 4
Einfeldhalle: 1
Stellplätze: 10

Besonderer Kosteneinfluss

Nutzung
Ganztagsschule, 16 m² BGF/Schüler, 79 h Betriebszeit/Schulwoche, Essensangebot, Catering, 70 Essen/Schultag, 12 EDV-Arbeitsplätze, Kernnutzung im untersten Geschoss.

Objekt
7 dezentrale Wassererwärmer, Pfosten-Riegel-Konstruktion, Turnhalle als schwere, einschalige Konstruktion, Standard der Außentüren und -fenster Einscheibenverglasung, Aluminiumrahmen, Wärmedämmung nach gesetzlichem Standard im Jahre 1975, Raumheizflächen Heizkörper, Abluftanlage, Angaben zu den Bodenbelägen: 4% der NGF Holzbelag, 28% der NGF Kunststoffbelag, 22% der NGF Steinbelag, 46% der NGF Teppichbelag, Angaben zur Außenverglasung: 655 m² Glasfläche als Außentüren und -fenster, 2-seitige Reinigung, Angaben zur Innenverglasung: 60 m² Glasfläche als Innentüren und -fenster, 2-seitige Reinigung; 100 m² Glasfläche als Trennwände und Einbauten, 2-seitige Reinigung, Heizkessel aus dem Jahre 2004.

Grundstück

Standort: städtisch
Bauraum: freier Bauraum
Neigung: Hanglage
Standard der Außenanlagen: überwiegend Grünflächen

Betrieb

Durchschnittliche Betriebskosten:
Personalkosten des Objektmanagements inkl. arbeitsplatzbezogener Gemeinkosten wie Umlagen für arbeitsmedizinische und -sicherheitstechnische Dienste, Sekretariate, Registraturen und dgl., Wasserverbrauch 204 l/m² BGF und Jahr, Wärmeverbrauch 100 kWh/m² BGF und Jahr, Gas, Stromverbrauch 22 kWh/m² BGF und Jahr, regelmäßige Unterhaltsreinigung, Leeren von Abfallbehältern und Entsorgung, 1 Pflegefilmsanierung, 1 Teppichreinigung, Reinigung fremdvergeben, Reinigung fremdvergeben, Kostenpauschale für regelmäßige Hausmeisterdienstleistungen im Zusammenhang mit Reinigung, Winterdienst und dgl., Kostenpauschale für regelmäßige Hausmeisterdienstleistungen im Zusammenhang mit der Bedienung, Inspektion und Wartung, Kostenpauschale für regelmäßige Hausmeisterdienstleistungen im Zusammenhang mit Wach- und Schließdiensten.

Instandsetzung

Geringe Instandsetzungskosten:
Instandsetzung eines Windfangs insbesondere Trockenbauarbeiten an Außenwänden und Decke, Maler- und Glaserarbeiten, Instandsetzung von Außentüren und -fenstern insbesondere Schlosserarbeiten, Instandsetzung von Außenwandbekleidungen, verschiedene Maßnahmen an den Baukonstruktionen, Instandsetzung von Sanitäranlagen insbesondere Instandsetzung von Wasserleitungen, Austausch von Sanitärapparaten, Instandhaltung von Elektroanlagen und Verteilerschränken, Verlegen von Leitungen, Montage- und Elektroarbeiten, Öffnen des Pflasterbelags, Abbrucharbeiten, Geländearbeiten, Entfernen von Graffiti auf Schulhof und Sportplatzflächen.

Planungskennwerte für Flächen und Rauminhalte nach DIN 277

Flächen des Grundstücks		Menge, Einheit	% an FBG
BF	Bebaute Fläche	1.801 m²	10,1
UBF	Unbebaute Fläche	16.019 m²	89,9
FBG	Fläche des Baugrundstücks	17.820 m²	100,0
FAB	Fläche außerhalb des Baugrundstücks	890 m²	27,3

Grundflächen des Bauwerks		Menge, Einheit	% an NF	% an BGF
NF	Nutzfläche	2.300 m²	100,0	70,5
TF	Technische Funktionsfläche	125 m²	5,5	3,8
VF	Verkehrsfläche	537 m²	23,3	16,5
NGF	Netto-Grundfläche	2.962 m²	128,8	90,8
KGF	Konstruktions-Grundfläche	299 m²	13,0	9,2
BGF	Brutto-Grundfläche	3.261 m²	141,8	100,0

Nutzflächen des Bauwerks		Menge, Einheit	% an NF	% an BGF
NF1	Wohnen und Aufenthalt	49 m²	2,1	1,5
NF2	Büroarbeit	96 m²	4,2	2,9
NF3	Produktion, Hand-, Maschinenarbeit, Exp.	99 m²	4,3	3,0
NF4	Lagern, Verteilen und Verkaufen	86 m²	3,7	2,6
NF5	Bildung, Unterricht und Kultur	1.724 m²	75,0	52,9
NF6	Heilen und Pflegen	0 m²	0,0	0,0
NF7	Sonstige Nutzflächen	247 m²	10,7	7,6

Brutto-Rauminhalt des Bauwerks		Menge, Einheit	BRI/NF (m)	BRI/BGF (m)
BRI	Brutto-Rauminhalt	14.251 m³	6,20	4,37

Lufttechnisch behandelte Flächen	Menge, Einheit	% an NF	% an BGF
Entlüftete Fläche	16 m²	0,7	0,5
Be- und entlüftete Fläche	0 m²	0,0	0,0
Teilklimatisierte Fläche	0 m²	0,0	0,0
Klimatisierte Fläche	0 m²	0,0	0,0

Kostenkennwerte für die Kostengruppen der 1. Ebene DIN 18960

KG	Kostengruppen (1. Ebene)	Kosten €/a	€/m² NF*a	€/m² BGF*a	€/m³ BRI*a	% an Summe
100	Kapitalkosten	–	–	–	–	–
200	Objektmanagementkosten	32.180	14	10	2	12,3
300	Betriebskosten	179.919	78	55	13	68,6
400	Instandsetzungskosten	50.127	22	15	4	19,1

Verteilung der Nutzungskosten €/m² BGF*a (Allgemeinbildende Schulen)

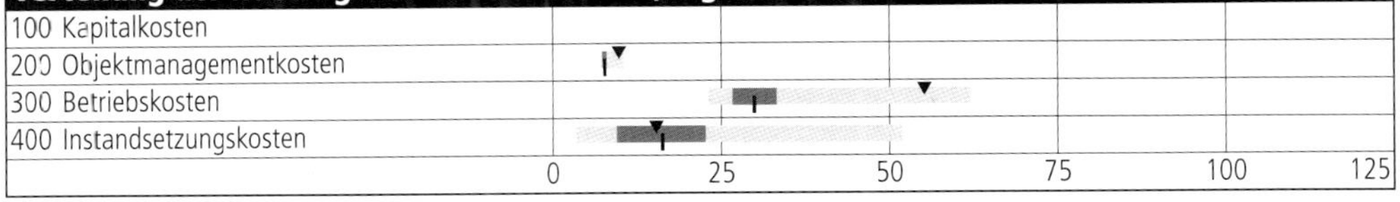

Kostenkennwerte für die Kostengruppen der 1. Ebene nach DIN 18960

KG	Kostengruppe	Menge Einheit	Kosten €/a	€/Einheit*a	% an Summe
200	**Objektmanagementkosten** **Personalkosten**: Personalkosten des Objektmanagements inkl. arbeitsplatzbezogener Gemeinkosten wie Umlagen für arbeitsmedizinische und -sicherheitstechnische Dienste, Sekretariate, Registraturen und dgl. **Sachkosten**: Allgemeine Sachkostenpauschale für Raumkosten, Fernsprechkosten, Einrichtungs- und Ausstattungskosten, Büroarbeitsplatz- und Bürobedarfskosten. **Fremdleistungen**: Vermessungsarbeiten, Erstellen von Flucht- und Rettungswegplänen.	3.261,00 BGF	32.180	**9,87**	12,3
300	**Betriebskosten** **Versorgung**: Wasser • Gas, Kernnutzung im untersten Geschoss, Pfosten-Riegel-Konstruktion, Turnhalle als schwere, einschalige Konstruktion, Standard der Außentüren und -fenster Einscheibenverglasung, Aluminiumrahmen, Wärmedämmung nach gesetzlichem Standard im Jahre 1975, Raumheizflächen Heizkörper • Strom, 12 EDV-Arbeitsplätze, Abluftanlage. **Reinigung und Pflege von Gebäuden**: Regelmäßige Unterhaltsreinigung, Leeren von Abfallbehältern und Entsorgung, 1 Pflegefilmsanierung, 1 Teppichreinigung, Reinigung fremdvergeben, 8,93 €/m² Reinigungsfläche und Jahr, Angaben zu den Bodenbelägen: 4% der NGF Holzbelag, 28% der NGF Kunststoffbelag, 22% der NGF Steinbelag, 46% der NGF Teppichbelag • Kostenpauschale für regelmäßige Hausmeisterdienstleistungen im Zusammenhang mit der Reinigung und Pflege des Gebäudes wie Reinigungskontrollen und dgl. **Reinigung und Pflege von Außenanlagen**: Reinigung fremdvergeben, Kostenpauschale für regelmäßige Hausmeisterdienstleistungen im Zusammenhang mit Reinigung, Winterdienst und dgl. • Grünpflege, Baumpflege, Wartung gärtnerischer Anlagen. **Bedienung, Inspektion und Wartung**: Reparaturen an Sanitäranlagen, Reparaturen am Brenner, Abgaswegeprüfung, Wartung der Schwachstromanlagen, System- und Netzwerkbetreiberdienste, Reparaturen an Beleuchtungen, Prüfung der Elektroanlagen, Elektroarbeiten • Kostenpauschale für regelmäßige Hausmeisterdienstleistungen im Zusammenhang mit der Bedienung, Inspektion und Wartung. **Sicherheits- und Überwachungsdienste**: Kostenpauschale für regelmäßige Hausmeisterdienstleistungen im Zusammenhang mit Wach- und Schließdiensten.	3.261,00 BGF	179.919	**55,17**	68,6
400	**Instandsetzungskosten** **Instandsetzung der Baukonstruktionen**: Instandsetzung eines Windfangs insbesondere Trockenbauarbeiten an Außenwänden und Decke, Maler- und Glaserarbeiten, Instandsetzung von Außentüren und -fenstern insbesondere Schlosserarbeiten, Instandsetzung von Außenwandbekleidungen • Instandsetzung von Innentüren und -fenstern insbesondere Schlosser- und Schreinerarbeiten an Trennwänden • verschiedene Maßnahmen an den Baukonstruktionen. **Instandsetzung der Technischen Anlagen**: Instandsetzung von Sanitäranlagen insbesondere Instandsetzung von Wasserleitungen, Austausch von Sanitärapparaten • Instandhaltung von Elektroanlagen und Verteilerschränken, Verlegen von Leitungen, Montage- und Elektroarbeiten • Instandsetzung der Sprechanlage • verschiedene Maßnahmen an den Technischen Anlagen. **Instandsetzung der Außenanlagen**: Öffnen des Pflasterbelags, Abbrucharbeiten, Geländearbeiten, Entfernen von Graffiti auf Schulhof und Sportplatzflächen. **Instandsetzung der Ausstattung**: Montage und Installation eines Beamers.	3.261,00 BGF	50.127	**15,37**	19,1

Kostenkennwerte für die Kostengruppen der 2. Ebene nach DIN 18960

KG	Kostengruppe	Menge Einheit	Kosten €/a	€/Einheit*a	% an Summe
200	**Objektmanagementkosten**				
210	**Personalkosten**	3.261,00 BGF	21.143	**6,48**	65,7
	Personalkosten des Objektmanagements inkl. arbeitsplatzbezogener Gemeinkosten wie Umlagen für arbeitsmedizinische und -sicherheitstechnische Dienste, Sekretariate, Registraturen und dgl.				
220	**Sachkosten**	3.261,00 BGF	3.457	**1,06**	10,7
	Allgemeine Sachkostenpauschale für Raumkosten, Fernsprechkosten, Einrichtungs- und Ausstattungskosten, Büroarbeitsplatz- und Bürobedarfskosten.				
230	**Fremdleistungen**	3.261,00 BGF	7.580	**2,32**	23,6
	Vermessungsarbeiten, Erstellen von Flucht- und Rettungswegplänen.				
300	**Betriebskosten**				
310	**Versorgung**	3.261,00 BGF	39.758	**12,19**	22,1
	Wasser: 7 dezentrale Wassererwärmer • Gas: Kernnutzung im untersten Geschoss, Pfosten-Riegel-Konstruktion, Turnhalle als schwere, einschalige Konstruktion, Standard der Außentüren und -fenster Einscheibenverglasung, Aluminiumrahmen, Wärmedämmung nach gesetzlichem Standard im Jahre 1975, Raumheizflächen Heizkörper • Strom: 12 EDV-Arbeitsplätze, Abluftanlage. Angaben zur Nutzung: Grundschule (2-zügig) mit Turnhalle, 197 Schüler, 2-zügig, Ganztagsschule, 79 h Betriebszeit/Schulwoche, Essensangebot, Catering, 70 Essen/Schultag, 12 EDV-Arbeitsplätze.				
320	**Entsorgung**	3.261,00 BGF	2.040	**0,63**	1,1
	Abwasser • Abfall: verbrauchte Leuchtmittel, Kompostierung.				
330	**Reinigung und Pflege von Gebäuden**	3.261,00 BGF	40.762	**12,50**	22,7
	Unterhaltsreinigung: regelmäßige Unterhaltsreinigung, Leeren von Abfallbehältern und Entsorgung, 1 Pflegefilmsanierung, 1 Teppichreinigung, Reinigung fremdvergeben, 8,93 €/m² Reinigungsfläche und Jahr • Glasreinigung: 1 Reinigung der Außen- und Innenverglasung inkl. Rahmen, fremdvergeben, Angaben zur Außenverglasung: 655 m² Glasfläche als Außentüren und -fenster, 2-seitige Reinigung, Angaben zur Innenverglasung: 60 m² Glasfläche als Innentüren und -fenster, 2-seitige Reinigung; 100 m² Glasfläche als Trennwände und Einbauten, 2-seitige Reinigung • Reinigung und Pflege von Gebäuden, sonstiges: Kostenpauschale für regelmäßige Hausmeisterdienstleistungen im Zusammenhang mit der Reinigung und Pflege des Gebäudes wie Reinigungskontrollen und dgl.				

Boden- und Deckenbelagsfläche

KG	Kostengruppe	Menge Einheit	Kosten €/a	€/Einheit*a	% an Summe
340	**Reinigung und Pflege von Außenanlagen**	3.261,00 BGF	26.596	**8,16**	14,8

Befestigte Flächen: Reinigung fremdvergeben, Kostenpauschale für regelmäßige Hausmeisterdienstleistungen im Zusammenhang mit Reinigung, Winterdienst und dgl. • Pflanz- und Grünflächen: Grünpflege, Baumpflege, Wartung gärtnerischer Anlagen. 1,66 €/m² unbebaute Fläche des Baugrundstücks und Jahr, Angaben zum Grundstück: unbebaute Fläche des Grundstücks 16.020 m², Standort städtisch, Hanglage.

Unbebaute Fläche des Baugrundstücks

KG	Kostengruppe	Menge Einheit	Kosten €/a	€/Einheit*a	% an Summe
350	**Bedienung, Inspektion und Wartung**	3.261,00 BGF	45.676	**14,01**	25,4

Bedienung der Technischen Anlagen: Telekommunikation, EDV- und Internetdienste • Inspektion und Wartung der Baukonstruktion: Reinigung von Dachrinnen, Reparaturen an Einbauschränken, Reparaturen an Schließanlagen, Schlosser- und Schreinerarbeiten, allgemeine Wartungsarbeiten, Ersatzteile • Inspektion und Wartung der Technischen Anlagen: Reparaturen an Sanitäranlagen, Reparaturen am Brenner, Abgaswegeprüfung, Wartung der Schwachstromanlagen, System- und Netzwerkbetreiberdienste, Reparaturen an Beleuchtungen, Prüfung der Elektroanlagen, Elektroarbeiten • Inspektion und Wartung von Ausstattung und Kunstwerken: Wartung der Ausstattung, Wartung von Turn- und Sportgeräten, Ersatzteile • Bedienung, Inspektion und Wartung, sonstiges: Kostenpauschale für regelmäßige Hausmeisterdienstleistungen im Zusammenhang mit der Bedienung, Inspektion und Wartung.

KG	Kostengruppe	Menge Einheit	Kosten €/a	€/Einheit*a	% an Summe
360	**Sicherheits- und Überwachungsdienste**	3.261,00 BGF	18.676	**5,73**	10,4

Kontrollen aufgrund öffentlich-rechtlicher Bestimmungen: Spielgerätekontrolle • Objekt- und Personenschutz: Kostenpauschale für regelmäßige Hausmeisterdienstleistungen im Zusammenhang mit Wach- und Schließdiensten.

KG	Kostengruppe	Menge Einheit	Kosten €/a	€/Einheit*a	% an Summe
370	**Abgaben und Beiträge**	3.261,00 BGF	6.252	**1,92**	3,5

Steuern: Abgaben für Grundstück und Gebäude • Versicherungsbeiträge: Gebäudeversicherungen.

KG	Kostengruppe	Menge Einheit	Kosten €/a	€/Einheit*a	% an Summe
390	**Betriebskosten, sonstiges**	3.261,00 BGF	160	**0,05**	0,1

Ersatzteile, Material.

400 Instandsetzungskosten

KG	Kostengruppe	Menge Einheit	Kosten €/a	€/Einheit*a	% an Summe
410	**Instandsetzung der Baukonstruktionen**	3.261,00 BGF	18.833	**5,78**	37,6

Außenwände: Instandsetzung eines Windfangs insbesondere Trockenbauarbeiten an Außenwänden und Decke, Maler- und Glaserarbeiten, Instandsetzung von Außentüren und -fenstern insbesondere Schlosserarbeiten, Instandsetzung von Außenwandbekleidungen • Innenwände: Instandsetzung von Innentüren und -fenstern insbesondere Schlosser- und Schreinerarbeiten an Trennwänden • Instandsetzungskosten der Baukonstruktionen, sonstiges: verschiedene Maßnahmen an den Baukonstruktionen.

Kostenstand: 1. Quartal 2010, inkl. MwSt.

KG	Kostengruppe	Menge Einheit	Kosten €/a	€/Einheit*a	% an Summe
420	**Instandsetzung der Technischen Anlagen** Abwasser-, Wasser-, Gasanlagen: Instandsetzung von Sanitäranlagen insbesondere Instandsetzung von Wasserleitungen, Austausch von Sanitärapparaten • Starkstromanlagen: Instandhaltung von Elektroanlagen und Verteilerschränken, Verlegen von Leitungen, Montage- und Elektroarbeiten • Fernmelde- und informationstechnische Anlagen: Instandsetzung der Sprechanlage • Instandsetzung der Technischen Anlagen, sonstiges: verschiedene Maßnahmen an den Technischen Anlagen.	3.261,00 BGF	23.701	**7,27**	47,3
430	**Instandsetzung der Außenanlagen** Öffnen des Pflasterbelags, Abbrucharbeiten, Geländearbeiten, Entfernen von Graffiti auf Schulhof und Sportplatzflächen.	3.261,00 BGF	6.686	**2,05**	13,3
440	**Instandsetzung der Ausstattung** Montage und Installation eines Beamers.	3.261,00 BGF	907	**0,28**	1,8

4100-096
Grund- und Hauptschule (4-zügig) mit Turnhalle

Objektübersicht

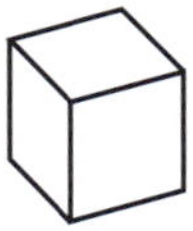

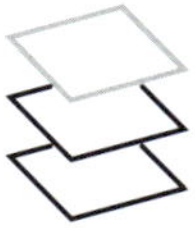

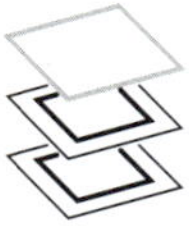

Kennwerte	bis 2. Ebene DIN 18960 inkl. Außenanlagen
Ausbau	Grund- und Mieterausbau
Land	Baden-Württemberg
Kreis	Stuttgart
Baujahr	1915
m^3 BRI	36.444
m^2 BGF	8.339
m^2 NF	4.839

1.176 €/Schüler*a

10 €/m^3 BRI*a

44 €/m^2 BGF*a

77 €/m^2 NF*a

Eigentümer:
Landeshauptstadt Stuttgart
Hauptstätter Str. 79
70178 Stuttgart

Bewirtschafter:
Schulverwaltungsamt
Hauptstätter Str. 79
70178 Stuttgart

Kostenstand: 1. Quartal 2010, inkl. MwSt.

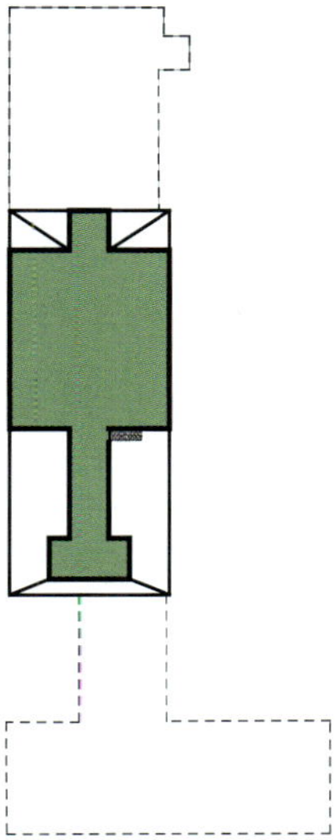

4. Obergeschoss

3. Obergeschoss

2. Obergeschoss

1. Obergeschoss

Erdgeschoss

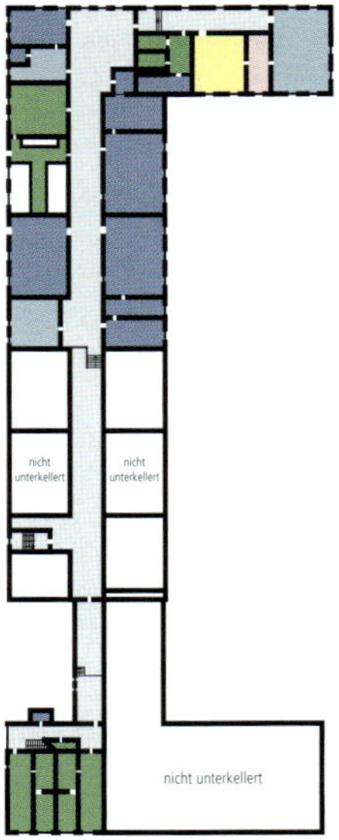

Untergeschoss

- NF1 Wohnen und Aufenthalt
- NF2 Büroarbeit
- NF3 Prod., Hand- und Maschinenarb., Experimente
- NF4 Lagern, Verteilen und Verkaufen
- NF5 Bildung, Unterricht und Kultur
- NF6 Heilen und Pflegen
- NF7 Sonstige Nutzflächen
- TF Technische Funktionsfläche
- VF Verkehrsfläche

Objektbeschreibung

Nutzung

1 Untergeschoss
Speiseraum, Lagerraum, Lehrküche, Fotolabor, Umkleideraum, Sanitärräume, Abstellräume, Haustechnik.

1 Erdgeschoss
Lehrerzimmer, Aufenthaltsräume, Dienstzimmer, Lager, Unterrichtsräume, Turnhalle, Umkleideräume, Sanitärräume, Putzraum.

4 Obergeschosse
Lehrerzimmer, Aufenthaltsräume, Gruppenräume, Büroräume, Lager, Geräteraum, Unterrichtsräume, Räume für naturwissenschaftlichen Unterricht, EDV-Computerräume, Gymnastikhalle, Sanitärräume, Umkleideräume, Putzräume, Abstellräume, Haustechnik.

Nutzeinheiten

Schüler: 315
Unterrichtsräume: 26
Naturwissenschaftliche Räume: 1
Werkräume: 1
Fachräume: 2
Sonstige Gemeinschafts- und Unterrichtsräume: 2
Einfeldhalle: 1
Stellplätze: 14

Besonderer Kosteneinfluss

Nutzung
Regelschule mit Übermittagsbetreuung, 26 m² BGF/Schüler, 49 h Betriebszeit/Schulwoche, Essensangebot, Küchenbetrieb, 35 Essen/Schultag, 30 EDV-Arbeitsplätze, Kernnutzung im untersten Geschoss, Dachgeschoss nicht ausgebaut.

Objekt
Außenwände schwere, einschalige Konstruktion, Standard der Außentüren und -fenster Zweischeibenverglasung, Holzrahmen, modernisiert im Jahre 1999, Wärmedämmung der Gründungs- und Außenwandfläche nach gesetzlichem Standard im Jahre 1915, Wärmedämmung der Dachfläche zu 50% modernisiert im Jahre 2007, Wärmeerzeugungsanlagen mit zentraler Wassererwärmung, Heizungssteuerung Tagesprogramm, Raumheizflächen Heizkörper, Angaben zu den Bodenbelägen: 9% der NGF Holzbelag, 44% der NGF Kunststoffbelag, 47% der NGF Steinbelag, Angaben zur Außenverglasung: 45 m² Glasfläche als Außentüren und -fenster, Kastenfenster, 4-seitige Reinigung; 975 m² Glasfläche als Außentüren und -fenster, 2-seitige Reinigung; 15 m² Glasfläche als Dachfenster, 2-seitige Reinigung; 90 m² Glasfläche als Trennwände und Einbauten, 2-seitige Reinigung, Denkmalschutz.

Grundstück

Standort: städtisch
Bauraum: freier Bauraum
Neigung: ebenes Gelände
Standard der Außenanlagen: überwiegend Hartflächen

Betrieb

Geringe Betriebskosten:
Personalkosten des Objektmanagements inkl. arbeitsplatzbezogener Gemeinkosten wie Umlagen für arbeitsmedizinische und -sicherheitstechnische Dienste, Sekretariate, Registraturen und dgl., Wasserverbrauch 96 l/m² BGF und Jahr, Gas, Fernwärme, Stromverbrauch 13 kWh/m² BGF und Jahr, regelmäßige Unterhaltsreinigung, Leeren von Abfallbehältern und Entsorgung, 2 Pflegefilmsanierungen, 1 Sonderreinigung des Sanitäranlagen, Reinigung fremdvergeben, Reparaturen an Sanitäranlagen und Wasserleitungen, Wartung der Lüftungsanlage, Wartung von Schwachstromanlagen und Sprechanlagen, System- und Netzwerkbetreiberdienste, Ersatzteile, Kostenpauschale für regelmäßige Hausmeisterdienstleistungen im Zusammenhang mit der Bedienung, Inspektion und Wartung, Kostenpauschale für regelmäßige Hausmeisterdienstleistungen im Zusammenhang mit Wach- und Schließdiensten.

Instandsetzung

Geringe Instandsetzungskosten:
Einbau einer Hebeanlage in der Turnhalle inkl. Absturzsicherung insbesondere Anlieferung, Montage und Anschluss, Elektroarbeiten, Reparaturen an Terrazzoböden, Schleifen von Bodenbelägen, Instandsetzung von Deckenspiegeln und Bodenbelägen insbesondere Bodenbelagsarbeiten, Instandsetzung von Schweißnähten in der Gymnastikhalle, Instandsetzung von Sanitäranlagen insbesondere Maler- und Gipsarbeiten, Platten- und Fliesenarbeiten an Innenwänden und Decken, Montage von Trennwänden, Baureinigung, verschiedene Maßnahmen an den Baukonstruktionen, Instandsetzung von Beleuchtungsanlagen, Reparaturen an Vorschaltgeräten, Montage von Wandsteckdosen, Elektroarbeiten, Instandsetzung von Sanitäranlagen insbesondere Instandsetzung von Bodenentwässerungsanlagen, Instandsetzung des Wärmeverteilnetzes, Verlegen von Rohrleitungen, Reparaturen an luftTechnischen Anlagen, Montage von Sanitärapparaten, Elektroarbeiten, Baureinigung, verschiedene Maßnahmen an den Technischen Anlagen.

Planungskennwerte für Flächen und Rauminhalte nach DIN 277

Flächen des Grundstücks		Menge, Einheit	% an FBG
BF	Bebaute Fläche	2.267 m²	23,1
UBF	Unbebaute Fläche	7.559 m²	76,9
FBG	Fläche des Baugrundstücks	9.826 m²	100,0
FAB	Fläche außerhalb des Baugrundstücks	670 m²	8,0

Grundflächen des Bauwerks		Menge, Einheit	% an NF	% an BGF
NF	Nutzfläche	4.839 m²	100,0	58,0
TF	Technische Funktionsfläche	373 m²	7,7	4,5
VF	Verkehrsfläche	2.072 m²	42,8	24,8
NGF	Netto-Grundfläche	7.284 m²	150,5	87,3
KGF	Konstruktions-Grundfläche	1.056 m²	21,8	12,7
BGF	Brutto-Grundfläche	8.339 m²	172,3	100,0

Nutzflächen des Bauwerks		Menge, Einheit	% an NF	% an BGF
NF1	Wohnen und Aufenthalt	385 m²	8,0	4,6
NF2	Büroarbeit	128 m²	2,7	1,5
NF3	Produktion, Hand-, Maschinenarbeit, Exp.	0 m²	0,0	0,0
NF4	Lagern, Verteilen und Verkaufen	512 m²	10,6	6,1
NF5	Bildung, Unterricht und Kultur	2.534 m²	52,4	30,4
NF6	Heilen und Pflegen	24 m²	0,5	0,3
NF7	Sonstige Nutzflächen	1.255 m²	25,9	15,0

Brutto-Rauminhalt des Bauwerks		Menge, Einheit	BRI/NF (m)	BRI/BGF (m)
BRI	Brutto-Rauminhalt	36.444 m³	7,53	4,37

Lufttechnisch behandelte Flächen	Menge, Einheit	% an NF	% an BGF
Entlüftete Fläche	0 m²	0,0	0,0
Be- und entlüftete Fläche	402 m²	8,3	4,8
Teilklimatisierte Fläche	0 m²	0,0	0,0
Klimatisierte Fläche	0 m²	0,0	0,0

Kostenkennwerte für die Kostengruppen der 1. Ebene DIN 18960

KG	Kostengruppen (1. Ebene)	Kosten €/a	€/m² NF*a	€/m² BGF*a	€/m³ BRI*a	% an Summe
100	Kapitalkosten	–	–	–	–	–
200	Objektmanagementkosten	62.151	13	7	2	14,4
300	Betriebskosten	244.874	51	29	7	56,6
400	Instandsetzungskosten	125.704	26	15	3	29,1

Verteilung der Nutzungskosten €/m² BGF*a (Allgemeinbildende Schulen)

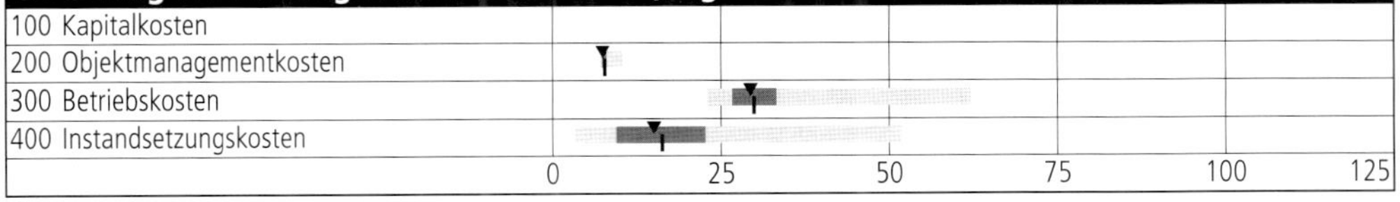

Kostenkennwerte für die Kostengruppen der 1. Ebene nach DIN 18960

KG	Kostengruppe	Menge Einheit	Kosten €/a	€/Einheit*a	% an Summe
200	**Objektmanagementkosten** **Personalkosten**: Personalkosten des Objektmanagements inkl. arbeitsplatzbezogener Gemeinkosten wie Umlagen für arbeitsmedizinische und -sicherheitstechnische Dienste, Sekretariate, Registraturen und dgl. **Sachkosten**: Sachkosten des Objektmanagements wie Raumkosten, Ausstattungskosten, Fernsprechkosten, Büroarbeitsplatz-, Bürobedarfskosten und dgl., Dienstfahrten. **Fremdleistungen**: Vermessungsarbeiten.	8.339,48 BGF	62.151	**7,45**	14,4
300	**Betriebskosten** **Versorgung**: Wasser • Gas, Fernwärme, Kernnutzung im untersten Geschoss, Dachgeschoss nicht ausgebaut, Außenwände schwere, einschalige Konstruktion, Standard der Außentüren und -fenster Zweischeibenverglasung, Holzrahmen, modernisiert im Jahre 1999, Wärmedämmung der Gründungs- und Außenwandfläche nach gesetzlichem Standard im Jahre 1915, Wärmedämmung der Dachfläche zu 50% modernisiert im Jahre 2007, Wärmeerzeugungsanlagen mit zentraler Wassererwärmung, Heizungssteuerung Tagesprogramm, Raumheizflächen Heizkörper • Strom, 30 EDV-Arbeitsplätze. **Reinigung und Pflege von Gebäuden**: Regelmäßige Unterhaltsreinigung, Leeren von Abfallbehältern und Entsorgung, 2 Pflegefilmsanierungen, 1 Sonderreinigung des Sanitäranlagen, Reinigung fremdvergeben, 1,72 €/m² Reinigungsfläche und Jahr, Angaben zu den Bodenbelägen: 9% der NGF Holzbelag, 44% der NGF Kunststoffbelag, 47% der NGF Steinbelag • Schädlingsbekämpfung, Kostenpauschale für regelmäßige Hausmeisterdienstleistungen im Zusammenhang mit der Reinigung und Pflege des Gebäudes wie Reinigungskontrollen und dgl. **Reinigung und Pflege von Außenanlagen**: Reinigung fremdvergeben, Kostenpauschale für regelmäßige Hausmeisterdienstleistungen im Zusammenhang mit Reinigung, Winterdienst und dgl., Verbrauchsmittel. **Bedienung, Inspektion und Wartung**: Reparaturen an Sanitäranlagen und Wasserleitungen, Wartung der Lüftungsanlage, Wartung von Schwachstromanlagen und Sprechanlagen, System- und Netzwerkbetreiberdienste, Ersatzteile • Kostenpauschale für regelmäßige Hausmeisterdienstleistungen im Zusammenhang mit der Bedienung, Inspektion und Wartung. **Sicherheits- und Überwachungsdienste**: Kostenpauschale für regelmäßige Hausmeisterdienstleistungen im Zusammenhang mit Wach- und Schließdiensten. **Abgaben und Beiträge**: Abgaben für Grundstück und Gebäude.	8.339,48 BGF	244.874	**29,36**	56,6

KG	Kostengruppe	Menge Einheit	Kosten €/a	€/Einheit*a	% an Summe
400	**Instandsetzungskosten**	8.339,48 BGF	125.704	**15,07**	29,1

Instandsetzung der Baukonstruktionen: Einbau einer Hebeanlage in der Turnhalle inkl. Absturzsicherung insbesondere Anlieferung, Montage und Anschluss, Elektroarbeiten, Reparaturen an Terrazzoböden, Schleifen von Bodenbelägen • Instandsetzung von Außentüren und -fenstern insbesondere Anbringen von Fenstergittern, Instandsetzung von Jalousien, Austausch von Verdunklungselementen • Instandsetzung von Deckenspiegeln und Bodenbelägen insbesondere Bodenbelagsarbeiten, Instandsetzung von Schweißnähten in der Gymnastikhalle • Instandsetzung von Sanitäranlagen insbesondere Maler- und Gipsarbeiten, Platten- und Fliesenarbeiten an Innenwänden und Decken, Montage von Trennwänden, Baureinigung, verschiedene Maßnahmen an den Baukonstruktionen.

Instandsetzung der Technischen Anlagen: Instandsetzung von Sanitäranlagen insbesondere Instandsetzung von Abwasserleitungen und Sanitärapparaten • Instandsetzung der Heizungssteuerung und -regelung, Instandsetzung von Gasleitungen, Heizungsarbeiten • Instandsetzung lufttechnischer Anlagen insbesondere Instandsetzung der Regelung und Steuerung • Instandsetzung von Beleuchtungsanlagen, Reparaturen an Vorschaltgeräten, Montage von Wandsteckdosen, Elektroarbeiten • Instandsetzung von Sanitäranlagen insbesondere Instandsetzung von Bodenentwässerungsanlagen, Instandsetzung des Wärmeverteilnetzes, Verlegen von Rohrleitungen, Reparaturen an lufttechnischen Anlagen, Montage von Sanitärapparaten, Elektroarbeiten, Baureinigung, verschiedene Maßnahmen an den Technischen Anlagen.

Kostenkennwerte für die Kostengruppen der 2. Ebene nach DIN 18960

KG	Kostengruppe	Menge Einheit	Kosten €/a	€/Einheit*a	% an Summe
200	**Objektmanagementkosten**				
210	**Personalkosten** Personalkosten des Objektmanagements inkl. arbeitsplatzbezogener Gemeinkosten wie Umlagen für arbeitsmedizinische und -sicherheitstechnische Dienste, Sekretariate, Registraturen und dgl.	8.339,48 BGF	52.226	**6,26**	84,0
220	**Sachkosten** Sachkosten des Objektmanagements wie Raumkosten, Ausstattungskosten, Fernsprechkosten, Büroarbeitsplatz-, Bürobedarfskosten und dgl., Dienstfahrten.	8.339,48 BGF	8.543	**1,02**	13,8
230	**Fremdleistungen** Vermessungsarbeiten.	8.339,48 BGF	1.382	**0,17**	2,2
300	**Betriebskosten**				
310	**Versorgung** Wasser: 20% wassergespülte Urinale, 80% wasserlose Urinale • Gas, Fernwärme: Kernnutzung im untersten Geschoss, Dachgeschoss nicht ausgebaut, Außenwände schwere, einschalige Konstruktion, Standard der Außentüren und -fenster Zweischeibenverglasung, Holzrahmen, modernisiert im Jahre 1999, Wärmedämmung der Gründungs- und Außenwandfläche nach gesetzlichem Standard im Jahre 1915, Wärmedämmung der Dachfläche zu 50% modernisiert im Jahre 2007, Wärmeerzeugungsanlagen mit zentraler Wassererwärmung, Heizungssteuerung Tagesprogramm, Raumheizflächen Heizkörper • Strom: 30 EDV-Arbeitsplätze. Angaben zur Nutzung: Grund- und Hauptschule (4-zügig) mit Turnhalle, 315 Schüler, 4-zügig, 1 Einfeldhalle, Regelschule mit Übermittagsbetreuung, 49 h Betriebszeit/Schulwoche, Essensangebot, Küchenbetrieb, 35 Essen/Schultag, 30 EDV-Arbeitsplätze.	8.339,48 BGF	60.949	**7,31**	24,9
320	**Entsorgung** Abwasser • Abfall: verbrauchte Leuchtmittel, Kompostierung.	8.339,48 BGF	1.836	**0,22**	0,8

KG	Kostengruppe	Menge Einheit	Kosten €/a	€/Einheit*a	% an Summe
330	**Reinigung und Pflege von Gebäuden**	8.339,48 BGF	81.689	**9,80**	33,4

Unterhaltsreinigung: regelmäßige Unterhaltsreinigung, Leeren von Abfallbehältern und Entsorgung, 2 Pflegefilmsanierungen, 1 Sonderreinigung des Sanitäranlagen, Reinigung fremdvergeben, 1,72 €/m² Reinigungsfläche und Jahr • Glasreinigung: 1 Reinigung der Außen- und Innenverglasung inkl. Rahmen, fremdvergeben, Angaben zur Außenverglasung: 45 m² Glasfläche als Außentüren und -fenster, Kastenfenster, 4-seitige Reinigung; 975 m² Glasfläche als Außentüren und -fenster, 2-seitige Reinigung; 15 m² Glasfläche als Dachfenster, 2-seitige Reinigung, Angaben zur Innenverglasung: 35 m² Glasfläche als Innentüren und -fenster, 2-seitige Reinigung; 90 m² Glasfläche als Trennwände und Einbauten, 2-seitige Reinigung • Reinigung Technischer Anlagen: Rohrreinigung, Kaminkehren • Reinigung und Pflege von Gebäuden, sonstiges: Schädlingsbekämpfung, Kostenpauschale für regelmäßige Hausmeisterdienstleistungen im Zusammenhang mit der Reinigung und Pflege des Gebäudes wie Reinigungskontrollen und dgl.

Boden- und Deckenbelagsfläche

KG	Kostengruppe	Menge Einheit	Kosten €/a	€/Einheit*a	% an Summe
340	**Reinigung und Pflege von Außenanlagen**	8.339,48 BGF	12.653	**1,52**	5,2

Befestigte Flächen: Reinigung fremdvergeben, Kostenpauschale für regelmäßige Hausmeisterdienstleistungen im Zusammenhang mit Reinigung, Winterdienst und dgl., Verbrauchsmittel • Pflanz- und Grünflächen: Grünpflege, Wartung gärtnerischer Anlagen. 1,67 €/m² unbebaute Fläche des Baugrundstücks und Jahr, Angaben zum Grundstück: unbebaute Fläche des Grundstücks 7.560 m², Standort städtisch, ebenes Gelände.

Unbebaute Fläche des Baugrundstücks

KG	Kostengruppe	Menge Einheit	Kosten €/a	€/Einheit*a	% an Summe
350	**Bedienung, Inspektion und Wartung**	8.339,48 BGF	54.963	**6,59**	22,5

Bedienung der Technischen Anlagen: Telekommunikation, EDV- und Internetdienste • Inspektion und Wartung der Baukonstruktion: Reparaturen an Außentüren und -fenstern insbesondere Reparaturen an Beschlägen, Schlosser- und Schreinerarbeiten, Reinigung von Dachrinnen, Ersatzteile, Material • Inspektion und Wartung der Technischen Anlagen: Reparaturen an Sanitäranlagen und Wasserleitungen, Wartung der Lüftungsanlage, Wartung von Schwachstromanlagen und Sprechanlagen, System- und Netzwerkbetreiberdienste, Ersatzteile • Inspektion und Wartung von Ausstattung und Kunstwerken: Wartung von Reinigungsgeräten • Bedienung, Inspektion und Wartung, sonstiges: Kostenpauschale für regelmäßige Hausmeisterdienstleistungen im Zusammenhang mit der Bedienung, Inspektion und Wartung.

KG	Kostengruppe	Menge Einheit	Kosten €/a	€/Einheit*a	% an Summe
360	**Sicherheits- und Überwachungsdienste**	8.339,48 BGF	18.632	**2,23**	7,6

Kontrollen aufgrund öffentlich-rechtlicher Bestimmungen: Spielgerätekontrolle • Objekt- und Personenschutz: Kostenpauschale für regelmäßige Hausmeisterdienstleistungen im Zusammenhang mit Wach- und Schließdiensten.

KG	Kostengruppe	Menge Einheit	Kosten €/a	€/Einheit*a	% an Summe
370	**Abgaben und Beiträge** Steuern: Abgaben für Grundstück und Gebäude • Versicherungsbeiträge: Gebäudeversicherungen.	8.339,48 BGF	13.413	**1,61**	5,5
390	**Betriebskosten, sonstiges** Ersatzteile, Material.	8.339,48 BGF	739	**0,09**	0,3
400	**Instandsetzungskosten**				
410	**Instandsetzung der Baukonstruktionen** Gründung: Einbau einer Hebeanlage in der Turnhalle inkl. Absturzsicherung insbesondere Anlieferung, Montage und Anschluss, Elektroarbeiten, Reparaturen an Terrazzoböden, Schleifen von Bodenbelägen • Außenwände: Instandsetzung von Außentüren und -fenstern insbesondere Anbringen von Fenstergittern, Instandsetzung von Jalousien, Austausch von Verdunklungselementen • Innenwände: Instandsetzung von Innentüren und -fenstern insbesondere Schlosser- und Glaserarbeiten, Schreinerarbeiten an Trennwänden und Verkleidungen, Verputzarbeiten • Decken: Instandsetzung von Deckenspiegeln und Bodenbelägen insbesondere Bodenbelagsarbeiten, Instandsetzung von Schweißnähten in der Gymnastikhalle • Instandsetzungskosten der Baukonstruktionen, sonstiges: Instandsetzung von Sanitäranlagen insbesondere Maler- und Gipsarbeiten, Platten- und Fliesenarbeiten an Innenwänden und Decken, Montage von Trennwänden, Baureinigung, verschiedene Maßnahmen an den Baukonstruktionen.	8.339,48 BGF	77.325	**9,27**	61,5
420	**Instandsetzung der Technischen Anlagen** Abwasser-, Wasser-, Gasanlagen: Instandsetzung von Sanitäranlagen insbesondere Instandsetzung von Abwasserleitungen und Sanitärapparaten • Wärmeversorgungsanlagen: Instandsetzung der Heizungssteuerung und -regelung, Instandsetzung von Gasleitungen, Heizungsarbeiten • Lufttechnische Anlagen: Instandsetzung lufttechnischer Anlagen insbesondere Instandsetzung der Regelung und Steuerung • Starkstromanlagen: Instandsetzung von Beleuchtungsanlagen, Reparaturen an Vorschaltgeräten, Montage von Wandsteckdosen, Elektroarbeiten • Instandsetzung der Technischen Anlagen, sonstiges: Instandsetzung von Sanitäranlagen insbesondere Instandsetzung von Bodenentwässerungsanlagen, Instandsetzung des Wärmeverteilnetzes, Verlegen von Rohrleitungen, Reparaturen an lufttechnischen Anlagen, Montage von Sanitärapparaten, Elektroarbeiten, Baureinigung, verschiedene Maßnahmen an den Technischen Anlagen.	8.339,48 BGF	41.695	**5,00**	33,2
430	**Instandsetzung der Außenanlagen** Demontage und Ersatz von Absperrpfosten und Poller, Austausch von Schachtdeckeln, Schlosser- und Metallbauarbeiten.	8.339,48 BGF	4.403	**0,53**	3,5
440	**Instandsetzung der Ausstattung** Anbringen von Beschilderungen und Fluchtwegplänen, Demontage und Montage einer Beamerhalterung.	8.339,48 BGF	2.280	**0,27**	1,8

4100-097
Hauptschule
(3-zügig)

Objektübersicht

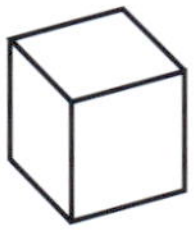
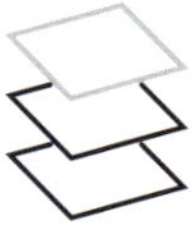

1.268 €/Schüler*a

15 €/m³ BRI*a

70 €/m² BGF*a

110 €/m² NF*a

Kennwerte	bis 2. Ebene DIN 18960 inkl. Außenanlagen
Ausbau	Grund- und Mieterausbau
Land	Baden-Württemberg
Kreis	Stuttgart
Baujahr	1905
m³ BRI	23.935
m² BGF	5.260
m² NF	3.350

Eigentümer:
Landeshauptstadt Stuttgart
Hauptstätter Str. 79
70178 Stuttgart

Bewirtschafter:
Schulverwaltungsamt
Hauptstätter Str. 79
70178 Stuttgart

Kostenstand: 1. Quartal 2010, inkl. MwSt.

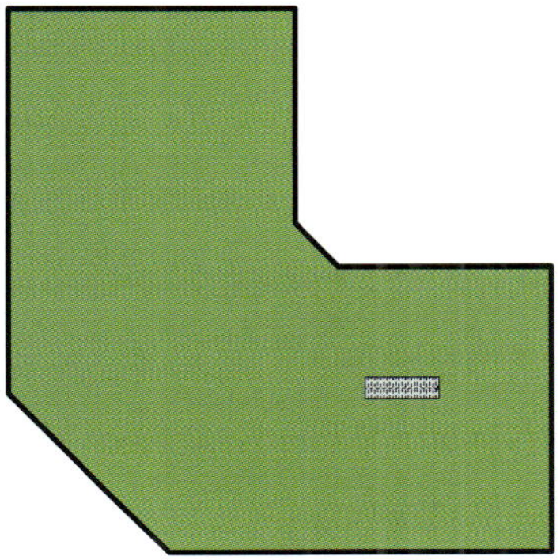

Dachgeschoss

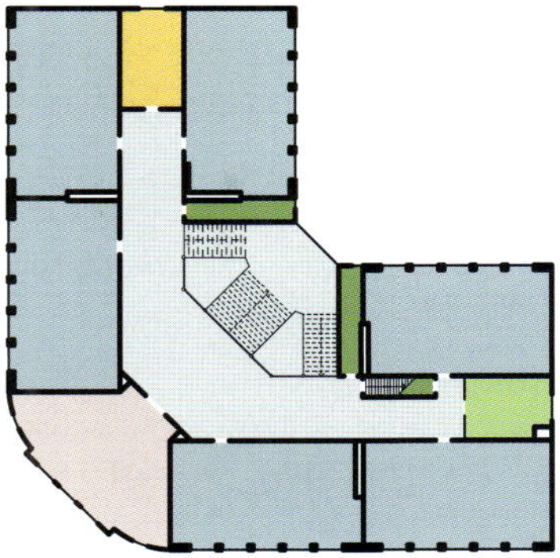

3. Obergeschoss

2. Obergeschoss

1. Obergeschoss

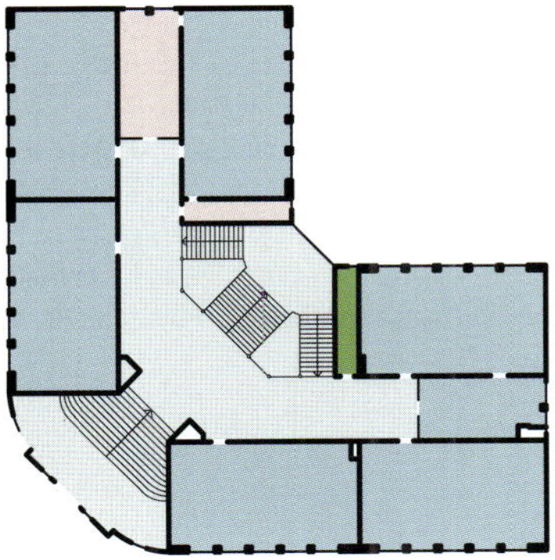

Erdgeschoss

Untergeschoss

- NF1 Wohnen und Aufenthalt
- NF2 Büroarbeit
- NF3 Prod., Hand- und Maschinenarb., Experimente
- NF4 Lagern, Verteilen und Verkaufen
- NF5 Bildung, Unterricht und Kultur
- NF6 Heilen und Pflegen
- NF7 Sonstige Nutzflächen
- TF Technische Funktionsfläche
- VF Verkehrsfläche

Objektbeschreibung

Nutzung

1 Untergeschoss
Dienstzimmer, Lager, Putzraum, Sanitärräume, Abstellräume, Haustechnik.

1 Erdgeschoss
Lager, Unterrichtsräume, Räume für naturwissenschaftlichen Unterricht, Lehrküche, Sanitärräume.

4 Obergeschosse
Lehrerzimmer, Gruppenräume, Büroräume, Lager, Unterrichtsräume, EDV-Computerräume, Krankenzimmer, Sanitärräume, Abstellräume.

Nutzeinheiten

Schüler: 291
Unterrichtsräume: 18
Naturwissenschaftliche Räume: 1
Werkräume: 1
Fachräume: 6

Besonderer Kosteneinfluss

Nutzung
Regelschule mit Übermittagsbetreuung, 18 m^2 BGF/Schüler, 38 h Betriebszeit/Schulwoche, Kernnutzung im untersten Geschoss, Dachgeschoss nicht ausgebaut.

Objekt
Außenwände schwere, einschalige Konstruktion, Standard der Außentüren und -fenster 90% Einscheibenverglasung, 10% Dreischeibenverglasung, Holzrahmen, Wärmedämmung nach gesetzlichem Standard im Jahre 1905, Wärmeerzeugungsanlagen mit zentraler Wassererwärmung, Heizungssteuerung Tagesprogramm, Raumheizflächen Heizkörper, Angaben zu den Bodenbelägen: 18% der NGF Holzbelag, 50% der NGF Kunststoffbelag, 30% der NGF Steinbelag, 2% der NGF Teppichbelag, Angaben zur Außenverglasung: 485 m^2 Glasfläche als Außentüren und -fenster, Kastenfenster, 4-seitige Reinigung; 240 m^2 Glasfläche als Außentüren und -fenster, 2-seitige Reinigung; 90 m^2 Glasfläche als Glasdach, 2-seitige Reinigung, Angaben zur Innenverglasung: 15 m^2 Glasfläche als Innentüren und -fenster, 2-seitige Reinigung; 95 m^2 Glasfläche als Trennwände und Einbauten, 2-seitige Reinigung, Denkmalschutz, Heizkessel aus dem Jahre 2000.

Grundstück

Standort: innerstädtisch
Bauraum: beengt
Neigung: ebenes Gelände
Standard der Außenanlagen: überwiegend Hartflächen

Betrieb

Geringe Betriebskosten:
Personalkosten des Objektmanagements inkl. arbeitsplatzbezogener Gemeinkosten wie Umlagen für arbeitsmedizinische und -sicherheitstechnische Dienste, Sekretariate, Registraturen und dgl., Energiemanagement, Wasserverbrauch 68 l/m^2 BGF und Jahr, Wärmeverbrauch 78 kWh/m^2 BGF und Jahr, Gas, Stromverbrauch 11 kWh/m^2 BGF und Jahr, regelmäßige Unterhaltsreinigung, Leeren von Abfallbehältern und Entsorgung, 2 Pflegefilmsanierungen, 1 Innenreinigung, 1 Sonderreinigung der Küche, 1 Sonderreinigung der Verkehrsflächen, Reinigung fremdvergeben, Kostenpauschale für regelmäßige Hausmeisterdienstleistungen im Zusammenhang mit der Bedienung, Inspektion und Wartung, Kostenpauschale für regelmäßige Hausmeisterdienstleistungen im Zusammenhang mit Wach- und Schließdiensten, Abgaben für Grundstück und Gebäude.

Instandsetzung

Durchschnittliche Instandsetzungskosten:
Instandsetzung von Außentüren und -fenstern insbesondere Ersatz von Glasscheiben und Gittern, Schlosser- und Schreinerarbeiten, Glaserarbeiten, Instandsetzung der Dachkonstruktion insbesondere Probeöffnung, Tragwerksplanung, Abbrucharbeiten, Rohbauarbeiten, Demontage einer Dachschutzwand, Einbau von Dachfenstern, Dachdeckungsarbeiten inkl. Gerüstbauarbeiten, Bauzaun, Baustelleneinrichtung, Baureinigung, Planung der Maßnahme, Reproanstalten, Lichtpausereien, Überwachung der Ausführung, Instandsetzung der Gasanlage, Heizungsarbeiten, Instandsetzung gärtnerischer Anlagen, Inspektion und Abbrucharbeiten, Pflasterung des Pausenhofs.

Planungskennwerte für Flächen und Rauminhalte nach DIN 277

Flächen des Grundstücks		Menge, Einheit	% an FBG
BF	Bebaute Fläche	2.838 m^2	53,3
UBF	Unbebaute Fläche	2.482 m^2	46,7
FBG	Fläche des Baugrundstücks	5.320 m^2	100,0
FAB	Fläche außerhalb des Baugrundstücks	675 m^2	12,8

Grundflächen des Bauwerks		Menge, Einheit	% an NF	% an BGF
NF	Nutzfläche	3.350 m^2	100,0	63,7
TF	Technische Funktionsfläche	216 m^2	6,4	4,1
VF	Verkehrsfläche	1.004 m^2	30,0	19,1
NGF	Netto-Grundfläche	4.570 m^2	136,4	86,9
KGF	Konstruktions-Grundfläche	690 m^2	20,6	13,1
BGF	Brutto-Grundfläche	5.260 m^2	157,0	100,0

Nutzflächen des Bauwerks		Menge, Einheit	% an NF	% an BGF
NF1	Wohnen und Aufenthalt	87 m^2	2,6	1,6
NF2	Büroarbeit	124 m^2	3,7	2,4
NF3	Produktion, Hand-, Maschinenarbeit, Exp.	0 m^2	0,0	0,0
NF4	Lagern, Verteilen und Verkaufen	102 m^2	3,1	1,9
NF5	Bildung, Unterricht und Kultur	1.876 m^2	56,0	35,7
NF6	Heilen und Pflegen	21 m^2	0,6	0,4
NF7	Sonstige Nutzflächen	1.140 m^2	34,0	21,7

Brutto-Rauminhalt des Bauwerks		Menge, Einheit	BRI/NF (m)	BRI/BGF (m)
BRI	Brutto-Rauminhalt	23.935 m^3	7,14	4,55

Lufttechnisch behandelte Flächen	Menge, Einheit	% an NF	% an BGF
Entlüftete Fläche	0 m^2	0,0	0,0
Be- und entlüftete Fläche	0 m^2	0,0	0,0
Teilklimatisierte Fläche	0 m^2	0,0	0,0
Klimatisierte Fläche	0 m^2	0,0	0,0

Kostenkennwerte für die Kostengruppen der 1. Ebene DIN 18960

KG	Kostengruppen (1. Ebene)	Kosten €/a	€/m^2 NF*a	€/m^2 BGF*a	€/m^3 BRI*a	% an Summe
100	Kapitalkosten	–	–	–	–	–
200	Objektmanagementkosten	40.678	12	8	2	9,9
300	Betriebskosten	146.298	44	28	6	35,7
400	Instandsetzungskosten	222.609	66	42	9	54,4

Verteilung der Nutzungskosten €/m^2 BGF*a (Allgemeinbildende Schulen)

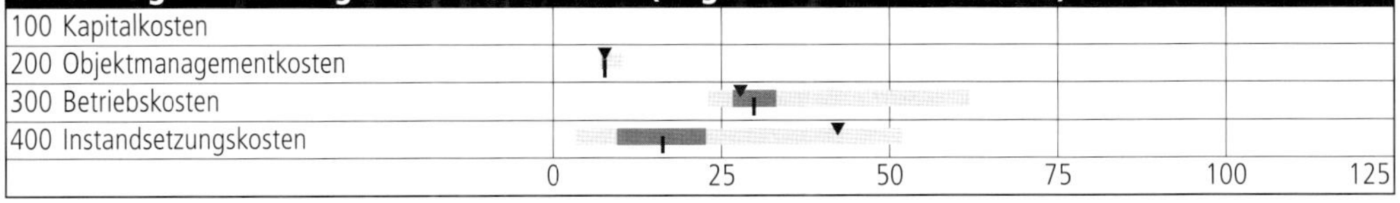

Kostenkennwerte für die Kostengruppen der 1. Ebene nach DIN 18960

KG	Kostengruppe	Menge Einheit	Kosten €/a	€/Einheit*a	% an Summe
200	**Objektmanagementkosten** **Personalkosten**: Personalkosten des Objektmanagements inkl. arbeitsplatzbezogener Gemeinkosten wie Umlagen für arbeitsmedizinische und -sicherheitstechnische Dienste, Sekretariate, Registraturen und dgl., Energiemanagement. **Sachkosten**: Sachkosten des Objektmanagements wie Raumkosten, Ausstattungskosten, Fernsprechkosten, Büroarbeitsplatz-, Bürobedarfskosten und dgl., Dienstfahrten. **Fremdleistungen**: Vermessungsarbeiten.	5.260,34 BGF	40.678	**7,73**	9,9
300	**Betriebskosten** **Versorgung**: Wasser • Gas, Kernnutzung im untersten Geschoss, Dachgeschoss nicht ausgebaut, Außenwände schwere, einschalige Konstruktion, Standard der Außentüren und -fenster 90% Einscheibenverglasung, 10% Dreischeibenverglasung, Holzrahmen, Wärmedämmung nach gesetzlichem Standard im Jahre 1905, Wärmeerzeugungsanlagen mit zentraler Wassererwärmung, Heizungssteuerung Tagesprogramm, Raumheizflächen Heizkörper • Strom. **Reinigung und Pflege von Gebäuden**: Regelmäßige Unterhaltsreinigung, Leeren von Abfallbehältern und Entsorgung, 2 Pflegefilmsanierungen, 1 Innenreinigung, 1 Sonderreinigung der Küche, 1 Sonderreinigung der Verkehrsflächen, Reinigung fremdvergeben, 1,56 €/m² Reinigungsfläche und Jahr, Angaben zu den Bodenbelägen: 18% der NGF Holzbelag, 50% der NGF Kunststoffbelag, 30% der NGF Steinbelag, 2% der NGF Teppichbelag. **Reinigung und Pflege von Außenanlagen**: Kostenpauschale für regelmäßige Hausmeisterdienstleistungen im Zusammenhang mit Reinigung, Winterdienst und dgl., Streumittel, Verbrauchsmittel. **Bedienung, Inspektion und Wartung**: Telekommunikation, EDV- und Internetdienste • Reparaturen an Sanitäranlagen, Wartung der Heizungsregelung, Reparaturen am Brenner, Wartung von Digestorien, Abgaswegeprüfung, Wartung der Schwachstromanlagen, Reparaturen an Beleuchtungen, Ersatzteile • Kostenpauschale für regelmäßige Hausmeisterdienstleistungen im Zusammenhang mit der Bedienung, Inspektion und Wartung. **Sicherheits- und Überwachungsdienste**: Kostenpauschale für regelmäßige Hausmeisterdienstleistungen im Zusammenhang mit Wach- und Schließdiensten. **Abgaben und Beiträge**: Abgaben für Grundstück und Gebäude.	5.260,34 BGF	146.298	**27,81**	35,7

KG	Kostengruppe	Menge Einheit	Kosten €/a	€/Einheit*a	% an Summe
400	**Instandsetzungskosten**	5.260,34 BGF	222.609	**42,32**	54,4

Instandsetzung der Baukonstruktionen: Instandsetzung von Außentüren und -fenstern insbesondere Ersatz von Glasscheiben und Gittern, Schlosser- und Schreinerarbeiten, Glaserarbeiten • Instandsetzung der Dachkonstruktion insbesondere Probeöffnung, Tragwerksplanung, Abbrucharbeiten, Rohbauarbeiten, Demontage einer Dachschutzwand, Einbau von Dachfenstern, Dachdeckungsarbeiten inkl. Gerüstbauarbeiten, Bauzaun, Baustelleneinrichtung, Baureinigung, Planung der Maßnahme, Reproanstalten, Lichtpausereien, Überwachung der Ausführung • verschiedene Maßnahmen an den Baukonstruktionen.

Instandsetzung der Technischen Anlagen: Instandsetzung von Sanitäranlagen insbesondere Instandsetzung von Sanitärapparaten und Armaturen • Instandsetzung der Gasanlage, Heizungsarbeiten • Instandsetzung von Rauch- und Wärmeabzugsanlagen, Austausch von Motoren • verschiedene Maßnahmen an den Technischen Anlagen.

Instandsetzung der Außenanlagen: Instandsetzung gärtnerischer Anlagen • Inspektion und Abbrucharbeiten, Pflasterung des Pausenhofs.

Kostenkennwerte für die Kostengruppen der 2. Ebene nach DIN 18960

KG	Kostengruppe	Menge Einheit	Kosten €/a	€/Einheit*a	% an Summe
200	**Objektmanagementkosten**				
210	**Personalkosten** Personalkosten des Objektmanagements inkl. arbeitsplatzbezogener Gemeinkosten wie Umlagen für arbeitsmedizinische und -sicherheitstechnische Dienste, Sekretariate, Registraturen und dgl., Energiemanagement.	5.260,34 BGF	34.896	**6,63**	85,8
220	**Sachkosten** Sachkosten des Objektmanagements wie Raumkosten, Ausstattungskosten, Fernsprechkosten, Büroarbeitsplatz-, Bürobedarfskosten und dgl., Dienstfahrten.	5.260,34 BGF	5.348	**1,02**	13,2
230	**Fremdleistungen** Vermessungsarbeiten.	5.260,34 BGF	434	**0,08**	1,1
300	**Betriebskosten**				
310	**Versorgung** Wasser • Gas: Kernnutzung im untersten Geschoss, Dachgeschoss nicht ausgebaut, Außenwände schwere, einschalige Konstruktion, Standard der Außentüren und -fenster 90% Einscheibenverglasung, 10% Dreischeibenverglasung, Holzrahmen, Wärmedämmung nach gesetzlichem Standard im Jahre 1905, Wärmeerzeugungsanlagen mit zentraler Wassererwärmung, Heizungssteuerung Tagesprogramm, Raumheizflächen Heizkörper • Strom. Angaben zur Nutzung: Hauptschule, 291 Schüler, 3-zügig, Regelschule mit Übermittagsbetreuung, 38 h Betriebszeit/Schulwoche.	5.260,34 BGF	43.699	**8,31**	29,9
320	**Entsorgung** Abwasser • Abfall: Kompostierung.	5.260,34 BGF	566	**0,11**	0,4

KG	Kostengruppe	Menge Einheit	Kosten €/a	€/Einheit*a	% an Summe
330	**Reinigung und Pflege von Gebäuden**	5.260,34 BGF	33.528	**6,37**	22,9

Unterhaltsreinigung: regelmäßige Unterhaltsreinigung, Leeren von Abfallbehältern und Entsorgung, 2 Pflegefilmsanierungen, 1 Innenreinigung, 1 Sonderreinigung der Küche, 1 Sonderreinigung der Verkehrsflächen, Reinigung fremdvergeben, 1,56 €/m² Reinigungsfläche und Jahr • Glasreinigung: 1 Reinigung der Außen- und Innenverglasung inkl. Rahmen, fremdvergeben, Angaben zur Außenverglasung: 485 m² Glasfläche als Außentüren und -fenster, Kastenfenster, 4-seitige Reinigung; 240 m² Glasfläche als Außentüren und -fenster, 2-seitige Reinigung; 90 m² Glasfläche als Glasdach, 2-seitige Reinigung, Angaben zur Innenverglasung: 15 m² Glasfläche als Innentüren und -fenster, 2-seitige Reinigung; 95 m² Glasfläche als Trennwände und Einbauten, 2-seitige Reinigung • Reinigung Technischer Anlagen: Rohrreinigung • Reinigung und Pflege von Gebäuden, sonstiges: Kostenpauschale für regelmäßige Hausmeisterdienstleistungen im Zusammenhang mit der Reinigung und Pflege des Gebäudes wie Reinigungskontrollen und dgl.

Boden- und Deckenbelagsfläche

KG	Kostengruppe	Menge Einheit	Kosten €/a	€/Einheit*a	% an Summe
340	**Reinigung und Pflege von Außenanlagen**	5.260,34 BGF	7.150	**1,36**	4,9

Befestigte Flächen: Kostenpauschale für regelmäßige Hausmeisterdienstleistungen im Zusammenhang mit Reinigung, Winterdienst und dgl., Streumittel, Verbrauchsmittel • Pflanz- und Grünflächen: Grünpflege, Baumpflege.
2,88 €/m² unbebaute Fläche des Baugrundstücks und Jahr, Angaben zum Grundstück: unbebaute Fläche des Grundstücks 2.480 m², Standort innerstädtisch, ebenes Gelände.

Unbebaute Fläche des Baugrundstücks

KG	Kostengruppe	Menge Einheit	Kosten €/a	€/Einheit*a	% an Summe
350	**Bedienung, Inspektion und Wartung**	5.260,34 BGF	37.542	**7,14**	25,7

Bedienung der Technischen Anlagen: Telekommunikation, EDV- und Internetdienste • Inspektion und Wartung der Baukonstruktion: Schreinerarbeiten, allgemeine Wartungsarbeiten • Inspektion und Wartung der Technischen Anlagen: Reparaturen an Sanitäranlagen, Wartung der Heizungsregelung, Reparaturen am Brenner, Wartung von Digestorien, Abgaswegeprüfung, Wartung der Schwachstromanlagen, Reparaturen an Beleuchtungen, Ersatzteile • Inspektion und Wartung der Außenanlagen: Reparaturen an Toren und Zäunen • Inspektion und Wartung von Ausstattung und Kunstwerken: Wartung der Ausstattung • Bedienung, Inspektion und Wartung, sonstiges: Kostenpauschale für regelmäßige Hausmeisterdienstleistungen im Zusammenhang mit der Bedienung, Inspektion und Wartung.

KG	Kostengruppe	Menge Einheit	Kosten €/a	€/Einheit*a	% an Summe
360	**Sicherheits- und Überwachungsdienste**	5.260,34 BGF	11.389	**2,17**	7,8

Kontrollen aufgrund öffentlich-rechtlicher Bestimmungen: Spielgerätekontrolle • Objekt- und Personenschutz: Kostenpauschale für regelmäßige Hausmeisterdienstleistungen im Zusammenhang mit Wach- und Schließdiensten.

KG	Kostengruppe	Menge Einheit	Kosten €/a	€/Einheit*a	% an Summe
370	**Abgaben und Beiträge**	5.260,34 BGF	12.371	**2,35**	8,5

Abgaben für Grundstück und Gebäude.

KG	Kostengruppe	Menge Einheit	Kosten €/a	€/Einheit*a	% an Summe
390	**Betriebskosten, sonstiges** Ersatzteile, Material.	5.260,34 BGF	53	**0,01**	< 0,1
400	**Instandsetzungskosten**				
410	**Instandsetzung der Baukonstruktionen** Außenwände: Instandsetzung von Außentüren und -fenstern insbesondere Ersatz von Glasscheiben und Gittern, Schlosser- und Schreinerarbeiten, Glaserarbeiten • Innenwände: Instandsetzung von Innentüren und -fenstern insbesondere Schlosser- und Schreinerarbeiten, Austausch von Glasbausteinen, Glaserarbeiten • Dächer: Instandsetzung der Dachkonstruktion insbesondere Probeöffnung, Tragwerksplanung, Abbrucharbeiten, Rohbauarbeiten, Demontage einer Dachschutzwand, Einbau von Dachfenstern, Dachdeckungsarbeiten inkl. Gerüstbauarbeiten, Bauzaun, Baustelleneinrichtung, Baureinigung, Planung der Maßnahme, Reproanstalten, Lichtpausereien, Überwachung der Ausführung • Instandsetzungskosten der Baukonstruktionen, sonstiges: verschiedene Maßnahmen an den Baukonstruktionen.	5.260,34 BGF	186.206	**35,40**	83,7
420	**Instandsetzung der Technischen Anlagen** Abwasser-, Wasser-, Gasanlagen: Instandsetzung von Sanitäranlagen insbesondere Instandsetzung von Sanitärapparaten und Armaturen • Wärmeversorgungsanlagen: Instandsetzung der Gasanlage, Heizungsarbeiten • Starkstromanlagen: Instandsetzung von Rauch- und Wärmeabzugsanlagen, Austausch von Motoren • Instandsetzung der Technischen Anlagen, sonstiges: verschiedene Maßnahmen an den Technischen Anlagen.	5.260,34 BGF	13.461	**2,56**	6,1
430	**Instandsetzung der Außenanlagen** Geländeflächen: Instandsetzung gärtnerischer Anlagen • Befestigte Flächen: Inspektion und Abbrucharbeiten, Pflasterung des Pausenhofs.	5.260,34 BGF	22.941	**4,36**	10,3

4100-098
Realschule (3-zügig)
mit Turnhalle

Objektübersicht

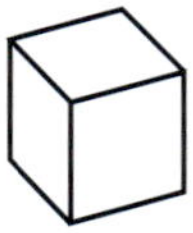
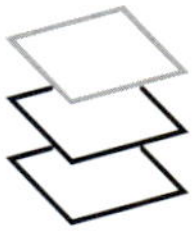
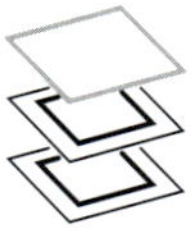

Kennwerte	bis 2. Ebene DIN 18960 inkl. Außenanlagen
Ausbau	Grund- und Mieterausbau
Land	Baden-Württemberg
Kreis	Stuttgart
Baujahr	1973
m^3 BRI	15.316
m^2 BGF	3.344
m^2 NF	2.295

701 €/Schüler*a

18 €/m^3 BRI*a

82 €/m^2 BGF*a

119 €/m^2 NF*a

Eigentümer:
Landeshauptstadt Stuttgart
Hauptstätter Str. 79
70178 Stuttgart

Bewirtschafter:
Schulverwaltungsamt
Hauptstätter Str. 79
70178 Stuttgart

Kostenstand: 1. Quartal 2010, inkl. MwSt.

- NF1 Wohnen und Aufenthalt
- NF2 Büroarbeit
- NF3 Prod., Hand- und Maschinenarb., Experimente
- NF4 Lagern, Verteilen und Verkaufen
- NF5 Bildung, Unterricht und Kultur
- NF6 Heilen und Pflegen
- NF7 Sonstige Nutzflächen
- TF Technische Funktionsfläche
- VF Verkehrsfläche

Objektbeschreibung

Nutzung

1 Untergeschoss
Werkstatt, Geräteraum, Lager, EDV-Computerraum, Bibliothek, Turnhalle, Fotolabor, Umkleideräume, Sanitärräume, Putzräume. Abstellraum, Haustechnik.

1 Erdgeschoss
Lehrerzimmer, Büroräume, Dienstzimmer, Krankenzimmer, Unterrichtsräume, Putzraum, Sanitärräume.

1 Obergeschoss
Unterrichtsraum, Bibliothek, Putzraum.

Nutzeinheiten

Schüler: 389
Unterrichtsräume: 14
Naturwissenschaftliche Räume: 2
Fachräume: 4
Einfeldhalle: 1

Besonderer Kosteneinfluss

Nutzung
Regelschule, 8 m² BGF/Schüler, 47 h Betriebszeit/Schulwoche, Kernnutzung im untersten Geschoss.

Objekt
Wasserlose Urinale, Außenwände schwere, einschalige Konstruktion, Standard der Außentüren und -fenster Zweischeibenverglasung, 50% der Außentüren und -fenster Holzrahmen, 50% der Außentüren und -fenster Kunststoffrahmen, modernisiert im Jahre 2002, Wärmedämmung nach gesetzlichem Standard im Jahre 1973, Wärmeerzeugungsanlagen der Schule mit zentraler Wassererwärmung, Wärmeerzeugungsanlage der Turnhalle ohne zentrale Wassererwärmung, Heizungssteuerung Wochenprogramm, Raumheizflächen 80% Heizkörper, 20% Deckenstrahlplatten, Zu- und Abluftanlage, Angaben zu den Bodenbelägen: 3% der NGF Holzbelag, 87% der NGF Kunststoffbelag, 10% der NGF Steinbelag, Angaben zur Außenverglasung: 585 m² Glasfläche als Außentüren und -fenster, 2-seitige Reinigung, Angaben zur Innenverglasung: 90 m² Glasfläche als Innentüren und -fenster, 2-seitige Reinigung; 65 m² Glasfläche als Trennwände und Einbauten, 2-seitige Reinigung, Heizkessel aus dem Jahre 2007.

Grundstück

Standort: städtisch
Bauraum: freier Bauraum
Neigung: geneigtes Gelände
Standard der Außenanlagen: ausreichend Grünflächen

Betrieb

Durchschnittliche Betriebskosten:
Personalkosten des Objektmanagements inkl. arbeitsplatzbezogener Gemeinkosten wie Umlagen für arbeitsmedizinische und -sicherheitstechnische Dienste, Sekretariate, Registraturen und dgl., Energiemanagement, Wasserverbrauch 146 l/m² BGF und Jahr, Wärmeverbrauch 101 kWh/m² BGF und Jahr, Gas, Stromverbrauch 21 kWh/m² BGF und Jahr, regelmäßige Unterhaltsreinigung, Leeren von Abfallbehältern und Entsorgung, 2 Pflegefilmsanierungen, Reinigung fremdvergeben, Reparaturen an Sanitäranlagen, Inspektion und Wartung der Abwasserleitungen, Reparaturen an Hebeanlagen, Wartung des Heizungssystems, Abgaswegeprüfung, Reparaturen am Brenner, Wartung der Rauch- und Wärmeabzugsanlage, Wartung der Schwachstromanlagen, System- und Netzwerkbetreiberdienste, Ersatzteile, Kostenpauschale für regelmäßige Hausmeisterdienstleistungen im Zusammenhang mit der Bedienung, Inspektion und Wartung, Kostenpauschale für regelmäßige Hausmeisterdienstleistungen im Zusammenhang mit Wach- und Schließdiensten.

Instandsetzung

Geringe Instandsetzungskosten:
Herstellen von Wanddurchbrüchen, Instandsetzung von Innentüren und -fenstern insbesondere Austausch von Glasscheiben, Glaserarbeiten, Errichtung von Installationswänden, Isolierarbeiten, Platten- und Fliesenarbeiten, Anlieferung und Montage von Trennwänden und Beplankungen, Schlosser- und Schreinerarbeiten, Instandsetzung von Deckenbelägen und -bekleidungen insbesondere Austausch von Linoleumbelägen und Deckenplatten inkl. Gerüstbauarbeiten, Bauzaun, Entsorgung von Schutt, Baureinigung, Instandsetzung von Einrichtungen naturwissenschaftlicher Räume inkl. Abbrucharbeiten, Ersatz von Sanitärapparaten, Elektroarbeiten, Installation einer thermischen Solaranlage zur Brauchwassererwärmung, Instandsetzung von Sanitäranlagen insbesondere Instandsetzung von Sanitärapparaten und Wasserleitungen, Abbruch- und Rohbauarbeiten, Instandsetzung von Beleuchtungsanlagen, Instandsetzung von Elektroanlagen.

Planungskennwerte für Flächen und Rauminhalte nach DIN 277

Flächen des Grundstücks		Menge, Einheit	% an FBG
BF	Bebaute Fläche	2.053 m²	21,5
UBF	Unbebaute Fläche	7.503 m²	78,5
FBG	Fläche des Baugrundstücks	9.556 m²	100,0
FAB	Fläche außerhalb des Baugrundstücks	10 m²	0,3

Grundflächen des Bauwerks		Menge, Einheit	% an NF	% an BGF
NF	Nutzfläche	2.295 m²	100,0	68,6
TF	Technische Funktionsfläche	90 m²	3,9	2,7
VF	Verkehrsfläche	633 m²	27,6	18,9
NGF	Netto-Grundfläche	3.018 m²	131,5	90,3
KGF	Konstruktions-Grundfläche	326 m²	14,2	9,7
BGF	Brutto-Grundfläche	3.344 m²	145,7	100,0

Nutzflächen des Bauwerks		Menge, Einheit	% an NF	% an BGF
NF1	Wohnen und Aufenthalt	65 m²	2,8	1,9
NF2	Büroarbeit	132 m²	5,7	3,9
NF3	Produktion, Hand-, Maschinenarbeit, Exp.	24 m²	1,0	0,7
NF4	Lagern, Verteilen und Verkaufen	195 m²	8,5	5,8
NF5	Bildung, Unterricht und Kultur	1.642 m²	71,5	49,1
NF6	Heilen und Pflegen	17 m²	0,7	0,5
NF7	Sonstige Nutzflächen	222 m²	9,7	6,6

Brutto-Rauminhalt des Bauwerks		Menge, Einheit	BRI/NF (m)	BRI/BGF (m)
BRI	Brutto-Rauminhalt	15.316 m³	6,67	4,58

Lufttechnisch behandelte Flächen	Menge, Einheit	% an NF	% an BGF
Entlüftete Fläche	0 m²	0,0	0,0
Be- und entlüftete Fläche	178 m²	7,8	5,3
Teilklimatisierte Fläche	0 m²	0,0	0,0
Klimatisierte Fläche	0 m²	0,0	0,0

Kostenkennwerte für die Kostengruppen der 1. Ebene DIN 18960

KG	Kostengruppen (1. Ebene)	Kosten €/a	€/m² NF*a	€/m² BGF*a	€/m³ BRI*a	% an Summe
100	Kapitalkosten	–	–	–	–	–
200	Objektmanagementkosten	26.520	12	8	2	8,9
300	Betriebskosten	206.752	90	62	13	69,1
400	Instandsetzungskosten	66.014	29	20	4	22,1

Verteilung der Nutzungskosten €/m² BGF*a (Allgemeinbildende Schulen)

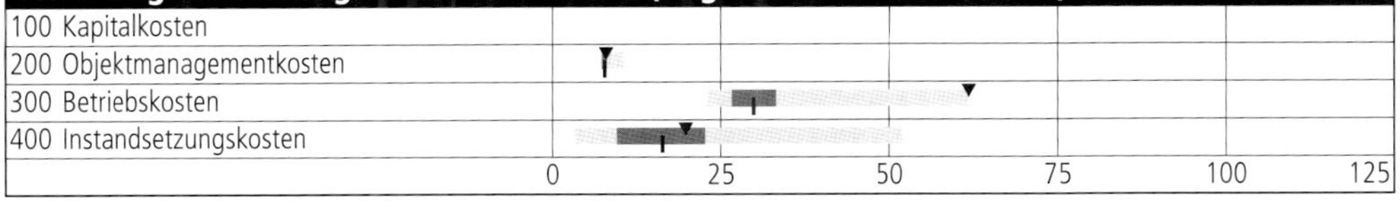

Kostenkennwerte für die Kostengruppen der 1. Ebene nach DIN 18960

KG	Kostengruppe	Menge Einheit	Kosten €/a	€/Einheit*a	% an Summe
200	**Objektmanagementkosten** **Personalkosten**: Personalkosten des Objektmanagements inkl. arbeitsplatzbezogener Gemeinkosten wie Umlagen für arbeitsmedizinische und -sicherheitstechnische Dienste, Sekretariate, Registraturen und dgl., Energiemanagement. **Sachkosten**: Sachkosten des Objektmanagements wie Raumkosten, Ausstattungskosten, Fernsprechkosten, Büroarbeitsplatz-, Bürobedarfskosten und dgl., Dienstfahrten.	3.344,02 BGF	26.520	**7,93**	8,9
300	**Betriebskosten** **Versorgung**: Wasser • Gas, Kernnutzung im untersten Geschoss, Außenwände schwere, einschalige Konstruktion, Standard der Außentüren und -fenster Zweischeibenverglasung, 50% der Außentüren und -fenster Holzrahmen, 50% der Außentüren und -fenster Kunststoffrahmen, modernisiert im Jahre 2002, Wärmedämmung nach gesetzlichem Standard im Jahre 1973, Wärmeerzeugungsanlagen der Schule mit zentraler Wassererwärmung, Wärmeerzeugungsanlage der Turnhalle ohne zentrale Wassererwärmung, Heizungssteuerung Wochenprogramm, Raumheizflächen 80% Heizkörper, 20% Deckenstrahlplatten • Strom, Zu- und Abluftanlage. **Reinigung und Pflege von Gebäuden**: Regelmäßige Unterhaltsreinigung, Leeren von Abfallbehältern und Entsorgung, 2 Pflegefilmsanierungen, Reinigung fremdvergeben, 3,46 €/m² Reinigungsfläche und Jahr, Angaben zu den Bodenbelägen: 3% der NGF Holzbelag, 87% der NGF Kunststoffbelag, 10% der NGF Steinbelag • Kostenpauschale für regelmäßige Hausmeisterdienstleistungen im Zusammenhang mit der Reinigung und Pflege des Gebäudes wie Reinigungskontrollen und dgl. **Reinigung und Pflege von Außenanlagen**: Kostenpauschale für regelmäßige Hausmeisterdienstleistungen im Zusammenhang mit Reinigung, Winterdienst und dgl. **Bedienung, Inspektion und Wartung**: Reparaturen an Sanitäranlagen, Inspektion und Wartung der Abwasserleitungen, Reparaturen an Hebeanlagen, Wartung des Heizungssystems, Abgaswegeprüfung, Reparaturen am Brenner, Wartung der Rauch- und Wärmeabzugsanlage, Wartung der Schwachstromanlagen, System- und Netzwerkbetreiberdienste, Ersatzteile • Kostenpauschale für regelmäßige Hausmeisterdienstleistungen im Zusammenhang mit der Bedienung, Inspektion und Wartung. **Sicherheits- und Überwachungsdienste**: Kostenpauschale für regelmäßige Hausmeisterdienstleistungen im Zusammenhang mit Wach- und Schließdiensten. **Abgaben und Beiträge**: Abgaben für Grundstück und Gebäude.	3.344,02 BGF	206.752	**61,83**	69,1

KG	Kostengruppe	Menge Einheit	Kosten €/a	€/Einheit*a	% an Summe
400	**Instandsetzungskosten**	3.344,02 BGF	66.014	**19,74**	22,1

Instandsetzung der Baukonstruktionen: Instandsetzung von Außentüren und -fenstern insbesondere Instandsetzung von Jalousien und Beschlägen, Schlosser- und Schreinerarbeiten • Herstellen von Wanddurchbrüchen, Instandsetzung von Innentüren und -fenstern insbesondere Austausch von Glasscheiben, Glaserarbeiten, Errichtung von Installationswänden, Isolierarbeiten, Platten- und Fliesenarbeiten, Anlieferung und Montage von Trennwänden und Beplankungen, Schlosser- und Schreinerarbeiten • Instandsetzung von Deckenbelägen und -bekleidungen insbesondere Austausch von Linoleumbelägen und Deckenplatten inkl. Gerüstbauarbeiten, Bauzaun, Entsorgung von Schutt, Baureinigung • Instandsetzung der Dachkonstruktionen insbesondere Rohbauarbeiten, Ausbesserungen an Dachbelägen, Dachdeckungsarbeiten, Dachabdichtungsarbeiten an der Turnhalle • Instandsetzung von Einrichtungen naturwissenschaftlicher Räume inkl. Abbrucharbeiten, Ersatz von Sanitärapparaten, Elektroarbeiten • verschiedene Maßnahmen an den Baukonstruktionen.

Instandsetzung der Technischen Anlagen: Installation einer thermischen Solaranlage zur Brauchwassererwärmung, Instandsetzung von Sanitäranlagen insbesondere Instandsetzung von Sanitärapparaten und Wasserleitungen, Abbruch- und Rohbauarbeiten • Instandsetzung von Beleuchtungsanlagen, Instandsetzung von Elektroanlagen • Instandsetzung von Fernmeldeanlagen, Elektroarbeiten.

Kostenkennwerte für die Kostengruppen der 2. Ebene nach DIN 18960

KG	Kostengruppe	Menge Einheit	Kosten €/a	€/Einheit*a	% an Summe
200	**Objektmanagementkosten**				
210	**Personalkosten** Personalkosten des Objektmanagements inkl. arbeitsplatzbezogener Gemeinkosten wie Umlagen für arbeitsmedizinische und -sicherheitstechnische Dienste, Sekretariate, Registraturen und dgl., Energiemanagement.	3.344,02 BGF	22.854	**6,83**	86,2
220	**Sachkosten** Sachkosten des Objektmanagements wie Raumkosten, Ausstattungskosten, Fernsprechkosten, Büroarbeitsplatz-, Bürobedarfskosten und dgl., Dienstfahrten.	3.344,02 BGF	3.665	**1,10**	13,8
300	**Betriebskosten**				
310	**Versorgung** Wasser: wasserlose Urinale • Gas: Kernnutzung im untersten Geschoss, Außenwände schwere, einschalige Konstruktion, Standard der Außentüren und -fenster Zweischeibenverglasung, 50% der Außentüren und -fenster Holzrahmen, 50% der Außentüren und -fenster Kunststoffrahmen, modernisiert im Jahre 2002, Wärmedämmung nach gesetzlichem Standard im Jahre 1973, Wärmeerzeugungsanlagen der Schule mit zentraler Wassererwärmung, Wärmeerzeugungsanlage der Turnhalle ohne zentrale Wassererwärmung, Heizungssteuerung Wochenprogramm, Raumheizflächen 80% Heizkörper, 20% Deckenstrahlplatten • Strom: Zu- und Abluftanlage. Angaben zur Nutzung: Realschule (3-zügig) mit Turnhalle, 389 Schüler, 3-zügig, Regelschule, 47 h Betriebszeit/Schulwoche.	3.344,02 BGF	39.227	**11,73**	19,0
320	**Entsorgung** Abwasser • Abfall: Kompostierung.	3.344,02 BGF	1.276	**0,38**	0,6
330	**Reinigung und Pflege von Gebäuden** Unterhaltsreinigung: regelmäßige Unterhaltsreinigung, Leeren von Abfallbehältern und Entsorgung, 2 Pflegefilmsanierungen, Reinigung fremdvergeben, 3,46 €/m² Reinigungsfläche und Jahr • Glasreinigung: 1 Reinigung der Außen- und Innenverglasung inkl. Rahmen, fremdvergeben, Angaben zur Außenverglasung: 585 m² Glasfläche als Außentüren und -fenster, 2-seitige Reinigung, Angaben zur Innenverglasung: 90 m² Glasfläche als Innentüren und -fenster, 2-seitige Reinigung; 65 m² Glasfläche als Trennwände und Einbauten, 2-seitige Reinigung • Reinigung Technischer Anlagen: Rohrreinigung • Reinigung und Pflege von Gebäuden, sonstiges: Kostenpauschale für regelmäßige Hausmeisterdienstleistungen im Zusammenhang mit der Reinigung und Pflege des Gebäudes wie Reinigungskontrollen und dgl.	3.344,02 BGF	66.182	**19,79**	32,0

Boden- und Deckenbelagsfläche

Kostenstand: 1. Quartal 2010, inkl. MwSt.

KG	Kostengruppe	Menge Einheit	Kosten €/a	€/Einheit*a	% an Summe
340	**Reinigung und Pflege von Außenanlagen**	3.344,02 BGF	10.505	**3,14**	5,1

Befestigte Flächen: Kostenpauschale für regelmäßige Hausmeisterdienstleistungen im Zusammenhang mit Reinigung, Winterdienst und dgl. • Pflanz- und Grünflächen: Grünpflege, Baumpflege, Wartung gärtnerischer Anlagen.
1,40 €/m² unbebaute Fläche des Baugrundstücks und Jahr, Angaben zum Grundstück: unbebaute Fläche des Grundstücks 7.505 m², Standort städtisch, geneigtes Gelände.

Unbebaute Fläche des Baugrundstücks

KG	Kostengruppe	Menge Einheit	Kosten €/a	€/Einheit*a	% an Summe
350	**Bedienung, Inspektion und Wartung**	3.344,02 BGF	59.526	**17,80**	28,8

Bedienung der Technischen Anlagen: Telekommunikation, EDV- und Internetdienste • Inspektion und Wartung der Baukonstruktion: allgemeine Wartungsarbeiten, Material • Inspektion und Wartung der Technischen Anlagen: Reparaturen an Sanitäranlagen, Inspektion und Wartung der Abwasserleitungen, Reparaturen an Hebeanlagen, Wartung des Heizungssystems, Abgaswegeprüfung, Reparaturen am Brenner, Wartung der Rauch- und Wärmeabzugsanlage, Wartung der Schwachstromanlagen, System- und Netzwerkbetreiberdienste, Ersatzteile • Inspektion und Wartung der Außenanlagen: Reparaturen am Ballfangzaun, Zaunarbeiten, Austausch von Sprunggrubensand • Inspektion und Wartung von Ausstattung und Kunstwerken: Wartung der Ausstattung, Wartung von Turn- und Sportgeräten, Wartung von Reinigungsgeräten, Ersatzteile, Material • Bedienung, Inspektion und Wartung, sonstiges: Kostenpauschale für regelmäßige Hausmeisterdienstleistungen im Zusammenhang mit der Bedienung, Inspektion und Wartung.

KG	Kostengruppe	Menge Einheit	Kosten €/a	€/Einheit*a	% an Summe
360	**Sicherheits- und Überwachungsdienste**	3.344,02 BGF	20.076	**6,00**	9,7

Kontrollen aufgrund öffentlich-rechtlicher Bestimmungen: Spielgerätekontrolle • Objekt- und Personenschutz: Kostenpauschale für regelmäßige Hausmeisterdienstleistungen im Zusammenhang mit Wach- und Schließdiensten.

KG	Kostengruppe	Menge Einheit	Kosten €/a	€/Einheit*a	% an Summe
370	**Abgaben und Beiträge**	3.344,02 BGF	9.959	**2,98**	4,8

Steuern: Abgaben für Grundstück und Gebäude • Versicherungsbeiträge: Gebäudeversicherungen.

KG	Kostengruppe	Menge Einheit	Kosten €/a	€/Einheit*a	% an Summe
400	**Instandsetzungskosten**				
410	**Instandsetzung der Baukonstruktionen** Außenwände: Instandsetzung von Außentüren und -fenstern insbesondere Instandsetzung von Jalousien und Beschlägen, Schlosser- und Schreinerarbeiten • Innenwände: Herstellen von Wanddurchbrüchen, Instandsetzung von Innentüren und -fenstern insbesondere Austausch von Glasscheiben, Glaserarbeiten, Errichtung von Installationswänden, Isolierarbeiten, Platten- und Fliesenarbeiten, Anlieferung und Montage von Trennwänden und Beplankungen, Schlosser- und Schreinerarbeiten • Decken: Instandsetzung von Deckenbelägen und -bekleidungen insbesondere Austausch von Linoleumbelägen und Deckenplatten inkl. Gerüstbauarbeiten, Bauzaun, Entsorgung von Schutt, Baureinigung • Dächer: Instandsetzung der Dachkonstruktionen insbesondere Rohbauarbeiten, Ausbesserungen an Dachbelägen, Dachdeckungsarbeiten, Dachabdichtungsarbeiten an der Turnhalle • Baukonstruktive Einbauten: Instandsetzung von Einrichtungen naturwissenschaftlicher Räume inkl. Abbrucharbeiten, Ersatz von Sanitärapparaten, Elektroarbeiten • Instandsetzungskosten der Baukonstruktionen, sonstiges: verschiedene Maßnahmen an den Baukonstruktionen.	3.344,02 BGF	52.147	**15,59**	79,0
420	**Instandsetzung der Technischen Anlagen** Abwasser-, Wasser-, Gasanlagen: Installation einer thermischen Solaranlage zur Brauchwassererwärmung, Instandsetzung von Sanitäranlagen insbesondere Instandsetzung von Sanitärapparaten und Wasserleitungen, Abbruch- und Rohbauarbeiten • Starkstromanlagen: Instandsetzung von Beleuchtungsanlagen, Instandsetzung von Elektroanlagen • Fernmelde- und informationstechnische Anlagen: Instandsetzung von Fernmeldeanlagen, Elektroarbeiten • Instandsetzung der Technischen Anlagen, sonstiges: verschiedene Maßnahmen an den Technischen Anlagen.	3.344,02 BGF	13.867	**4,15**	21,0

4100-100
Schulzentrum mit
Gymnasium,
Realschule

Objektübersicht

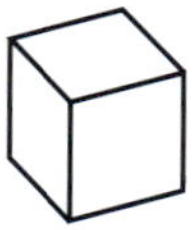

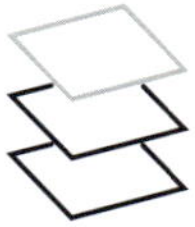

Kennwerte	bis 2. Ebene DIN 18960 exkl. Außenanlagen
Ausbau	Grund- und Mieterausbau
Land	Baden-Württemberg
Kreis	Stuttgart
Baujahr	1975
m^3 BRI	52.874
m^2 BGF	12.745
m^2 NF	6.731

604 €/Schüler*a

10 €/m^3 BRI*a

43 €/m^2 BGF*a

81 €/m^2 NF*a

Eigentümer:
Landeshauptstadt Stuttgart
Hauptstätter Str. 79
70178 Stuttgart

Bewirtschafter:
Schulverwaltungsamt
Hauptstätter Str. 79
70178 Stuttgart

Kostenstand: 1. Quartal 2010, inkl. MwSt.

2. Obergeschoss

1. Obergeschoss

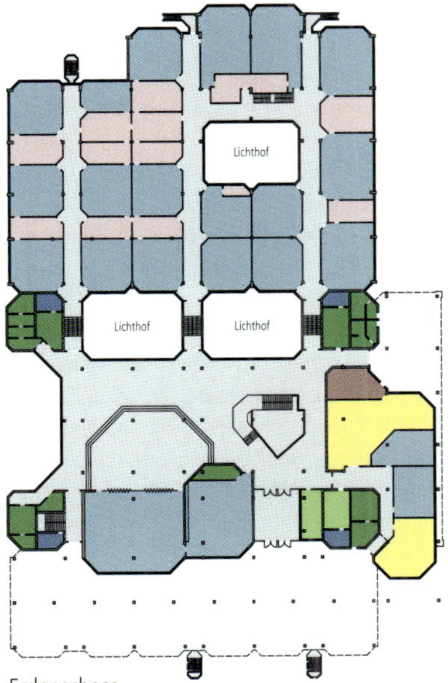

Erdgeschoss

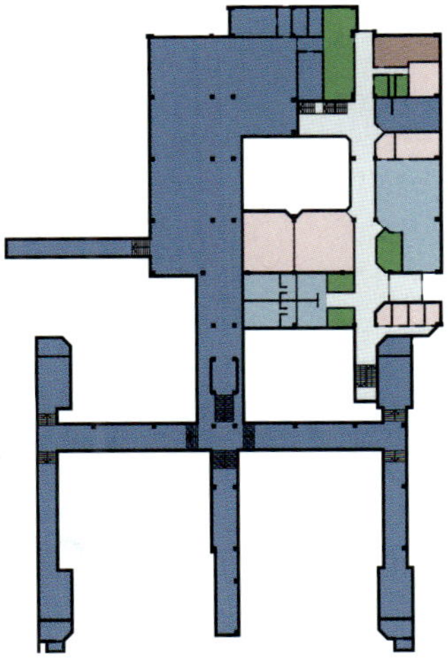

1. Untergeschoss

NF1 Wohnen und Aufenthalt	NF4 Lagern, Verteilen und Verkaufen	NF7 Sonstige Nutzflächen
NF2 Büroarbeit	NF5 Bildung, Unterricht und Kultur	TF Technische Funktionsfläche
NF3 Prod., Hand- und Maschinenarb., Experimente	NF6 Heilen und Pflegen	VF Verkehrsfläche

Objektbeschreibung

Nutzung

1 Untergeschoss
Werkstatt, Lager, Lehrküche, Putzraum, Sanitärräume, Abstellräume, Haustechnik.

1 Erdgeschoss
Aufenthaltsraum, Speiseraum, Dienstzimmer, Küche, Lager, Unterrichtsräume, Räume für naturwissenschaftlichen Unterricht, EDV-Computerraum, Putzraum, Sanitärräume, Abstellraum, Eingangsbereich, Haustechnik.

2 Obergeschosse
Büroräume, Lager, Unterrichtsräume, Fotolabor, Putzraum, Sanitärräume, Abstellraum, Haustechnik.

Nutzeinheiten

Schüler: 897
Unterrichtsräume: 35
Naturwissenschaftliche Räume: 12
Werkräume: 9
Fachräume: 11
Sonstige Gemeinschafts- und Unterrichtsräume: 16

Besonderer Kosteneinfluss

Nutzung
Ganztagsschule, 14 m^2 BGF/Schüler, 48 h Betriebszeit/Schulwoche, Essensangebot, Catering, 55 Essen/Schultag, 80 EDV-Arbeitsplätze, keine Kernnutzung im untersten Geschoss.

Objekt
Außenwände schwere, einschalige Konstruktion, Standard der Außentüren und -fenster Zweischeibenverglasung, Aluminiumrahmen, Wärmedämmung nach gesetzlichem Standard im Jahre 1975, Wärmeerzeugungsanlagen mit zentraler Wassererwärmung, Heizungssteuerung Wochenprogramm, Raumheizflächen Heizkörper, Zu- und Abluftanlage, Angaben zu den Bodenbelägen: 2% der NGF Holzbelag, 19% der NGF Kunststoffbelag, 31% der NGF Steinbelag, 48% der NGF Teppichbelag, Angaben zur Außenverglasung: 2.145 m^2 Glasfläche als Außentüren und -fenster, 2-seitige Reinigung; 145 m^2 Glasfläche als Dachfenster und Lichtkuppel, 2-seitige Reinigung, Angaben zur Innenverglasung: 535 m^2 Glasfläche als Innentüren und -fenster, 2-seitige Reinigung; 305 m^2 Glasfläche als Trennwände und Einbauten, 2-seitige Reinigung.

Grundstück

Standort: städtisch
Bauraum: freier Bauraum
Neigung: geneigtes Gelände

Betrieb

Geringe Betriebskosten:
Personalkosten des Objektmanagements inkl. arbeitsplatzbezogener Gemeinkosten wie Umlagen für arbeitsmedizinische und -sicherheitstechnische Dienste, Sekretariate, Registraturen und dgl., Energiemanagement, Fernwärme, Strom, regelmäßige Unterhaltsreinigung, Leeren von Abfallbehältern und Entsorgung, 1 Pflegefilmsanierung, 1 Sonderreinigung der Sanitäranlagen, 1 Sonderreinigung von Unterrichtsräumen, Reinigung fremdvergeben, Reparaturen an Sanitäranlagen, Inspektion der Heizungsanlage, Wartung von Brandschutzklappen, Reparaturen an lufttechnischen Anlagen, Digestorien und Schaltuhren, Wartung der Schwachstromanlagen, System- und Netzwerkbetreiberdienste, Ersatzteile, Material, Wartung der Ausstattung, Ersatzteile, Material, Kostenpauschale für regelmäßige Hausmeisterdienstleistungen im Zusammenhang mit der Bedienung, Inspektion und Wartung.

Instandsetzung

Geringe Instandsetzungskosten:
Instandsetzung von Außentüren und -fenstern insbesondere Ersatz von Glasscheiben, Instandsetzung von Jalousien und Türschießanlagen, Schlosser- und Metallbauarbeiten, Isolier- und Elektroarbeiten, Schreiner- und Glaserarbeiten, Instandsetzung der Deckenbekleidungen insbesondere Ausbesserungen an abgehängten Decken infolge Wasserschäden, Befestigung und Ausrichtung von Lamellen, Brandschutzmaßnahmen, Planung der Baumaßnahme, Überwachung der Ausführung, Umzug, verschiedene Maßnahmen an den Baukonstruktionen, Instandsetzung von Beleuchtungsanlagen und elektrischen Installationen, Reparaturen an Vorschaltgeräten, Steckdosen und Schaltern, Elektroarbeiten, Instandsetzung von Fernmelde- und Notrufanlagen, Elektroarbeiten, Verkabelung.

Planungskennwerte für Flächen und Rauminhalte nach DIN 277

Flächen des Grundstücks		Menge, Einheit	% an FBG
BF	Bebaute Fläche	– m²	–
UBF	Unbebaute Fläche	– m²	–
FBG	Fläche des Baugrundstücks	– m²	–
FAB	Fläche außerhalb des Baugrundstücks	– m²	–

Grundflächen des Bauwerks		Menge, Einheit	% an NF	% an BGF
NF	Nutzfläche	6.731 m²	100,0	52,8
TF	Technische Funktionsfläche	1.423 m²	21,1	11,2
VF	Verkehrsfläche	3.275 m²	48,7	25,7
NGF	Netto-Grundfläche	11.429 m²	169,8	89,7
KGF	Konstruktions-Grundfläche	1.316 m²	19,6	10,3
BGF	Brutto-Grundfläche	12.745 m²	189,4	100,0

Nutzflächen des Bauwerks		Menge, Einheit	% an NF	% an BGF
NF1	Wohnen und Aufenthalt	508 m²	7,5	4,0
NF2	Büroarbeit	335 m²	5,0	2,6
NF3	Produktion, Hand-, Maschinenarbeit, Exp.	80 m²	1,2	0,6
NF4	Lagern, Verteilen und Verkaufen	858 m²	12,7	6,7
NF5	Bildung, Unterricht und Kultur	4.341 m²	64,5	34,1
NF6	Heilen und Pflegen	12 m²	0,2	0,1
NF7	Sonstige Nutzflächen	597 m²	8,9	4,7

Brutto-Rauminhalt des Bauwerks		Menge, Einheit	BRI/NF (m)	BRI/BGF (m)
BRI	Brutto-Rauminhalt	52.874 m³	7,86	4,15

Lufttechnisch behandelte Flächen	Menge, Einheit	% an NF	% an BGF
Entlüftete Fläche	0 m²	0,0	0,0
Be- und entlüftete Fläche	2.384 m²	35,4	18,7
Teilklimatisierte Fläche	0 m²	0,0	0,0
Klimatisierte Fläche	0 m²	0,0	0,0

Kostenkennwerte für die Kostengruppen der 1. Ebene DIN 18960

KG	Kostengruppen (1. Ebene)	Kosten €/a	€/m² NF*a	€/m² BGF*a	€/m³ BRI*a	% an Summe
100	Kapitalkosten	–	–	–	–	–
200	Objektmanagementkosten	97.051	14	8	2	15,2
300	Betriebskosten	322.244	48	25	6	50,4
400	Instandsetzungskosten	219.625	33	17	4	34,4

Verteilung der Nutzungskosten €/m² BGF*a (Allgemeinbildende Schulen)

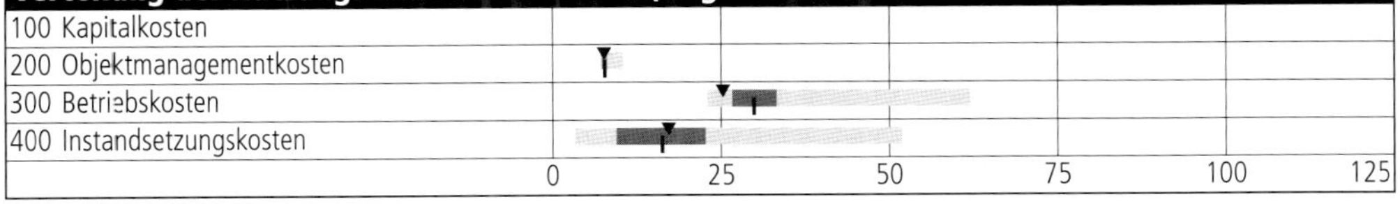

Kostenstand: 1. Quartal 2010, inkl. MwSt.

Kostenkennwerte für die Kostengruppen der 1. Ebene nach DIN 18960

KG	Kostengruppe	Menge Einheit	Kosten €/a	€/Einheit*a	% an Summe
200	**Objektmanagementkosten** **Personalkosten**: Personalkosten des Objektmanagements inkl. arbeitsplatzbezogener Gemeinkosten wie Umlagen für arbeitsmedizinische und -sicherheitstechnische Dienste, Sekretariate, Registraturen und dgl., Energiemanagement. **Sachkosten**: Sachkosten des Objektmanagements wie Raumkosten, Ausstattungskosten, Fernsprechkosten, Büroarbeitsplatz-, Bürobedarfskosten und dgl., Dienstfahrten.	12.744,80 BGF	97.051	**7,62**	15,2
300	**Betriebskosten** **Versorgung**: Wasser • Fernwärme, keine Kernnutzung im untersten Geschoss, Außenwände schwere, einschalige Konstruktion, Standard der Außentüren und -fenster Zweischeibenverglasung, Aluminiumrahmen, Wärmedämmung nach gesetzlichem Standard im Jahre 1975, Wärmeerzeugungsanlagen mit zentraler Wassererwärmung, Heizungssteuerung Wochenprogramm, Raumheizflächen Heizkörper • Strom, 80 EDV-Arbeitsplätze, Zu- und Abluftanlage. **Reinigung und Pflege von Gebäuden**: Regelmäßige Unterhaltsreinigung, Leeren von Abfallbehältern und Entsorgung, 1 Pflegefilmsanierung, 1 Sonderreinigung der Sanitäranlagen, 1 Sonderreinigung von Unterrichtsräumen, Reinigung fremdvergeben, Angaben zu den Bodenbelägen: 2% der NGF Holzbelag, 19% der NGF Kunststoffbelag, 31% der NGF Steinbelag, 48% der NGF Teppichbelag. **Bedienung, Inspektion und Wartung**: Telekommunikation, EDV- und Internetdienste • Reparaturen an Außentüren und -fenstern insbesondere Reparaturen an Beschlägen, Schlosser- und Schreinerarbeiten, allgemeine Wartungsarbeiten, Ersatzteile, Material • Reparaturen an Sanitäranlagen, Inspektion der Heizungsanlage, Wartung von Brandschutzklappen, Reparaturen an lufttechnischen Anlagen, Digestorien und Schaltuhren, Wartung der Schwachstromanlagen, System- und Netzwerkbetreiberdienste, Ersatzteile, Material • Wartung der Ausstattung, Ersatzteile, Material • Kostenpauschale für regelmäßige Hausmeisterdienstleistungen im Zusammenhang mit der Bedienung, Inspektion und Wartung. **Sicherheits- und Überwachungsdienste**: Kostenpauschale für regelmäßige Hausmeisterdienstleistungen im Zusammenhang mit Wach- und Schließdiensten.	12.744,80 BGF	322.244	**25,28**	50,4

KG	Kostengruppe	Menge Einheit	Kosten €/a	€/Einheit*a	% an Summe
400	**Instandsetzungskosten**	12.744,80 BGF	219.625	**17,23**	34,4

Instandsetzung der Baukonstruktionen: Instandsetzung von Außentüren und -fenstern insbesondere Ersatz von Glasscheiben, Instandsetzung von Jalousien und Türschließanlagen, Schlosser- und Metallbauarbeiten, Isolier- und Elektroarbeiten, Schreiner- und Glaserarbeiten • Instandsetzung der Deckenbekleidungen insbesondere Ausbesserungen an abgehängten Decken infolge Wasserschäden, Befestigung und Ausrichtung von Lamellen • Instandsetzung des Flachdachs insbesondere Tragwerksplanung, statische Untersuchung, Erneuerung von Lichtkuppeln, Dachabdichtungsarbeiten • Brandschutzmaßnahmen, Planung der Baumaßnahme, Überwachung der Ausführung, Umzug, verschiedene Maßnahmen an den Baukonstruktionen.

Instandsetzung der Technischen Anlagen: Instandsetzung von Sanitäranlagen insbesondere Instandsetzung von Sanitärapparaten, Sanitärarbeiten • Instandsetzung lufttechnischer Anlagen insbesondere Instandsetzung der Pumpe • Instandsetzung von Beleuchtungsanlagen und elektrischen Installationen, Reparaturen an Vorschaltgeräten, Steckdosen und Schaltern, Elektroarbeiten • Instandsetzung von Fernmelde- und Notrufanlagen, Elektroarbeiten, Verkabelung • verschiedene Maßnahmen an den Technischen Anlagen.

Kostenkennwerte für die Kostengruppen der 2. Ebene nach DIN 18960

KG	Kostengruppe	Menge Einheit	Kosten €/a	€/Einheit*a	% an Summe
200	**Objektmanagementkosten**				
210	**Personalkosten** Personalkosten des Objektmanagements inkl. arbeitsplatzbezogener Gemeinkosten wie Umlagen für arbeitsmedizinische und -sicherheitstechnische Dienste, Sekretariate, Registraturen und dgl., Energiemanagement.	12.744,80 BGF	82.623	**6,48**	85,1
220	**Sachkosten** Sachkosten des Objektmanagements wie Raumkosten, Ausstattungskosten, Fernsprechkosten, Büroarbeitsplatz-, Bürobedarfskosten und dgl., Dienstfahrten.	12.744,80 BGF	14.428	**1,13**	14,9
300	**Betriebskosten**				
310	**Versorgung** Wasser • Fernwärme: keine Kernnutzung im untersten Geschoss, Außenwände schwere, einschalige Konstruktion, Standard der Außentüren und -fenster Zweischeibenverglasung, Aluminiumrahmen, Wärmedämmung nach gesetzlichem Standard im Jahre 1975, Wärmeerzeugungsanlagen mit zentraler Wassererwärmung, Heizungssteuerung Wochenprogramm, Raumheizflächen Heizkörper • Strom: 80 EDV-Arbeitsplätze, Zu- und Abluft anlage. Angaben zur Nutzung: Schulzentrum mit Gymnasium, Realschule, 897 Schüler, Ganztagsschule, 48 h Betriebszeit/Schulwoche, Essensangebot, Catering, 55 Essen/Schultag, 80 EDV-Arbeitsplätze.	12.744,80 BGF	112.178	**8,80**	34,8
320	**Entsorgung** Abwasser • Abfall: verbrauchte Leuchtmittel, Kompostierung.	12.744,80 BGF	3.775	**0,30**	1,2
330	**Reinigung und Pflege von Gebäuden** Unterhaltsreinigung: regelmäßige Unterhaltsreinigung, Leeren von Abfallbehältern und Entsorgung, 1 Pflegefilmsanierung, 1 Sonderreinigung der Sanitäranlagen, 1 Sonderreinigung von Unterrichtsräumen, Reinigung fremdvergeben • Glasreinigung: 1 Reinigung der Außen- und Innenverglasung inkl. Rahmen, fremdvergeben, Angaben zur Außenverglasung: 2.145 m² Glasfläche als Außentüren und -fenster, 2-seitige Reinigung; 145 m² Glasfläche als Dachfenster und Lichtkuppel, 2-seitige Reinigung, Angaben zur Innenverglasung: 535 m² Glasfläche als Innentüren und -fenster, 2-seitige Reinigung; 305 m² Glasfläche als Trennwände und Einbauten, 2-seitige Reinigung • Reinigung Technischer Anlagen: Rohrreinigung • Reinigung und Pflege von Gebäuden, sonstiges: Schädlingsbekämpfung, Kostenpauschale für regelmäßige Hausmeisterdienstleistungen im Zusammenhang mit der Reinigung und Pflege des Gebäudes wie Reinigungskontrollen und dgl.	12.744,80 BGF	108.548	**8,52**	33,7

Boden- und Deckenbelagsfläche

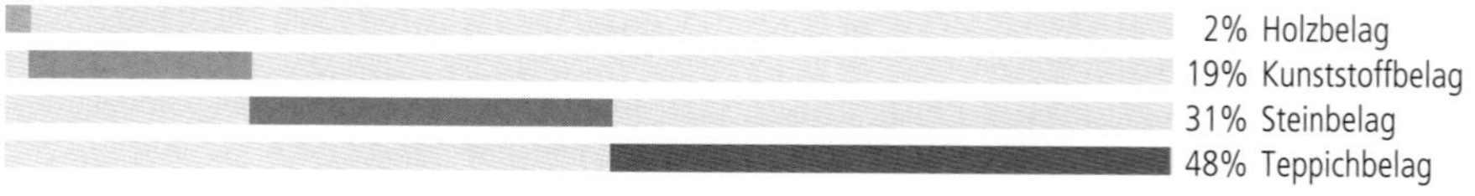

KG	Kostengruppe	Menge Einheit	Kosten €/a	€/Einheit*a	% an Summe
350	**Bedienung, Inspektion und Wartung**	12.744,80 BGF	83.880	**6,58**	26,0
	Bedienung der Technischen Anlagen: Telekommunikation, EDV- und Internetdienste • Inspektion und Wartung der Baukonstruktion: Reparaturen an Außentüren und -fenstern insbesondere Reparaturen an Beschlägen, Schlosser- und Schreinerarbeiten, allgemeine Wartungsarbeiten, Ersatzteile, Material • Inspektion und Wartung der Technischen Anlagen: Reparaturen an Sanitäranlagen, Inspektion der Heizungsanlage, Wartung von Brandschutzklappen, Reparaturen an lufttechnischen Anlagen, Digestorien und Schaltuhren, Wartung der Schwachstromanlagen, System- und Netzwerkbetreiberdienste, Ersatzteile, Material • Inspektion und Wartung von Ausstattung und Kunstwerken: Wartung der Ausstattung, Ersatzteile, Material • Bedienung, Inspektion und Wartung, sonstiges: Kostenpauschale für regelmäßige Hausmeisterdienstleistungen im Zusammenhang mit der Bedienung, Inspektion und Wartung.				
360	**Sicherheits- und Überwachungsdienste**	12.744,80 BGF	13.863	**1,09**	4,3
	Kostenpauschale für regelmäßige Hausmeisterdienstleistungen im Zusammenhang mit Wach- und Schließdiensten.				
400	**Instandsetzungskosten**				
410	**Instandsetzung der Baukonstruktionen**	12.744,80 BGF	155.224	**12,18**	70,7
	Außenwände: Instandsetzung von Außentüren und -fenstern insbesondere Ersatz von Glasscheiben, Instandsetzung von Jalousien und Türschießanlagen, Schlosser- und Metallbauarbeiten, Isolier- und Elektroarbeiten, Schreiner- und Glaserarbeiten • Innenwände: Instandsetzung von Innenwandbekleidungen, Malerarbeiten • Decken: Instandsetzung der Deckenbekleidungen insbesondere Ausbesserungen an abgehängten Decken infolge Wasserschäden, Befestigung und Ausrichtung von Lamellen • Dächer: Instandsetzung des Flachdachs insbesondere Tragwerksplanung, statische Untersuchung, Erneuerung von Lichtkuppeln, Dachabdichtungsarbeiten • Instandsetzungskosten der Baukonstruktionen, sonstiges: Brandschutzmaßnahmen, Planung der Baumaßnahme, Überwachung der Ausführung, Umzug, verschiedene Maßnahmen an den Baukonstruktionen.				
420	**Instandsetzung der Technischen Anlagen**	12.744,80 BGF	64.402	**5,05**	29,3
	Abwasser-, Wasser-, Gasanlagen: Instandsetzung von Sanitäranlagen insbesondere Instandsetzung von Sanitärapparaten, Sanitärarbeiten • Lufttechnische Anlagen: Instandsetzung lufttechnischer Anlagen insbesondere Instandsetzung der Pumpe • Starkstromanlagen: Instandsetzung von Beleuchtungsanlagen und elektrischen Installationen, Reparaturen an Vorschaltgeräten, Steckdosen und Schaltern, Elektroarbeiten • Fernmelde- und informationstechnische Anlagen: Instandsetzung von Fernmelde- und Notrufanlagen, Elektroarbeiten, Verkabelung • Instandsetzung der Technischen Anlagen, sonstiges: verschiedene Maßnahmen an den Technischen Anlagen.				

4200-019
Berufliche Schule
(516 Schüler)

Objektübersicht

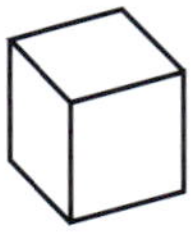

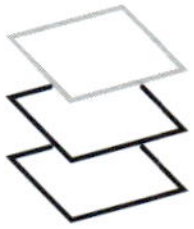

Kennwerte	bis 2. Ebene DIN 18960 inkl. Außenanlagen
Ausbau	Grund- und Mieterausbau
Land	Baden-Württemberg
Kreis	Stuttgart
Baujahr	1968
m^3 BRI	59.960
m^2 BGF	14.360
m^2 NF	8.583

1.367 €/Schüler*a

12 €/m^3 BRI*a

49 €/m^2 BGF*a

82 €/m^2 NF*a

Eigentümer:
Landeshauptstadt Stuttgart
Hauptstätter Str. 79
70178 Stuttgart

Bewirtschafter:
Schulverwaltungsamt
Hauptstätter Str. 79
70178 Stuttgart

Kostenstand: 1. Quartal 2010, inkl. MwSt.

Erläuternde Zeichnungen

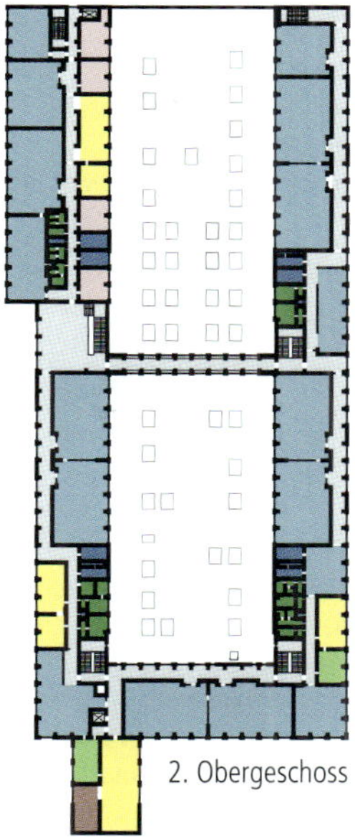

2. Obergeschoss

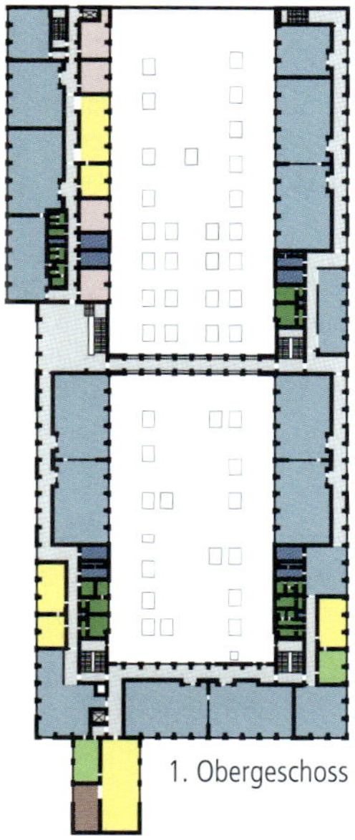

1. Obergeschoss

Erdgeschoss

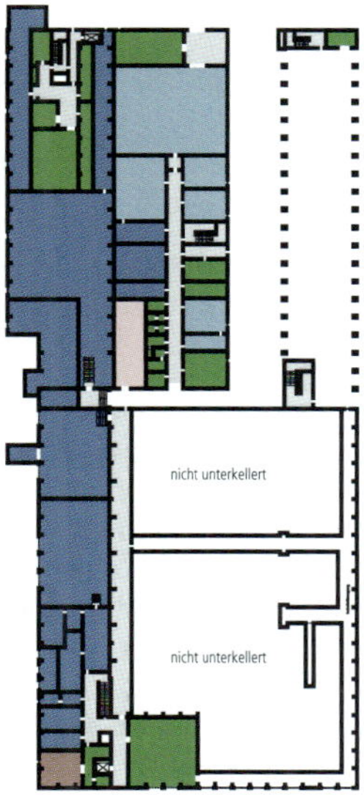

1. Untergeschoss

- NF1 Wohnen und Aufenthalt
- NF2 Büroarbeit
- NF3 Prod., Hand- und Maschinenarb., Experimente
- NF4 Lagern, Verteilen und Verkaufen
- NF5 Bildung, Unterricht und Kultur
- NF6 Heilen und Pflegen
- NF7 Sonstige Nutzflächen
- TF Technische Funktionsfläche
- VF Verkehrsfläche

Objektbeschreibung

Nutzung

1 Untergeschoss
Werkstatt, Tonstudio, Fernseh-Tonstudio, Fotolabor, Regieräume, Putzräume, Sanitärräume, Abstellräume, Serverräume, Haustechnik.

1 Erdgeschoss
Büroraum, Besprechungsraum, Dienstzimmer, Teeküche, Unterrichtsräume, Fachräume, Räume für naturwissenschaftlichen Unterricht, EDV-Computerräume, Labore, Schülerarbeitsräume, Bibliotheksräume, Versammlungsräume, Kiosk, Arztzimmer, Sanitärräume, Abstellräume, Putzräume, Haustechnik.

2 Obergeschosse
Gemeinschaftsräume, Büroräume, Besprechungszimmer, Teeküche, Unterrichtsräume, Fachräume, Schülerarbeitsräume, Sanitärräume, Putzräume, Abstellräume, Serverräume, Haustechnik.

Nutzeinheiten

Schüler: 516
Unterrichtsräume: 12
Naturwissenschaftliche Räume: 4
Fachräume: 49
Sonstige Gemeinschafts- und Unterrichtsräume: 6
Stellplätze: 88

Besonderer Kosteneinfluss

Nutzung
27 m^2 BGF/Schüler, 70 h Betriebszeit/Schulwoche, 660 EDV-Arbeitsplätze, Kernnutzung im untersten Geschoss.

Objekt
18 dezentrale Wassererwärmer, größtenteils wassergespülte Urinale, Außenwände als schwere, mehrschalige Konstruktion, Standard der Außentüren und -fenster Zweischeibenverglasung, Kunststoffrahmen, modernisiert im Jahre 2006, Wärmedämmung der Gründungs- und Dachfläche nach gesetzlichem Standard im Jahre 1968, Wärmedämmung der Außenwandfläche 2006 modernisiert, Wärmeerzeugungsanlagen überwiegend mit zentraler Wassererwärmung, Heizungssteuerung Tagesprogramm, Raumheizflächen Heizkörper, Zu- und Abluftanlage, 70% Auslastung der Lüftungsanlage, Gebäudeleittechnik, 90% der NGF mit BUS-System, Angaben zu den Bodenbelägen: 70% der NGF Kunststoffbelag, 30% der NGF Steinbelag, Angaben zur Außenverglasung: 2.140 m^2 Glasfläche als Außentüren und -fenster, 2-seitige Reinigung, Angaben zur Innenverglasung: 150 m^2 Glasfläche als Innentüren und -fenster, 2-seitige Reinigung; 165 m^2 Glasfläche als Trennwände und Einbauten, 2-seitige Reinigung, Modernisierung 2006, 2 Aufzüge.

Grundstück

Standort: städtisch
Bauraum: Baulücke
Neigung: ebenes Gelände
Standard der Außenanlagen: überwiegend Hartflächen

Betrieb

Geringe Betriebskosten:
Personalkosten des Objektmanagements inkl. arbeitsplatzbezogener Gemeinkosten wie Umlagen für arbeitsmedizinische und -sicherheitstechnische Dienste, Sekretariate, Registraturen und dgl., Wasserverbrauch 82 l/m^2 BGF und Jahr, Wärmeverbrauch 27 kWh/m^2 BGF und Jahr, Gas, Stromverbrauch 56 kWh/m^2 BGF und Jahr, regelmäßige Unterhaltsreinigung, Leeren von Abfallbehältern und Entsorgung, Reinigung fremdvergeben, Reinigung fremdvergeben, Kostenpauschale für regelmäßige Hausmeisterdienstleistungen im Zusammenhang mit Reinigung, Winterdienst und dgl., Streumittel, Ersatz von Splittkisten, Abgaswegeuntersuchung, Reinigung von Wasserleitungen und -abflüssen, Reparaturen an Sanitäranlagen und Kaltwassererzeugern, Austausch von Filtern, Prüfung der Elektroanlagen, System- und Netzwerkbetreiberdienste, Elektroarbeiten, Wartung von Aufzügen, Ersatzteile, Material, Kostenpauschale für regelmäßige Hausmeisterdienstleistungen im Zusammenhang mit der Bedienung, Inspektion und Wartung.

Instandsetzung

Geringe Instandsetzungskosten:
Rohbau- und Fliesenarbeiten, Trockenbau- und Akustikarbeiten, Instandsetzung der Heizungssteuerung und -regelung, Heizungsarbeiten, Verlegen von Rohrleitungen, Planung der Maßnahme, Reproanstalten, Lichtpausereien, Überdachung der Ausführung, Instandsetzung von Sicherheitsbeleuchtungen, Elektroarbeiten an der Rauch- und Wärmeabzugsanlage, Instandsetzung informationstechnischer Anlagen inkl. Interimsmaßnahme, Medienkonverter, Pachtkabel, Installationsarbeiten, Aufbau- und Inventarisierung, Dokumentationssystem, Elektroarbeiten, System- und Netzwerkbetreiberdienste.

Planungskennwerte für Flächen und Rauminhalte nach DIN 277

Flächen des Grundstücks	Menge, Einheit	% an FBG
BF Bebaute Fläche	5.627 m²	52,1
UBF Unbebaute Fläche	5.176 m²	47,9
FBG Fläche des Baugrundstücks	10.803 m²	100,0
FAB Fläche außerhalb des Baugrundstücks	420 m²	2,9

Grundflächen des Bauwerks	Menge, Einheit	% an NF	% an BGF
NF Nutzfläche	8.583 m²	100,0	59,8
TF Technische Funktionsfläche	1.372 m²	16,0	9,6
VF Verkehrsfläche	3.075 m²	35,8	21,4
NGF Netto-Grundfläche	13.030 m²	151,8	90,7
KGF Konstruktions-Grundfläche	1.330 m²	15,5	9,3
BGF Brutto-Grundfläche	14.360 m²	167,3	100,0

Nutzflächen des Bauwerks	Menge, Einheit	% an NF	% an BGF
NF1 Wohnen und Aufenthalt	460 m²	5,4	3,2
NF2 Büroarbeit	518 m²	6,0	3,6
NF3 Produktion, Hand-, Maschinenarbeit, Exp.	66 m²	0,8	0,5
NF4 Lagern, Verteilen und Verkaufen	374 m²	4,4	2,6
NF5 Bildung, Unterricht und Kultur	5.996 m²	69,9	41,8
NF6 Heilen und Pflegen	21 m²	0,2	0,1
NF7 Sonstige Nutzflächen	1.148 m²	13,4	8,0

Brutto-Rauminhalt des Bauwerks	Menge, Einheit	BRI/NF (m)	BRI/BGF (m)
BRI Brutto-Rauminhalt	59.960 m³	6,99	4,18

Lufttechnisch behandelte Flächen	Menge, Einheit	% an NF	% an BGF
Entlüftete Fläche	0 m²	0,0	0,0
Be- und entlüftete Fläche	1.869 m²	21,8	13,0
Teilklimatisierte Fläche	0 m²	0,0	0,0
Klimatisierte Fläche	0 m²	0,0	0,0

Kostenkennwerte für die Kostengruppen der 1. Ebene DIN 18960

KG Kostengruppen (1. Ebene)	Kosten €/a	€/m² NF*a	€/m² BGF*a	€/m³ BRI*a	% an Summe
100 Kapitalkosten	–	–	–	–	–
200 Objektmanagementkosten	108.436	13	8	2	13,3
300 Betriebskosten	436.701	51	30	7	53,7
400 Instandsetzungskosten	268.898	31	19	4	33,0

Verteilung der Nutzungskosten €/m² BGF*a (alle Gebäudearten)

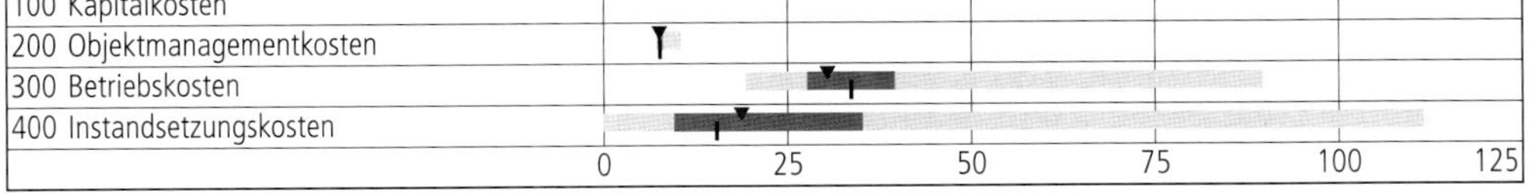

Kostenkennwerte für die Kostengruppen der 1. Ebene nach DIN 18960

KG	Kostengruppe	Menge Einheit	Kosten €/a	€/Einheit*a	% an Summe
200	**Objektmanagementkosten** **Personalkosten**: Personalkosten des Objektmanagements inkl. arbeitsplatzbezogener Gemeinkosten wie Umlagen für arbeitsmedizinische und -sicherheitstechnische Dienste, Sekretariate, Registraturen und dgl. **Sachkosten**: Sachkosten des Objektmanagements wie Raumkosten, Ausstattungskosten, Fernsprechkosten, Büroarbeitsplatz-, Bürobedarfskosten und dgl., Dienstfahrten.	14.360,00 BGF	108.436	**7,55**	13,3
300	**Betriebskosten** **Versorgung**: Wasser • Gas, Kernnutzung im untersten Geschoss, Außenwände als schwere, mehrschalige Konstruktion, Standard der Außentüren und -fenster Zweischeibenverglasung, Kunststoffrahmen, modernisiert im Jahre 2006, Wärmedämmung der Gründungs- und Dachfläche nach gesetzlichem Standard im Jahre 1968, Wärmedämmung der Außenwandfläche 2006 modernisiert, Wärmeerzeugungsanlagen überwiegend mit zentraler Wassererwärmung, Heizungssteuerung Tagesprogramm, Raumheizflächen Heizkörper • Strom, 660 EDV-Arbeitsplätze, Zu- und Abluftanlage, 70% Auslastung der Lüftungsanlage, 2 Aufzüge, Gebäudeleittechnik, 90% der NGF mit BUS-System. **Reinigung und Pflege von Gebäuden**: Regelmäßige Unterhaltsreinigung, Leeren von Abfallbehältern und Entsorgung, Reinigung fremdvergeben, 1,66 €/m² Reinigungsfläche und Jahr, Angaben zu den Bodenbelägen: 70% der NGF Kunststoffbelag, 30% der NGF Steinbelag. **Reinigung und Pflege von Außenanlagen**: Reinigung fremdvergeben, Kostenpauschale für regelmäßige Hausmeisterdienstleistungen im Zusammenhang mit Reinigung, Winterdienst und dgl., Streumittel, Ersatz von Splittkisten. **Bedienung, Inspektion und Wartung**: Telekommunikation, EDV- und Internetdienste • Abgaswegeuntersuchung, Reinigung von Wasserleitungen und -abflüssen, Reparaturen an Sanitäranlagen und Kaltwassererzeugern, Austausch von Filtern, Prüfung der Elektroanlagen, System- und Netzwerkbetreiberdienste, Elektroarbeiten, Wartung von Aufzügen, Ersatzteile, Material • Kostenpauschale für regelmäßige Hausmeisterdienstleistungen im Zusammenhang mit der Bedienung, Inspektion und Wartung. **Sicherheits- und Überwachungsdienste**: Kostenpauschale für regelmäßige Hausmeisterdienstleistungen im Zusammenhang mit Wach- und Schließdiensten. **Abgaben und Beiträge**: Abgaben für Grundstück und Gebäude.	14.360,00 BGF	436.701	**30,41**	53,7
400	**Instandsetzungskosten** **Instandsetzung der Baukonstruktionen**: Instandsetzung der Rollläden • Rohbau- und Fliesenarbeiten • Trockenbau- und Akustikarbeiten • Instandsetzung von Einbauten in Laborräumen. **Instandsetzung der Technischen Anlagen**: Instandsetzung der Wasserregelung • Instandsetzung der Heizungssteuerung und -regelung, Heizungsarbeiten, Verlegen von Rohrleitungen, Planung der Maßnahme, Reproanstalten, Lichtpausereien, Überdachung der Ausführung • Instandsetzung von Sicherheitsbeleuchtungen, Elektroarbeiten an der Rauch- und Wärmeabzugsanlage • Instandsetzung informationstechnischer Anlagen inkl. Interimsmaßnahme, Medienkonverter, Patchkabel, Installationsarbeiten, Aufbau- und Inventarisierung, Dokumentationssystem, Elektroarbeiten, System- und Netzwerkbetreiberdienste.	14.360,00 BGF	268.898	**18,73**	33,0

Kostenkennwerte für die Kostengruppen der 2. Ebene nach DIN 18960

KG	Kostengruppe	Menge Einheit	Kosten €/a	€/Einheit*a	% an Summe
200	**Objektmanagementkosten**				
210	**Personalkosten**	14.360,00 BGF	93.004	**6,48**	85,8
	Personalkosten des Objektmanagements inkl. arbeitsplatzbezogener Gemeinkosten wie Umlagen für arbeitsmedizinische und -sicherheitstechnische Dienste, Sekretariate, Registraturen und dgl.				
220	**Sachkosten**	14.360,00 BGF	15.432	**1,07**	14,2
	Sachkosten des Objektmanagements wie Raumkosten, Ausstattungskosten, Fernsprechkosten, Büroarbeitsplatz-, Bürobedarfskosten und dgl., Dienstfahrten.				
300	**Betriebskosten**				
310	**Versorgung**	14.360,00 BGF	146.395	**10,19**	33,5
	Wasser: 18 dezentrale Wassererwärmer, größtenteils wassergespülte Urinale • Gas: Kernnutzung im untersten Geschoss, Außenwände als schwere, mehrschalige Konstruktion, Standard der Außentüren und -fenster Zweischeibenverglasung, Kunststoffrahmen, modernisiert im Jahre 2006, Wärmedämmung der Gründungs- und Dachfläche nach gesetzlichem Standard im Jahre 1968, Wärmedämmung der Außenwandfläche 2006 modernisiert, Wärmeerzeugungsanlagen überwiegend mit zentraler Wassererwärmung, Heizungssteuerung Tagesprogramm, Raumheizflächen Heizkörper • Strom: 660 EDV-Arbeitsplätze, Zu- und Abluftanlage, 70% Auslastung der Lüftungsanlage, 2 Aufzüge, Gebäudeleittechnik, 90% der NGF mit BUS-System. Angaben zur Nutzung: Berufliche Schule, 516 Schüler, 70 h Betriebszeit/Schulwoche, 660 EDV-Arbeitsplätze.				
320	**Entsorgung**	14.360,00 BGF	1.662	**0,12**	0,4
	Abwasser • Abfall: verbrauchte Leuchtmittel, Kompostierung.				
330	**Reinigung und Pflege von Gebäuden**	14.360,00 BGF	148.742	**10,36**	34,1
	Unterhaltsreinigung: regelmäßige Unterhaltsreinigung, Leeren von Abfallbehältern und Entsorgung, Reinigung fremdvergeben, 1,66 €/m² Reinigungsfläche und Jahr • Glasreinigung: 1 Reinigung der Außen- und Innenverglasung inkl. Rahmen, fremdvergeben, Angaben zur Außenverglasung: 2.140 m² Glasfläche als Außentüren und -fenster, 2-seitige Reinigung, Angaben zur Innenverglasung: 150 m² Glasfläche als Innentüren und -fenster, 2-seitige Reinigung; 165 m² Glasfläche als Trennwände und Einbauten, 2-seitige Reinigung • Reinigung Technischer Anlagen: Rohrreinigung • Reinigung und Pflege von Gebäuden, sonstiges: Schädlingsbekämpfung, Kostenpauschale für regelmäßige Hausmeisterdienstleistungen im Zusammenhang mit der Reinigung und Pflege des Gebäudes wie Reinigungskontrollen und dgl.				

Boden- und Deckenbelagsfläche

KG	Kostengruppe	Menge Einheit	Kosten €/a	€/Einheit*a	% an Summe
340	**Reinigung und Pflege von Außenanlagen** Befestigte Flächen: Reinigung fremdvergeben, Kostenpauschale für regelmäßige Hausmeisterdienstleistungen im Zusammenhang mit Reinigung, Winterdienst und dgl., Streumittel, Ersatz von Splittkisten • Pflanz- und Grünflächen: Grünpflege. 4,16 €/m² unbebaute Fläche des Baugrundstücks und Jahr, Angaben zum Grundstück: unbebaute Fläche des Grundstücks 5.175 m², Standort städtisch, ebenes Gelände.	14.360,00 BGF	21.570	**1,50**	4,9

Unbebaute Fläche des Baugrundstücks

KG	Kostengruppe	Menge Einheit	Kosten €/a	€/Einheit*a	% an Summe
350	**Bedienung, Inspektion und Wartung** Bedienung der Technischen Anlagen: Telekommunikation, EDV- und Internetdienste • Inspektion und Wartung der Baukonstruktion: Reparaturen an Außentüren und -fenstern insbesondere Reparaturen von Jalousien, Schlosser- und Schreinerarbeiten, Wartung der Drehtür • Inspektion und Wartung der Technischen Anlagen: Abgaswegeuntersuchung, Reinigung von Wasserleitungen und -abflüssen, Reparaturen an Sanitäranlagen und Kaltwassererzeugern, Austausch von Filtern, Prüfung der Elektroanlagen, System- und Netzwerkbetreiberdienste, Elektroarbeiten, Wartung von Aufzügen, Ersatzteile, Material • Inspektion und Wartung von Ausstattung und Kunstwerken: Wartung von Reinigungsgeräten • Bedienung, Inspektion und Wartung, sonstiges: Kostenpauschale für regelmäßige Hausmeisterdienstleistungen im Zusammenhang mit der Bedienung, Inspektion und Wartung.	14.360,00 BGF	86.649	**6,03**	19,8
360	**Sicherheits- und Überwachungsdienste** Kostenpauschale für regelmäßige Hausmeisterdienstleistungen im Zusammenhang mit Wach- und Schließdiensten.	14.360,00 BGF	18.420	**1,28**	4,2
370	**Abgaben und Beiträge** Abgaben für Grundstück und Gebäude.	14.360,00 BGF	13.263	**0,92**	3,0
400	**Instandsetzungskosten**				
410	**Instandsetzung der Baukonstruktionen** Außenwände: Instandsetzung der Rollläden • Innenwände: Rohbau- und Fliesenarbeiten • Decken: Trockenbau- und Akustikarbeiten • Baukonstruktive Einbauten: Instandsetzung von Einbauten in Laborräumen.	14.360,00 BGF	42.752	**2,98**	15,9
420	**Instandsetzung der Technischen Anlagen** Abwasser-, Wasser-, Gasanlagen: Instandsetzung der Wasserregelung • Wärmeversorgungsanlagen: Instandsetzung der Heizungssteuerung und -regelung, Heizungsarbeiten, Verlegen von Rohrleitungen, Planung der Maßnahme, Reproanstalten, Lichtpausereien, Überdachung der Ausführung • Starkstromanlagen: Instandsetzung von Sicherheitsbeleuchtungen, Elektroarbeiten an der Rauch- und Wärmeabzugsanlage • Fernmelde- und informationstechnische Anlagen: Instandsetzung informationstechnischer Anlagen inkl. Interimsmaßnahme, Medienkonverter, Patchkabel, Installationsarbeiten, Aufbau- und Inventarisierung, Dokumentationssystem, Elektroarbeiten, System- und Netzwerkbetreiberdienste.	14.360,00 BGF	226.146	**15,75**	84,1

4200-020
Gewerbliche Schule
(1015 Schüler)

Objektübersicht

Kennwerte	bis 2. Ebene DIN 18960 inkl. Außenanlagen
Ausbau	Grund- und Mieterausbau
Land	Baden-Württemberg
Kreis	Stuttgart
Baujahr	1962
m^3 BRI	82.323
m^2 BGF	18.458
m^2 NF	12.232

700 €/Schüler*a

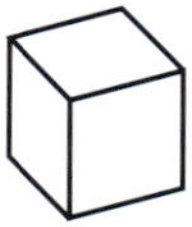

9 €/m^3 BRI*a

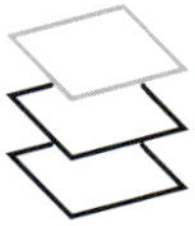

38 €/m^2 BGF*a

58 €/m^2 NF*a

Eigentümer:
Landeshauptstadt Stuttgart
Hauptstätter Str. 79
70178 Stuttgart

Bewirtschafter:
Schulverwaltungsamt
Hauptstätter Str. 79
70178 Stuttgart

Kostenstand: 1. Quartal 2010, inkl. MwSt.

Erläuternde Zeichnungen

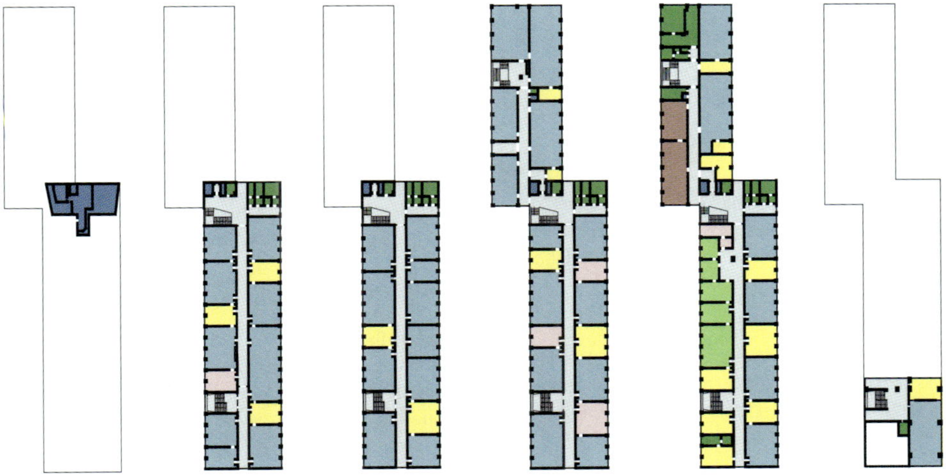

5. Obergeschoss | 4. Obergeschoss | 3. Obergeschoss | 2. Obergeschoss | 1. Obergeschoss | Zwischengeschoss

Erdgeschoss | 1. Untergeschoss | 2. Untergeschoss

- NF1 Wohnen und Aufenthalt
- NF2 Büroarbeit
- NF3 Prod., Hand- und Maschinenarb., Experimente
- NF4 Lagern, Verteilen und Verkaufen
- NF5 Bildung, Unterricht und Kultur
- NF6 Heilen und Pflegen
- NF7 Sonstige Nutzflächen
- TF Technische Funktionsfläche
- VF Verkehrsfläche

Objektbeschreibung

Nutzung

2 Untergeschosse
Teeküche, Werkstatt, Waschräume, Lager, Unterrichtsräume, Fotolabor, Trainingsraum, Umkleideräume, Sanitärräume, Putzräume, Abstellräume, Haustechnik.

1 Erdgeschoss
Lehrerzimmer, Aufenthaltsräume, Werkstätten, Fräserei, Schweißerei, Schmiede, Unterrichtsräume, EDV-Computerraum, Aula, Tiefgarage, Sanitärräume, Abstellräume, Putzräume.

5 Obergeschosse
Lehrerzimmer, Büroräume, Werkstätten, Unterrichtsräume, Räume für naturwissenschaftlichen Unterricht, Konferenzraum, Sanitärräume, Umkleideräume, Putzräume, Abstellräume, Haustechnik.

Nutzeinheiten

Schüler: 1.015
Unterrichtsräume: 16
Naturwissenschaftliche Räume: 6
Werkräume: 19
Fachräume: 16
Sonstige Gemeinschafts- und Unterrichtsräume: 3
Parkplätze: 42

Besonderer Kosteneinfluss

Nutzung
18 m² BGF/Schüler, 70 h Betriebszeit/Schulwoche, 210 EDV-Arbeitsplätze, keine Kernnutzung im untersten Geschoss.

Objekt
Außenwände der Nord-, Ost- und Westfassade als schwere, einschalige Konstruktion, Außenwände der Südfassade zu 85% als schwere, einschalige Konstruktion, zu 15% als Pfosten-Riegel-Konstruktion, Standard der Außentüren und -fenster 20% Einscheibenverglasung, Aluminiumrahmen, 80% Zweischeibenverglasung, Holzrahmen, Wärmedämmung nach gesetzlichem Standard im Jahre 1962, Wärmeerzeugungsanlagen mit zentraler Wassererwärmung, Heizungssteuerung Jahresprogramm, Raumheizflächen Heizkörper, Zu- und Abluftanlage, Teilklimaanlage, 10% der NGF mit Raumautomationssystem, elektrisch gesteuerter Sonnenschutz, Angaben zu den Bodenbelägen: 23% der NGF Holzbelag, 30% der NGF Kunststoffbelag, 37% der NGF Steinbelag, 1% der NGF Teppichbelag, 9% der NGF ohne Belag, Glasfläche als Außentüren und -fenster, Kastenfenster, 4-seitige Reinigung; 1.275 m² Glasfläche als Außentüren und -fenster, 2-seitige Reinigung; 275 m² Glasfläche als Sheddach, 2-seitige Reinigung; 560 m² Glasfläche als Trennwände und Einbauten, 2-seitige Reinigung, 2 Aufzüge.

Grundstück

Standort: städtisch
Bauraum: Baulücke
Neigung: geneigtes Gelände
Standard der Außenanlagen: überwiegend Hartflächen

Betrieb

Geringe Betriebskosten:
Personalkosten des Objektmanagements inkl. arbeitsplatzbezogener Gemeinkosten wie Umlagen für arbeitsmedizinische und -sicherheitstechnische Dienste, Sekretariate, Registraturen und dgl., Allgemeine Sachkostenpauschale für Raumkosten, Fernsprechkosten, Einrichtungs- und Ausstattungskosten, Büroarbeitsplatz- und Bürobedarfskosten, Wasserverbrauch 113 l/m² BGF und Jahr, Gas, Fernwärme, Stromverbrauch 19 kWh/m² BGF und Jahr, regelmäßige Unterhaltsreinigung, Leeren von Abfallbehältern und Entsorgung, 1 Pflegefilmsanierung, 1 Sonderreinigung des Eingangsbereichs, Reinigung fremdvergeben, Reparaturen an Sanitäranlagen, Wartung von Batterieanlagen und lufttechnischen Anlagen, Wartung der Rauch- und Wärmeabzugsanlage, Austausch von Filtern, Wartung der Schwachstromanlage, System- und Netzwerkbetreiberdienste, Reparaturen an Netzteilen, Wartung des Aufzugs, Wartung von Staub- und Wassersaugern, Krananlagen, Presscontainern, Kompensatoren und Digestorien, Ersatzteile, Material, Kostenpauschale für regelmäßige Hausmeisterdienstleistungen im Zusammenhang mit der Bedienung, Inspektion und Wartung.

Instandsetzung

Geringe Instandsetzungskosten:
Instandsetzung von Außenwänden, Betonarbeiten, Instandsetzung von Außentüren und -fenstern, Schlosser- und Schreinerarbeiten, Instandsetzung von Innentüren und -fenstern, Brüstungselementen, Deckenbelägen und -bekleidungen, Instandsetzung von Wasserleitungen infolge eines Wasserrohrbruchs, Beseitigung von Wasserschäden, Abbrucharbeiten, Planung der Baumaßnahme, Überwachung der Ausführung, Instandsetzung von Sanitäranlagen, Beleuchtungs- und Elektroanlagen, Instandsetzung des Leitungsnetzes, Verlegen von Steckdosen und Schaltern, Elektroarbeiten.

Planungskennwerte für Flächen und Rauminhalte nach DIN 277

Flächen des Grundstücks		Menge, Einheit	% an FBG
BF	Bebaute Fläche	4.796 m²	62,6
UBF	Unbebaute Fläche	2.870 m²	37,4
FBG	Fläche des Baugrundstücks	7.666 m²	100,0
FAB	Fläche außerhalb des Baugrundstücks	1.935 m²	10,5

Grundflächen des Bauwerks		Menge, Einheit	% an NF	% an BGF
NF	Nutzfläche	12.232 m²	100,0	66,3
TF	Technische Funktionsfläche	1.321 m²	10,8	7,2
VF	Verkehrsfläche	3.142 m²	25,7	17,0
NGF	Netto-Grundfläche	16.695 m²	136,5	90,5
KGF	Konstruktions-Grundfläche	1.763 m²	14,4	9,5
BGF	Brutto-Grundfläche	18.458 m²	150,9	100,0

Nutzflächen des Bauwerks		Menge, Einheit	% an NF	% an BGF
NF1	Wohnen und Aufenthalt	1.087 m²	8,9	5,9
NF2	Büroarbeit	310 m²	2,5	1,7
NF3	Produktion, Hand-, Maschinenarbeit, Exp.	2.508 m²	20,5	13,6
NF4	Lagern, Verteilen und Verkaufen	1.852 m²	15,1	10,0
NF5	Bildung, Unterricht und Kultur	3.468 m²	28,4	18,8
NF6	Heilen und Pflegen	13 m²	0,1	0,1
NF7	Sonstige Nutzflächen	2.993 m²	24,5	16,2

Brutto-Rauminhalt des Bauwerks		Menge, Einheit	BRI/NF (m)	BRI/BGF (m)
BRI	Brutto-Rauminhalt	82.323 m³	6,73	4,46

Lufttechnisch behandelte Flächen	Menge, Einheit	% an NF	% an BGF
Entlüftete Fläche	0 m²	0,0	0,0
Be- und entlüftete Fläche	2.382 m²	19,5	12,9
Teilklimatisierte Fläche	70 m²	0,6	0,4
Klimatisierte Fläche	0 m²	0,0	0,0

Kostenkennwerte für die Kostengruppen der 1. Ebene DIN 18960

KG	Kostengruppen (1. Ebene)	Kosten €/a	€/m² NF*a	€/m² BGF*a	€/m³ BRI*a	% an Summe
100	Kapitalkosten	–	–	–	–	–
200	Objektmanagementkosten	150.945	12	8	2	17,5
300	Betriebskosten	486.151	40	26	6	56,4
400	Instandsetzungskosten	224.409	18	12	3	26,1

Verteilung der Nutzungskosten €/m² BGF*a (alle Gebäudearten)

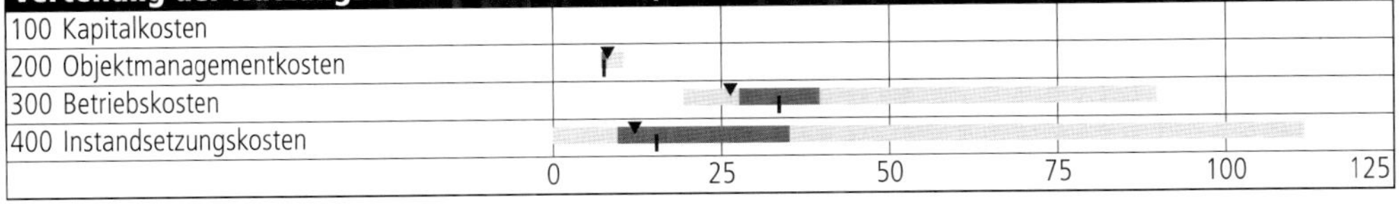

Kostenkennwerte für die Kostengruppen der 1. Ebene nach DIN 18960

KG	Kostengruppe	Menge Einheit	Kosten €/a	€/Einheit*a	% an Summe
200	**Objektmanagementkosten**	18.458,14 BGF	150.945	**8,18**	17,5
	Personalkosten: Personalkosten des Objektmanagements inkl. arbeitsplatzbezogener Gemeinkosten wie Umlagen für arbeitsmedizinische und -sicherheitstechnische Dienste, Sekretariate, Registraturen und dgl. **Sachkosten**: Allgemeine Sachkostenpauschale für Raumkosten, Fernsprechkosten, Einrichtungs- und Ausstattungskosten, Büroarbeitsplatz- und Bürobedarfskosten. **Fremdleistungen**: Voruntersuchungen und Planungsleistungen für eine Baumaßnahme.				
300	**Betriebskosten**	18.458,14 BGF	486.151	**26,34**	56,4
	Versorgung: Wasser • Gas, Fernwärme, keine Kernnutzung im untersten Geschoss, Außenwände der Nord-, Ost- und Westfassade als schwere, einschalige Konstruktion, Außenwände der Südfassade zu 85% als schwere, einschalige Konstruktion, zu 15% als Pfosten-Riegel-Konstruktion, Standard der Außentüren und -fenster 20% Einscheibenverglasung, Aluminiumrahmen, 80% Zweischeibenverglasung, Holzrahmen, Wärmedämmung nach gesetzlichem Standard im Jahre 1962, Wärmeerzeugungsanlagen mit zentraler Wassererwärmung, Heizungssteuerung Jahresprogramm, Raumheizflächen Heizkörper • Strom, 210 EDV-Arbeitsplätze, Zu- und Abluftanlage, Teilklimaanlage, 2 Aufzüge, 10% der NGF mit Raumautomationssystem, elektrisch gesteuerter Sonnenschutz. **Reinigung und Pflege von Gebäuden**: Regelmäßige Unterhaltsreinigung, Leeren von Abfallbehältern und Entsorgung, 1 Pflegefilmsanierung, 1 Sonderreinigung des Eingangsbereichs, Reinigung fremdvergeben, 0,54 €/m² Reinigungsfläche und Jahr, Angaben zu den Bodenbelägen: 23% der NGF Holzbelag, 30% der NGF Kunststoffbelag, 37% der NGF Steinbelag, 1% der NGF Teppichbelag, 9% der NGF ohne Belag. **Bedienung, Inspektion und Wartung**: Telekommunikation, EDV- und Internetdienste • Reparaturen an Sanitäranlagen, Wartung von Batterieanlagen und lufttechnischen Anlagen, Wartung der Rauch- und Wärmeabzugsanlage, Austausch von Filtern, Wartung der Schwachstromanlage, System- und Netzwerkbetreiberdienste, Reparaturen an Netzteilen, Wartung des Aufzugs, Wartung von Staub- und Wassersaugern, Krananlagen, Presscontainern, Kompensatoren und Digestorien, Ersatzteile, Material • Wartung der Ausstattung, Wartung von Reinigungsgeräten • Kostenpauschale für regelmäßige Hausmeisterdienstleistungen im Zusammenhang mit der Bedienung, Inspektion und Wartung. **Sicherheits- und Überwachungsdienste**: Kostenpauschale für regelmäßige Hausmeisterdienstleistungen im Zusammenhang mit Wach- und Schließdiensten. **Abgaben und Beiträge**: Abgaben für Grundstück und Gebäude.				

KG	Kostengruppe	Menge Einheit	Kosten €/a	€/Einheit*a	% an Summe
400	**Instandsetzungskosten**	18.458,14 BGF	224.409	**12,16**	26,1

Instandsetzung der Baukonstruktionen: Instandsetzung von Außenwänden, Betonarbeiten, Instandsetzung von Außentüren und -fenstern insbesondere Instandsetzung von Schließanlagen, Glaserarbeiten, Instandsetzung des Sonnenschutzes, Elektroarbeiten, Schlosser- und Schreinerarbeiten • Instandsetzung von Innentüren und -fenstern insbesondere Glaserarbeiten, Instandsetzung von Brüstungselementen insbesondere Schlosser- und Schreinerarbeiten, Glaserarbeiten, Platten- und Fliesenarbeiten, Verputz- und Malerarbeiten • Instandsetzung von Deckenbelägen und -bekleidungen insbesondere Ausbesserungen an Holzbelägen, Parkettarbeiten, Stuckateurarbeiten, Erneuerung der Akustikdecke, Schlosserarbeiten, Verputzarbeiten an abgehängten Decken • verschiedene Maßnahmen an den Baukonstruktionen.

Instandsetzung der Technischen Anlagen: Instandsetzung von Wasserleitungen infolge eines Wasserrohrbruchs, Beseitigung von Wasserschäden insbesondere Kernbohrungen, Abbrucharbeiten, Instandsetzung von Wasserleitungen, Ersatz von Gussrohren und Tauchpumpe, Isolierarbeiten, Beseitigung von Bauschutt, Montage und Demontage der Baubeleuchtung, Planung der Baumaßnahme, Reproanstalten, Lichtpausereien, Überwachung der Ausführung, Instandsetzung von Sanitäranlagen insbesondere Reparaturen an Sanitärapparaten, Armaturen, Abläufen, Ersatz eines Ausgussbeckens, Instandsetzung von Kücheninstallationen insbesondere Reparaturen an Gasleitungen • Instandsetzung der Heizungssteuerung und -regelung, Abdrücken von Gasleitungen, Reparaturen an Kompressoren und Pumpen, Heizungsarbeiten • Instandsetzung lufttechnischer Anlagen, Lüftungsarbeiten • Instandsetzung von Beleuchtungsanlagen, Instandsetzung von Elektroanlagen, Reparaturen an Vorschaltgeräten und Sprechanlagen, Instandsetzung des Leitungsnetzes, Verlegen von Steckdosen und Schaltern, Elektroarbeiten.

Instandsetzung der Ausstattung: Beschaffung und Austausch von Möbeln und Geräten.

Kostenkennwerte für die Kostengruppen der 2. Ebene nach DIN 18960

KG	Kostengruppe	Menge Einheit	Kosten €/a	€/Einheit*a	% an Summe
200	**Objektmanagementkosten**				
210	**Personalkosten**	18.458,14 BGF	119.372	**6,47**	79,1
	Personalkosten des Objektmanagements inkl. arbeitsplatzbezogener Gemeinkosten wie Umlagen für arbeitsmedizinische und -sicherheitstechnische Dienste, Sekretariate, Registraturen und dgl.				
220	**Sachkosten**	18.458,14 BGF	19.517	**1,06**	12,9
	Allgemeine Sachkostenpauschale für Raumkosten, Fernsprechkosten, Einrichtungs- und Ausstattungskosten, Büroarbeitsplatz- und Bürobedarfskosten.				
230	**Fremdleistungen**	18.458,14 BGF	12.056	**0,65**	8,0
	Voruntersuchungen und Planungsleistungen für eine Baumaßnahme.				
300	**Betriebskosten**				
310	**Versorgung**	18.458,14 BGF	169.739	**9,20**	34,9
	Wasser: wassergespülte Urinale • Gas, Fernwärme: keine Kernnutzung im untersten Geschoss, Außenwände der Nord-, Ost- und Westfassade als schwere, einschalige Konstruktion, Außenwände der Südfassade zu 85% als schwere, einschalige Konstruktion, zu 15% als Pfosten-Riegel-Konstruktion, Standard der Außentüren und -fenster 20% Einscheiben-verglasung, Aluminiumrahmen, 80% Zweischeibenverglasung, Holzrahmen, Wärmedämmung nach gesetzlichem Standard im Jahre 1962, Wärmeerzeugungsanlagen mit zentraler Wassererwärmung, Heizungssteuerung Jahresprogramm, Raumheizflächen Heizkörper • Strom: 210 EDV-Arbeitsplätze, Zu- und Abluftanlage, Teilklimaanlage, 2 Aufzüge, 10% der NGF mit Raumautomationssystem, elektrisch gesteuerter Sonnenschutz. Angaben zur Nutzung: Gewerbliche Schule, 1015 Schüler, 70 h Betriebszeit/Schulwoche, 210 EDV-Arbeitsplätze.				
320	**Entsorgung**	18.458,14 BGF	3.231	**0,18**	0,7
	Abwasser • Abfall: verbrauchte Leuchtmittel, Kompostierung.				

KG	Kostengruppe	Menge Einheit	Kosten €/a	€/Einheit*a	% an Summe
330	**Reinigung und Pflege von Gebäuden**	18.458,14 BGF	131.164	**7,11**	27,0

Unterhaltsreinigung: regelmäßige Unterhaltsreinigung, Leeren von Abfallbehältern und Entsorgung, 1 Pflegefilmsanierung, 1 Sonderreinigung des Eingangsbereichs, Reinigung fremdvergeben, 0,54 €/m² Reinigungsfläche und Jahr • Glasreinigung: 1 Reinigung der Außen- und Innenverglasung inkl. Rahmen, fremdvergeben, Angaben zur Außenverglasung: 1.565 m² Glasfläche als Außentüren und -fenster, Kastenfenster, 4-seitige Reinigung; 1.275 m² Glasfläche als Außentüren und -fenster, 2-seitige Reinigung; 275 m² Glasfläche als Sheddach, 2-seitige Reinigung, Angaben zur Innenverglasung: 70 m² Glasfläche als Innentüren und -fenster, 2-seitige Reinigung; 560 m² Glasfläche als Trennwände und Einbauten, 2-seitige Reinigung • Reinigung Technischer Anlagen: Rohrreinigung • Reinigung und Pflege von Gebäuden, sonstiges: Schädlingsbekämpfung, Kostenpauschale für regelmäßige Hausmeisterdienstleistungen im Zusammenhang mit der Reinigung und Pflege des Gebäudes wie Reinigungskontrollen und dgl.

Boden- und Deckenbelagsfläche

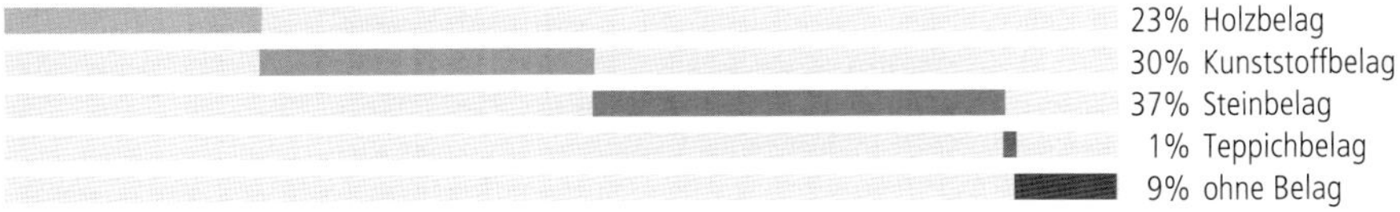

KG	Kostengruppe	Menge Einheit	Kosten €/a	€/Einheit*a	% an Summe
340	**Reinigung und Pflege von Außenanlagen**	18.458,14 BGF	8.962	**0,49**	1,8

Befestigte Flächen: Reinigung fremdvergeben, Kostenpauschale für regelmäßige Hausmeisterdienstleistungen im Zusammenhang mit Reinigung, Winterdienst und dgl., Verbrauchsmittel, Streumittel • Pflanz- und Grünflächen: Grünpflege, Baumpflege. 3,12 €/m² unbebaute Fläche des Baugrundstücks und Jahr, Angaben zum Grundstück: unbebaute Fläche des Grundstücks 2.870 m², Standort städtisch, geneigtes Gelände.

Unbebaute Fläche des Baugrundstücks

KG	Kostengruppe	Menge Einheit	Kosten €/a	€/Einheit*a	% an Summe
350	**Bedienung, Inspektion und Wartung**	18.458,14 BGF	139.377	**7,55**	28,7

Bedienung der Technischen Anlagen: Telekommunikation, EDV- und Internetdienste • Inspektion und Wartung der Baukonstruktion: Schlosser- und Schreinerarbeiten, Ersatzteile, Material • Inspektion und Wartung der Technischen Anlagen: Reparaturen an Sanitäranlagen, Wartung von Batterieanlagen und lufttechnischen Anlagen, Wartung der Rauch- und Wärmeabzugsanlage, Austausch von Filtern, Wartung der Schwachstromanlage, System- und Netzwerkbetreiberdienste, Reparaturen an Netzteilen, Wartung des Aufzugs, Wartung von Staub- und Wassersaugern, Krananlagen, Presscontainern, Kompensatoren und Digestorien, Ersatzteile, Material • Inspektion und Wartung von Ausstattung und Kunstwerken: Wartung der Ausstattung, Wartung von Reinigungsgeräten • Bedienung, Inspektion und Wartung, sonstiges: Kostenpauschale für regelmäßige Hausmeisterdienstleistungen im Zusammenhang mit der Bedienung, Inspektion und Wartung.

KG	Kostengruppe	Menge Einheit	Kosten €/a	€/Einheit*a	% an Summe
360	**Sicherheits- und Überwachungsdienste**	18.458,14 BGF	18.420	**1,00**	3,8

Kostenpauschale für regelmäßige Hausmeisterdienstleistungen im Zusammenhang mit Wach- und Schließdiensten.

KG	Kostengruppe	Menge Einheit	Kosten €/a	€/Einheit*a	% an Summe
370	**Abgaben und Beiträge** Abgaben für Grundstück und Gebäude.	18.458,14 BGF	10.821	**0,59**	2,2
390	**Betriebskosten, sonstiges** Ersatzteile, Material.	18.458,14 BGF	4.438	**0,24**	0,9
400	**Instandsetzungskosten**				
410	**Instandsetzung der Baukonstruktionen** Außenwände: Instandsetzung von Außenwänden, Betonarbeiten, Instandsetzung von Außentüren und -fenstern insbesondere Instandsetzung von Schließanlagen, Glaserarbeiten, Instandsetzung des Sonnenschutzes, Elektroarbeiten, Schlosser- und Schreinerarbeiten • Innenwände: Instandsetzung von Innentüren und -fenstern insbesondere Glaserarbeiten, Instandsetzung von Brüstungselementen insbesondere Schlosser- und Schreinerarbeiten, Glaserarbeiten, Platten- und Fliesenarbeiten, Verputz- und Malerarbeiten • Decken: Instandsetzung von Deckenbelägen und -bekleidungen insbesondere Ausbesserungen an Holzbelägen, Parkettarbeiten, Stuckateurarbeiten, Erneuerung der Akustikdecke, Schlosserarbeiten, Verputzarbeiten an abgehängten Decken • Dächer: Instandsetzung von Dachbelägen insbesondere Dachdeckungsarbeiten, Ausbesserungen von Dachabdichtungen, Glaserarbeiten an Oberlichtern • Baukonstruktive Einbauten: Austausch von Glasscheiben, Glaser- und Schreinerarbeiten, Demontage von Schränken, Schlosser- und Metallbauarbeiten • Instandsetzungskosten der Baukonstruktionen, sonstiges: verschiedene Maßnahmen an den Baukonstruktionen.	18.458,14 BGF	93.272	**5,05**	41,6
420	**Instandsetzung der Technischen Anlagen** Abwasser-, Wasser-, Gasanlagen: Instandsetzung von Wasserleitungen infolge eines Wasserrohrbruchs, Beseitigung von Wasserschäden insbesondere Kernbohrungen, Abbrucharbeiten, Instandsetzung von Wasserleitungen, Ersatz von Gussrohren und Tauchpumpe, Isolierarbeiten, Beseitigung von Bauschutt, Montage und Demontage der Baubeleuchtung, Planung der Baumaßnahme, Reproanstalten, Lichtpausereien, Überwachung der Ausführung, Instandsetzung von Sanitäranlagen insbesondere Reparaturen an Sanitärapparaten, Armaturen, Abläufen, Ersatz eines Ausgussbeckens, Instandsetzung von Kücheninstallationen insbesondere Reparaturen an Gasleitungen • Wärmeversorgungsanlagen: Instandsetzung der Heizungssteuerung und -regelung, Abdrücken von Gasleitungen, Reparaturen an Kompressoren und Pumpen, Heizungsarbeiten • Lufttechnische Anlagen: Instandsetzung lufttechnischer Anlagen, Lüftungsarbeiten • Starkstromanlagen: Instandsetzung von Beleuchtungsanlagen, Instandsetzung von Elektroanlagen, Reparaturen an Vorschaltgeräten und Sprechanlagen, Instandsetzung des Leitungsnetzes, Verlegen von Steckdosen und Schaltern, Elektroarbeiten • Förderanlagen: Instandsetzung eines Aufzugs • Instandsetzung der Technischen Anlagen, sonstiges: verschiedene Maßnahmen an den Technischen Anlagen.	18.458,14 BGF	120.400	**6,52**	53,7
430	**Instandsetzung der Außenanlagen** Instandsetzung von Abwasserleitungen in Außenanlagen, Dichtungsarbeiten.	18.458,14 BGF	2.233	**0,12**	1,0
440	**Instandsetzung der Ausstattung** Beschaffung und Austausch von Möbeln und Geräten.	18.458,14 BGF	8.505	**0,46**	3,8

4300-012
Förderschule
(85 Schüler)

Objektübersicht

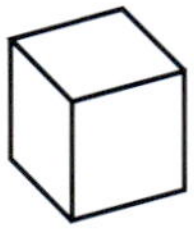	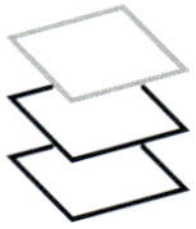	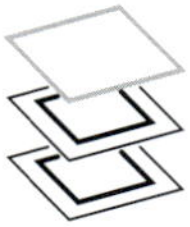
18 €/m³ BRI*a	74 €/m² BGF*a	147 €/m² NF*a

Kennwerte	bis 2. Ebene DIN 18960 inkl. Außenanlagen
Ausbau	Grund- und Mieterausbau
Land	Baden-Württemberg
Kreis	Stuttgart
Baujahr	1975
m³ BRI	13.807
m² BGF	3.327
m² NF	1.685

2.915 €/Schüler*a

Eigentümer:
Landeshauptstadt Stuttgart
Hauptstätter Str. 79
70178 Stuttgart

Bewirtschafter:
Schulverwaltungsamt
Hauptstätter Str. 79
70178 Stuttgart

Kostenstand: 1. Quartal 2010, inkl. MwSt.

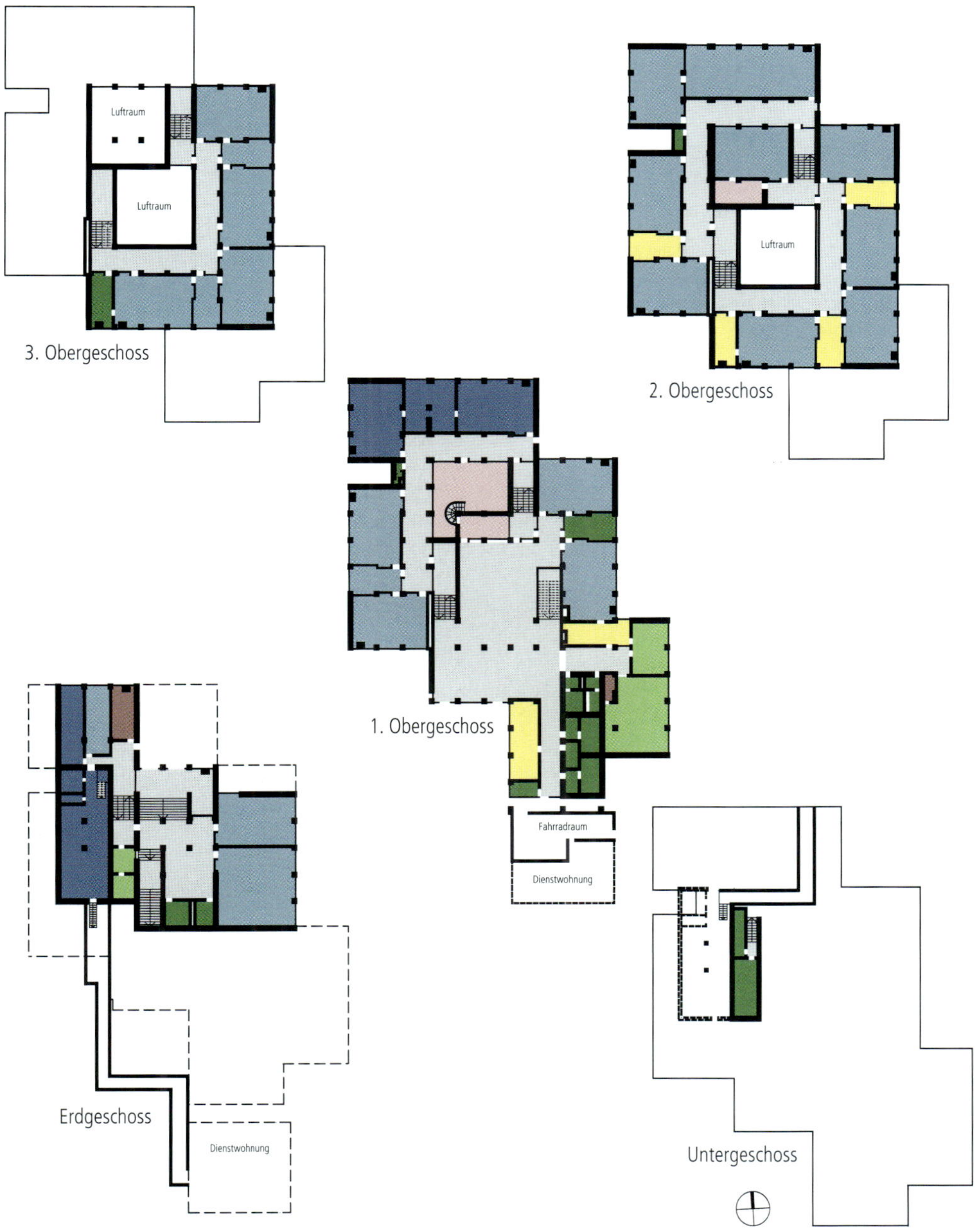

NF1 Wohnen und Aufenthalt
NF2 Büroarbeit
NF3 Prod., Hand- und Maschinenarb., Experimente
NF4 Lagern, Verteilen und Verkaufen
NF5 Bildung, Unterricht und Kultur
NF6 Heilen und Pflegen
NF7 Sonstige Nutzflächen
TF Technische Funktionsfläche
VF Verkehrsfläche

Objektbeschreibung

Nutzung

1 Untergeschoss
Abstellräume, Haustechnik.

1 Erdgeschoss
Dienstzimmer, Unterrichtsräume, Fachräume, Sanitärräume, Werkstatt, Haustechnik.

3 Obergeschosse
Gemeinschaftsräume, Cafeteria, Büroräume, Unterrichtsräume, Fachräume, Räume für naturwissenschaftlichen Unterricht, EDV-Computerräume, Sanitärräume, Putzräume, Abstellräume, Haustechnik.

Nutzeinheiten

Schüler: 85
Unterrichtsräume: 14
Naturwissenschaftliche Räume: 1
Werkräume: 1
Fachräume: 1
Sonstige Gemeinschafts- und Unterrichtsräume: 3

Besonderer Kosteneinfluss

Nutzung
Ganztagsschule, 39 m² BGF/Schüler, 53 h Betriebszeit/Schulwoche, Essensangebot, Küchenbetrieb, 40 Essen/Schultag, keine Kernnutzung im untersten Geschoss.

Objekt
Außenwände als schwere, einschalige Konstruktion, Standard der Außentüren und -fenster Zweischeibenverglasung, Aluminiumrahmen, Wärmedämmung nach gesetzlichem Standard im Jahre 1975, Wärmeerzeugungsanlagen mit zentraler Wassererwärmung, Heizungssteuerung Jahresprogramm, 4 Heizungsgruppen, Raumheizflächen Heizkörper, Zu- und Abluftanlage, 40% Auslastung der Lüftungsanlage, Angaben zu den Bodenbelägen: 5% der NGF Holzbelag, 10% der NGF Kunststoffbelag, 34% der NGF Steinbelag, 51% der NGF Teppichbelag, Angaben zur Außenverglasung: 275 m² Glasfläche als Außentüren und -fenster, Kastenfenster, 4-seitige Reinigung; 245 m² Glasfläche als Außentüren und -fenster, 2-seitige Reinigung; 15 m² Glasfläche als Dachfenster, 2-seitige Reinigung, Angaben zur Innenverglasung: 275 m² Glasfläche als Innentüren und -fenster, 2-seitige Reinigung; 30 m² Glasfläche als Trennwände und Einbauten, 2-seitige Reinigung.

Grundstück

Standort: innerstädtisch
Bauraum: beengt
Neigung: geneigtes Gelände
Standard der Außenanlagen: ausreichend Grünflächen

Betrieb

Geringe Betriebskosten:
Personalkosten des Objektmanagements inkl. arbeitsplatzbezogener Gemeinkosten wie Umlagen für arbeitsmedizinische und -sicherheitstechnische Dienste, Sekretariate, Registraturen und dgl., Energiemanagement, Fernwärme, regelmäßige Unterhaltsreinigung, Leeren von Abfallbehältern und Entsorgung, 1 Pflegefilmsanierung, Reinigung fremdvergeben, Reinigung fremdvergeben, Kostenpauschale für regelmäßige Hausmeisterdienstleistungen im Zusammenhang mit Reinigung, Winterdienst und dgl., Streumittel, Kostenpauschale für regelmäßige Hausmeisterdienstleistungen im Zusammenhang mit der Bedienung, Inspektion und Wartung, Kostenpauschale für regelmäßige Hausmeisterdienstleistungen im Zusammenhang mit Wach- und Schließdiensten, Abgaben für Grundstück und Gebäude.

Instandsetzung

Durchschnittliche Instandsetzungskosten:
Instandsetzung von Außenwänden, Planung der Baumaßnahme, Überwachung der Ausführung, Instandsetzung von Außentüren und -fenstern, Statische Untersuchung der Deckenkonstruktion, Verschließen von Deckendurchbrüchen, Erneuern von Bodenbelägen, Instandsetzung der Wärmeerzeugungsanlage, Instandsetzung der Pumpe, Instandsetzung des Ballfangzauns, Beschaffung und Austausch von Möbeln und Geräten.

Planungskennwerte für Flächen und Rauminhalte nach DIN 277

Flächen des Grundstücks	Menge, Einheit	% an FBG
BF Bebaute Fläche	3.268 m²	44,5
UBF Unbebaute Fläche	4.078 m²	55,5
FBG Fläche des Baugrundstücks	7.346 m²	100,0
FAB Fläche außerhalb des Baugrundstücks	700 m²	21,0

Grundflächen des Bauwerks	Menge, Einheit	% an NF	% an BGF
NF Nutzfläche	1.685 m²	100,0	50,6
TF Technische Funktionsfläche	360 m²	21,3	10,8
VF Verkehrsfläche	929 m²	55,1	27,9
NGF Netto-Grundfläche	2.973 m²	176,5	89,4
KGF Konstruktions-Grundfläche	354 m²	21,0	10,6
BGF Brutto-Grundfläche	3.327 m²	197,5	100,0

Nutzflächen des Bauwerks	Menge, Einheit	% an NF	% an BGF
NF1 Wohnen und Aufenthalt	120 m²	7,2	3,6
NF2 Büroarbeit	139 m²	8,3	4,2
NF3 Produktion, Hand-, Maschinenarbeit, Exp.	20 m²	1,2	0,6
NF4 Lagern, Verteilen und Verkaufen	91 m²	5,4	2,7
NF5 Bildung, Unterricht und Kultur	1.130 m²	67,1	34,0
NF6 Heilen und Pflegen	0 m²	0,0	0,0
NF7 Sonstige Nutzflächen	185 m²	11,0	5,6

Brutto-Rauminhalt des Bauwerks	Menge, Einheit	BRI/NF (m)	BRI/BGF (m)
BRI Brutto-Rauminhalt	13.807 m³	8,20	4,15

Lufttechnisch behandelte Flächen	Menge, Einheit	% an NF	% an BGF
Entlüftete Fläche	0 m²	0,0	0,0
Be- und entlüftete Fläche	64 m²	3,8	1,9
Teilklimatisierte Fläche	0 m²	0,0	0,0
Klimatisierte Fläche	0 m²	0,0	0,0

Kostenkennwerte für die Kostengruppen der 1. Ebene DIN 18960

KG Kostengruppen (1. Ebene)	Kosten €/a	€/m² NF*a	€/m² BGF*a	€/m³ BRI*a	% an Summe
100 Kapitalkosten	–	–	–	–	–
200 Objektmanagementkosten	28.570	17	9	2	10,3
300 Betriebskosten	106.113	63	32	8	38,4
400 Instandsetzungskosten	141.680	84	43	10	51,3

Verteilung der Nutzungskosten €/m² BGF*a (Sonderschulen)

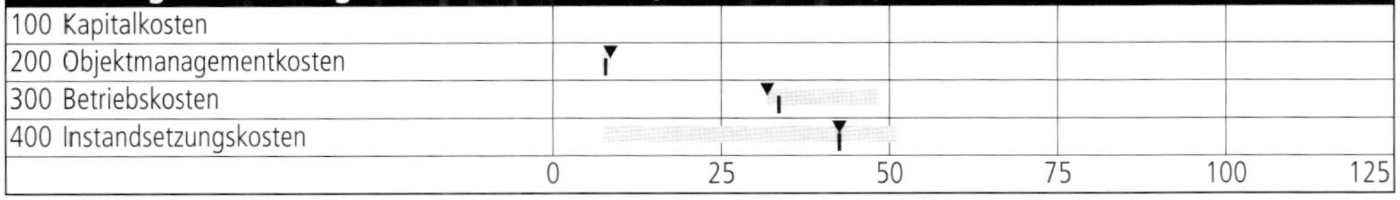

Kostenkennwerte für die Kostengruppen der 1. Ebene nach DIN 18960

KG	Kostengruppe	Menge Einheit	Kosten €/a	€/Einheit*a	% an Summe
200	**Objektmanagementkosten**	3.327,03 BGF	28.570	**8,59**	10,3
300	**Betriebskosten**	3.327,03 BGF	106.113	**31,89**	38,4
400	**Instandsetzungskosten**	3.327,03 BGF	141.680	**42,58**	51,3

200 Objektmanagementkosten

Personalkosten: Personalkosten des Objektmanagements inkl. arbeitsplatzbezogener Gemeinkosten wie Umlagen für arbeitsmedizinische und -sicherheitstechnische Dienste, Sekretariate, Registraturen und dgl., Energiemanagement.
Sachkosten: Sachkosten des Objektmanagements wie Raumkosten, Ausstattungskosten, Fernsprechkosten, Büroarbeitsplatz-, Bürobedarfskosten und dgl., Dienstfahrten.
Fremdleistungen: Lagepläne, Leistungen im Zusammenhang mit einem Baugesuch.

300 Betriebskosten

Versorgung: Wasser • Fernwärme, keine Kernnutzung im untersten Geschoss, Außenwände als schwere, einschalige Konstruktion, Standard der Außentüren und -fenster Zweischeibenverglasung, Aluminiumrahmen, Wärmedämmung nach gesetzlichem Standard im Jahre 1975, Wärmeerzeugungsanlagen mit zentraler Wassererwärmung, Heizungssteuerung Jahresprogramm, 4 Heizungsgruppen, Raumheizflächen Heizkörper • Strom, Zu- und Abluftanlage, 40% Auslastung der Lüftungsanlage.
Reinigung und Pflege von Gebäuden: Regelmäßige Unterhaltsreinigung, Leeren von Abfallbehältern und Entsorgung, 1 Pflegefilmsanierung, Reinigung fremdvergeben, 2,95 €/m² Reinigungsfläche und Jahr, Angaben zu den Bodenbelägen: 5% der NGF Holzbelag, 10% der NGF Kunststoffbelag, 34% der NGF Steinbelag, 51% der NGF Teppichbelag.
Reinigung und Pflege von Außenanlagen: Reinigung fremdvergeben, Kostenpauschale für regelmäßige Hausmeisterdienstleistungen im Zusammenhang mit Reinigung, Winterdienst und dgl., Streumittel.
Bedienung, Inspektion und Wartung: Reparaturen an Außentüren und -fenstern insbesondere Reparaturen an Beschlägen und Jalousien, Wartung von Trennvorhängen, Schlosser- und Schreinerarbeiten, allgemeine Wartungsarbeiten, Ersatzteile • Reparaturen an Sanitäranlagen, Wartung der Schwachstromanlagen, Prüfung der Elektroanlagen, Reparaturen an Steckdosen, System- und Netzwerkbetreiberdienste, Blitzschutzprüfung, Elektroarbeiten • Kostenpauschale für regelmäßige Hausmeisterdienstleistungen im Zusammenhang mit der Bedienung, Inspektion und Wartung.
Sicherheits- und Überwachungsdienste: Kostenpauschale für regelmäßige Hausmeisterdienstleistungen im Zusammenhang mit Wach- und Schließdiensten.
Abgaben und Beiträge: Abgaben für Grundstück und Gebäude.

400 Instandsetzungskosten

Instandsetzung der Baukonstruktionen: Instandsetzung von Schutzgittern und Trittschutzblechen, Schlosserarbeiten • Instandsetzung von Außenwänden, Planung der Baumaßnahme, Überwachung der Ausführung, Instandsetzung von Außentüren und -fenstern • Statische Untersuchung der Deckenkonstruktion, Verschließen von Deckendurchbrüchen, Erneuern von Bodenbelägen.
Instandsetzung der Technischen Anlagen: Instandsetzung von Sanitäranlagen insbesondere Instandsetzung von Sanitärapparaten und Armaturen, Instandsetzung von Gasleitungen • Instandsetzung der Wärmeerzeugungsanlage, Instandsetzung der Pumpe • Instandsetzung von Elektrokanälen.
Instandsetzung der Außenanlagen: Garten- und Landschaftsbau • Instandsetzung des Ballfangzauns.
Instandsetzung der Ausstattung: Beschaffung und Austausch von Möbeln und Geräten.

Kostenkennwerte für die Kostengruppen der 2. Ebene nach DIN 18960

KG	Kostengruppe	Menge Einheit	Kosten €/a	€/Einheit*a	% an Summe
200	**Objektmanagementkosten**				
210	**Personalkosten**	3.327,03 BGF	23.322	**7,01**	81,6
	Personalkosten des Objektmanagements inkl. arbeitsplatzbezogener Gemeinkosten wie Umlagen für arbeitsmedizinische und -sicherheitstechnische Dienste, Sekretariate, Registraturen und dgl., Energiemanagement.				
220	**Sachkosten**	3.327,03 BGF	3.647	**1,10**	12,8
	Sachkosten des Objektmanagements wie Raumkosten, Ausstattungskosten, Fernsprechkosten, Büroarbeitsplatz-, Bürobedarfskosten und dgl., Dienstfahrten.				
230	**Fremdleistungen**	3.327,03 BGF	1.602	**0,48**	5,6
	Lagepläne, Leistungen im Zusammenhang mit einem Baugesuch.				
300	**Betriebskosten**				
310	**Versorgung**	3.327,03 BGF	20.171	**6,06**	19,0
	Wasser • Fernwärme: keine Kernnutzung im untersten Geschoss, Außenwände als schwere, einschalige Konstruktion, Standard der Außentüren und -fenster Zweischeibenverglasung, Aluminiumrahmen, Wärmedämmung nach gesetzlichem Standard im Jahre 1975, Wärmeerzeugungsanlagen mit zentraler Wassererwärmung, Heizungssteuerung Jahresprogramm, 4 Heizungsgruppen, Raumheizflächen Heizkörper • Strom: Zu- und Abluftanlage, 40% Auslastung der Lüftungsanlage. Angaben zur Nutzung: Förderschule, 85 Schüler, Ganztagsschule, 53 h Betriebszeit/Schulwoche, Essensangebot, Küchenbetrieb, 40 Essen/Schultag.				
320	**Entsorgung**	3.327,03 BGF	2.878	**0,87**	2,7
	Abwasser • Abfall: verbrauchte Leuchtmittel, Kompostierung.				
330	**Reinigung und Pflege von Gebäuden**	3.327,03 BGF	30.459	**9,16**	28,7
	Unterhaltsreinigung: regelmäßige Unterhaltsreinigung, Leeren von Abfallbehältern und Entsorgung, 1 Pflegefilmsanierung, Reinigung fremdvergeben, 2,95 €/m² Reinigungsfläche und Jahr • Glasreinigung: 1 Reinigung der Außen- und Innenverglasung inkl. Rahmen, fremdvergeben, Angaben zur Außenverglasung: 275 m² Glasfläche als Außentüren und -fenster, Kastenfenster, 4-seitige Reinigung; 245 m² Glasfläche als Außentüren und -fenster, 2-seitige Reinigung; 15 m² Glasfläche als Dachfenster, 2-seitige Reinigung, Angaben zur Innenverglasung: 275 m² Glasfläche als Innentüren und -fenster, 2-seitige Reinigung; 30 m² Glasfläche als Trennwände und Einbauten, 2-seitige Reinigung • Reinigung und Pflege von Gebäuden, sonstiges: Schädlingsbekämpfung, Kostenpauschale für regelmäßige Hausmeisterdienstleistungen im Zusammenhang mit der Reinigung und Pflege des Gebäudes wie Reinigungskontrollen und dgl.				

Boden- und Deckenbelagsfläche

KG	Kostengruppe	Menge Einheit	Kosten €/a	€/Einheit*a	% an Summe
340	**Reinigung und Pflege von Außenanlagen**	3.327,03 BGF	8.501	**2,56**	8,0

Befestigte Flächen: Reinigung fremdvergeben, Kostenpauschale für regelmäßige Hausmeisterdienstleistungen im Zusammenhang mit Reinigung, Winterdienst und dgl., Streumittel • Pflanz- und Grünflächen: Grünpflege, Baumpflege, Wartung gärtnerischer Anlagen.
2,08 €/m² unbebaute Fläche des Baugrundstücks und Jahr, Angaben zum Grundstück: unbebaute Fläche des Grundstücks 4.080 m², Standort innerstädtisch, geneigtes Gelände.

Unbebaute Fläche des Baugrundstücks

55% Wege- und Hoffläche
45% Pflanz- und Grünfläche

KG	Kostengruppe	Menge Einheit	Kosten €/a	€/Einheit*a	% an Summe
350	**Bedienung, Inspektion und Wartung**	3.327,03 BGF	25.152	**7,56**	23,7

Bedienung der Technischen Anlagen: Telekommunikation • Inspektion und Wartung der Baukonstruktion: Reparaturen an Außentüren und -fenstern insbesondere Reparaturen an Beschlägen und Jalousien, Wartung von Trennvorhängen, Schlosser- und Schreinerarbeiten, allgemeine Wartungsarbeiten, Ersatzteile • Inspektion und Wartung der Technischen Anlagen: Reparaturen an Sanitäranlagen, Wartung der Schwachstromanlagen, Prüfung der Elektroanlagen, Reparaturen an Steckdosen, System- und Netzwerkbetreiberdienste, Blitzschutzprüfung, Elektroarbeiten • Inspektion und Wartung von Ausstattung und Kunstwerken: Wartung von beweglichem Vermögen • Bedienung, Inspektion und Wartung, sonstiges: Kostenpauschale für regelmäßige Hausmeisterdienstleistungen im Zusammenhang mit der Bedienung, Inspektion und Wartung.

KG	Kostengruppe	Menge Einheit	Kosten €/a	€/Einheit*a	% an Summe
360	**Sicherheits- und Überwachungsdienste**	3.327,03 BGF	8.652	**2,60**	8,2

Kontrollen aufgrund öffentlich-rechtlicher Bestimmungen: Spielgerätekontrolle • Objekt- und Personenschutz: Kostenpauschale für regelmäßige Hausmeisterdienstleistungen im Zusammenhang mit Wach- und Schließdiensten.

KG	Kostengruppe	Menge Einheit	Kosten €/a	€/Einheit*a	% an Summe
370	**Abgaben und Beiträge**	3.327,03 BGF	10.301	**3,10**	9,7

Abgaben für Grundstück und Gebäude.

400 Instandsetzungskosten

KG	Kostengruppe	Menge Einheit	Kosten €/a	€/Einheit*a	% an Summe
410	**Instandsetzung der Baukonstruktionen**	3.327,03 BGF	62.224	**18,70**	43,9

Gründung: Instandsetzung von Schutzgittern und Trittschutzblechen, Schlosserarbeiten • Außenwände: Instandsetzung von Außenwänden, Planung der Baumaßnahme, Überwachung der Ausführung, Instandsetzung von Außentüren und -fenstern • Decken: Statische Untersuchung der Deckenkonstruktion, Verschließen von Deckendurchbrüchen, Erneuern von Bodenbelägen • Baukonstruktive Einbauten: Instandsetzung einer Einbauküche inkl. Reinigung vor Inbetriebnahme.

KG	Kostengruppe	Menge Einheit	Kosten €/a	€/Einheit*a	% an Summe
420	**Instandsetzung der Technischen Anlagen**	3.327,03 BGF	17.961	**5,40**	12,7

Abwasser-, Wasser-, Gasanlagen: Instandsetzung von Sanitäranlagen insbesondere Instandsetzung von Sanitärapparaten und Armaturen, Instandsetzung von Gasleitungen • Wärmeversorgungsanlagen: Instandsetzung der Wärmeerzeugungsanlage, Instandsetzung der Pumpe • Starkstromanlagen: Instandsetzung von Elektrokanälen.

KG	Kostengruppe	Menge Einheit	Kosten €/a	€/Einheit*a	% an Summe
430	**Instandsetzung der Außenanlagen** Geländeflächen: Garten- und Landschaftsbau • Baukonstruktionen in Außenanlagen: Instandsetzung des Ballfangzauns • Technische Anlagen in Außenanlagen: Instandsetzung von Außenbeleuchtungsanlagen, Elektroarbeiten • Einbauten in Außenanlagen: Instandsetzung von Pflanztrögen.	3.327,03 BGF	51.204	**15,39**	36,1
440	**Instandsetzung der Ausstattung** Beschaffung und Austausch von Möbeln und Geräten.	3.327,03 BGF	10.291	**3,09**	7,3

4300-013
Sonderschule mit
-kindergarten,
Turnhalle,
Schwimmbad
(133 Kinder)

Objektübersicht

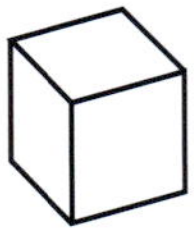
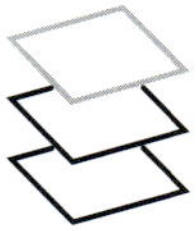
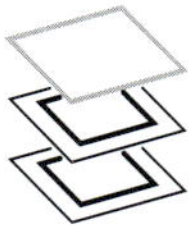

4.277 €/Kind*a

22 €/m³ BRI*a

99 €/m² BGF*a

176 €/m² NF*a

Kennwerte	bis 2. Ebene DIN 18960 inkl. Außenanlagen
Ausbau	Grund- und Mieterausbau
Land	Baden-Württemberg
Kreis	Stuttgart
Baujahr	1975
m³ BRI	26.262
m² BGF	5.747
m² NF	3.237

Eigentümer:
Landeshauptstadt Stuttgart
Hauptstätter Str. 79
70178 Stuttgart

Bewirtschafter:
Schulverwaltungsamt
Hauptstätter Str. 79
70178 Stuttgart

Kostenstand: 1. Quartal 2010, inkl. MwSt.

NF1 Wohnen und Aufenthalt	NF4 Lagern, Verteilen und Verkaufen	NF7 Sonstige Nutzflächen
NF2 Büroarbeit	NF5 Bildung, Unterricht und Kultur	TF Technische Funktionsfläche
NF3 Prod., Hand- und Maschinenarb., Experimente	NF6 Heilen und Pflegen	VF Verkehrsfläche

4300-013
Sonderschule mit -kindergarten, Turnhalle, Schwimmbad (133 Kinder)

Objektbeschreibung

Nutzung

1 Untergeschoss
Turnhalle, Umkleideräume, Abstellräume, Haustechnik.

1 Erdgeschoss
Büroräume, Gemeinschaftsräume, Teeküche, Umkleideräume, Sanitärräume, Abstellräume, Garderobe, Putzraum, Haustechnik.

2 Obergeschosse
Büroräume, Gemeinschaftsräume, Küche, Unterrichtsräume, Fachräume, EDV-Computerraum, Lehrschwimmbad, Sanitärräume, Putzraum, Abstellräume, Haustechnik.

Nutzeinheiten

Schüler: 115
Kinder: 18
Unterrichtsräume: 14
Werkräume: 4
Fachräume: 5
Sonstige Gemeinschafts- und Unterrichtsräume: 9
Becken: 1
Einfeldhalle: 1

Besonderer Kosteneinfluss

Nutzung
Ganztagsschule, 49 m² BGF/Schüler, 34 h Betriebszeit/Schulwoche, Essensangebot, Catering, 35 EDV-Arbeitsplätze, Kernnutzung im untersten Geschoss.

Objekt
19 dezentrale Wassererwärmer, Außenwände als schwere, einschalige Konstruktion und Pfosten-Riegel-Konstruktion, Standard der Außentüren und -fenster Zweischeibenverglasung, Aluminiumrahmen, modernisiert im Jahre 2006, Wärmedämmung nach gesetzlichem Standard im Jahre 1975, Wärmeerzeugungsanlagen überwiegend mit zentraler Wassererwärmung, Heizungssteuerung Tagesprogramm, Raumheizflächen 70% Heizkörper, 30% Deckenstrahlplatten, Zu- und Abluftanlage, Aufbereitungsanlagen für Schwimmbeckenwasser, Angaben zu den Bodenbelägen: 60% der NGF Kunststoffbelag, 37% der NGF Steinbelag, 3% der NGF Teppichbelag, Angaben zur Außenverglasung: 1.330 m² Glasfläche als Außentüren und -fenster, 2-seitige Reinigung; 75 m² Glasfläche als Dachfenster und Lichtkuppel, 2-seitige Reinigung; 110 m² Glasfläche als Trennwände und Einbauten: 2-seitige Reinigung, Heizkessel aus dem Jahre 1974.

Grundstück

Standort: städtisch
Bauraum: freier Bauraum
Neigung: geneigtes Gelände
Standard der Außenanlagen: überwiegend Grünflächen

Betrieb

Durchschnittliche Betriebskosten:
Personalkosten des Objektmanagements inkl. arbeitsplatzbezogener Gemeinkosten wie Umlagen für arbeitsmedizinische und -sicherheitstechnische Dienste, Sekretariate, Registraturen und dgl., Energiemanagement, Wärmeverbrauch 148 kWh/m² BGF und Jahr, Gas, Stromverbrauch 24 kWh/m² BGF und Jahr, regelmäßige Unterhaltsreinigung, Leeren von Abfallbehältern und Entsorgung, 2 Pflegefilmsanierungen, Reinigung fremdvergeben, Wasseruntersuchung, vorbeugender Korrosionsschutz an Wasserleitungen und wasserführenden Armaturen, Einbau eines Flüssigkeitsdosiergeräts, Wartung der Chlordosierung für Schwimmbadwasser, Reparaturen an Sanitäranlagen insbesondere Druckspülern und Tischbatterien, Austausch von Dichtungsringen und Ventilen, Abgaswegeuntersuchung, Wartung des Brenners, Wartung der Heizungssteuerung, Wartung der Rauch- und Wärmeabzugsanlage, Wartung von Brandschutzklappen, Inspektion der Anschlussleitung zur Stromversorgung, Reparaturen an Steuergeräten und Steckdosen, Elektroarbeiten, Wartung der Schwachstromanlagen, System- und Netzwerkbetreibedienste, Wartung des Aufzugs, Ersatzteile, Material, Kostenpauschale für regelmäßige Hausmeisterdienstleistungen im Zusammenhang mit der Bedienung, Inspektion und Wartung, Kostenpauschale für regelmäßige Hausmeisterdienstleistungen im Zusammenhang mit Wach- und Schließdiensten.

Instandsetzung

Durchschnittliche Instandsetzungskosten:
Instandsetzung des Wärmedämmverbundsystems, Instandsetzung von Außentüren und -fenstern, Instandsetzung von Innentüren und -fenstern, Instandsetzung von Einbauten, Demontage und Ersatz von Einbausportgeräten, Instandsetzung von Ausstiegshilfen im Lehrschwimmbad, Instandsetzung von Rohrleitungen und Pumpen, Instandsetzung von Beleuchtungsanlagen, Reparaturen an Vorschaltgeräten, Elektroarbeiten am Leitungsnetz, Verlegen von Elektroanschlüssen und -schaltern, Austausch von Oberlichtmotoren in der Turnhalle, Einbau einer Brandmeldeanlage.

Planungskennwerte für Flächen und Rauminhalte nach DIN 277

Flächen des Grundstücks		Menge, Einheit	% an FBG
BF	Bebaute Fläche	3.155 m²	13,8
UBF	Unbebaute Fläche	19.726 m²	86,2
FBG	Fläche des Baugrundstücks	22.881 m²	100,0
FAB	Fläche außerhalb des Baugrundstücks	770 m²	13,4

Grundflächen des Bauwerks		Menge, Einheit	% an NF	% an BGF
NF	Nutzfläche	3.237 m²	100,0	56,3
TF	Technische Funktionsfläche	733 m²	22,6	12,8
VF	Verkehrsfläche	1.156 m²	35,7	20,1
NGF	Netto-Grundfläche	5.126 m²	158,4	89,2
KGF	Konstruktions-Grundfläche	621 m²	19,2	10,8
BGF	Brutto-Grundfläche	5.747 m²	177,5	100,0

Nutzflächen des Bauwerks		Menge, Einheit	% an NF	% an BGF
NF1	Wohnen und Aufenthalt	488 m²	15,1	8,5
NF2	Büroarbeit	150 m²	4,6	2,6
NF3	Produktion, Hand-, Maschinenarbeit, Exp.	54 m²	1,7	0,9
NF4	Lagern, Verteilen und Verkaufen	189 m²	5,9	3,3
NF5	Bildung, Unterricht und Kultur	1.764 m²	54,5	30,7
NF6	Heilen und Pflegen	21 m²	0,6	0,4
NF7	Sonstige Nutzflächen	571 m²	17,6	9,9

Brutto-Rauminhalt des Bauwerks		Menge, Einheit	BRI/NF (m)	BRI/BGF (m)
BRI	Brutto-Rauminhalt	26.262 m³	8,11	4,57

Lufttechnisch behandelte Flächen	Menge, Einheit	% an NF	% an BGF
Entlüftete Fläche	0 m²	0,0	0,0
Be- und entlüftete Fläche	1.666 m²	51,5	29,0
Teilklimatisierte Fläche	0 m²	0,0	0,0
Klimatisierte Fläche	0 m²	0,0	0,0

Kostenkennwerte für die Kostengruppen der 1. Ebene DIN 18960

KG	Kostengruppen (1. Ebene)	Kosten €/a	€/m² NF*a	€/m² BGF*a	€/m³ BRI*a	% an Summe
100	Kapitalkosten	–	–	–	–	–
200	Objektmanagementkosten	45.200	14	8	2	7,4
300	Betriebskosten	276.143	85	48	11	45,0
400	Instandsetzungskosten	292.744	90	51	11	47,7

Verteilung der Nutzungskosten €/m² BGF*a (Sonderschulen)

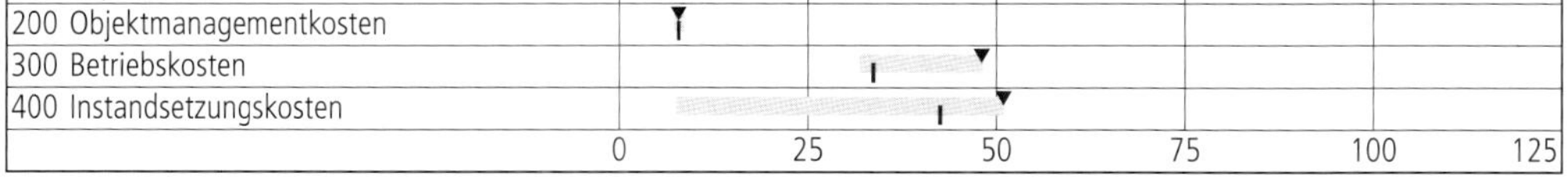

Kostenkennwerte für die Kostengruppen der 1. Ebene nach DIN 18960

KG	Kostengruppe	Menge Einheit	Kosten €/a	€/Einheit*a	% an Summe
200	**Objektmanagementkosten**	5.746,61 BGF	45.200	**7,87**	7,4

Personalkosten: Personalkosten des Objektmanagements inkl. arbeitsplatzbezogener Gemeinkosten wie Umlagen für arbeitsmedizinische und -sicherheitstechnische Dienste, Sekretariate, Registraturen und dgl., Energiemanagement.
Sachkosten: Sachkosten des Objektmanagements wie Raumkosten, Ausstattungskosten, Fernsprechkosten, Büroarbeitsplatz-, Bürobedarfskosten und dgl., Dienstfahrten.

KG	Kostengruppe	Menge Einheit	Kosten €/a	€/Einheit*a	% an Summe
300	**Betriebskosten**	5.746,61 BGF	276.143	**48,05**	45,0

Versorgung: Wasser • Gas, Kernnutzung im untersten Geschoss, Außenwände als schwere, einschalige Konstruktion und Pfosten-Riegel-Konstruktion, Standard der Außentüren und -fenster Zweischeibenverglasung, Aluminiumrahmen, modernisiert im Jahre 2006, Wärmedämmung nach gesetzlichem Standard im Jahre 1975, Wärmeerzeugungsanlagen überwiegend mit zentraler Wassererwärmung, Heizungssteuerung Tagesprogramm, Raumheizflächen 70% Heizkörper, 30% Deckenstrahlplatten • Strom, 35 EDV-Arbeitsplätze, Zu- und Abluftanlage, Aufbereitungsanlagen für Schwimmbeckenwasser.
Reinigung und Pflege von Gebäuden: Regelmäßige Unterhaltsreinigung, Leeren von Abfallbehältern und Entsorgung, 2 Pflegefilmsanierungen, Reinigung fremdvergeben, 2,95 €/m² Reinigungsfläche und Jahr, Angaben zu den Bodenbelägen: 60% der NGF Kunststoffbelag, 37% der NGF Steinbelag, 3% der NGF Teppichbelag • Schädlingsbekämpfung, Kostenpauschale für regelmäßige Hausmeisterdienstleistungen im Zusammenhang mit der Reinigung und Pflege des Gebäudes wie Reinigungskontrollen und dgl.
Reinigung und Pflege von Außenanlagen: Grünpflege, Baumpflege, Wartung gärtnerischer Anlagen.
Bedienung, Inspektion und Wartung: Wasseruntersuchung, vorbeugender Korrosionsschutz an Wasserleitungen und wasserführenden Armaturen, Einbau eines Flüssigkeitsdosiergeräts, Wartung der Chlordosierung für Schwimmbadwasser, Reparaturen an Sanitäranlagen insbesondere Druckspülern und Tischbatterien, Austausch von Dichtungsringen und Ventilen, Abgaswegeuntersuchung, Wartung des Brenners, Wartung der Heizungssteuerung, Wartung der Rauch- und Wärmeabzugsanlage, Wartung von Brandschutzklappen, Inspektion der Anschlussleitung zur Stromversorgung, Reparaturen an Steuergeräten und Steckdosen, Elektroarbeiten, Wartung der Schwachstromanlagen, System- und Netzwerkbetreiberdienste, Wartung des Aufzugs, Ersatzteile, Material • Kostenpauschale für regelmäßige Hausmeisterdienstleistungen im Zusammenhang mit der Bedienung, Inspektion und Wartung.
Sicherheits- und Überwachungsdienste: Kostenpauschale für regelmäßige Hausmeisterdienstleistungen im Zusammenhang mit Wach- und Schließdiensten.
Abgaben und Beiträge: Abgaben für Grundstück und Gebäude.

KG	Kostengruppe	Menge Einheit	Kosten €/a	€/Einheit*a	% an Summe
400	**Instandsetzungskosten**	5.746,61 BGF	292.744	**50,94**	47,7

Instandsetzung der Baukonstruktionen: Instandsetzung von Außentüren und -fenstern insbesondere Instandsetzung von elektrischen Jalousien, Schlosser- und Schreinerarbeiten, Einbau von Brandschutztüren und -fenstern, Instandsetzung des Wärmedämmverbundsystems inkl. Gerüstbauarbeiten • Instandsetzung von Innentüren und -fenster insbesondere Schreinerarbeiten, Glaser- und Lackierarbeiten inkl. Reinigung vor Inbetriebnahme • Instandsetzung von Einbauten, Schreiner- und Schlosserarbeiten, Demontage und Ersatz von Einbausportgeräten in Turnhalle, Instandsetzung von Ausstiegshilfen im Lehrschwimmbad • verschiedene Maßnahmen an den Baukonstruktionen.

Instandsetzung der Technischen Anlagen: Instandsetzung eines Warmwasserspeichers, Reparatur eines Speicheranschlusses, Instandsetzung der Hauswasserstation, Instandsetzung von Rohrleitungen und Pumpe, Zirkulationspumpe • Instandsetzung der Heizungsregelung, -steuerung und -pumpe • Instandsetzung lufttechnischer Anlagen insbesondere Instandsetzung der Pumpe • Instandsetzung von Beleuchtungsanlagen insbesondere Instandsetzung der Wannenbeleuchtung, Reparaturen an Vorschaltgeräten, Elektroarbeiten am Leitungsnetz, Verlegen von Elektroanschlüssen und -schaltern, Austausch von Oberlichtmotoren in der Turnhalle, Einbau einer Brandmeldeanlage.

Instandsetzung der Ausstattung: Beschaffung und Austausch von Möbeln und Geräten, Tischplatten, Stoffpaneelen, Turn-, Spor- und Schwimmgeräten.

4300-013
Sonderschule mit -kindergarten, Turnhalle, Schwimmbad (133 Kinder)

Kostenkennwerte für die Kostengruppen der 2. Ebene nach DIN 18960

KG	Kostengruppe	Menge Einheit	Kosten €/a	€/Einheit*a	% an Summe
200	**Objektmanagementkosten**				
210	**Personalkosten** Personalkosten des Objektmanagements inkl. arbeitsplatzbezogener Gemeinkosten wie Umlagen für arbeitsmedizinische und -sicherheitstechnische Dienste, Sekretariate, Registraturen und dgl., Energiemanagement.	5.746,61 BGF	39.214	**6,82**	86,8
220	**Sachkosten** Sachkosten des Objektmanagements wie Raumkosten, Ausstattungskosten, Fernsprechkosten, Büroarbeitsplatz-, Bürobedarfskosten und dgl., Dienstfahrten.	5.746,61 BGF	5.987	**1,04**	13,3
300	**Betriebskosten**				
310	**Versorgung** Wasser: 19 dezentrale Wassererwärmer • Gas: Kernnutzung im untersten Geschoss, Außenwände als schwere, einschalige Konstruktion und Pfosten-Riegel-Konstruktion, Standard der Außentüren und -fenster Zweischeibenverglasung, Aluminiumrahmen, modernisiert im Jahre 2006, Wärmedämmung nach gesetzlichem Standard im Jahre 1975, Wärmeerzeugungsanlagen überwiegend mit zentraler Wassererwärmung, Heizungssteuerung Tagesprogramm, Raumheizflächen 70% Heizkörper, 30% Deckenstrahlplatten • Strom: 35 EDV-Arbeitsplätze, Zu- und Abluftanlage, Aufbereitungsanlagen für Schwimmbeckenwasser. Angaben zur Nutzung: Sonderschule mit Sonderschulkindergarten, Turnhalle, Lehrschwimmbad, 115 Schüler, 18 Kindergartenkinder, 1 Einfeldhalle, 1 Schwimmbad, Ganztagsschule, 34 h Betriebszeit/Schulwoche, Essensangebot, Catering, 35 EDV-Arbeitsplätze.	5.746,61 BGF	96.570	**16,80**	35,0
320	**Entsorgung** Abwasser • Abfall: Sondermüll wie Sportgeräte und EDV-Geräte, verbrauchte Leuchtmittel, Kompostierung.	5.746,61 BGF	4.686	**0,82**	1,7

KG	Kostengruppe	Menge Einheit	Kosten €/a	€/Einheit*a	% an Summe
330	**Reinigung und Pflege von Gebäuden**	5.746,61 BGF	64.448	**11,22**	23,3

Unterhaltsreinigung: regelmäßige Unterhaltsreinigung, Leeren von Abfallbehältern und Entsorgung, 2 Pflegefilmsanierungen, Reinigung fremdvergeben, 2,95 €/m2 Reinigungsfläche und Jahr • Glasreinigung: 1 Reinigung der Außen- und Innenverglasung inkl. Rahmen, fremdvergeben, Angaben zur Außenverglasung: 1.330 m2 Glasfläche als Außentüren und -fenster, 2-seitige Reinigung; 75 m2 Glasfläche als Dachfenster und Lichtkuppel, 2-seitige Reinigung, Angaben zur Innenverglasung: 280 m2 Glasfläche als Innentüren und -fenster: 2-seitige Reinigung; 110 m2 Glasfläche als Trennwände und Einbauten: 2-seitige Reinigung • Reinigung und Pflege von Gebäuden, sonstiges: Schädlingsbekämpfung, Kostenpauschale für regelmäßige Hausmeisterdienstleistungen im Zusammenhang mit der Reinigung und Pflege des Gebäudes wie Reinigungskontrollen und dgl.

Boden- und Deckenbelagsfläche

KG	Kostengruppe	Menge Einheit	Kosten €/a	€/Einheit*a	% an Summe
340	**Reinigung und Pflege von Außenanlagen**	5.746,61 BGF	14.631	**2,55**	5,3

Befestigte Flächen: Reinigung fremdvergeben, Kostenpauschale für regelmäßige Hausmeisterdienstleistungen im Zusammenhang mit Reinigung, Winterdienst und dgl., Streumittel • Pflanz- und Grünflächen: Grünpflege, Baumpflege, Wartung gärtnerischer Anlagen.
0,74 €/m2 unbebaute Fläche des Baugrundstücks und Jahr, Angaben zum Grundstück: unbebaute Fläche des Grundstücks 19.725 m2, Standort städtisch, geneigtes Gelände.

Unbebaute Fläche des Baugrundstücks

KG	Kostengruppe	Menge Einheit	Kosten €/a	€/Einheit*a	% an Summe
350	**Bedienung, Inspektion und Wartung** Bedienung der Technischen Anlagen: Telekommunikation, EDV- und Internetdienste • Inspektion und Wartung der Baukonstruktion: Wartung von Oberlichtern und Dachausstiegen, Schreinerarbeiten, allgemeine Wartungsarbeiten, Ersatzteile, Material • Inspektion und Wartung der Technischen Anlagen: Wasseruntersuchung, vorbeugender Korrosionsschutz an Wasserleitungen und wasserführenden Armaturen, Einbau eines Flüssigkeitsdosiergeräts, Wartung der Chlordosierung für Schwimmbadwasser, Reparaturen an Sanitäranlagen insbesondere Druckspülern und Tischbatterien, Austausch von Dichtungsringen und Ventilen, Abgaswegeuntersuchung, Wartung des Brenners, Wartung der Heizungssteuerung, Wartung der Rauch- und Wärmeabzugsanlage, Wartung von Brandschutzklappen, Inspektion der Anschlussleitung zur Stromversorgung, Reparaturen an Steuergeräten und Steckdosen, Elektroarbeiten, Wartung der Schwachstromanlagen, System- und Netzwerkbetreibedienste, Wartung des Aufzugs, Ersatzteile, Material • Inspektion und Wartung der Außenanlagen: Malerarbeiten an Toren, Wartung der Pergola, Wartung von Außenanlagen, Ersatzteile • Inspektion und Wartung von Ausstattung und Kunstwerken: Reparaturen an Turn- und Sportgeräten, Wartung von Reinigungsgeräten, Ersatzteile • Bedienung, Inspektion und Wartung, sonstiges: Kostenpauschale für regelmäßige Hausmeisterdienstleistungen im Zusammenhang mit der Bedienung, Inspektion und Wartung.	5.746,61 BGF	66.893	**11,64**	24,2
360	**Sicherheits- und Überwachungsdienste** Kontrollen aufgrund öffentlich-rechtlicher Bestimmungen: Spielgerätekontrolle • Objekt- und Personenschutz: Kostenpauschale für regelmäßige Hausmeisterdienstleistungen im Zusammenhang mit Wach- und Schließdiensten.	5.746,61 BGF	19.193	**3,34**	7,0
370	**Abgaben und Beiträge** Steuern: Abgaben für Grundstück und Gebäude • Versicherungsbeiträge: Gebäudeversicherungen.	5.746,61 BGF	9.723	**1,69**	3,5
400	**Instandsetzungskosten**				
410	**Instandsetzung der Baukonstruktionen** Gründung: Instandsetzung der Fundamente von Fluchttreppe • Außenwände: Instandsetzung von Außentüren und -fenstern insbesondere Instandsetzung von elektrischen Jalousien, Schlosser- und Schreinerarbeiten, Einbau von Brandschutztüren und -fenstern, Instandsetzung des Wärmedämmverbundsystems inkl. Gerüstbauarbeiten • Innenwände: Instandsetzung von Innentüren und -fenster insbesondere Schreinerarbeiten, Glaser- und Lackierarbeiten inkl. Reinigung vor Inbetriebnahme • Decken: Statische Untersuchung der Deckenkonstruktion, Ausbesserungen von Bodenbelägen • Baukonstruktive Einbauten: Instandsetzung von Einbauten, Schreiner- und Schlosserarbeiten, Demontage und Ersatz von Einbausportgeräten in Turnhalle, Instandsetzung von Ausstiegshilfen im Lehrschwimmbad • Instandsetzungskosten der Baukonstruktionen, sonstiges: verschiedene Maßnahmen an den Baukonstruktionen.	5.746,61 BGF	218.008	**37,94**	74,5

KG	Kostengruppe	Menge Einheit	Kosten €/a	€/Einheit*a	% an Summe
420	**Instandsetzung der Technischen Anlagen** Abwasser-, Wasser-, Gasanlagen: Instandsetzung eines Warmwasserspeichers, Reparatur eines Speicheranschlusses, Instandsetzung der Hauswasserstation, Instandsetzung von Rohrleitungen und Pumpe, Zirkulationspumpe • Wärmeversorgungsanlagen: Instandsetzung der Heizungsregelung, -steuerung und -pumpe • Lufttechnische Anlagen: Instandsetzung lufttechnischer Anlagen insbesondere Instandsetzung der Pumpe • Starkstromanlagen: Instandsetzung von Beleuchtungsanlagen insbesondere Instandsetzung der Wannenbeleuchtung, Reparaturen an Vorschaltgeräten, Elektroarbeiten am Leitungsnetz, Verlegen von Elektroanschlüssen und -schaltern, Austausch von Oberlichtmotoren in der Turnhalle, Einbau einer Brandmeldeanlage • Förderanlagen: Instandsetzung des Aufzugs • Instandsetzung der Technischen Anlagen, sonstiges: verschiedene Maßnahmen an den Technischen Anlagen.	5.746,61 BGF	61.476	**10,70**	21,0
430	**Instandsetzung der Außenanlagen** Baukonstruktionen in Außenanlagen: Instandsetzung von Spielgeräten in Außenanlagen • Technische Anlagen in Außenanlagen: Instandsetzung von Außenbeleuchtungsanlagen, Elektroarbeiten.	5.746,61 BGF	4.714	**0,82**	1,6
440	**Instandsetzung der Ausstattung** Beschaffung und Austausch von Möbeln und Geräten, Tischplatten, Stoffpaneelen, Turn-, Spor- und Schwimmgeräten.	5.746,61 BGF	8.547	**1,49**	2,9

4300-014
Förderschule
(93 Schüler)

Objektübersicht

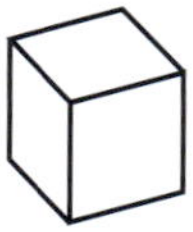

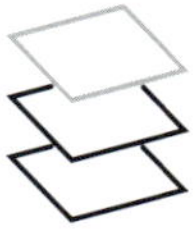

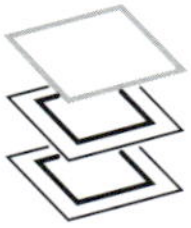

Kennwerte	bis 2. Ebene DIN 18960 inkl. Außenanlagen
Ausbau	Grund- und Mieterausbau
Land	Baden-Württemberg
Kreis	Stuttgart
Baujahr	1898
m^3 BRI	17.134
m^2 BGF	3.692
m^2 NF	2.079

1.637 €/Schüler*a

9 €/m^3 BRI*a

41 €/m^2 BGF*a

73 €/m^2 NF*a

Eigentümer:
Landeshauptstadt Stuttgart
Hauptstätter Str. 79
70178 Stuttgart

Bewirtschafter:
Schulverwaltungsamt
Hauptstätter Str. 79
70178 Stuttgart

Kostenstand: 1. Quartal 2010, inkl. MwSt.

Erläuternde Zeichnungen

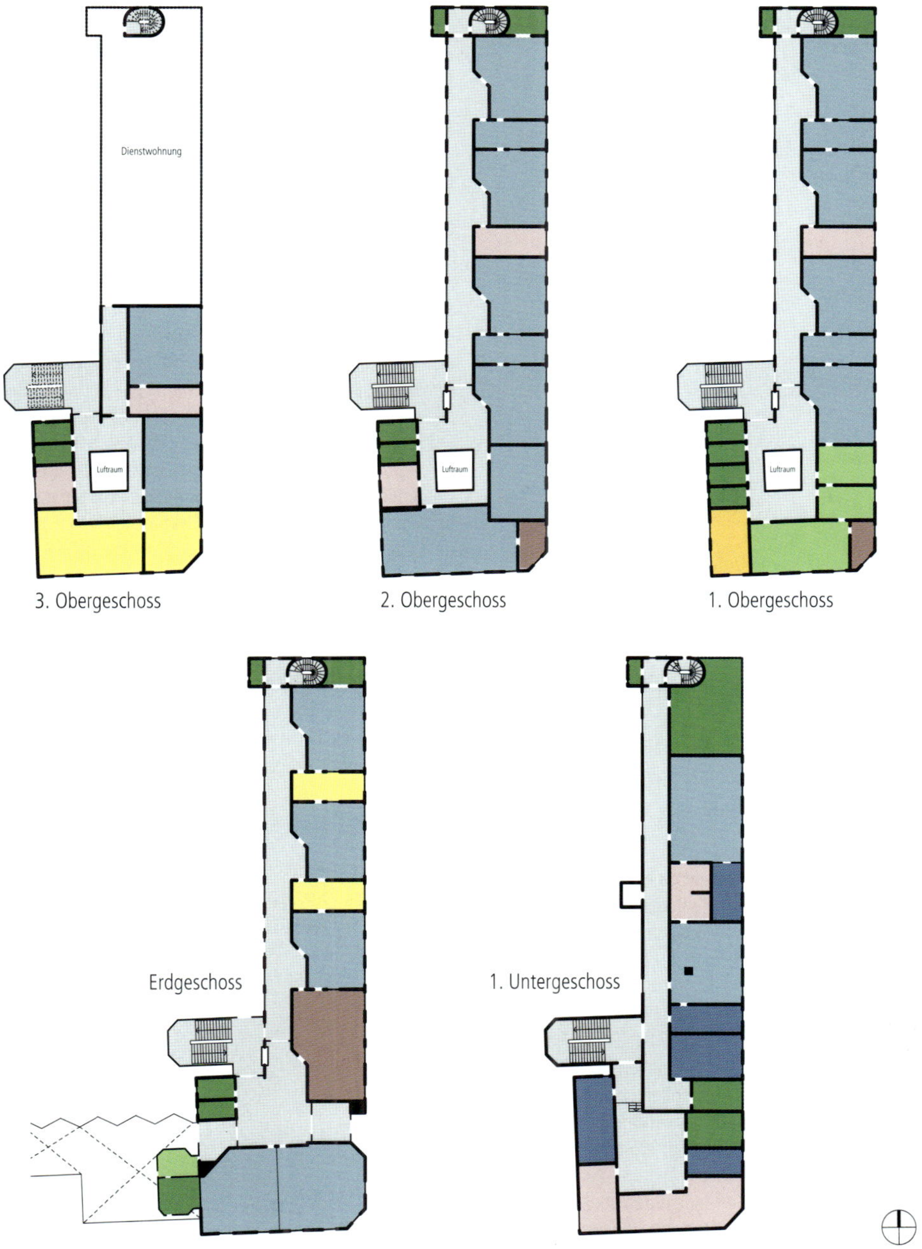

- NF1 Wohnen und Aufenthalt
- NF2 Büroarbeit
- NF3 Prod., Hand- und Maschinenarb., Experimente
- NF4 Lagern, Verteilen und Verkaufen
- NF5 Bildung, Unterricht und Kultur
- NF6 Heilen und Pflegen
- NF7 Sonstige Nutzflächen
- TF Technische Funktionsfläche
- VF Verkehrsfläche

Objektbeschreibung

Nutzung

1 Untergeschoss
Fachräume, Abstellräume, Haustechnik.

1 Erdgeschoss
Gemeinschaftsräume, Dienstzimmer, Küche, Unterrichtsräume, Sanitärräume, Abstellräume, Putzraum.

3 Obergeschosse
Büroräume, Gemeinschaftsräume, Küche, Krankenzimmer, Unterrichtsräume, Fachräume, Räume für naturwissenschaftlichen Unterricht, EDV-Computerraum, Sanitärräume, Putzraum, Abstellräume.

Nutzeinheiten

Schüler: 93
Unterrichtsräume: 10
Naturwissenschaftliche Räume: 2
Werkräume: 3
Fachräume: 7
Sonstige Gemeinschafts- und Unterrichtsräume: 6

Besonderer Kosteneinfluss

Nutzung
Ganztagsschule, 39 m² BGF/Schüler, 39 h Betriebszeit/Schulwoche, Essensangebot, Küchenbetrieb, 60 Essen/Schultag, 28 EDV-Arbeitsplätze, Dienstwohnung im Gebäude, Verbräuche nicht getrennt messbar, Kernnutzung im untersten Geschoss, Dachgeschoss ausgebaut.

Objekt
Wassergespülte Urinale, Außenwände als schwere, einschalige Konstruktion, Standard der Außentüren und -fenster Zweischeibenverglasung, Aluminiumrahmen, Wärmedämmung nach gesetzlichem Standard im Jahre 1898, Wärmeerzeugungsanlagen mit zentraler Wassererwärmung, Heizungssteuerung Jahresprogramm, Raumheizflächen Heizkörper, Angaben zu den Bodenbelägen: 71% der NGF Kunststoffbelag, 29% der NGF Steinbelag, Angaben zur Außenverglasung: 975 m² Glasfläche als Außentüren und -fenster, 2-seitige Reinigung; 20 m² Glasfläche als Dachfenster und Lichtkuppel, 2-seitige Reinigung; 305 m² Glasfläche als Überdachung, 2-seitige Reinigung, Angaben zur Innenverglasung: 120 m² Glasfläche als Innentüren und -fenster, 2-seitige Reinigung; 175 m² Glasfläche als Trennwände und Einbauten, 2-seitige Reinigung.

Grundstück

Standort: städtisch
Bauraum: Baulücke
Neigung: geneigtes Gelände
Standard der Außenanlagen: ausreichend Grünflächen

Betrieb

Geringe Betriebskosten:
Personalkosten des Objektmanagements inkl. arbeitsplatzbezogener Gemeinkosten wie Umlagen für arbeitsmedizinische und -sicherheitstechnische Dienste, Sekretariate, Registraturen und dgl., Energiemanagement, Wasserverbrauch 105 l/m² BGF und Jahr, Wärmeverbrauch 71 kWh/m² BGF und Jahr, Fernwärme, Stromverbrauch 11 kWh/m² BGF und Jahr, regelmäßige Unterhaltsreinigung, Leeren von Abfallbehältern und Entsorgung, 2 Pflegefilmsanierungen, Reinigung fremdvergeben, Vorbeugender Korrosionsschutz an Wasserleitungen und wasserführenden Armaturen, Reparatur der Propangasanlage, Reparaturen an Heizkörpern und Elektro-speichern, Erneuerung von Wärmezählern, Wartung der Rauch- und Wärmeabzugsanlage, Wartung von Brandschutzklappen, Austausch von Thermostatventilen, Wartung der Schwachstromanlagen, System- und Netzwerkdienste, Wartung küchentechnischer Anlagen, Ersatzteile, Material, Kostenpauschale für regelmäßige Hausmeisterdienstleistungen im Zusammenhang mit der Bedienung, Inspektion und Wartung, Ersatzteile, Material, Kostenpauschale für regelmäßige Hausmeisterdienstleistungen im Zusammenhang mit Wach- und Schließdiensten.

Instandsetzung

Geringe Instandsetzungskosten:
Malerarbeiten, verschiedene Maßnahmen an den Baukonstruktionen, Instandsetzung von Beleuchtungsanlagen, Instandsetzung der Gartenmauer, Beschaffung und Austausch von Möbeln und Geräten.

Planungskennwerte für Flächen und Rauminhalte nach DIN 277

Flächen des Grundstücks		Menge, Einheit	% an FBG
BF	Bebaute Fläche	913 m²	21,3
UBF	Unbebaute Fläche	3.366 m²	78,7
FBG	Fläche des Baugrundstücks	4.279 m²	100,0
FAB	Fläche außerhalb des Baugrundstücks	360 m²	9,8

Grundflächen des Bauwerks		Menge, Einheit	% an NF	% an BGF
NF	Nutzfläche	2.079 m²	100,0	56,3
TF	Technische Funktionsfläche	121 m²	5,8	3,3
VF	Verkehrsfläche	1.064 m²	51,2	28,8
NGF	Netto-Grundfläche	3.264 m²	157,0	88,4
KGF	Konstruktions-Grundfläche	428 m²	20,6	11,6
BGF	Brutto-Grundfläche	3.692 m²	177,6	100,0

Nutzflächen des Bauwerks		Menge, Einheit	% an NF	% an BGF
NF1	Wohnen und Aufenthalt	144 m²	6,9	3,9
NF2	Büroarbeit	104 m²	5,0	2,8
NF3	Produktion, Hand-, Maschinenarbeit, Exp.	90 m²	4,3	2,4
NF4	Lagern, Verteilen und Verkaufen	89 m²	4,3	2,4
NF5	Bildung, Unterricht und Kultur	1.390 m²	66,9	37,6
NF6	Heilen und Pflegen	24 m²	1,2	0,7
NF7	Sonstige Nutzflächen	237 m²	11,4	6,4

Brutto-Rauminhalt des Bauwerks		Menge, Einheit	BRI/NF (m)	BRI/BGF (m)
BRI	Brutto-Rauminhalt	17.134 m³	8,24	4,64

Lufttechnisch behandelte Flächen	Menge, Einheit	% an NF	% an BGF
Entlüftete Fläche	0 m²	0,0	0,0
Be- und entlüftete Fläche	0 m²	0,0	0,0
Teilklimatisierte Fläche	0 m²	0,0	0,0
Klimatisierte Fläche	0 m²	0,0	0,0

Kostenkennwerte für die Kostengruppen der 1. Ebene DIN 18960

KG	Kostengruppen (1. Ebene)	Kosten €/a	€/m² NF*a	€/m² BGF*a	€/m³ BRI*a	% an Summe
100	Kapitalkosten	–	–	–	–	–
200	Objektmanagementkosten	27.028	13	7	2	15,1
300	Betriebskosten	124.182	60	34	7	69,3
400	Instandsetzungskosten	28.040	13	8	2	15,6

Verteilung der Nutzungskosten €/m² BGF*a (Sonderschulen)

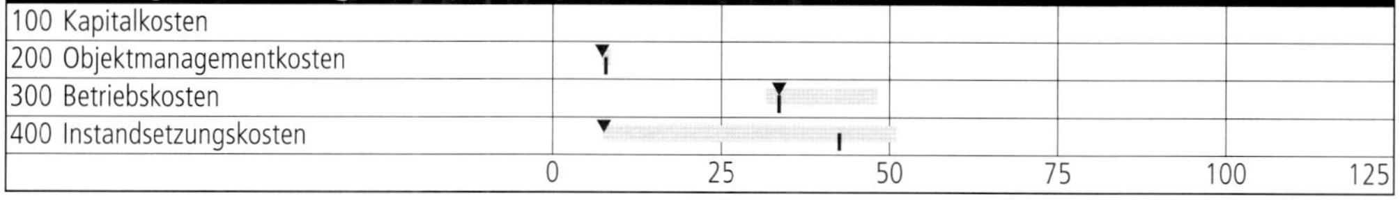

Kostenkennwerte für die Kostengruppen der 1. Ebene nach DIN 18960

KG	Kostengruppe	Menge Einheit	Kosten €/a	€/Einheit*a	% an Summe
200	**Objektmanagementkosten** **Personalkosten**: Personalkosten des Objektmanagements inkl. arbeitsplatzbezogener Gemeinkosten wie Umlagen für arbeitsmedizinische und -sicherheitstechnische Dienste, Sekretariate, Registraturen und dgl., Energiemanagement. **Sachkosten**: Sachkosten des Objektmanagements wie Raumkosten, Ausstattungskosten, Fernsprechkosten, Büroarbeitsplatz-, Bürobedarfskosten und dgl., Dienstfahrten.	3.692,00 BGF	27.028	**7,32**	15,1
300	**Betriebskosten** **Versorgung**: Wasser • Fernwärme, Kernnutzung im untersten Geschoss, Dachgeschoss ausgebaut, Außenwände als schwere, einschalige Konstruktion, Standard der Außentüren und -fenster Zweischeibenverglasung, Aluminiumrahmen, Wärmedämmung nach gesetzlichem Standard im Jahre 1898, Wärmeerzeugungsanlagen mit zentraler Wassererwärmung, Heizungssteuerung Jahresprogramm, Raumheizflächen Heizkörper • Strom, 28 EDV-Arbeitsplätze. **Reinigung und Pflege von Gebäuden**: Regelmäßige Unterhaltsreinigung, Leeren von Abfallbehältern und Entsorgung, 2 Pflegefilmsanierungen, Reinigung fremdvergeben, 0,96 €/m² Reinigungsfläche und Jahr, Angaben zu den Bodenbelägen: 71% der NGF Kunststoffbelag, 29% der NGF Steinbelag. **Bedienung, Inspektion und Wartung**: Telekommunikation, EDV- und Internetdienste • Reinigung von Außenwandbekleidungen insbesondere Sandstein, Wartung von Jalousien, Reinigung und Reparaturen an Dachrinnen, Schlosserarbeiten am Glasdach über dem Eingangsbereich, Schreinerarbeiten • Vorbeugender Korrosionsschutz an Wasserleitungen und wasserführenden Armaturen, Reparatur der Propangasanlage, Reparaturen an Heizkörpern und Elektrospeichern, Erneuerung von Wärmezählern, Wartung der Rauch- und Wärmeabzugsanlage, Wartung von Brandschutzklappen, Austausch von Thermostatventilen, Wartung der Schwachstromanlagen, System- und Netzwerkdienste, Wartung küchentechnischer Anlagen, Ersatzteile, Material • Kostenpauschale für regelmäßige Hausmeisterdienstleistungen im Zusammenhang mit der Bedienung, Inspektion und Wartung, Ersatzteile, Material. **Sicherheits- und Überwachungsdienste**: Kostenpauschale für regelmäßige Hausmeisterdienstleistungen im Zusammenhang mit Wach- und Schließdiensten. **Abgaben und Beiträge**: Abgaben für Grundstück und Gebäude.	3.692,00 BGF	124.182	**33,64**	69,3
400	**Instandsetzungskosten** **Instandsetzung der Baukonstruktionen**: Instandsetzung von Außentüren und -fenstern insbesondere Instandsetzung von Jalousien, Einbau von Brandschutzglas, Schlosser- und Glaserarbeiten • Malerarbeiten • verschiedene Maßnahmen an den Baukonstruktionen. **Instandsetzung der Technischen Anlagen**: Instandsetzung von Beleuchtungsanlagen • verschiedene Maßnahmen an den Technischen Anlagen. **Instandsetzung der Außenanlagen**: Instandsetzung der Gartenmauer. **Instandsetzung der Ausstattung**: Beschaffung und Austausch von Möbeln und Geräten.	3.692,00 BGF	28.040	**7,59**	15,6

Kostenkennwerte für die Kostengruppen der 2. Ebene nach DIN 18960

KG	Kostengruppe	Menge Einheit	Kosten €/a	€/Einheit*a	% an Summe
200	**Objektmanagementkosten**				
210	**Personalkosten** Personalkosten des Objektmanagements inkl. arbeitsplatzbezogener Gemeinkosten wie Umlagen für arbeitsmedizinische und -sicherheitstechnische Dienste, Sekretariate, Registraturen und dgl., Energiemanagement.	3.692,00 BGF	23.347	**6,32**	86,4
220	**Sachkosten** Sachkosten des Objektmanagements wie Raumkosten, Ausstattungskosten, Fernsprechkosten, Büroarbeitsplatz-, Bürobedarfskosten und dgl., Dienstfahrten.	3.692,00 BGF	3.680	**1,00**	13,6
300	**Betriebskosten**				
310	**Versorgung** Wasser: wassergespülte Urinale • Fernwärme: Kernnutzung im untersten Geschoss, Dachgeschoss ausgebaut, Außenwände als schwere, einschalige Konstruktion, Standard der Außentüren und -fenster Zweischeibenverglasung, Aluminiumrahmen, Wärmedämmung nach gesetzlichem Standard im Jahre 1898, Wärmeerzeugungsanlagen mit zentraler Wassererwärmung, Heizungssteuerung Jahresprogramm, Raumheizflächen Heizkörper • Strom: 28 EDV-Arbeitsplätze. Angaben zur Nutzung: Förderschule, 93 Schüler, Ganztagsschule, 39 h Betriebszeit/Schulwoche, Essensangebot, Küchenbetrieb, 60 Essen/Schultag, 28 EDV-Arbeitsplätze, Dienstwohnung im Gebäude, Verbräuche nicht getrennt messbar.	3.692,00 BGF	32.138	**8,70**	25,9
320	**Entsorgung** Abwasser • Abfall: verbrauchte Leuchtmittel, Kompostierung.	3.692,00 BGF	639	**0,17**	0,5
330	**Reinigung und Pflege von Gebäuden** Unterhaltsreinigung: regelmäßige Unterhaltsreinigung, Leeren von Abfallbehältern und Entsorgung, 2 Pflegefilmsanierungen, Reinigung fremdvergeben, 0,96 €/m² Reinigungsfläche und Jahr • Glasreinigung: 1 Reinigung der Außen- und Innenverglasung inkl. Rahmen, fremdvergeben, Angaben zur Außenverglasung: 975 m² Glasfläche als Außentüren und -fenster, 2-seitige Reinigung; 20 m² Glasfläche als Dachfenster und Lichtkuppel, 2-seitige Reinigung; 305 m² Glasfläche als Überdachung, 2-seitige Reinigung, Angaben zur Innenverglasung: 120 m² Glasfläche als Innentüren und -fenster, 2-seitige Reinigung; 175 m² Glasfläche als Trennwände und Einbauten, 2-seitige Reinigung • Reinigung Technischer Anlagen: Reinigung von Bodenabläufen • Reinigung und Pflege von Gebäuden, sonstiges: Schädlingsbekämpfung, Kostenpauschale für regelmäßige Hausmeisterdienstleistungen im Zusammenhang mit der Reinigung und Pflege des Gebäudes wie Reinigungskontrollen und dgl.	3.692,00 BGF	35.160	**9,52**	28,3

Boden- und Deckenbelagsfläche

71% Kunststoffbelag
29% Steinbelag

KG	Kostengruppe	Menge Einheit	Kosten €/a	€/Einheit*a	% an Summe
340	**Reinigung und Pflege von Außenanlagen** Befestigte Flächen: Reinigung fremdvergeben, Kostenpauschale für regelmäßige Hausmeisterdienstleistungen im Zusammenhang mit Reinigung, Winterdienst und dgl., Streumittel • Pflanz- und Grünflächen: Grünpflege, Baumpflege. 0,89 €/m² unbebaute Fläche des Baugrundstücks und Jahr, Angaben zum Grundstück: unbebaute Fläche des Grundstücks 3.365 m², Standort städtisch, geneigtes Gelände.	3.692,00 BGF	2.999	**0,81**	2,4

Unbebaute Fläche des Baugrundstücks

KG	Kostengruppe	Menge Einheit	Kosten €/a	€/Einheit*a	% an Summe
350	**Bedienung, Inspektion und Wartung** Bedienung der Technischen Anlagen: Telekommunikation, EDV- und Internetdienste • Inspektion und Wartung der Baukonstruktion: Reinigung von Außenwandbekleidungen insbesondere Sandstein, Wartung von Jalousien, Reinigung und Reparaturen an Dachrinnen, Schlosserarbeiten am Glasdach über dem Eingangsbereich, Schreinerarbeiten • Inspektion und Wartung der Technischen Anlagen: Vorbeugender Korrosionsschutz an Wasserleitungen und wasserführenden Armaturen, Reparatur der Propangasanlage, Reparaturen an Heizkörpern und Elektrospeichern, Erneuerung von Wärmezählern, Wartung der Rauch- und Wärmeabzugsanlage, Wartung von Brandschutzklappen, Austausch von Thermostatventilen, Wartung der Schwachstromanlagen, System- und Netzwerkdienste, Wartung küchentechnischer Anlagen, Ersatzteile, Material • Inspektion und Wartung der Außenanlagen: Wartung von Toren und Zäunen, Reparaturen an Bänken • Inspektion und Wartung von Ausstattung und Kunstwerken: Wartung von beweglichem Vermögen, Wartung von Reinigungsgeräten, Ersatzteile • Bedienung, Inspektion und Wartung, sonstiges: Kostenpauschale für regelmäßige Hausmeisterdienstleistungen im Zusammenhang mit der Bedienung, Inspektion und Wartung, Ersatzteile, Material.	3.692,00 BGF	36.190	**9,80**	29,1
360	**Sicherheits- und Überwachungsdienste** Kontrollen aufgrund öffentlich-rechtlicher Bestimmungen: Spielgerätekontrolle • Objekt- und Personenschutz: Kostenpauschale für regelmäßige Hausmeisterdienstleistungen im Zusammenhang mit Wach- und Schließdiensten.	3.692,00 BGF	11.221	**3,04**	9,0
370	**Abgaben und Beiträge** Abgaben für Grundstück und Gebäude.	3.692,00 BGF	5.835	**1,58**	4,7
400	**Instandsetzungskosten**				
410	**Instandsetzung der Baukonstruktionen** Außenwände: Instandsetzung von Außentüren und -fenstern insbesondere Instandsetzung von Jalousien, Einbau von Brandschutzglas, Schlosser- und Glaserarbeiten • Innenwände: Malerarbeiten • Instandsetzungskosten der Baukonstruktionen, sonstiges: verschiedene Maßnahmen an den Baukonstruktionen.	3.692,00 BGF	6.512	**1,76**	23,2
420	**Instandsetzung der Technischen Anlagen** Starkstromanlagen: Instandsetzung von Beleuchtungsanlagen • Instandsetzung der Technischen Anlagen, sonstiges: verschiedene Maßnahmen an den Technischen Anlagen.	3.692,00 BGF	6.382	**1,73**	22,8
430	**Instandsetzung der Außenanlagen** Instandsetzung der Gartenmauer.	3.692,00 BGF	2.447	**0,66**	8,7

KG	Kostengruppe	Menge	Einheit	Kosten €/a	€/Einheit*a	% an Summe
440	**Instandsetzung der Ausstattung** Beschaffung und Austausch von Möbeln und Geräten.	3.692,00	BGF	12.700	**3,44**	45,3

4400-123 Betreuungshaus für Schulkinder (50 Schüler)

1.367 €/Schüler*a

Eigentümer:
Landeshauptstadt Stuttgart
Hauptstätter Str. 79
70178 Stuttgart

Bewirtschafter:
Schulverwaltungsamt
Hauptstätter Str. 79
70178 Stuttgart

Objektübersicht

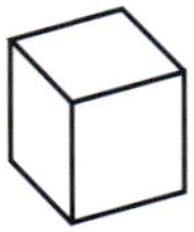

10 €/m³ BRI*a

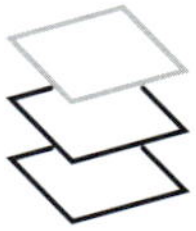

41 €/m² BGF*a

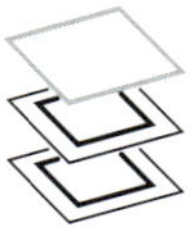

73 €/m² NF*a

Kennwerte	bis 2. Ebene DIN 18960 inkl. Außenanlagen
Ausbau	Grund- und Mieterausbau
Land	Baden-Württemberg
Kreis	Stuttgart
Baujahr	2007
m³ BRI	6.845
m² BGF	1.670
m² NF	934

Kostenstand: 1. Quartal 2010, inkl. MwSt.

Erläuternde Zeichnungen

NF1	Wohnen und Aufenthalt	NF4	Lagern, Verteilen und Verkaufen	NF7	Sonstige Nutzflächen
NF2	Büroarbeit	NF5	Bildung, Unterricht und Kultur	TF	Technische Funktionsfläche
NF3	Prod., Hand- und Maschinenarb., Experimente	NF6	Heilen und Pflegen	VF	Verkehrsfläche

Objektbeschreibung

Nutzung

1 Untergeschoss
Putzraum, Abstellräume, Haustechnik.

1 Erdgeschoss
Büroraum, Gruppenräume, Aufenthaltsräume, Sanitärräume.

2 Obergeschosse
Speiseraum, Aufenthaltsraum, Küchen, Lager, Unterrichtsräume, Umkleideräume, Sanitärräume.

Nutzeinheiten

Schüler: 50
Unterrichtsräume: 3
Fachräume: 1
Sonstige Gemeinschafts- und Unterrichtsräume: 8

Besonderer Kosteneinfluss

Nutzung
Betreuungshaus, 33 m² BGF/Schüler, 30 h Betriebszeit/Schulwoche, Essensangebot, Küchenbetrieb, keine Kernnutzung im untersten Geschoss.

Objekt
Wärmedämmung nach gesetzlichem Standard im Jahre 2007, Angaben zu den Bodenbelägen: 71% der NGF Kunststoffbelag, 29% der NGF Steinbelag, Angaben zur Außenverglasung: 360 m² Glasfläche als Außentüren und -fenster, 2-seitige Reinigung; 5 m² Glasfläche als Überdachung, 2-seitige Reinigung, Angaben zur Innenverglasung: 45 m² Glasfläche als Innentüren und -fenster, 2-seitige Reinigung.

Grundstück

Standort: innerstädtisch
Bauraum: beengt
Neigung: ebenes Gelände
Standard der Außenanlagen: ausreichend Grünflächen

Betrieb

Durchschnittliche Betriebskosten:
Personalkosten des Objektmanagements inkl. arbeitsplatzbezogener Gemeinkosten wie Umlagen für arbeitsmedizinische und -sicherheitstechnische Dienste, Sekretariate, Registraturen und dgl., Energiemanagement, Wasserverbrauch 176 l/m² BGF und Jahr, Fernwärmeverbrauch 56 kWh/m² BGF und Jahr, Stromverbrauch 10 kWh/m² BGF und Jahr, regelmäßige Unterhaltsreinigung, Leeren von Abfallbehältern und Entsorgung, 1 Sommerhauptreinigung, Reinigung fremdvergeben, Wartung der Schwachstromanlagen, System- und Netzwerkbetreiberdienste, Wartung de Aufzugs, Ersatzteile, Kostenpauschale für regelmäßige Hausmeisterdienstleistungen im Zusammenhang mit der Bedienung, Inspektion und Wartung, Kostenpauschale für regelmäßige Hausmeisterdienstleistungen im Zusammenhang mit Wach- und Schließdiensten.

Instandsetzung

Geringe Instandsetzungskosten:
Instandsetzung von Außenwandbekleidungen, Schlosserarbeiten, Instandsetzung eines Treppensockels.

Planungskennwerte für Flächen und Rauminhalte nach DIN 277

Flächen des Grundstücks		Menge, Einheit	% an FBG
BF	Bebaute Fläche	587 m²	37,4
UBF	Unbebaute Fläche	982 m²	62,6
FBG	Fläche des Baugrundstücks	1.569 m²	100,0
FAB	Fläche außerhalb des Baugrundstücks	75 m²	4,5

Grundflächen des Bauwerks		Menge, Einheit	% an NF	% an BGF
NF	Nutzfläche	934 m²	100,0	55,9
TF	Technische Funktionsfläche	39 m²	4,2	2,4
VF	Verkehrsfläche	528 m²	56,5	31,6
NGF	Netto-Grundfläche	1.501 m²	160,7	89,9
KGF	Konstruktions-Grundfläche	169 m²	18,1	10,1
BGF	Brutto-Grundfläche	1.670 m²	178,8	100,0

Nutzflächen des Bauwerks		Menge, Einheit	% an NF	% an BGF
NF1	Wohnen und Aufenthalt	454 m²	48,7	27,2
NF2	Büroarbeit	16 m²	1,7	0,9
NF3	Produktion, Hand-, Maschinenarbeit, Exp.	46 m²	4,9	2,7
NF4	Lagern, Verteilen und Verkaufen	12 m²	1,3	0,7
NF5	Bildung, Unterricht und Kultur	226 m²	24,2	13,5
NF6	Heilen und Pflegen	0 m²	0,0	0,0
NF7	Sonstige Nutzflächen	180 m²	19,3	10,8

Brutto-Rauminhalt des Bauwerks		Menge, Einheit	BRI/NF (m)	BRI/BGF (m)
BRI	Brutto-Rauminhalt	6.845 m³	7,33	4,10

Lufttechnisch behandelte Flächen	Menge, Einheit	% an NF	% an BGF
Entlüftete Fläche	0 m²	0,0	0,0
Be- und entlüftete Fläche	0 m²	0,0	0,0
Teilklimatisierte Fläche	0 m²	0,0	0,0
Klimatisierte Fläche	0 m²	0,0	0,0

Kostenkennwerte für die Kostengruppen der 1. Ebene DIN 18960

KG	Kostengruppen (1. Ebene)	Kosten €/a	€/m² NF*a	€/m² BGF*a	€/m³ BRI*a	% an Summe
100	Kapitalkosten	–	–	–	–	–
200	Objektmanagementkosten	13.014	14	8	2	16,0
300	Betriebskosten	63.713	68	38	9	78,3
400	Instandsetzungskosten	4.631	5	3	1	5,7

Verteilung der Nutzungskosten €/m² BGF*a (Kindertagesstätten)

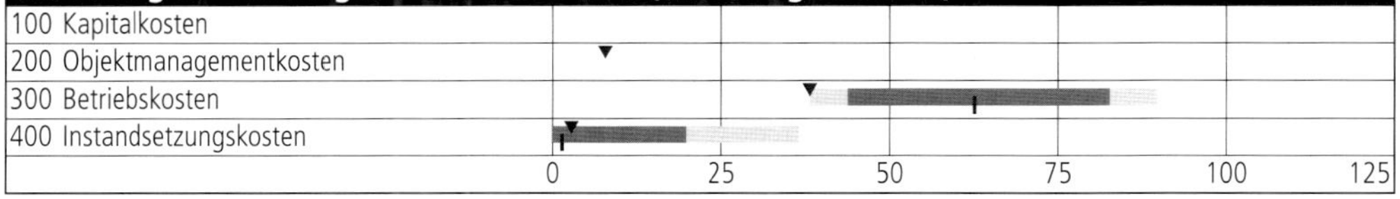

Kostenkennwerte für die Kostengruppen der 1. Ebene nach DIN 18960

KG	Kostengruppe	Menge Einheit	Kosten €/a	€/Einheit*a	% an Summe
200	**Objektmanagementkosten** **Personalkosten**: Personalkosten des Objektmanagements inkl. arbeitsplatzbezogener Gemeinkosten wie Umlagen für arbeitsmedizinische und -sicherheitstechnische Dienste, Sekretariate, Registraturen und dgl., Energiemanagement. **Sachkosten**: Sachkosten des Objektmanagements wie Raumkosten, Ausstattungskosten, Fernsprechkosten, Büroarbeitsplatz-, Bürobedarfskosten und dgl., Dienstfahrten.	1.669,62 BGF	13.014	**7,79**	16,0
300	**Betriebskosten** **Versorgung**: Wasser • Fernwärme, keine Kernnutzung im untersten Geschoss, Wärmedämmung nach gesetzlichem Standard im Jahre 2007 • Strom. **Reinigung und Pflege von Gebäuden**: Regelmäßige Unterhaltsreinigung, Leeren von Abfallbehältern und Entsorgung, 1 Sommerhauptreinigung, Reinigung fremdvergeben, 0,95 €/m² Reinigungsfläche und Jahr, Angaben zu den Bodenbelägen: 71% der NGF Kunststoffbelag, 29% der NGF Steinbelag • 2 Reinigungen der Außen- und Innenverglasung inkl. Rahmen, fremdvergeben, Angaben zur Außenverglasung: 360 m² Glasfläche als Außentüren und -fenster, 2-seitige Reinigung; 5 m² Glasfläche als Überdachung, 2-seitige Reinigung, Angaben zur Innenverglasung: 45 m² Glasfläche als Innentüren und -fenster, 2-seitige Reinigung • Kostenpauschale für regelmäßige Hausmeisterdienstleistungen im Zusammenhang mit der Reinigung und Pflege des Gebäudes wie Reinigungskontrollen und dgl. **Bedienung, Inspektion und Wartung**: Reparaturen am Sonnenschutz, Schlosser- und Schreinerarbeiten, allgemeine Wartungsarbeiten • Wartung der Schwachstromanlagen, System- und Netzwerkbetreiberdienste, Wartung de Aufzugs, Ersatzteile • Kostenpauschale für regelmäßige Hausmeisterdienstleistungen im Zusammenhang mit der Bedienung, Inspektion und Wartung. **Sicherheits- und Überwachungsdienste**: Kostenpauschale für regelmäßige Hausmeisterdienstleistungen im Zusammenhang mit Wach- und Schließdiensten.	1.669,62 BGF	63.713	**38,16**	78,3
400	**Instandsetzungskosten** **Instandsetzung der Baukonstruktionen**: Instandsetzung von Außenwandbekleidungen, Schlosserarbeiten • Instandsetzung eines Treppensockels.	1.669,62 BGF	4.631	**2,77**	5,7

Kostenkennwerte für die Kostengruppen der 2. Ebene nach DIN 18960

KG	Kostengruppe	Menge Einheit	Kosten €/a	€/Einheit*a	% an Summe
200	**Objektmanagementkosten**				
210	**Personalkosten**	1.669,62 BGF	11.022	**6,60**	84,7
	Personalkosten des Objektmanagements inkl. arbeitsplatzbezogener Gemeinkosten wie Umlagen für arbeitsmedizinische und -sicherheitstechnische Dienste, Sekretariate, Registraturen und dgl., Energiemanagement.				
220	**Sachkosten**	1.669,62 BGF	1.992	**1,19**	15,3
	Sachkosten des Objektmanagements wie Raumkosten, Ausstattungskosten, Fernsprechkosten, Büroarbeitsplatz-, Bürobedarfskosten und dgl., Dienstfahrten.				
300	**Betriebskosten**				
310	**Versorgung**	1.669,62 BGF	12.262	**7,34**	19,3
	Wasser • Fernwärme: keine Kernnutzung im untersten Geschoss, Wärmedämmung nach gesetzlichem Standard im Jahre 2007 • Strom. Angaben zur Nutzung: Schulkindergarten, 50 Kinder, Betreuungshaus, 30 h Betriebszeit/Schulwoche, Essensangebot, Küchenbetrieb.				
320	**Entsorgung**	1.669,62 BGF	448	**0,27**	0,7
	Abwasser • Abfall: verbrauchte Leuchtmittel, Kompostierung.				
330	**Reinigung und Pflege von Gebäuden**	1.669,62 BGF	29.080	**17,42**	45,6
	Unterhaltsreinigung: regelmäßige Unterhaltsreinigung, Leeren von Abfallbehältern und Entsorgung, 1 Sommerhauptreinigung, Reinigung fremdvergeben, 0,95 €/m² Reinigungsfläche und Jahr • Glasreinigung: 2 Reinigungen der Außen- und Innenverglasung inkl. Rahmen, fremdvergeben, Angaben zur Außenverglasung: 360 m² Glasfläche als Außentüren und -fenster, 2-seitige Reinigung; 5 m² Glasfläche als Überdachung, 2-seitige Reinigung, Angaben zur Innenverglasung: 45 m² Glasfläche als Innentüren und -fenster, 2-seitige Reinigung • Reinigung und Pflege von Gebäuden, sonstiges: Kostenpauschale für regelmäßige Hausmeisterdienstleistungen im Zusammenhang mit der Reinigung und Pflege des Gebäudes wie Reinigungskontrollen und dgl.				

Boden- und Deckenbelagsfläche

71% Kunststoffbelag
29% Steinbelag

KG	Kostengruppe	Menge Einheit	Kosten €/a	€/Einheit*a	% an Summe
340	**Reinigung und Pflege von Außenanlagen**	1.669,62 BGF	1.422	**0,85**	2,2
	Befestigte Flächen: Reinigung fremdvergeben, Kostenpauschale für regelmäßige Hausmeisterdienstleistungen im Zusammenhang mit Reinigung, Winterdienst und dgl. • Pflanz- und Grünflächen: Grünpflege, Baumpflege. 1,44 €/m² unbebaute Fläche des Baugrundstücks und Jahr, Angaben zum Grundstück: unbebaute Fläche des Grundstücks 980 m², Standort innerstädtisch, ebenes Gelände.				

Unbebaute Fläche des Baugrundstücks

58% Wege- und Hoffläche
42% Pflanz- und Grünfläche

KG	Kostengruppe	Menge Einheit	Kosten €/a	€/Einheit*a	% an Summe
350	**Bedienung, Inspektion und Wartung** Bedienung der Technischen Anlagen: Telekommunikation • Inspektion und Wartung der Baukonstruktion: Reparaturen am Sonnenschutz, Schlosser- und Schreinerarbeiten, allgemeine Wartungsarbeiten • Inspektion und Wartung der Technischen Anlagen: Wartung der Schwachstromanlagen, System- und Netzwerkbetreiberdienste, Wartung de Aufzugs, Ersatzteile • Inspektion und Wartung von Ausstattung und Kunstwerken: Wartung von Reinigungsgeräten • Bedienung, Inspektion und Wartung, sonstiges: Kostenpauschale für regelmäßige Hausmeisterdienstleistungen im Zusammenhang mit der Bedienung, Inspektion und Wartung.	1.669,62 BGF	15.574	**9,33**	24,4
360	**Sicherheits- und Überwachungsdienste** Kontrollen aufgrund öffentlich-rechtlicher Bestimmungen: Spielgerätekontrolle • Objekt- und Personenschutz: Kostenpauschale für regelmäßige Hausmeisterdienstleistungen im Zusammenhang mit Wach- und Schließdiensten.	1.669,62 BGF	4.780	**2,86**	7,5
370	**Abgaben und Beiträge** Abgaben für Grundstück und Gebäude.	1.669,62 BGF	134	**0,08**	0,2
390	**Betriebskosten, sonstiges** Ersatzteile, Material.	1.669,62 BGF	11	**0,01**	< 0,1
400	**Instandsetzungskosten**				
410	**Instandsetzung der Baukonstruktionen** Außenwände: Instandsetzung von Außenwandbekleidungen, Schlosserarbeiten • Decken: Instandsetzung eines Treppensockels.	1.669,62 BGF	4.631	**2,77**	100,0

4400-124 Kinderhaus, nicht unterkellert, einfacher Standard (55 Kinder)

Objektübersicht

Kennwerte	bis 2. Ebene DIN 18960 inkl. Außenanlagen
Ausbau	Grund- und Mieterausbau
Land	Baden-Württemberg
Kreis	Stuttgart
Baujahr	1968
m^3 BRI	1.863
m^2 BGF	501
m^2 NF	373

688 €/Kind*a

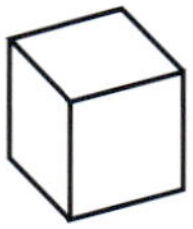

20 €/m^3 BRI*a

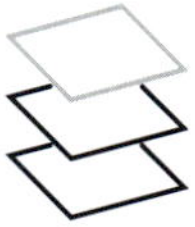

76 €/m^2 BGF*a

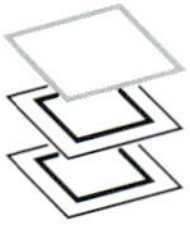

101 €/m^2 NF*a

Eigentümer:
Stadt Reutlingen
Marktplatz 22
72764 Reutlingen

Bewirtschafter:
Gebäudemanagement
Reutlingen
Marktplatz 22
72764 Reutlingen

Kostenstand: 1. Quartal 2010, inkl. MwSt.

Erläuternde Zeichnungen

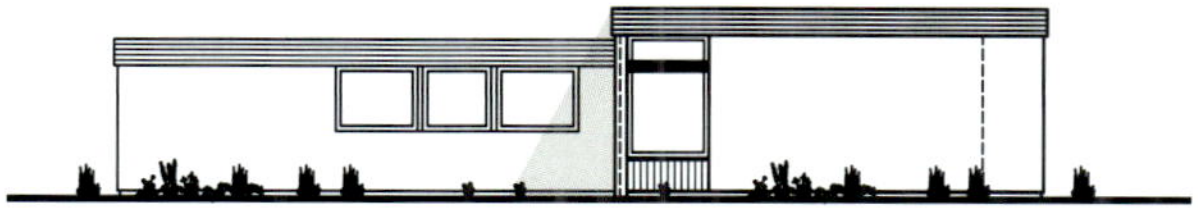

Ansicht Nord

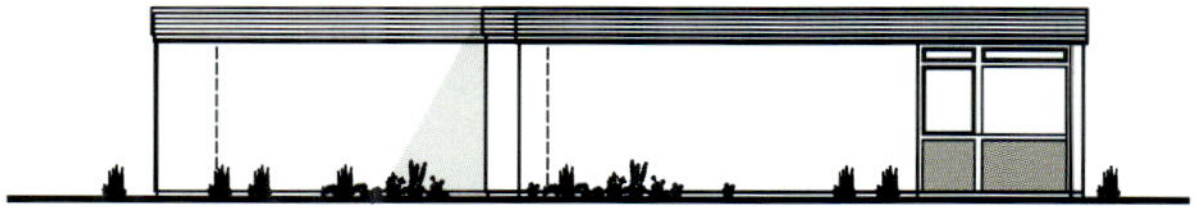

Ansicht Süd

Ansicht West

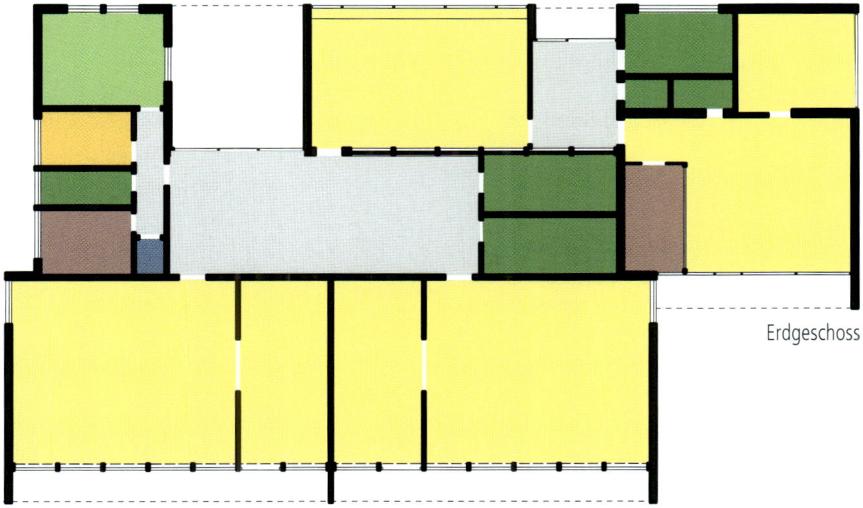

Erdgeschoss

- NF1 Wohnen und Aufenthalt
- NF2 Büroarbeit
- NF3 Prod., Hand- und Maschinenarb., Experimente
- NF4 Lagern, Verteilen und Verkaufen
- NF5 Bildung, Unterricht und Kultur
- NF6 Heilen und Pflegen
- NF7 Sonstige Nutzflächen
- TF Technische Funktionsfläche
- VF Verkehrsfläche

4400-124
Kinderhaus, nicht unterkellert, einfacher Standard
(55 Kinder)

Objektbeschreibung

Nutzung

1 Erdgeschoss
Büroraum, Gruppenräume, Aufenthaltsräume, Küchen, Krankenzimmer, Sanitärräume, Putzraum, Abstellraum, Haustechnik.

Nutzeinheiten

Kinder: 55

Besonderer Kosteneinfluss

Nutzung
52 h Betriebszeit/Woche, Essensangebot, Küchenbetrieb, Kernnutzung im untersten Geschoss.

Objekt
Außenwände schwere, einschalige Konstruktion, Standard der Außentüren und -fenster Zweischeibenverglasung, 40% Holzrahmen, 60% Kunststoffrahmen modernisiert, Wärmedämmung nach gesetzlichem Standard im Jahre 1968, Wärmeerzeugungsanlagen mit zentraler Wassererwärmung, Raumheizflächen Heizkörper, Angaben zu den Bodenbelägen: 80% der NGF Kunststoffbelag, 20% der NGF Steinbelag.

Grundstück

Standort: städtisch
Bauraum: freier Bauraum
Neigung: ebenes Gelände
Standard der Außenanlagen: überwiegend Grünflächen

Betrieb

Hohe Betriebskosten:
Wasser- und Abwasserkosten, Fernwärme, Strom, tägliche Unterhaltsreinigung, Leeren von Abfallbehältern und Entsorgung, Materialverbrauch, Reinigung inkl. Reinigung innenliegender Glasflächen fremdvergeben, Grünpflege, Wartung gärtnerischer Anlagen, Reparaturen an Dachbelägen insbesondere Dachdeckungsarbeiten.

Planungskennwerte für Flächen und Rauminhalte nach DIN 277

Flächen des Grundstücks		Menge, Einheit	% an FBG
BF	Bebaute Fläche	– m²	–
UBF	Unbebaute Fläche	– m²	–
FBG	Fläche des Baugrundstücks	– m²	–
FAB	Fläche außerhalb des Baugrundstücks	– m²	–

Grundflächen des Bauwerks		Menge, Einheit	% an NF	% an BGF
NF	Nutzfläche	373 m²	100,0	74,5
TF	Technische Funktionsfläche	2 m²	0,4	0,3
VF	Verkehrsfläche	76 m²	20,4	15,2
NGF	Netto-Grundfläche	451 m²	120,8	90,0
KGF	Konstruktions-Grundfläche	50 m²	13,4	10,0
BGF	Brutto-Grundfläche	501 m²	134,2	100,0

Nutzflächen des Bauwerks		Menge, Einheit	% an NF	% an BGF
NF1	Wohnen und Aufenthalt	284 m²	76,0	56,6
NF2	Büroarbeit	18 m²	4,8	3,6
NF3	Produktion, Hand-, Maschinenarbeit, Exp.	19 m²	5,1	3,8
NF4	Lagern, Verteilen und Verkaufen	0 m²	0,0	0,0
NF5	Bildung, Unterricht und Kultur	0 m²	0,0	0,0
NF6	Heilen und Pflegen	8 m²	2,1	1,6
NF7	Sonstige Nutzflächen	45 m²	12,1	9,0

Brutto-Rauminhalt des Bauwerks		Menge, Einheit	BRI/NF (m)	BRI/BGF (m)
BRI	Brutto-Rauminhalt	1.863 m³	4,99	3,72

Lufttechnisch behandelte Flächen	Menge, Einheit	% an NF	% an BGF
Entlüftete Fläche	0 m²	0,0	0,0
Be- und entlüftete Fläche	0 m²	0,0	0,0
Teilklimatisierte Fläche	0 m²	0,0	0,0
Klimatisierte Fläche	0 m²	0,0	0,0

Kostenkennwerte für die Kostengruppen der 1. Ebene DIN 18960

KG	Kostengruppen (1. Ebene)	Kosten €/a	€/m² NF*a	€/m² BGF*a	€/m³ BRI*a	% an Summe
100	Kapitalkosten	–	–	–	–	–
200	Objektmanagementkosten	–	–	–	–	–
300	Betriebskosten	37.867	101	76	20	100,0
400	Instandsetzungskosten	0	0	0	0	0,0

Verteilung der Nutzungskosten €/m² BGF*a (Kindertagesstätten)

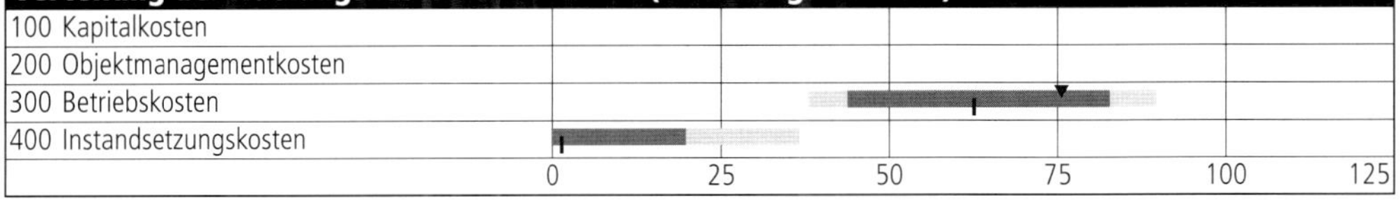

Kostenstand: 1. Quartal 2010, inkl. MwSt.

Kostenkennwerte für die Kostengruppen der 1. Ebene nach DIN 18960

KG	Kostengruppe	Menge Einheit	Kosten €/a	€/Einheit*a	% an Summe
300	**Betriebskosten**	501,00 BGF	37.867	**75,58**	100,0

Versorgung: Wasser- und Abwasserkosten • Fernwärme, Kernnutzung im untersten Geschoss, Außenwände schwere, einschalige Konstruktion, Standard der Außentüren und -fenster Zweischeibenverglasung, 40% Holzrahmen, 60% Kunststoffrahmen modernisiert, Wärmedämmung nach gesetzlichem Standard im Jahre 1968, Wärmeerzeugungsanlagen mit zentraler Wassererwärmung, Raumheizflächen Heizkörper, Verschattung der Außenwandfläche durch Baumbestand • Strom.
Entsorgung: Abfall.
Reinigung und Pflege von Gebäuden: Tägliche Unterhaltsreinigung, Leeren von Abfallbehältern und Entsorgung, Materialverbrauch, Reinigung inkl. Reinigung innenliegender Glasflächen fremdvergeben, 15,11 €/m² Reinigungsfläche und Jahr, Angaben zu den Bodenbelägen: 80% der NGF Kunststoffbelag, 20% der NGF Steinbelag.
Reinigung und Pflege von Außenanlagen: Grünpflege, Wartung gärtnerischer Anlagen.
Bedienung, Inspektion und Wartung: Reparaturen an Dachbelägen insbesondere Dachdeckungsarbeiten • Wartung von Schwachstrom- und Elektroanlagen, Elektroarbeiten, Austausch von Leuchtmitteln.
Abgaben und Beiträge: Gebäudeversicherungen.

Kostenkennwerte für die Kostengruppen der 2. Ebene nach DIN 18960

KG	Kostengruppe	Menge Einheit	Kosten €/a	€/Einheit*a	% an Summe
300	**Betriebskosten**				
310	**Versorgung**	501,00 BGF	6.864	**13,70**	18,1
	Wasser: Wasser- und Abwasserkosten • Fernwärme: Kernnutzung im untersten Geschoss, Außenwände schwere, einschalige Konstruktion, Standard der Außentüren und -fenster Zweischeibenverglasung, 40% Holzrahmen, 60% Kunststoffrahmen modernisiert, Wärmedämmung nach gesetzlichem Standard im Jahre 1968, Wärmeerzeugungsanlagen mit zentraler Wassererwärmung, Raumheizflächen Heizkörper, Verschattung der Außenwandfläche durch Baumbestand • Strom. Angaben zur Nutzung: Kinderhaus, 55 Kinder, 52 h Betriebszeit/Woche, Essensangebot, Küchenbetrieb.				
320	**Entsorgung**	501,00 BGF	576	**1,15**	1,5
	Abfall.				
330	**Reinigung und Pflege von Gebäuden**	501,00 BGF	22.318	**44,55**	58,9
	Tägliche Unterhaltsreinigung, Leeren von Abfallbehältern und Entsorgung, Materialverbrauch, Reinigung inkl. Reinigung innenliegender Glasflächen fremdvergeben, 15,11 €/m² Reinigungsfläche und Jahr,				

Boden- und Deckenbelagsfläche

80% Kunststoffbelag
20% Steinbelag

KG	Kostengruppe	Menge Einheit	Kosten €/a	€/Einheit*a	% an Summe
340	**Reinigung und Pflege von Außenanlagen**	501,00 BGF	6.815	**13,60**	18,0
	Befestigte Flächen: Reinigung, Winterdienst • Pflanz- und Grünflächen: Grünpflege, Wartung gärtnerischer Anlagen. Standort städtisch, ebenes Gelände..				
350	**Bedienung, Inspektion und Wartung**	501,00 BGF	1.101	**2,20**	2,9
	Inspektion und Wartung der Baukonstruktion: Reparaturen an Dachbelägen insbesondere Dachdeckungsarbeiten • Inspektion und Wartung der Technischen Anlagen: Wartung von Schwachstrom- und Elektroanlagen, Elektroarbeiten, Austausch von Leuchtmitteln.				
370	**Abgaben und Beiträge**	501,00 BGF	192	**0,38**	0,5
	Gebäudeversicherungen.				

4400-125
Kindergarten, nicht unterkellert, einfacher Standard
(40 Kinder)

Objektübersicht

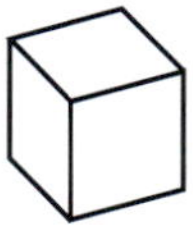

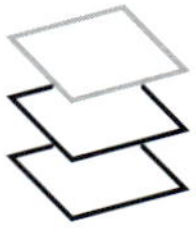

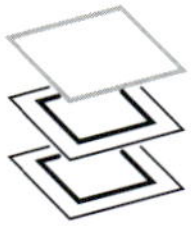

Kennwerte	bis 2. Ebene DIN 18960 inkl. Außenanlagen
Ausbau	Grund- und Mieterausbau
Land	Baden-Württemberg
Kreis	Stuttgart
Baujahr	1975
m³ BRI	1.099
m² BGF	261
m² NF	188

585 €/Kind*a

21 €/m³ BRI*a

90 €/m² BGF*a

124 €/m² NF*a

Eigentümer:
Stadt Reutlingen
Marktplatz 22
72764 Reutlingen

Bewirtschafter:
Gebäudemanagement Reutlingen
Marktplatz 22
72764 Reutlingen

Kostenstand: 1. Quartal 2010, inkl. MwSt.

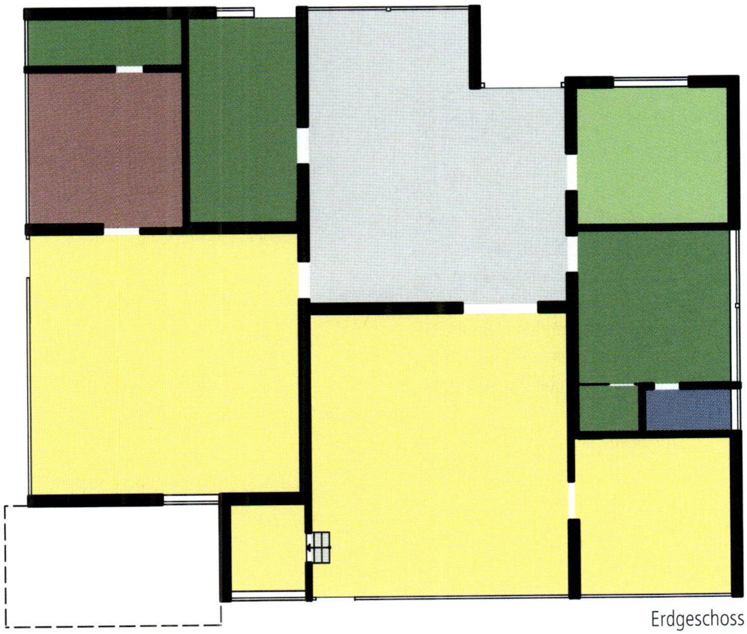
Erdgeschoss

NF1 Wohnen und Aufenthalt
NF2 Büroarbeit
NF3 Prod., Hand- und Maschinenarb., Experimente
NF4 Lagern, Verteilen und Verkaufen
NF5 Bildung, Unterricht und Kultur
NF6 Heilen und Pflegen
NF7 Sonstige Nutzflächen
TF Technische Funktionsfläche
VF Verkehrsfläche

4400-125
Kindergarten, nicht unterkellert, einfacher Standard
(40 Kinder)

Objektbeschreibung

Nutzung

1 Erdgeschoss
Büroraum, Gruppenräume, Aufenthaltsräume, Küche, Sanitärraum, Putzraum, Abstellraum, Haustechnik.

Nutzeinheiten

Kinder: 40
Stellplätze: 2

Besonderer Kosteneinfluss

Nutzung
30 h Betriebszeit/Woche, Essensangebot, Küchenbetrieb, Kernnutzung im untersten Geschoss.

Objekt
Außenwände schwere, einschalige Konstruktion, Standard der Außentüren und -fenster Zweischeibenverglasung, Holzrahmen, Wärmedämmung nach gesetzlichem Standard im Jahre 1975, Wärmeerzeugungsanlagen mit zentraler Wassererwärmung, Heizungssteuerung Tagesprogramm, Raumheizflächen Heizkörper, Angaben zu den Bodenbelägen: 90% der NGF Kunststoffbelag, 10% der NGF Steinbelag, Heizkessel aus dem Jahre 2000.

Grundstück

Standort: städtisch
Bauraum: freier Bauraum
Neigung: ebenes Gelände
Standard der Außenanlagen: überwiegend Grünflächen

Betrieb

Hohe Betriebskosten:
Wasser- und Abwasserkosten, Gas, Strom, tägliche Unterhaltsreinigung, Leeren von Abfallbehältern und Entsorgung, Materialverbrauch, Reinigung inkl. Reinigung innenliegender Glasflächen fremdvergeben, Reinigung, Winterdienst, Grünpflege, Mäharbeiten, Wartung gärtnerischer Anlagen, Reparaturen an Außentüren und -fenstern insbesondere Reparaturen an Beschlägen, Ersatz von Glasscheiben, Glaserarbeiten, Schlosser- und Schreinerarbeiten.

Planungskennwerte für Flächen und Rauminhalte nach DIN 277

Flächen des Grundstücks	Menge, Einheit	% an FBG
BF Bebaute Fläche	– m²	–
UBF Unbebaute Fläche	– m²	–
FBG Fläche des Baugrundstücks	– m²	–
FAB Fläche außerhalb des Baugrundstücks	– m²	–

Grundflächen des Bauwerks	Menge, Einheit	% an NF	% an BGF
NF Nutzfläche	188 m²	100,0	72,0
TF Technische Funktionsfläche	3 m²	1,6	1,1
VF Verkehrsfläche	46 m²	24,5	17,6
NGF Netto-Grundfläche	237 m²	126,1	90,8
KGF Konstruktions-Grundfläche	24 m²	12,8	9,2
BGF Brutto-Grundfläche	261 m²	138,8	100,0

Nutzflächen des Bauwerks	Menge, Einheit	% an NF	% an BGF
NF1 Wohnen und Aufenthalt	118 m²	62,8	45,2
NF2 Büroarbeit	15 m²	8,0	5,7
NF3 Produktion, Hand-, Maschinenarbeit, Exp.	16 m²	8,5	6,1
NF4 Lagern, Verteilen und Verkaufen	0 m²	0,0	0,0
NF5 Bildung, Unterricht und Kultur	0 m²	0,0	0,0
NF6 Heilen und Pflegen	0 m²	0,0	0,0
NF7 Sonstige Nutzflächen	39 m²	20,7	14,9

Brutto-Rauminhalt des Bauwerks	Menge, Einheit	BRI/NF (m)	BRI/BGF (m)
BRI Brutto-Rauminhalt	1.099 m³	5,85	4,21

Lufttechnisch behandelte Flächen	Menge, Einheit	% an NF	% an BGF
Entlüftete Fläche	0 m²	0,0	0,0
Be- und entlüftete Fläche	0 m²	0,0	0,0
Teilklimatisierte Fläche	0 m²	0,0	0,0
Klimatisierte Fläche	0 m²	0,0	0,0

Kostenkennwerte für die Kostengruppen der 1. Ebene DIN 18960

KG Kostengruppen (1. Ebene)	Kosten €/a	€/m² NF*a	€/m² BGF*a	€/m³ BRI*a	% an Summe
100 Kapitalkosten	–	–	–	–	–
200 Objektmanagementkosten	–	–	–	–	–
300 Betriebskosten	23.386	124	90	21	100,0
400 Instandsetzungskosten	0	0	0	0	0,0

Verteilung der Nutzungskosten €/m² BGF*a (Kindertagesstätten)

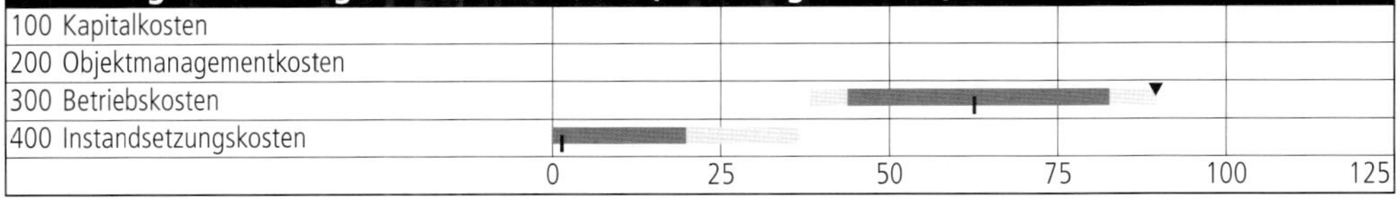

Kostenkennwerte für die Kostengruppen der 1. Ebene nach DIN 18960

KG	Kostengruppe	Menge Einheit	Kosten €/a	€/Einheit*a	% an Summe
300	**Betriebskosten**	261,02 BGF	23.386	**89,59**	100,0

Versorgung: Wasser- und Abwasserkosten • Gas, Kernnutzung im untersten Geschoss, Außenwände schwere, einschalige Konstruktion, Standard der Außentüren und -fenster Zweischeibenverglasung, Holzrahmen, Wärmedämmung nach gesetzlichem Standard im Jahre 1975, Wärmeerzeugungsanlagen mit zentraler Wassererwärmung, Heizungssteuerung Tagesprogramm, Raumheizflächen Heizkörper • Strom.
Entsorgung: Abfall.
Reinigung und Pflege von Gebäuden: Tägliche Unterhaltsreinigung, Leeren von Abfallbehältern und Entsorgung, Materialverbrauch, Reinigung inkl. Reinigung innenliegender Glasflächen fremdvergeben, 38,45 €/m2 Reinigungsfläche und Jahr, Angaben zu den Bodenbelägen: 90% der NGF Kunststoffbelag, 10% der NGF Steinbelag.
Reinigung und Pflege von Außenanlagen: Reinigung, Winterdienst • Grünpflege, Mäharbeiten, Wartung gärtnerischer Anlagen.
Bedienung, Inspektion und Wartung: Reparaturen an Außentüren und -fenstern insbesondere Reparaturen an Beschlägen, Ersatz von Glasscheiben, Glaserarbeiten, Schlosser- und Schreinerarbeiten • Reparaturen an der Heizungsanlage, Wartung von Schwachstrom- und Elektroanlagen, Elektroarbeiten.

Kostenkennwerte für die Kostengruppen der 2. Ebene nach DIN 18960

KG	Kostengruppe	Menge Einheit	Kosten €/a	€/Einheit*a	% an Summe
300	**Betriebskosten**				
310	**Versorgung** Wasser: Wasser- und Abwasserkosten • Gas: Kernnutzung im untersten Geschoss, Außenwände schwere, einschalige Konstruktion, Standard der Außentüren und -fenster Zweischeibenverglasung, Holzrahmen, Wärmedämmung nach gesetzlichem Standard im Jahre 1975, Wärmeerzeugungsanlagen mit zentraler Wassererwärmung, Heizungssteuerung Tagesprogramm, Raumheizflächen Heizkörper • Strom. Angaben zur Nutzung: Kindergarten, 40 Kinder, 30 h Betriebszeit/Woche, Essensangebot, Küchenbetrieb.	261,02 BGF	4.260	**16,32**	18,2
320	**Entsorgung** Abfall.	261,02 BGF	213	**0,82**	0,9
330	**Reinigung und Pflege von Gebäuden** Tägliche Unterhaltsreinigung, Leeren von Abfallbehältern und Entsorgung, Materialverbrauch, Reinigung inkl. Reinigung innenliegender Glasflächen fremdvergeben, 38,45 €/m² Reinigungsfläche und Jahr,	261,02 BGF	8.729	**33,44**	37,3

Boden- und Deckenbelagsfläche

90% Kunststoffbelag
10% Steinbelag

KG	Kostengruppe	Menge Einheit	Kosten €/a	€/Einheit*a	% an Summe
340	**Reinigung und Pflege von Außenanlagen** Befestigte Flächen: Reinigung, Winterdienst • Pflanz- und Grünflächen: Grünpflege, Mäharbeiten, Wartung gärtnerischer Anlagen. Standort städtisch, ebenes Gelände.	261,02 BGF	9.113	**34,91**	39,0
350	**Bedienung, Inspektion und Wartung** Inspektion und Wartung der Baukonstruktion: Reparaturen an Außentüren und -fenstern insbesondere Reparaturen an Beschlägen, Ersatz von Glasscheiben, Glaserarbeiten, Schlosser- und Schreinerarbeiten • Inspektion und Wartung der Technischen Anlagen: Reparaturen an der Heizungsanlage, Wartung von Schwachstrom- und Elektroanlagen, Elektroarbeiten • Inspektion und Wartung von Ausstattung und Kunstwerken: Wartung von Feuerlöschern.	261,02 BGF	931	**3,57**	4,0
370	**Abgaben und Beiträge** Gebäudeversicherungen.	261,02 BGF	140	**0,54**	0,6

4400-126 Kindertagesstätte, unterkellert, hoher Standard (45 Kinder)

Objektübersicht

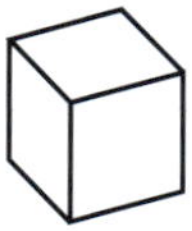

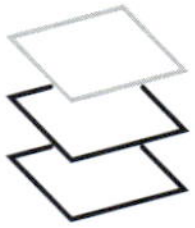

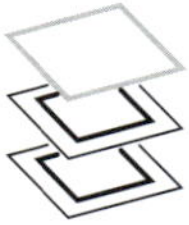

Kennwerte	bis 2. Ebene DIN 18960 inkl. Außenanlagen
Ausbau	Grund- und Mieterausbau
Land	Baden-Württemberg
Kreis	Stuttgart
Baujahr	1989
m^3 BRI	3.036
m^2 BGF	730
m^2 NF	492

1.398 €/Kind*a

21 €/m^3 BRI*a

86 €/m^2 BGF*a

128 €/m^2 NF*a

Eigentümer:
Stadt Reutlingen
Marktplatz 22
72764 Reutlingen

Bewirtschafter:
Gebäudemanagement Reutlingen
Marktplatz 22
72764 Reutlingen

Kostenstand: 1. Quartal 2010, inkl. MwSt.

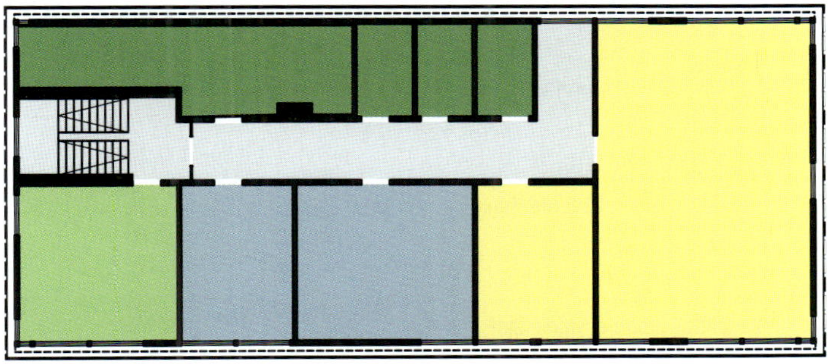

Obergeschoss

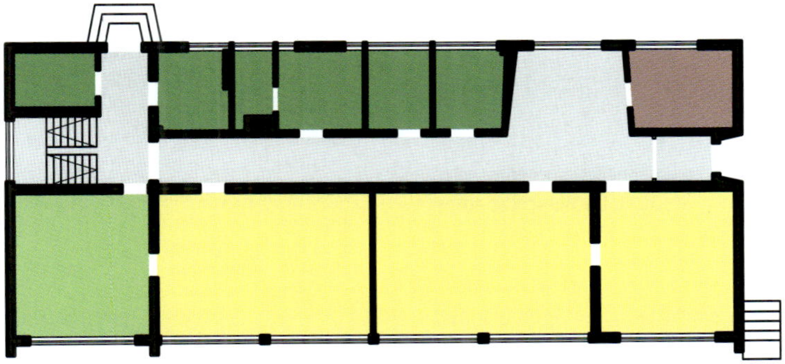

Erdgeschoss

Untergeschoss

NF1 Wohnen und Aufenthalt
NF2 Büroarbeit
NF3 Prod., Hand- und Maschinenarb., Experimente
NF4 Lagern, Verteilen und Verkaufen
NF5 Bildung, Unterricht und Kultur
NF6 Heilen und Pflegen
NF7 Sonstige Nutzflächen
TF Technische Funktionsfläche
VF Verkehrsfläche

Objektbeschreibung

Nutzung

1 Untergeschoss
Speiseraum, Büroraum, Küchen, Waschraum, Gruppenraum, Umkleideraum, Abstellraum, Haustechnik.

1 Erdgeschoss
Büroraum, Küche, Gruppenräume, Aufenthaltsräume, Sanitärräume, Putzraum, Abstellraum.

1 Obergeschoss
Büroraum, Gruppenräume, Aufenthaltsräume, Studierzimmer, EDV-Computerraum, Sanitärräume, Putzraum, Abstellraum.

Nutzeinheiten

Kinder: 45

Besonderer Kosteneinfluss

Nutzung
52 h Betriebszeit/Woche, Essensangebot, Küchenbetrieb, Kernnutzung im untersten Geschoss, Dachgeschoss ausgebaut.

Objekt
Außenwände schwere, einschalige Konstruktion, Standard der Außentüren und -fenster Zweischeibenverglasung, Holzrahmen, Wärmedämmung nach gesetzlichem Standard im Jahre 1989, Wärmeerzeugungsanlagen mit zentraler Wassererwärmung, Raumheizflächen Heizkörper, Angaben zu den Bodenbelägen: 70% der NGF Kunststoffbelag, 30% der NGF Steinbelag, Heizkessel aus dem Jahre 1989.

Grundstück

Standort: städtisch
Bauraum: freier Bauraum
Neigung: ebenes Gelände
Standard der Außenanlagen: überwiegend Grünflächen

Betrieb

Durchschnittliche Betriebskosten:
Wasser- und Abwasserkosten, Gas, Strom, tägliche Unterhaltsreinigung, Leeren von Abfallbehältern und Entsorgung, 1 Sommerhauptreinigung, Materialverbrauch, Reinigung inkl. Reinigung innenliegender Glasflächen fremdvergeben, Reinigung, Winterdienst, Grünpflege, Wartung gärtnerischer Anlagen.

Instandsetzung

Durchschnittliche Instandsetzungskosten:
Instandsetzung von Außentüren und -fenstern insbesondere Austausch von Glasscheiben, Glaserarbeiten, Schlosser- und Schreinerarbeiten, Instandsetzung von Rollläden, Ersatz von Sonnenschutzfolien an Außenfenstern, Instandsetzung von Außenwandbekleidungen insbesondere Putz- und Stuckateurarbeiten inkl. Gerüstbauarbeiten, Instandsetzung von Handläufen und Einbauten, Schreiner- und Zimmerarbeiten, Instandsetzung von Sanitäranlagen, Sanitärarbeiten, Instandsetzung von Beleuchtungen, Instandsetzung von Elektroanlagen, Austausch von Schutzschaltern, Elektroarbeiten.

Planungskennwerte für Flächen und Rauminhalte nach DIN 277

Flächen des Grundstücks		Menge, Einheit	% an FBG
BF	Bebaute Fläche	245 m²	10,2
UBF	Unbebaute Fläche	2.150 m²	89,8
FBG	Fläche des Baugrundstücks	2.395 m²	100,0
FAB	Fläche außerhalb des Baugrundstücks	0 m²	0,0

Grundflächen des Bauwerks		Menge, Einheit	% an NF	% an BGF
NF	Nutzfläche	492 m²	100,0	67,4
TF	Technische Funktionsfläche	15 m²	3,0	2,1
VF	Verkehrsfläche	125 m²	25,5	17,2
NGF	Netto-Grundfläche	632 m²	128,5	86,7
KGF	Konstruktions-Grundfläche	97 m²	19,8	13,3
BGF	Brutto-Grundfläche	730 m²	148,3	100,0

Nutzflächen des Bauwerks		Menge, Einheit	% an NF	% an BGF
NF1	Wohnen und Aufenthalt	220 m²	44,7	30,1
NF2	Büroarbeit	77 m²	15,7	10,6
NF3	Produktion, Hand-, Maschinenarbeit, Exp.	56 m²	11,4	7,7
NF4	Lagern, Verteilen und Verkaufen	0 m²	0,0	0,0
NF5	Bildung, Unterricht und Kultur	41 m²	8,3	5,6
NF6	Heilen und Pflegen	0 m²	0,0	0,0
NF7	Sonstige Nutzflächen	98 m²	19,9	13,4

Brutto-Rauminhalt des Bauwerks		Menge, Einheit	BRI/NF (m)	BRI/BGF (m)
BRI	Brutto-Rauminhalt	3.036 m³	6,17	4,16

Lufttechnisch behandelte Flächen	Menge, Einheit	% an NF	% an BGF
Entlüftete Fläche	0 m²	0,0	0,0
Be- und entlüftete Fläche	0 m²	0,0	0,0
Teilklimatisierte Fläche	0 m²	0,0	0,0
Klimatisierte Fläche	0 m²	0,0	0,0

Kostenkennwerte für die Kostengruppen der 1. Ebene DIN 18960

KG	Kostengruppen (1. Ebene)	Kosten €/a	€/m² NF*a	€/m² BGF*a	€/m³ BRI*a	% an Summe
100	Kapitalkosten	–	–	–	–	–
200	Objektmanagementkosten	–	–	–	–	–
300	Betriebskosten	36.267	74	50	12	57,6
400	Instandsetzungskosten	26.659	54	37	9	42,4

Verteilung der Nutzungskosten €/m² BGF*a (Kindertagesstätten)

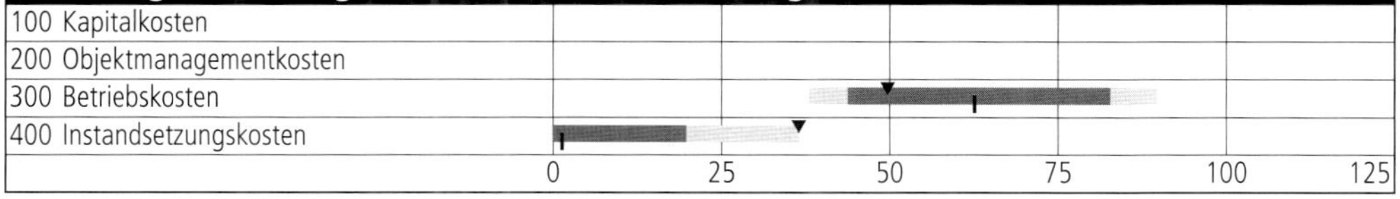

Kostenkennwerte für die Kostengruppen der 1. Ebene nach DIN 18960

KG	Kostengruppe	Menge Einheit	Kosten €/a	€/Einheit*a	% an Summe
300	**Betriebskosten** **Versorgung**: Wasser- und Abwasserkosten • Gas, Kernnutzung im untersten Geschoss, Dachgeschoss ausgebaut, Außenwände schwere, einschalige Konstruktion, Standard der Außentüren und -fenster Zweischeibenverglasung, Holzrahmen, Wärmedämmung nach gesetzlichem Standard im Jahre 1989, Wärmeerzeugungsanlagen mit zentraler Wassererwärmung, Raumheizflächen Heizkörper • Strom. **Entsorgung**: Abfall. **Reinigung und Pflege von Gebäuden**: Tägliche Unterhaltsreinigung, Leeren von Abfallbehältern und Entsorgung, 1 Sommerhauptreinigung, Materialverbrauch, Reinigung inkl. Reinigung innenliegender Glasflächen fremdvergeben, 10,06 €/m² Reinigungsfläche und Jahr, Angaben zu den Bodenbelägen: 70% der NGF Kunststoffbelag, 30% der NGF Steinbelag • 2 Fensterreinigungen inkl. Rahmen, fremdvergeben. **Reinigung und Pflege von Außenanlagen**: Reinigung, Winterdienst • Grünpflege, Wartung gärtnerischer Anlagen. **Bedienung, Inspektion und Wartung**: Raumausstattungsarbeiten, Wartung von Feuerlöschern.	729,75 BGF	36.267	**49,70**	57,6
400	**Instandsetzungskosten** **Instandsetzung der Baukonstruktionen**: Instandsetzung von Außentüren und -fenstern insbesondere Austausch von Glasscheiben, Glaserarbeiten, Schlosser- und Schreinerarbeiten, Instandsetzung von Rollläden, Ersatz von Sonnenschutzfolien an Außenfenstern, Instandsetzung von Außenwandbekleidungen insbesondere Putz- und Stuckateurarbeiten inkl. Gerüstbauarbeiten • Instandsetzung von Handläufen und Einbauten, Schreiner- und Zimmerarbeiten. **Instandsetzung der Technischen Anlagen**: Instandsetzung von Sanitäranlagen, Sanitärarbeiten • Instandsetzung von Beleuchtungen, Instandsetzung von Elektroanlagen, Austausch von Schutzschaltern, Elektroarbeiten.	729,75 BGF	26.659	**36,53**	42,4

Kostenkennwerte für die Kostengruppen der 2. Ebene nach DIN 18960

KG	Kostengruppe	Menge Einheit	Kosten €/a	€/Einheit*a	% an Summe
300	**Betriebskosten**				
310	**Versorgung** Wasser: Wasser- und Abwasserkosten • Gas: Kernnutzung im untersten Geschoss, Dachgeschoss ausgebaut, Außenwände schwere, einschalige Konstruktion, Standard der Außentüren und -fenster Zweischeibenverglasung, Holzrahmen, Wärmedämmung nach gesetzlichem Standard im Jahre 1989, Wärmeerzeugungsanlagen mit zentraler Wassererwärmung, Raumheizflächen Heizkörper • Strom. Angaben zur Nutzung: Kindertagesstätte, 45 Kinder, 52 h Betriebszeit/Woche, Essensangebot, Küchenbetrieb.	729,75 BGF	11.022	**15,10**	30,4
320	**Entsorgung** Abfall.	729,75 BGF	1.736	**2,38**	4,8
330	**Reinigung und Pflege von Gebäuden** Unterhaltsreinigung: tägliche Unterhaltsreinigung, Leeren von Abfallbehältern und Entsorgung, 1 Sommerhauptreinigung, Materialverbrauch, Reinigung inkl. Reinigung innenliegender Glasflächen fremdvergeben, 10,06 €/m² Reinigungsfläche und Jahr • Glasreinigung: 2 Fensterreinigungen inkl. Rahmen, fremdvergeben	729,75 BGF	15.744	**21,58**	43,4

Boden- und Deckenbelagsfläche

KG	Kostengruppe	Menge Einheit	Kosten €/a	€/Einheit*a	% an Summe
340	**Reinigung und Pflege von Außenanlagen** Befestigte Flächen: Reinigung, Winterdienst • Pflanz- und Grünflächen: Grünpflege, Wartung gärtnerischer Anlagen. 2,95 €/m² unbebaute Fläche des Baugrundstücks und Jahr, Angaben zum Grundstück: unbebaute Fläche des Grundstücks 2.150 m², Standort städtisch, ebenes Gelände.	729,75 BGF	6.363	**8,72**	17,6
350	**Bedienung, Inspektion und Wartung** Inspektion und Wartung der Technischen Anlagen: Abgaswegeprüfung, Wartung von Aufzügen, Ersatzteile, Material • Inspektion und Wartung von Ausstattung und Kunstwerken: Raumausstattungsarbeiten, Wartung von Feuerlöschern.	729,75 BGF	1.099	**1,51**	3,0
370	**Abgaben und Beiträge** Gebäudeversicherungen.	729,75 BGF	303	**0,42**	0,8
400	**Instandsetzungskosten**				
410	**Instandsetzung der Baukonstruktionen** Außenwände: Instandsetzung von Außentüren und -fenstern insbesondere Austausch von Glasscheiben, Glaserarbeiten, Schlosser- und Schreinerarbeiten, Instandsetzung von Rollläden, Ersatz von Sonnenschutzfolien an Außenfenstern, Instandsetzung von Außenwandbekleidungen insbesondere Putz- und Stuckateurarbeiten inkl. Gerüstbauarbeiten • Baukonstruktive Einbauten: Instandsetzung von Handläufen und Einbauten, Schreiner- und Zimmerarbeiten.	729,75 BGF	22.962	**31,47**	86,1

4400-126
Kindertagesstätte, unterkellert, hoher Standard
(45 Kinder)

KG	Kostengruppe	Menge Einheit	Kosten €/a	€/Einheit*a	% an Summe
420	**Instandsetzung der Technischen Anlagen** Abwasser-, Wasser-, Gasanlagen: Instandsetzung von Sanitäranlagen, Sanitärarbeiten • Starkstromanlagen: Instandsetzung von Beleuchtungen, Instandsetzung von Elektroanlagen, Austausch von Schutzschaltern, Elektroarbeiten.	729,75 BGF	3.697	**5,07**	13,9

Sportbauten

5

- **5100 Hallen (ohne Schwimmhallen)**

5200 Schwimmhallen
5300 Gebäude für Sportplatz und Freibadanlagen
5400 Sportplatzanlagen (Außenanlagen)
5500 Freibadanlagen (Außenanlagen)
5600 Sondersportanlagen

5100-050 Turn- und Versammlungshalle (2 Einfeldhallen)

Objektübersicht

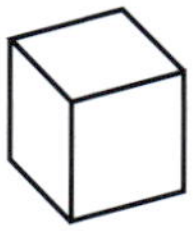

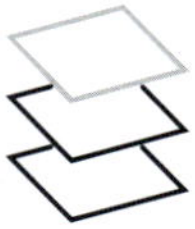

133.482 €/Hallenfeld*a

28 €/m^3 BRI*a

150 €/m^2 BGF*a

239 €/m^2 NF*a

Kennwerte	bis 2. Ebene DIN 18960 inkl. Außenanlagen
Ausbau	Grund- und Mieterausbau
Land	Baden-Württemberg
Kreis	Stuttgart
Baujahr	1955
m^3 BRI	9.658
m^2 BGF	1.785
m^2 NF	1.118

Eigentümer:
Landeshauptstadt Stuttgart
Hauptstätter Str. 79
70178 Stuttgart

Bewirtschafter:
Schulverwaltungsamt
Hauptstätter Str. 79
70178 Stuttgart

Kostenstand: 1. Quartal 2010, inkl. MwSt.

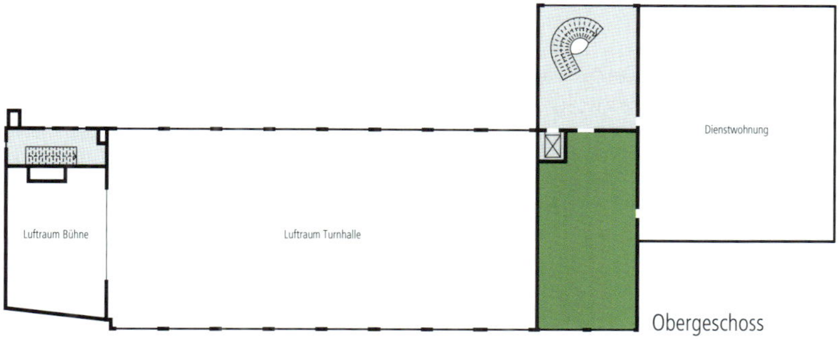

Obergeschoss

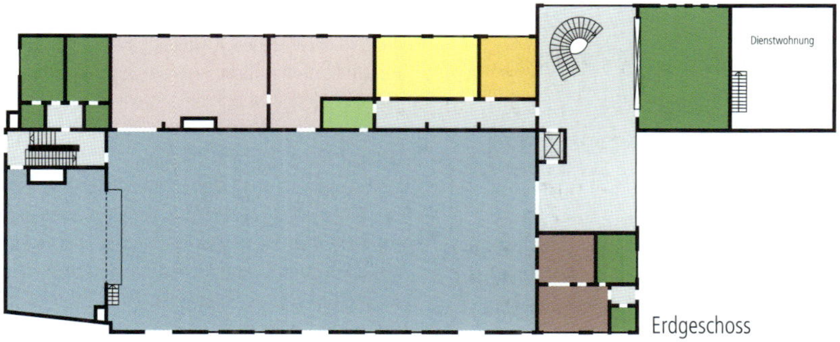

Erdgeschoss

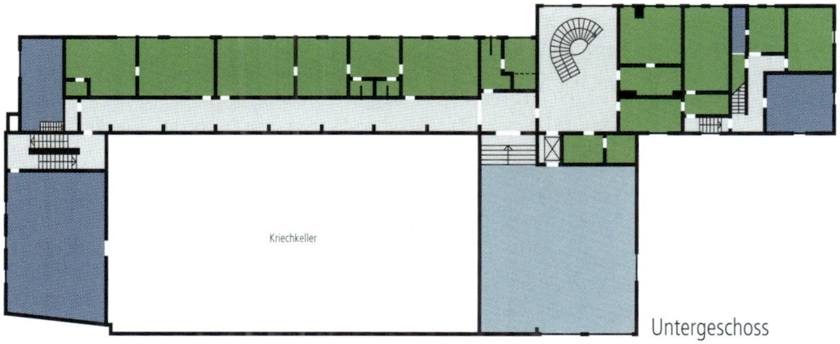

Untergeschoss

NF1 Wohnen und Aufenthalt	NF4 Lagern, Verteilen und Verkaufen	NF7 Sonstige Nutzflächen
NF2 Büroarbeit	NF5 Bildung, Unterricht und Kultur	TF Technische Funktionsfläche
NF3 Prod., Hand- und Maschinenarb., Experimente	NF6 Heilen und Pflegen	VF Verkehrsfläche

Objektbeschreibung

Nutzung

1 Untergeschoss
Gymnastikraum, Hauswirtschaftsraum, Umkleideräume, Sanitärräume, Putzraum, Abstellraum, Haustechnik.

1 Erdgeschoss
Dienstwohnung, Aufenthaltsraum, Küche, Turnhalle, Bühne, Regieraum, Arztzimmer, Umkleideräume, Sanitärräume, Garderobe, Abstellräume.

1 Obergeschoss
Dienstwohnung, Abstellraum.

Nutzeinheiten

Einfeldhalle: 2
Stellplätze: 4

Besonderer Kosteneinfluss

Nutzung
82 h Betriebszeit/Schulwoche, Kernnutzung im untersten Geschoss.

Objekt
Wassergespülte Urinale, Außenwände der Nord- und Südfassade als schwere, einschalige Konstruktion, Außenwände der Ostfassade zu 80% als schwere, einschalige Konstruktion, zu 20% als Pfosten-Riegel-Konstruktion, Außenwände der Westfassade zu 70% als schwere, einschalige Konstruktion, zu 30% als schwere, mehrschalige Konstruktion, Standard der Außentüren und -fenster Zweischeibenverglasung, 60% der Außentüren und -fenster Holzrahmen modernisiert im Jahre 2006, 40% der Außentüren und -fenster Stahlrahmen, modernisiert im Jahre 2006, Wärmedämmung der Gründungs- und Außenwandfläche nach gesetzlichem Standard im Jahre 1955, Wärmedämmung der Dachfläche 2006 modernisiert, Wärmeerzeugungsanlagen mit zentraler Wassererwärmung, Heizungssteuerung Tagesprogramm, Raumheizflächen Heizkörper, Beheizung des Gymnastikraums über Zuluftanlage, Zu- und Abluftanlage in Turnhalle und Nebenräumen, 70% Auslastung der Lüftungsanlage, Angaben zu den Bodenbelägen: 29% der NGF Holzbelag, 21% der NGF Kunststoffbelag, 50% der NGF Steinbelag, Angaben zur Außenverglasung: 10 m^2 Glasfläche als Außentüren und -fenster, 2-seitige Reinigung, Angaben zur Innenverglasung: 320 m^2 Glasfläche als Innentüren und -fenster, 2-seitige Reinigung; 10 m^2 Glasfläche als Trennwände und Einbauten, 1-seitige Reinigung, Heizkessel aus dem Jahre 1992, Beheizung des Gymnastikraums über Zuluftanlage, 1 Aufzug.

Grundstück

Standort: städtisch
Bauraum: freier Bauraum
Neigung: ebenes Gelände
Standard der Außenanlagen: überwiegend Hartflächen

Betrieb

Durchschnittliche Betriebskosten:
Personalkosten des Objektmanagements inkl. arbeitsplatzbezogener Gemeinkosten wie Umlagen für arbeitsmedizinische und -sicherheitstechnische Dienste, Sekretariate, Registraturen und dgl., Wasserverbrauch 147 l/m^2 BGF und Jahr, Gas, Stromverbrauch 17 kWh/m^2 BGF und Jahr, regelmäßige Unterhaltsreinigung, Leeren von Abfallbehältern und Entsorgung, 1 Sommerhauptreinigung, 1 Sonderreinigung der Turn- und Versammlungshalle, Reinigung fremdvergeben, Reinigung fremdvergeben, Kostenpauschale für regelmäßige Hausmeisterdienstleistungen im Zusammenhang mit Reinigung, Winterdienst und dgl., Streumittel, Wartung des Trinkwasserverteilers, Wartung von Hebeanlagen, Abgaswegeuntersuchung, Wartung der Rauch- und Wärmeabzugsanlage, Austausch von Filtern lufttechnischer Anlagen, Wartung von Batterieanlagen, Prüfung der Elektroanlagen, Wartung von Sicherheitsbeleuchtungen und Schwachstromanlagen, Elektroarbeiten, Wartung der Bühnentechnik, Wartung des Aufzugs, Ersatzteile, Kostenpauschale für regelmäßige Hausmeisterdienstleistungen im Zusammenhang mit der Bedienung, Inspektion und Wartung, Ersatzteile, Material.

Instandsetzung

Hohe Instandsetzungskosten:
Instandsetzung von Außentüren und -fenstern insbesondere Rohbau- und Klinkerarbeiten, Instandsetzung von Schließanlagen, Richten von Fenstern, Schreiner- und Malerarbeiten, Instandsetzung von Deckenbekleidungen insbesondere Verputzarbeiten, Instandsetzung der Küche insbesondere Einbau und Anschluss der Einbauküche, Platten- und Fliesenarbeiten, Schreiner- und Malerarbeiten, Planung der Baumaßnahme, Überwachung der Ausführung, Baureinigung, verschiedene Maßnahmen an den Baukonstruktionen, Instandsetzung von Beleuchtungsanlagen insbesondere Erneuerung einer Dimmschaltung, Elektroarbeiten in der Küche, Beschaffung und Austausch von Möbeln.

Planungskennwerte für Flächen und Rauminhalte nach DIN 277

Flächen des Grundstücks		Menge, Einheit	% an FBG
BF	Bebaute Fläche	1.068 m²	21,8
UBF	Unbebaute Fläche	3.826 m²	78,2
FBG	Fläche des Baugrundstücks	4.894 m²	100,0
FAB	Fläche außerhalb des Baugrundstücks	370 m²	20,7

Grundflächen des Bauwerks		Menge, Einheit	% an NF	% an BGF
NF	Nutzfläche	1.118 m²	100,0	62,6
TF	Technische Funktionsfläche	108 m²	9,6	6,0
VF	Verkehrsfläche	359 m²	32,1	20,1
NGF	Netto-Grundfläche	1.585 m²	141,7	88,8
KGF	Konstruktions-Grundfläche	200 m²	17,9	11,2
BGF	Brutto-Grundfläche	1.785 m²	159,6	100,0

Nutzflächen des Bauwerks		Menge, Einheit	% an NF	% an BGF
NF1	Wohnen und Aufenthalt	28 m²	2,5	1,6
NF2	Büroarbeit	7 m²	0,6	0,4
NF3	Produktion, Hand-, Maschinenarbeit, Exp.	29 m²	2,6	1,7
NF4	Lagern, Verteilen und Verkaufen	100 m²	8,9	5,6
NF5	Bildung, Unterricht und Kultur	577 m²	51,6	32,3
NF6	Heilen und Pflegen	13 m²	1,2	0,7
NF7	Sonstige Nutzflächen	363 m²	32,5	20,4

Brutto-Rauminhalt des Bauwerks		Menge, Einheit	BRI/NF (m)	BRI/BGF (m)
BRI	Brutto-Rauminhalt	9.658 m³	8,64	5,41

Lufttechnisch behandelte Flächen	Menge, Einheit	% an NF	% an BGF
Entlüftete Fläche	0 m²	0,0	0,0
Be- und entlüftete Fläche	484 m²	43,3	27,1
Teilklimatisierte Fläche	0 m²	0,0	0,0
Klimatisierte Fläche	0 m²	0,0	0,0

Kostenkennwerte für die Kostengruppen der 1. Ebene DIN 18960

KG	Kostengruppen (1. Ebene)	Kosten €/a	€/m² NF*a	€/m² BGF*a	€/m³ BRI*a	% an Summe
100	Kapitalkosten	–	–	–	–	–
200	Objektmanagementkosten	13.162	12	7	1	4,7
300	Betriebskosten	68.186	61	38	7	24,3
400	Instandsetzungskosten	198.778	178	111	21	71,0

Verteilung der Nutzungskosten €/m² BGF*a (Turn- und Versammlungshallen)

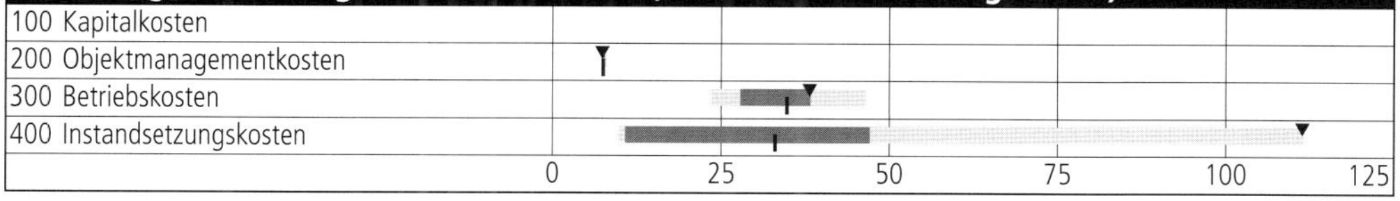

Kostenkennwerte für die Kostengruppen der 1. Ebene nach DIN 18960

KG	Kostengruppe	Menge Einheit	Kosten €/a	€/Einheit*a	% an Summe
200	**Objektmanagementkosten** **Personalkosten**: Personalkosten des Objektmanagements inkl. arbeitsplatzbezogener Gemeinkosten wie Umlagen für arbeitsmedizinische und -sicherheitstechnische Dienste, Sekretariate, Registraturen und dgl. **Sachkosten**: Allgemeine Sachkostenpauschale für Raumkosten, Fernsprechkosten, Einrichtungs- und Ausstattungskosten, Büroarbeitsplatz- und Bürobedarfskosten.	1.785,23 BGF	13.162	**7,37**	4,7
300	**Betriebskosten** **Versorgung**: Wasser • Gas, Kernnutzung im untersten Geschoss, Außenwände der Nord- und Südfassade als schwere, einschalige Konstruktion, Außenwände der Ostfassade zu 80% als schwere, einschalige Konstruktion, zu 20% als Pfosten-Riegel-Konstruktion, Außenwände der Westfassade zu 70% als schwere, einschalige Konstruktion, zu 30% als schwere, mehrschalige Konstruktion, Standard der Außentüren und -fenster Zweischeibenverglasung, 60% der Außentüren und -fenster Holzrahmen modernisiert im Jahre 2006, 40% der Außentüren und -fenster Stahlrahmen, modernisiert im Jahre 2006, Wärmedämmung der Gründungs- und Außenwandfläche nach gesetzlichem Standard im Jahre 1955, Wärmedämmung der Dachfläche 2006 modernisiert, Wärmeerzeugungsanlagen mit zentraler Wassererwärmung, Heizungssteuerung Tagesprogramm, Raumheizflächen Heizkörper, Beheizung des Gymnastikraums über Zuluftanlage • Strom, Zu- und Abluftanlage in Turnhalle und Nebenräumen, 70% Auslastung der Lüftungsanlage, 1 Aufzug. **Reinigung und Pflege von Gebäuden**: Regelmäßige Unterhaltsreinigung, Leeren von Abfallbehältern und Entsorgung, 1 Sommerhauptreinigung, 1 Sonderreinigung der Turn- und Versammlungshalle, Reinigung fremdvergeben, 4,45 €/m² Reinigungsfläche und Jahr, Angaben zu den Bodenbelägen: 29% der NGF Holzbelag, 21% der NGF Kunststoffbelag, 50% der NGF Steinbelag. **Reinigung und Pflege von Außenanlagen**: Reinigung fremdvergeben, Kostenpauschale für regelmäßige Hausmeisterdienstleistungen im Zusammenhang mit Reinigung, Winterdienst und dgl., Streumittel. **Bedienung, Inspektion und Wartung**: Reparaturen an Außentüren und -fenstern insbesondere Schlosserarbeiten, Reinigung der Dachrinnen und Regenrohre inkl. Gerüstbauarbeiten, allgemeine Wartungsarbeiten, Ersatzteile • Wartung des Trinkwasserverteilers, Wartung von Hebeanlagen, Abgaswegeuntersuchung, Wartung der Rauch- und Wärmeabzugsanlage, Austausch von Filtern lufttechnischer Anlagen, Wartung von Batterieanlagen, Prüfung der Elektroanlagen, Wartung von Sicherheitsbeleuchtungen und Schwachstromanlagen, Elektroarbeiten, Wartung der Bühnentechnik, Wartung des Aufzugs, Ersatzteile • Kostenpauschale für regelmäßige Hausmeisterdienstleistungen im Zusammenhang mit der Bedienung, Inspektion und Wartung, Ersatzteile, Material. **Sicherheits- und Überwachungsdienste**: Kostenpauschale für regelmäßige Hausmeisterdienstleistungen im Zusammenhang mit Wach- und Schließdiensten. **Abgaben und Beiträge**: Abgaben für Grundstück und Gebäude.	1.785,23 BGF	68.186	**38,19**	24,3

KG	Kostengruppe	Menge Einheit	Kosten €/a	€/Einheit*a	% an Summe
400	**Instandsetzungskosten**	1.785,23 BGF	198.778	**111,35**	71,0

Instandsetzung der Baukonstruktionen: Instandsetzung von Außentüren und -fenstern insbesondere Rohbau- und Klinkerarbeiten, Instandsetzung von Schließanlagen, Richten von Fenstern, Schreiner- und Malerarbeiten • Instandsetzung von Deckenbekleidungen insbesondere Verputzarbeiten • Instandsetzung der Küche insbesondere Einbau und Anschluss der Einbauküche, Platten- und Fliesenarbeiten, Schreiner- und Malerarbeiten, Planung der Baumaßnahme, Überwachung der Ausführung, Baureinigung, verschiedene Maßnahmen an den Baukonstruktionen.
Instandsetzung der Technischen Anlagen: Instandsetzung von Abwasser- und Wasseranlagen im Zuge der Instandsetzung der Küche, Baureinigung • Instandsetzung von Gasleitungen, Heizungsarbeiten im Zuge der Instandsetzung der Küche • Instandsetzung von Beleuchtungsanlagen insbesondere Erneuerung einer Dimmschaltung, Elektroarbeiten in der Küche • verschiedene Maßnahmen an den Technischen Anlagen.
Instandsetzung der Außenanlagen: Instandsetzung des Ballfangzauns.
Instandsetzung der Ausstattung: Beschaffung und Austausch von Möbeln.

Kostenkennwerte für die Kostengruppen der 2. Ebene nach DIN 18960

KG	Kostengruppe	Menge Einheit	Kosten €/a	€/Einheit*a	% an Summe
200	**Objektmanagementkosten**				
210	**Personalkosten** Personalkosten des Objektmanagements inkl. arbeitsplatzbezogener Gemeinkosten wie Umlagen für arbeitsmedizinische und -sicherheitstechnische Dienste, Sekretariate, Registraturen und dgl.	1.785,23 BGF	11.313	**6,34**	86,0
220	**Sachkosten** Allgemeine Sachkostenpauschale für Raumkosten, Fernsprechkosten, Einrichtungs- und Ausstattungskosten, Büroarbeitsplatz- und Bürobedarfskosten.	1.785,23 BGF	1.850	**1,04**	14,1
300	**Betriebskosten**				
310	**Versorgung** Wasser: wassergespülte Urinale • Gas: Kernnutzung im untersten Geschoss, Außenwände der Nord- und Südfassade als schwere, einschalige Konstruktion, Außenwände der Ostfassade zu 80% als schwere, einschalige Konstruktion, zu 20% als Pfosten-Riegel-Konstruktion, Außenwände der Westfassade zu 70% als schwere, einschalige Konstruktion, zu 30% als schwere, mehrschalige Konstruktion, Standard der Außentüren und -fenster Zweischeibenverglasung, 60% der Außentüren und -fenster Holzrahmen modernisiert im Jahre 2006, 40% der Außentüren und -fenster Stahlrahmen, modernisiert im Jahre 2006, Wärmedämmung der Gründungs- und Außenwandfläche nach gesetzlichem Standard im Jahre 1955, Wärmedämmung der Dachfläche 2006 modernisiert, Wärmeerzeugungsanlagen mit zentraler Wassererwärmung, Heizungssteuerung Tagesprogramm, Raumheizflächen Heizkörper, Beheizung des Gymnastikraums über Zuluftanlage • Strom: Zu- und Abluftanlage in Turnhalle und Nebenräumen, 70% Auslastung der Lüftungsanlage, 1 Aufzug. Angaben zur Nutzung: Turn- und Versammlungshalle, 2 Einfeldhallen, 82 h Betriebszeit/Schulwoche.	1.785,23 BGF	13.577	**7,61**	19,9
320	**Entsorgung** Abwasser • Abfall: Kompostierung.	1.785,23 BGF	386	**0,22**	0,6

KG	Kostengruppe	Menge Einheit	Kosten €/a	€/Einheit*a	% an Summe
330	**Reinigung und Pflege von Gebäuden**	1.785,23 BGF	19.252	**10,78**	28,2

Unterhaltsreinigung: regelmäßige Unterhaltsreinigung, Leeren von Abfallbehältern und Entsorgung, 1 Sommerhauptreinigung, 1 Sonderreinigung der Turn- und Versammlungshalle, Reinigung fremdvergeben, 4,45 €/m² Reinigungsfläche und Jahr • Glasreinigung: 1 Reinigung der Außen- und Innenverglasung inkl. Rahmen, fremdvergeben, Angaben zur Außenverglasung: 10 m² Glasfläche als Außentüren und -fenster, 2-seitige Reinigung, Angaben zur Innenverglasung: 320 m² Glasfläche als Innentüren und -fenster, 2-seitige Reinigung; 10 m² Glasfläche als Trennwände und Einbauten, 1-seitige Reinigung • Reinigung und Pflege von Gebäuden, sonstiges: Kostenpauschale für regelmäßige Hausmeisterdienstleistungen im Zusammenhang mit der Reinigung und Pflege des Gebäudes wie Reinigungskontrollen und dgl.

Boden- und Deckenbelagsfläche

KG	Kostengruppe	Menge Einheit	Kosten €/a	€/Einheit*a	% an Summe
340	**Reinigung und Pflege von Außenanlagen**	1.785,23 BGF	7.147	**4,00**	10,5

Befestigte Flächen: Reinigung fremdvergeben, Kostenpauschale für regelmäßige Hausmeisterdienstleistungen im Zusammenhang mit Reinigung, Winterdienst und dgl., Streumittel • Pflanz- und Grünflächen: Grünpflege, Baumpflege, Wartung gärtnerischer Anlagen.
1,86 €/m² unbebaute Fläche des Baugrundstücks und Jahr, Angaben zum Grundstück: unbebaute Fläche des Grundstücks 3.825 m², Standort städtisch, ebenes Gelände.

Unbebaute Fläche des Baugrundstücks

KG	Kostengruppe	Menge Einheit	Kosten €/a	€/Einheit*a	% an Summe
350	**Bedienung, Inspektion und Wartung**	1.785,23 BGF	18.914	**10,59**	27,7

Bedienung der Technischen Anlagen: Telekommunikation • Inspektion und Wartung der Baukonstruktion: Reparaturen an Außentüren und -fenstern insbesondere Schlosserarbeiten, Reinigung der Dachrinnen und Regenrohre inkl. Gerüstbauarbeiten, allgemeine Wartungsarbeiten, Ersatzteile • Inspektion und Wartung der Technischen Anlagen: Wartung des Trinkwasserverteilers, Wartung von Hebeanlagen, Abgaswegeuntersuchung, Wartung der Rauch- und Wärmeabzugsanlage, Austausch von Filtern lufttechnischer Anlagen, Wartung von Batterieanlagen, Prüfung der Elektroanlagen, Wartung von Sicherheitsbeleuchtungen und Schwachstromanlagen, Elektroarbeiten, Wartung der Bühnentechnik, Wartung des Aufzugs, Ersatzteile • Inspektion und Wartung der Außenanlagen: Wartung von Außenanlagen • Inspektion und Wartung von Ausstattung und Kunstwerken: Wartung von Turn- und Sportgeräten • Bedienung, Inspektion und Wartung, sonstiges: Kostenpauschale für regelmäßige Hausmeisterdienstleistungen im Zusammenhang mit der Bedienung, Inspektion und Wartung, Ersatzteile, Material.

KG	Kostengruppe	Menge Einheit	Kosten €/a	€/Einheit*a	% an Summe
360	**Sicherheits- und Überwachungsdienste**	1.785,23 BGF	4.473	**2,51**	6,6

Kontrollen aufgrund öffentlich-rechtlicher Bestimmungen: Spielgerätekontrolle • Objekt- und Personenschutz: Kostenpauschale für regelmäßige Hausmeisterdienstleistungen im Zusammenhang mit Wach- und Schließdiensten.

KG	Kostengruppe	Menge Einheit	Kosten €/a	€/Einheit*a	% an Summe
370	**Abgaben und Beiträge** Steuern: Abgaben für Grundstück und Gebäude • Versicherungsbeiträge.	1.785,23 BGF	4.436	**2,49**	6,5
400	**Instandsetzungskosten**				
410	**Instandsetzung der Baukonstruktionen** Außenwände: Instandsetzung von Außentüren und -fenstern insbesondere Rohbau- und Klinkerarbeiten, Instandsetzung von Schließanlagen, Richten von Fenstern, Schreiner- und Malerarbeiten • Decken: Instandsetzung von Deckenbekleidungen insbesondere Verputzarbeiten • Instandsetzungskosten der Baukonstruktionen, sonstiges: Instandsetzung der Küche insbesondere Einbau und Anschluss der Einbauküche, Platten- und Fliesenarbeiten, Schreiner- und Malerarbeiten, Planung der Baumaßnahme, Überwachung der Ausführung, Baureinigung, verschiedene Maßnahmen an den Baukonstruktionen.	1.785,23 BGF	151.459	**84,84**	76,2
420	**Instandsetzung der Technischen Anlagen** Abwasser-, Wasser-, Gasanlagen: Instandsetzung von Abwasser- und Wasseranlagen im Zuge der Instandsetzung der Küche, Baureinigung • Wärmeversorgungsanlagen: Instandsetzung von Gasleitungen, Heizungsarbeiten im Zuge der Instandsetzung der Küche • Lufttechnische Anlagen: Einbau einer lufttechnischen Anlage in der Küche • Starkstromanlagen: Instandsetzung von Beleuchtungsanlagen insbesondere Erneuerung einer Dimmschaltung, Elektroarbeiten in der Küche • Instandsetzung der Technischen Anlagen, sonstiges: verschiedene Maßnahmen an den Technischen Anlagen.	1.785,23 BGF	39.340	**22,04**	19,8
430	**Instandsetzung der Außenanlagen** Instandsetzung des Ballfangzauns.	1.785,23 BGF	1.828	**1,02**	0,9
440	**Instandsetzung der Ausstattung** Beschaffung und Austausch von Möbeln.	1.785,23 BGF	6.152	**3,45**	3,1

5100-051
Sporthalle
(1 Zweifeldhalle)

Objektübersicht

Kennwerte	bis 2. Ebene DIN 18960 exkl. Außenanlagen
Ausbau	Grund- und Mieterausbau
Land	Baden-Württemberg
Kreis	Stuttgart
Baujahr	2007
m^3 BRI	10.329
m^2 BGF	1.657
m^2 NF	1.221

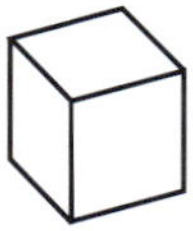

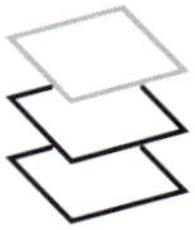

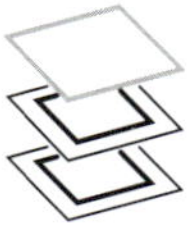

41.245 €/Hallenfeld*a

8 €/m^3 BRI*a

50 €/m^2 BGF*a

68 €/m^2 NF*a

Eigentümer:
Landeshauptstadt Stuttgart
Hauptstätter Str. 79
70178 Stuttgart

Bewirtschafter:
Schulverwaltungsamt
Hauptstätter Str. 79
70178 Stuttgart

Kostenstand: 1. Quartal 2010, inkl. MwSt.

Obergeschoss

Erdgeschoss

NF1 Wohnen und Aufenthalt	NF4 Lagern, Verteilen und Verkaufen	NF7 Sonstige Nutzflächen
NF2 Büroarbeit	NF5 Bildung, Unterricht und Kultur	TF Technische Funktionsfläche
NF3 Prod., Hand- und Maschinenarb., Experimente	NF6 Heilen und Pflegen	VF Verkehrsfläche

Objektbeschreibung

Nutzung

1 Erdgeschoss
Regieraum, Turnhalle, Sanitärraum, Putzraum, Abstellräume, Haustechnik.

1 Obergeschoss
Umkleideräume, Sanitärräume, Abstellraum.

Nutzeinheiten

Zweifeldhalle: 1

Besonderer Kosteneinfluss

Nutzung
72 h Betriebszeit/Schulwoche, Kernnutzung im untersten Geschoss.

Objekt
Außenwände der Nordfassade zu 40% als schwere, einschalige Konstruktion, zu 60% als Pfosten-Riegel-Konstruktion, Außenwände der Ostfassade Pfosten-Riegel-Konstruktion, Außenwände der Südfassade zu 30% als schwere, mehrschalige Konstruktion, zu 70% als Pfosten-Riegel-Konstruktion, Außenwände der Westfassade zu 85% als schwere, mehrschalige Konstruktion, zu 15% als Pfosten-Riegel-Konstruktion, Standard der Außentüren und -fenster Zweischeibenverglasung, Aluminiumrahmen, Wärmedämmung nach gesetzlichem Standard im Jahre 2007, Wärmeerzeugungsanlagen mit zentraler Wassererwärmung, Heizungssteuerung Wochenprogramm, 2 Heizungsgruppen für Sporthalle und Nebenräume, Zu- und Abluftanlage in Nebenräumen, Angaben zu den Bodenbelägen: 71% der NGF Kunststoffbelag, 29% der NGF Steinbelag, Angaben zur Außenverglasung: 665 m^2 Glasfläche als Außentüren und -fenster, 2-seitige Reinigung; 20 m^2 Glasfläche als Dachfenster, 2-seitige Reinigung, Angaben zur Innenverglasung: 130 m^2 Glasfläche als Innentüren und -fenster, 2-seitige Reinigung, 80 m^2 Glasfläche als Trennwände und Einbauten, 2-seitige Reinigung, 1 Aufzug.

Grundstück

Standort: innerstädtisch
Bauraum: beengt
Neigung: geneigtes Gelände

Betrieb

Durchschnittliche Betriebskosten:
Personalkosten des Objektmanagements inkl. arbeitsplatzbezogener Gemeinkosten wie Umlagen für arbeitsmedizinische und -sicherheitstechnische Dienste, Sekretariate, Registraturen und dgl., Energiemanagement, Fernwärme, Strom, regelmäßige Unterhaltsreinigung, Leeren von Abfallbehältern und Entsorgung, 1 Sommerhauptreinigung, 1 Sonderreinigung der Sporthalle, Reinigung fremdvergeben, Wartung der Rauch- und Wärmeabzugsanlage, Elektroarbeiten an Steckdosen, Wartung von Brandschutzklappen, Wartung des Aufzug, Kostenpauschale für regelmäßige Hausmeisterdienstleistungen im Zusammenhang mit der Bedienung, Inspektion und Wartung, Kostenpauschale für regelmäßige Hausmeisterdienstleistungen im Zusammenhang mit Wach- und Schließdiensten.

Instandsetzung

Geringe Instandsetzungskosten:
Instandsetzung von Außentüren und -fenstern, Instandsetzung von Bodenbelägen insbesondere Platten- und Fliesenarbeiten, verschiedene Maßnahmen an den Baukonstruktionen, Instandsetzung des Aufzugs, verschiedene Maßnahmen an den Technischen Anlagen.

Planungskennwerte für Flächen und Rauminhalte nach DIN 277

Flächen des Grundstücks		Menge, Einheit	% an FBG
BF	Bebaute Fläche	– m²	–
UBF	Unbebaute Fläche	– m²	–
FBG	Fläche des Baugrundstücks	– m²	–
FAB	Fläche außerhalb des Baugrundstücks	– m²	–

Grundflächen des Bauwerks		Menge, Einheit	% an NF	% an BGF
NF	Nutzfläche	1.221 m²	100,0	73,7
TF	Technische Funktionsfläche	33 m²	2,7	2,0
VF	Verkehrsfläche	246 m²	20,2	14,9
NGF	Netto-Grundfläche	1.500 m²	122,9	90,5
KGF	Konstruktions-Grundfläche	157 m²	12,8	9,5
BGF	Brutto-Grundfläche	1.657 m²	135,7	100,0

Nutzflächen des Bauwerks		Menge, Einheit	% an NF	% an BGF
NF1	Wohnen und Aufenthalt	0 m²	0,0	0,0
NF2	Büroarbeit	11 m²	0,9	0,7
NF3	Produktion, Hand-, Maschinenarbeit, Exp.	0 m²	0,0	0,0
NF4	Lagern, Verteilen und Verkaufen	0 m²	0,0	0,0
NF5	Bildung, Unterricht und Kultur	1.030 m²	84,3	62,1
NF6	Heilen und Pflegen	0 m²	0,0	0,0
NF7	Sonstige Nutzflächen	180 m²	14,7	10,9

Brutto-Rauminhalt des Bauwerks		Menge, Einheit	BRI/NF (m)	BRI/BGF (m)
BRI	Brutto-Rauminhalt	10.329 m³	8,46	6,23

Lufttechnisch behandelte Flächen	Menge, Einheit	% an NF	% an BGF
Entlüftete Fläche	0 m²	0,0	0,0
Be- und entlüftete Fläche	140 m²	11,5	8,5
Teilklimatisierte Fläche	0 m²	0,0	0,0
Klimatisierte Fläche	0 m²	0,0	0,0

Kostenkennwerte für die Kostengruppen der 1. Ebene DIN 18960

KG	Kostengruppen (1. Ebene)	Kosten €/a	€/m² NF*a	€/m² BGF*a	€/m³ BRI*a	% an Summe
100	Kapitalkosten	–	–	–	–	–
200	Objektmanagementkosten	14.346	12	9	1	14,8
300	Betriebskosten	64.818	53	39	6	66,9
400	Instandsetzungskosten	17.672	14	11	2	18,3

Verteilung der Nutzungskosten €/m² BGF*a (Sporthallen (Zweifeldhallen))

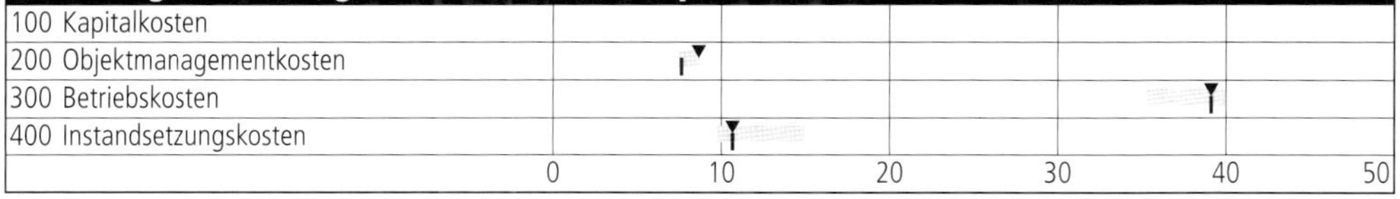

Kostenkennwerte für die Kostengruppen der 1. Ebene nach DIN 18960

KG	Kostengruppe	Menge Einheit	Kosten €/a	€/Einheit*a	% an Summe
200	**Objektmanagementkosten** **Personalkosten**: Personalkosten des Objektmanagements inkl. arbeitsplatzbezogener Gemeinkosten wie Umlagen für arbeitsmedizinische und -sicherheitstechnische Dienste, Sekretariate, Registraturen und dgl., Energiemanagement. **Sachkosten**: Allgemeine Sachkostenpauschale für Raumkosten, Fernsprechkosten, Einrichtungs- und Ausstattungskosten, Büroarbeitsplatz- und Bürobedarfskosten.	1.656,93 BGF	14.346	**8,66**	14,8
300	**Betriebskosten** **Versorgung**: Wasser • Fernwärme, Kernnutzung im untersten Geschoss, Außenwände der Nordfassade zu 40% als schwere, einschalige Konstruktion, zu 60% als Pfosten-Riegel-Konstruktion, Außenwände der Ostfassade Pfosten-Riegel-Konstruktion, Außenwände der Südfassade zu 30% als schwere, mehrschalige Konstruktion, zu 70% als Pfosten-Riegel-Konstruktion, Außenwände der Westfassade zu 85% als schwere, mehrschalige Konstruktion, zu 15% als Pfosten-Riegel-Konstruktion, Standard der Außentüren und -fenster Zweischeibenverglasung, Aluminiumrahmen, Wärmedämmung nach gesetzlichem Standard im Jahre 2007, Wärmeerzeugungsanlagen mit zentraler Wassererwärmung, Heizungssteuerung Wochenprogramm, 2 Heizungsgruppen für Sporthalle und Nebenräume • Strom, Zu- und Abluftanlage in Nebenräumen, 1 Aufzug. **Reinigung und Pflege von Gebäuden**: Regelmäßige Unterhaltsreinigung, Leeren von Abfallbehältern und Entsorgung, 1 Sommerhauptreinigung, 1 Sonderreinigung der Sporthalle, Reinigung fremdvergeben, Angaben zu den Bodenbelägen: 71% der NGF Kunststoffbelag, 29% der NGF Steinbelag • 1 Reinigung der Außen- und Innenverglasung inkl. Rahmen, fremdvergeben, Angaben zur Außenverglasung: 665 m^2 Glasfläche als Außentüren und -fenster, 2-seitige Reinigung; 20 m^2 Glasfläche als Dachfenster, 2-seitige Reinigung, Angaben zur Innenverglasung: 130 m^2 Glasfläche als Innentüren und -fenster, 2-seitige Reinigung, 80 m^2 Glasfläche als Trennwände und Einbauten, 2-seitige Reinigung • Kostenpauschale für regelmäßige Hausmeisterdienstleistungen im Zusammenhang mit der Reinigung und Pflege des Gebäudes wie Reinigungskontrollen und dgl. **Bedienung, Inspektion und Wartung**: Wartung der Rauch- und Wärmeabzugsanlage, Elektroarbeiten an Steckdosen, Wartung von Brandschutzklappen, Wartung des Aufzug • Kostenpauschale für regelmäßige Hausmeisterdienstleistungen im Zusammenhang mit der Bedienung, Inspektion und Wartung. **Sicherheits- und Überwachungsdienste**: Siehe Objekt 4100-086 • Kostenpauschale für regelmäßige Hausmeisterdienstleistungen im Zusammenhang mit Wach- und Schließdiensten. **Abgaben und Beiträge**: Siehe Objekt 4100-086 • Gebäudeversicherungen.	1.656,93 BGF	64.818	**39,12**	66,9
400	**Instandsetzungskosten** **Instandsetzung der Baukonstruktionen**: Instandsetzung von Außentüren und -fenstern • Instandsetzung von Bodenbelägen insbesondere Platten- und Fliesenarbeiten • verschiedene Maßnahmen an den Baukonstruktionen. **Instandsetzung der Technischen Anlagen**: Instandsetzung des Aufzugs • verschiedene Maßnahmen an den Technischen Anlagen.	1.656,93 BGF	17.672	**10,67**	18,3

Kostenkennwerte für die Kostengruppen der 2. Ebene nach DIN 18960

KG	Kostengruppe	Menge Einheit	Kosten €/a	€/Einheit*a	% an Summe
200	**Objektmanagementkosten**				
210	**Personalkosten**	1.656,93 BGF	12.403	**7,49**	86,5
	Personalkosten des Objektmanagements inkl. arbeitsplatzbezogener Gemeinkosten wie Umlagen für arbeitsmedizinische und -sicherheitstechnische Dienste, Sekretariate, Registraturen und dgl., Energiemanagement.				
220	**Sachkosten**	1.656,93 BGF	1.942	**1,17**	13,5
	Allgemeine Sachkostenpauschale für Raumkosten, Fernsprechkosten, Einrichtungs- und Ausstattungskosten, Büroarbeitsplatz- und Bürobedarfskosten.				
300	**Betriebskosten**				
310	**Versorgung**	1.656,93 BGF	15.042	**9,08**	23,2
	Wasser • Fernwärme: Kernnutzung im untersten Geschoss, Außenwände der Nordfassade zu 40% als schwere, einschalige Konstruktion, zu 60% als Pfosten-Riegel-Konstruktion, Außenwände der Ostfassade Pfosten-Riegel-Konstruktion, Außenwände der Südfassade zu 30% als schwere, mehrschalige Konstruktion, zu 70% als Pfosten-Riegel-Konstruktion, Außenwände der Westfassade zu 85% als schwere, mehrschalige Konstruktion, zu 15% als Pfosten-Riegel-Konstruktion, Standard der Außentüren und -fenster Zweischeibenverglasung, Aluminiumrahmen, Wärmedämmung nach gesetzlichem Standard im Jahre 2007, Wärmeerzeugungsanlagen mit zentraler Wassererwärmung, Heizungssteuerung Wochenprogramm, 2 Heizungsgruppen für Sporthalle und Nebenräume • Strom: Zu- und Abluftanlage in Nebenräumen, 1 Aufzug. Angaben zur Nutzung: Sporthalle, 1 Zweifeldhalle, 72 h Betriebszeit/Schulwoche.				
320	**Entsorgung**	1.656,93 BGF	195	**0,12**	0,3
	Abwasser.				
330	**Reinigung und Pflege von Gebäuden**	1.656,93 BGF	21.557	**13,01**	33,3
	Unterhaltsreinigung: regelmäßige Unterhaltsreinigung, Leeren von Abfallbehältern und Entsorgung, 1 Sommerhauptreinigung, 1 Sonderreinigung der Sporthalle, Reinigung fremdvergeben • Glasreinigung: 1 Reinigung der Außen- und Innenverglasung inkl. Rahmen, fremdvergeben, Angaben zur Außenverglasung: 665 m² Glasfläche als Außentüren und -fenster, 2-seitige Reinigung; 20 m² Glasfläche als Dachfenster, 2-seitige Reinigung, Angaben zur Innenverglasung: 130 m² Glasfläche als Innentüren und -fenster, 2-seitige Reinigung, 80 m² Glasfläche als Trennwände und Einbauten, 2-seitige Reinigung • Reinigung und Pflege von Gebäuden, sonstiges: Kostenpauschale für regelmäßige Hausmeisterdienstleistungen im Zusammenhang mit der Reinigung und Pflege des Gebäudes wie Reinigungskontrollen und dgl.				

Boden- und Deckenbelagsfläche

KG	Kostengruppe	Menge Einheit	Kosten €/a	€/Einheit*a	% an Summe
340	**Reinigung und Pflege von Außenanlagen**	–	–	**–**	–
	Siehe Objekt 4100-086.				

KG	Kostengruppe	Menge Einheit	Kosten €/a	€/Einheit*a	% an Summe
350	**Bedienung, Inspektion und Wartung** Inspektion und Wartung der Baukonstruktion: Reinigung der Dachrinnen, allgemeine Wartungsarbeiten, Ersatzteile, Material • Inspektion und Wartung der Technischen Anlagen: Wartung der Rauch- und Wärmeabzugsanlage, Elektroarbeiten an Steckdosen, Wartung von Brandschutzklappen, Wartung des Aufzug • Inspektion und Wartung von Ausstattung und Kunstwerken: Wartung von Turn- und Sportgeräten • Bedienung, Inspektion und Wartung, sonstiges: Kostenpauschale für regelmäßige Hausmeisterdienstleistungen im Zusammenhang mit der Bedienung, Inspektion und Wartung.	1.656,93 BGF	17.980	**10,85**	27,7
360	**Sicherheits- und Überwachungsdienste** Kontrollen aufgrund öffentlich-rechtlicher Bestimmungen: siehe Objekt 4100-086 • Objekt- und Personenschutz: Kostenpauschale für regelmäßige Hausmeisterdienstleistungen im Zusammenhang mit Wach- und Schließdiensten.	1.656,93 BGF	6.434	**3,88**	9,9
370	**Abgaben und Beiträge** Steuern: siehe Objekt 4100-086 • Versicherungsbeiträge: Gebäudeversicherungen.	1.656,93 BGF	3.610	**2,18**	5,6
400	**Instandsetzungskosten**				
410	**Instandsetzung der Baukonstruktionen** Außenwände: Instandsetzung von Außentüren und -fenstern • Decken: Instandsetzung von Bodenbelägen insbesondere Platten- und Fliesenarbeiten • Instandsetzungskosten der Baukonstruktionen, sonstiges: verschiedene Maßnahmen an den Baukonstruktionen.	1.656,93 BGF	14.244	**8,60**	80,6
420	**Instandsetzung der Technischen Anlagen** Förderanlagen: Instandsetzung des Aufzugs • Instandsetzung der Technischen Anlagen, sonstiges: verschiedene Maßnahmen an den Technischen Anlagen.	1.656,93 BGF	3.429	**2,07**	19,4

5100-052
Turnhalle (1 Einfeldhalle), Schwimmbad, Tiefgarage

Objektübersicht

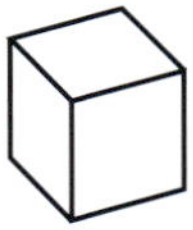
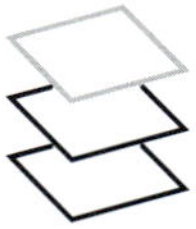
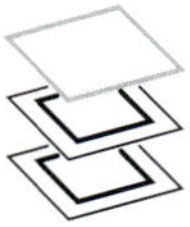

Kennwerte	bis 2. Ebene DIN 18960 exkl. Außenanlagen
Ausbau	Grund- und Mieterausbau
Land	Baden-Württemberg
Kreis	Stuttgart
Baujahr	1976
m^3 BRI	19.079
m^2 BGF	3.886
m^2 NF	2.555

75.476 €/Hallenfeld*a

8 €/m^3 BRI*a

39 €/m^2 BGF*a

59 €/m^2 NF*a

Eigentümer:
Landeshauptstadt Stuttgart
Hauptstätter Str. 79
70178 Stuttgart

Bewirtschafter:
Schulverwaltungsamt
Hauptstätter Str. 79
70178 Stuttgart

Kostenstand: 1. Quartal 2010, inkl. MwSt.

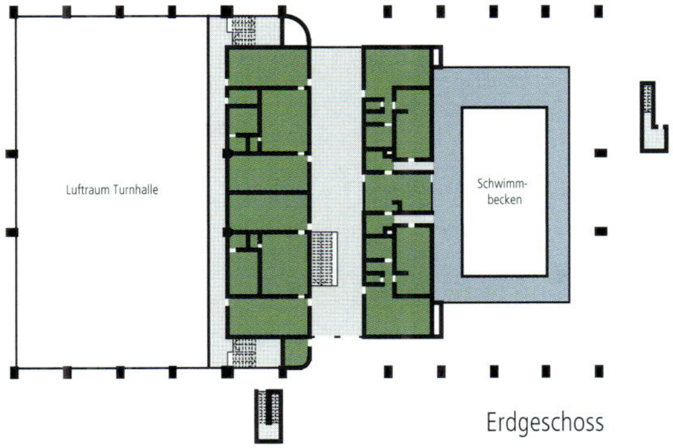

Erdgeschoss

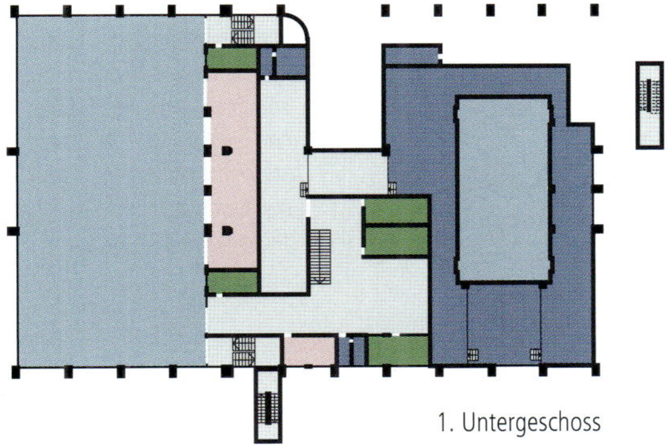

1. Untergeschoss

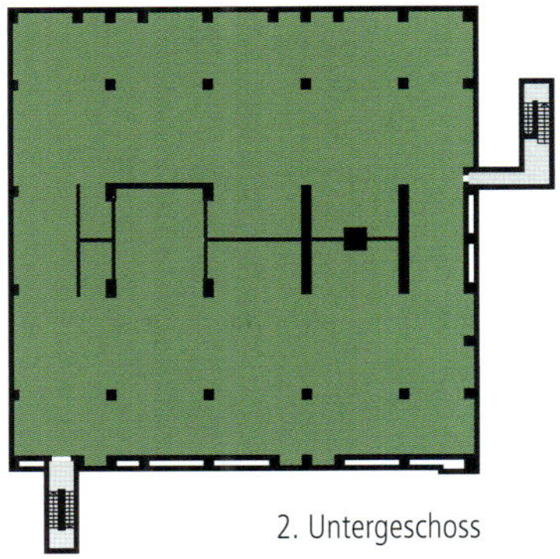

2. Untergeschoss

NF1	Wohnen und Aufenthalt	NF4	Lagern, Verteilen und Verkaufen	NF7	Sonstige Nutzflächen
NF2	Büroarbeit	NF5	Bildung, Unterricht und Kultur	TF	Technische Funktionsfläche
NF3	Prod., Hand- und Maschinenarb., Experimente	NF6	Heilen und Pflegen	VF	Verkehrsfläche

5100-052
Turnhalle
(1 Einfeldhalle),
Schwimmbad,
Tiefgarage

Objektbeschreibung

Nutzung

2 Untergeschosse
Turnhalle, Tiefgarage, Umkleideräume, Sanitärräume, Putzraum, Abstellräume, Haustechnik.

1 Erdgeschoss
Lehrschwimmbad, Umkleideräume, Sanitärräume, Putzräume.

Nutzeinheiten

Becken: 1
Einfeldhalle: 1
Parkplätze: 50

Besonderer Kosteneinfluss

Nutzung
86 h Betriebszeit/Schulwoche, keine Kernnutzung im untersten Geschoss.

Objekt
Außenwände der Nordfassade als schwere, einschalige Konstruktion, Außenwände der Ostf-, Süd und Westfassade zu 80% als schwere, einschalige Konstruktion, zu 20% als Pfosten-Riegel-Konstruktion, Standard der Außentüren und -fenster Zweischeibenverglasung, Aluminiumrahmen, Wärmedämmung nach gesetzlichem Standard im Jahre 1976, Wärmeerzeugungsanlagen mit zentraler Wassererwärmung, Heizungssteuerung Jahresprogramm, 2 Heizungsgruppen für Turn- und Schwimmhalle, Raumheizflächen 20% Heizkörper, 80% Deckenstrahlplatten, Zu- und Abluftanlage, 40% Auslastung der Lüftungsanlage, Aufbereitungsanlagen für Schwimmbeckenwasser, Angaben zu den Bodenbelägen: 20% der NGF Kunststoffbelag, 35% der NGF Steinbelag, 45% der NGF ohne Belag, Angaben zur Außenverglasung: 310 m^2 Glasfläche als Außentüren und -fenster, 2-seitige Reinigung, Angaben zur Innenverglasung: 35 m^2 Glasfläche als Innentüren und -fenster: 2-seitige Reinigung; 5 m^2 Glasfläche als Trennwände und Einbauten: 2-seitige Reinigung.

Grundstück

Standort: innerstädtisch
Bauraum: beengt
Neigung: geneigtes Gelände

Betrieb

Geringe Betriebskosten:
Personalkosten des Objektmanagements inkl. arbeitsplatzbezogener Gemeinkosten wie Umlagen für arbeitsmedizinische und -sicherheitstechnische Dienste, Sekretariate, Registraturen und dgl., Energiemanagement, Wasser, Fernwärme, Strom, regelmäßige Unterhaltsreinigung, Leeren von Abfallbehältern und Entsorgung, 1 Pflegefilmsanierung, Reinigung fremdvergeben, Kostenpauschale für regelmäßige Hausmeisterdienstleistungen im Zusammenhang mit der Bedienung, Inspektion und Wartung, Kostenpauschale für regelmäßige Hausmeisterdienstleistungen im Zusammenhang mit Wach- und Schließdiensten.

Instandsetzung

Geringe Instandsetzungskosten:
Instandsetzung der Dachdämmung, verschiedene Maßnahmen an den Baukonstruktionen, Instandsetzung des Hubbodens im Schwimmbecken, Instandsetzung von Sanitäranlagen insbesondere Austausch von Armaturen, Reparaturen an Schwimmbadrosten, Instandsetzung von Wannenleuchten und Unterverteilern, verschiedene Maßnahmen an den Technischen Anlagen.

Planungskennwerte für Flächen und Rauminhalte nach DIN 277

Flächen des Grundstücks	Menge, Einheit	% an FBG
BF Bebaute Fläche	– m²	–
UBF Unbebaute Fläche	– m²	–
FBG Fläche des Baugrundstücks	– m²	–
FAB Fläche außerhalb des Baugrundstücks	– m²	–

Grundflächen des Bauwerks	Menge, Einheit	% an NF	% an BGF
NF Nutzfläche	2.555 m²	100,0	65,7
TF Technische Funktionsfläche	469 m²	18,4	12,1
VF Verkehrsfläche	422 m²	16,5	10,9
NGF Netto-Grundfläche	3.447 m²	134,9	88,7
KGF Konstruktions-Grundfläche	439 m²	17,2	11,3
BGF Brutto-Grundfläche	3.886 m²	152,1	100,0

Nutzflächen des Bauwerks	Menge, Einheit	% an NF	% an BGF
NF1 Wohnen und Aufenthalt	0 m²	0,0	0,0
NF2 Büroarbeit	0 m²	0,0	0,0
NF3 Produktion, Hand-, Maschinenarbeit, Exp.	0 m²	0,0	0,0
NF4 Lagern, Verteilen und Verkaufen	101 m²	4,0	2,6
NF5 Bildung, Unterricht und Kultur	880 m²	34,4	22,6
NF6 Heilen und Pflegen	0 m²	0,0	0,0
NF7 Sonstige Nutzflächen	1.574 m²	61,6	40,5

Brutto-Rauminhalt des Bauwerks	Menge, Einheit	BRI/NF (m)	BRI/BGF (m)
BRI Brutto-Rauminhalt	19.079 m³	7,47	4,91

Lufttechnisch behandelte Flächen	Menge, Einheit	% an NF	% an BGF
Entlüftete Fläche	0 m²	0,0	0,0
Be- und entlüftete Fläche	1.446 m²	56,6	37,2
Teilklimatisierte Fläche	0 m²	0,0	0,0
Klimatisierte Fläche	0 m²	0,0	0,0

Kostenkennwerte für die Kostengruppen der 1. Ebene DIN 18960

KG Kostengruppen (1. Ebene)	Kosten €/a	€/m² NF*a	€/m² BGF*a	€/m³ BRI*a	% an Summe
100 Kapitalkosten	–	–	–	–	–
200 Objektmanagementkosten	29.148	11	8	2	16,2
300 Betriebskosten	113.123	44	29	6	62,8
400 Instandsetzungskosten	37.829	15	10	2	21,0

Verteilung der Nutzungskosten €/m² BGF*a (Sport- und Mehrzweckhallen)

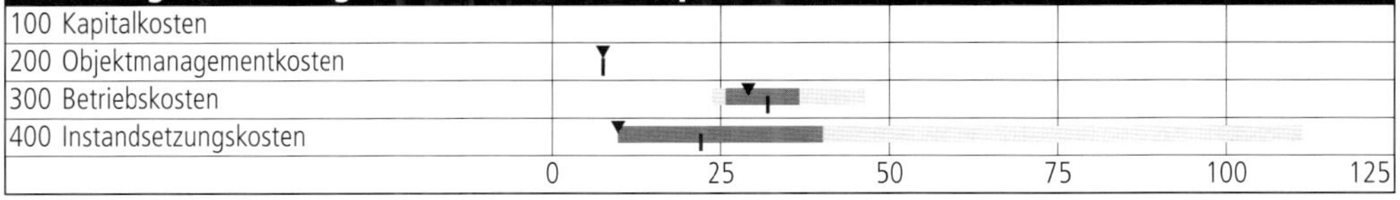

Kostenkennwerte für die Kostengruppen der 1. Ebene nach DIN 18960

KG	Kostengruppe	Menge Einheit	Kosten €/a	€/Einheit*a	% an Summe
200	**Objektmanagementkosten**	3.885,70 BGF	29.148	**7,50**	16,2
300	**Betriebskosten**	3.885,70 BGF	113.123	**29,11**	62,8
400	**Instandsetzungskosten**	3.885,70 BGF	37.829	**9,74**	21,0

200 Objektmanagementkosten

Personalkosten: Personalkosten des Objektmanagements inkl. arbeitsplatzbezogener Gemeinkosten wie Umlagen für arbeitsmedizinische und -sicherheitstechnische Dienste, Sekretariate, Registraturen und dgl., Energiemanagement.
Sachkosten: Allgemeine Sachkostenpauschale für Raumkosten, Fernsprechkosten, Einrichtungs- und Ausstattungskosten, Büroarbeitsplatz- und Bürobedarfskosten.

300 Betriebskosten

Versorgung: Wasser • Fernwärme, keine Kernnutzung im untersten Geschoss, Außenwände der Nordfassade als schwere, einschalige Konstruktion, Außenwände der Ost-, Süd und Westfassade zu 80% als schwere, einschalige Konstruktion, zu 20% als Pfosten-Riegel-Konstruktion, Standard der Außentüren und -fenster Zweischeibenverglasung, Aluminiumrahmen, Wärmedämmung nach gesetzlichem Standard im Jahre 1976, Wärmeerzeugungsanlagen mit zentraler Wassererwärmung, Heizungssteuerung Jahresprogramm, 2 Heizungsgruppen für Turn- und Schwimmhalle, Raumheizflächen 20% Heizkörper, 80% Deckenstrahlplatten • Strom, Zu- und Abluftanlage, 40% Auslastung der Lüftungsanlage, Aufbereitungsanlagen für Schwimmbeckenwasser.
Entsorgung: Abwasser.
Reinigung und Pflege von Gebäuden: Regelmäßige Unterhaltsreinigung, Leeren von Abfallbehältern und Entsorgung, 1 Pflegefilmsanierung, Reinigung fremdvergeben, Angaben zu den Bodenbelägen: 20% der NGF Kunststoffbelag, 35% der NGF Steinbelag, 45% der NGF ohne Belag • Kostenpauschale für regelmäßige Hausmeisterdienstleistungen im Zusammenhang mit der Reinigung und Pflege des Gebäudes wie Reinigungskontrollen und dgl.
Bedienung, Inspektion und Wartung: Reparaturen an Sanitäranlagen, Wartung der Wärmeversorgungsanlage, Wartung von Rauch- und Wärmeabzugsanlagen, Wartung der Schwachstromanlagen, System- und Netzwerkbetreiberdienste • Kostenpauschale für regelmäßige Hausmeisterdienstleistungen im Zusammenhang mit der Bedienung, Inspektion und Wartung.
Sicherheits- und Überwachungsdienste: Siehe Objekt 4300-012 • Kostenpauschale für regelmäßige Hausmeisterdienstleistungen im Zusammenhang mit Wach- und Schließdiensten.
Abgaben und Beiträge: Siehe Objekt 4300-012.

400 Instandsetzungskosten

Instandsetzung der Baukonstruktionen: Instandsetzung der Dachdämmung • verschiedene Maßnahmen an den Baukonstruktionen.
Instandsetzung der Technischen Anlagen: Instandsetzung des Hubbodens im Schwimmbecken, Instandsetzung von Sanitäranlagen insbesondere Austausch von Armaturen, Reparaturen an Schwimmbadrosten • Instandsetzung lufttechnischer Anlagen insbesondere Instandsetzung der Regelung und Schaltuhr • Instandsetzung von Wannenleuchten und Unterverteilern • verschiedene Maßnahmen an den Technischen Anlagen.

Kostenkennwerte für die Kostengruppen der 2. Ebene nach DIN 18960

KG	Kostengruppe	Menge Einheit	Kosten €/a	€/Einheit*a	% an Summe
200	**Objektmanagementkosten**				
210	**Personalkosten**	3.885,70 BGF	25.126	**6,47**	86,2
	Personalkosten des Objektmanagements inkl. arbeitsplatzbezogener Gemeinkosten wie Umlagen für arbeitsmedizinische und -sicherheitstechnische Dienste, Sekretariate, Registraturen und dgl., Energiemanagement.				
220	**Sachkosten**	3.885,70 BGF	4.022	**1,04**	13,8
	Allgemeine Sachkostenpauschale für Raumkosten, Fernsprechkosten, Einrichtungs- und Ausstattungskosten, Büroarbeitsplatz- und Bürobedarfskosten.				
300	**Betriebskosten**				
310	**Versorgung**	3.885,70 BGF	53.899	**13,87**	47,7
	Wasser • Fernwärme: keine Kernnutzung im untersten Geschoss, Außenwände der Nordfassade als schwere, einschalige Konstruktion, Außenwände der Ostf-, Süd und Westfassade zu 80% als schwere, einschalige Konstruktion, zu 20% als Pfosten-Riegel-Konstruktion, Standard der Außentüren und -fenster Zweischeibenverglasung, Aluminiumrahmen, Wärmedämmung nach gesetzlichem Standard im Jahre 1976, Wärmeerzeugungsanlagen mit zentraler Wassererwärmung, Heizungssteuerung Jahresprogramm, 2 Heizungsgruppen für Turn- und Schwimmhalle, Raumheizflächen 20% Heizkörper, 80% Deckenstrahlplatten • Strom: Zu- und Abluftanlage, 40% Auslastung der Lüftungsanlage, Aufbereitungsanlagen für Schwimmbeckenwasser. Angaben zur Nutzung: Turnhalle (1 Einfeldhalle), Schwimmbad, Tiefgarage, 1 Einfeldhalle, 1 Schwimmbad, Tiefgarage, 86 h Betriebszeit/Schulwoche.				
320	**Entsorgung**	3.885,70 BGF	2.675	**0,69**	2,4
	Abwasser • Abfall: verbrauchte Leuchtmittel.				
330	**Reinigung und Pflege von Gebäuden**	3.885,70 BGF	20.510	**5,28**	18,1
	Unterhaltsreinigung: regelmäßige Unterhaltsreinigung, Leeren von Abfallbehältern und Entsorgung, 1 Pflegefilmsanierung, Reinigung fremdvergeben • Glasreinigung: 1 Reinigung der Außen- und Innenverglasung inkl. Rahmen, fremdvergeben, Angaben zur Außenverglasung: 310 m² Glasfläche als Außentüren und -fenster, 2-seitige Reinigung, Angaben zur Innenverglasung: 35 m² Glasfläche als Innentüren und -fenster: 2-seitige Reinigung; 5 m² Glasfläche als Trennwände und Einbauten: 2-seitige Reinigung • Reinigung und Pflege von Gebäuden, sonstiges: Kostenpauschale für regelmäßige Hausmeisterdienstleistungen im Zusammenhang mit der Reinigung und Pflege des Gebäudes wie Reinigungskontrollen und dgl.				

Boden- und Deckenbelagsfläche

KG	Kostengruppe	Menge Einheit	Kosten €/a	€/Einheit*a	% an Summe
340	**Reinigung und Pflege von Außenanlagen**	–	–	**–**	–
	Siehe Objekt 4300-012.				

KG	Kostengruppe	Menge Einheit	Kosten €/a	€/Einheit*a	% an Summe
350	**Bedienung, Inspektion und Wartung** Inspektion und Wartung der Baukonstruktion: Reparatur der Hallentür, allgemeine Wartungsarbeiten • Inspektion und Wartung der Technischen Anlagen: Reparaturen an Sanitäranlagen, Wartung der Wärmeversorgungsanlage, Wartung von Rauch- und Wärmeabzugsanlagen, Wartung der Schwachstromanlagen, System- und Netzwerkbetreiberdienste • Inspektion und Wartung von Ausstattung und Kunstwerken: Wartung von Turn- und Sportgeräten • Bedienung, Inspektion und Wartung, sonstiges: Kostenpauschale für regelmäßige Hausmeisterdienstleistungen im Zusammenhang mit der Bedienung, Inspektion und Wartung.	3.885,70 BGF	25.086	**6,46**	22,2
360	**Sicherheits- und Überwachungsdienste** Kontrollen aufgrund öffentlich-rechtlicher Bestimmungen: siehe Objekt 4300-012 • Objekt- und Personenschutz: Kostenpauschale für regelmäßige Hausmeisterdienstleistungen im Zusammenhang mit Wach- und Schließdiensten.	3.885,70 BGF	9.889	**2,55**	8,7
370	**Abgaben und Beiträge** Steuern: siehe Objekt 4300-012 • Versicherungsbeiträge: Gebäudeversicherungen.	3.885,70 BGF	1.064	**0,27**	0,9
400	**Instandsetzungskosten**				
410	**Instandsetzung der Baukonstruktionen** Dächer: Instandsetzung der Dachdämmung • Instandsetzungskosten der Baukonstruktionen, sonstiges: verschiedene Maßnahmen an den Baukonstruktionen.	3.885,70 BGF	21.350	**5,49**	56,4
420	**Instandsetzung der Technischen Anlagen** Abwasser-, Wasser-, Gasanlagen: Instandsetzung des Hubbodens im Schwimmbecken, Instandsetzung von Sanitäranlagen insbesondere Austausch von Armaturen, Reparaturen an Schwimmbadrosten • Lufttechnische Anlagen: Instandsetzung lufttechnischer Anlagen insbesondere Instandsetzung der Regelung und Schaltuhr • Starkstromanlagen: Instandsetzung von Wannenleuchten und Unterverteilern • Instandsetzung der Technischen Anlagen, sonstiges: verschiedene Maßnahmen an den Technischen Anlagen.	3.885,70 BGF	16.479	**4,24**	43,6
430	**Instandsetzung der Außenanlagen** Siehe Objekt 4300-012.	–	–	**–**	–

5100-054
Sporthalle
(1 Dreifeldhalle)

Objektübersicht

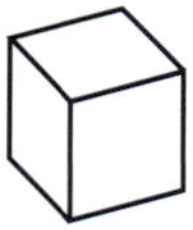

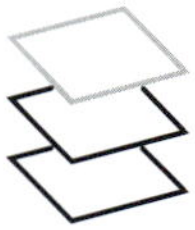

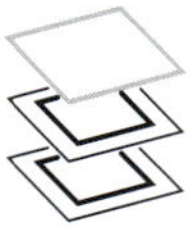

Kennwerte	bis 2. Ebene DIN 18960 exkl. Außenanlagen
Ausbau	Grund- und Mieterausbau
Land	Baden-Württemberg
Kreis	Stuttgart
Baujahr	1976
m^3 BRI	15.941
m^2 BGF	2.502
m^2 NF	1.966

112.267 €/Hallenfeld*a

21 €/m^3 BRI*a

135 €/m^2 BGF*a

171 €/m^2 NF*a

Eigentümer:
Landeshauptstadt Stuttgart
Hauptstätter Str. 79
70178 Stuttgart

Bewirtschafter:
Schulverwaltungsamt
Hauptstätter Str. 79
70178 Stuttgart

Kostenstand: 1. Quartal 2010, inkl. MwSt.

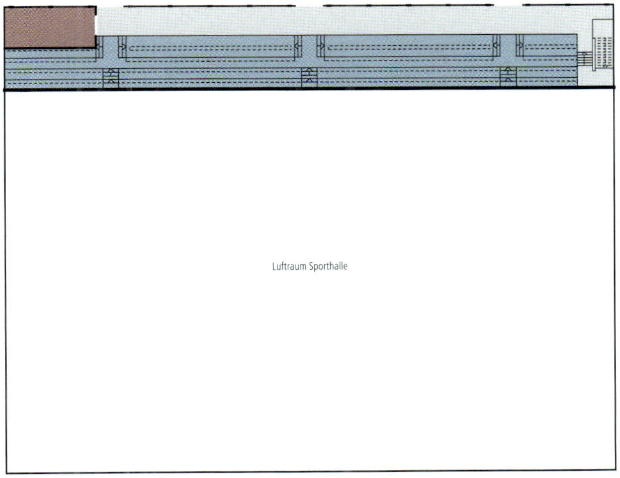

Erdgeschoss

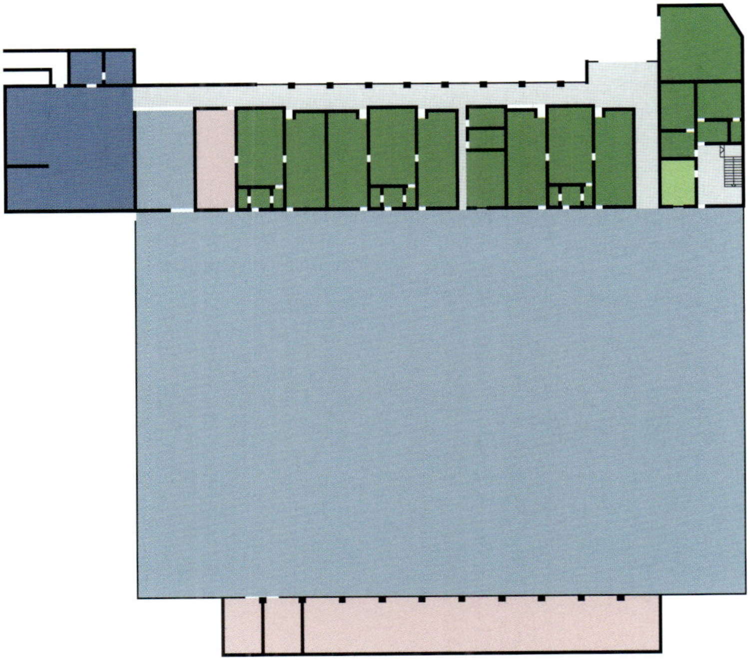

Untergeschoss

NF1	Wohnen und Aufenthalt
NF2	Büroarbeit
NF3	Prod., Hand- und Maschinenarb., Experimente
NF4	Lagern, Verteilen und Verkaufen
NF5	Bildung, Unterricht und Kultur
NF6	Heilen und Pflegen
NF7	Sonstige Nutzflächen
TF	Technische Funktionsfläche
VF	Verkehrsfläche

Objektbeschreibung

Nutzung

1 Untergeschoss
Dienstzimmer, Sporthalle, Kraftraum, Umkleideräume, Sanitärräume, Putzräume, Abstellräume, Haustechnik.

1 Erdgeschoss
Tribüne.

Nutzeinheiten

Dreifeldhalle: 1
Zuschauersitze: 420

Besonderer Kosteneinfluss

Nutzung
76 h Betriebszeit/Schulwoche, Kernnutzung im untersten Geschoss.

Objekt
Pfosten-Riegel-Konstruktion, Standard der Außentüren und -fenster Zweischeibenverglasung, Aluminiumrahmen, Wärmedämmung nach gesetzlichem Standard im Jahre 1976, Wärmeerzeugungsanlagen mit zentraler Wassererwärmung, Heizungssteuerung Tagesprogramm, Raumheizflächen Heizkörper, Zu- und Abluftanlage, Angaben zu den Bodenbelägen: 87% der NGF Kunststoffbelag, 13% der NGF Steinbelag, Angaben zur Außenverglasung: 540 m^2 Glasfläche als Außentüren und -fenster, 2-seitige Reinigung; 265 m^2 Glasfläche als Sheddach, 2-seitige Reinigung, Angaben zur Innenverglasung: 15 m^2 Glasfläche als Innentüren und -fenster, 2-seitige Reinigung, Heizkessel aus dem Jahre 1980.

Grundstück

Standort: städtisch
Bauraum: beengt
Neigung: ebenes Gelände

Betrieb

Durchschnittliche Betriebskosten:
Personalkosten des Objektmanagements inkl. arbeitsplatzbezogener Gemeinkosten wie Umlagen für arbeitsmedizinische und -sicherheitstechnische Dienste, Sekretariate, Registraturen und dgl., Energiemanagement, Gas, Strom, regelmäßige Unterhaltsreinigung, Leeren von Abfallbehältern und Entsorgung, 1 Sommerhauptreinigung, 1 Sonderreinigung der Sporthalle, Harzentfernung vom Sporthallenbelag, Reinigung fremdvergeben, Reparaturen an Außentüren und -fenstern insbesondere Schlosser- und Schreinerarbeiten, Ausbesserung des Spritzschutzes, Reparaturen an Brüstungen, Einbausportgeräten und Trennvorhängen, allgemeine Wartungsarbeiten, Kostenpauschale für regelmäßige Hausmeisterdienstleistungen im Zusammenhang mit der Bedienung, Inspektion und Wartung, Ersatzteile, Material, Kostenpauschale für regelmäßige Hausmeisterdienstleistungen im Zusammenhang mit Wach- und Schließdiensten.

Instandsetzung

Durchschnittliche Instandsetzungskosten:
Instandsetzung von Dachbelägen insbesondere Erneuerung der Bitumenbahnen, Dachabdichtungsarbeiten, Erhöhung der Attika, Erneuerung der Attikaverkleidung, Titanzinkbleche, Gerüstbauarbeiten, Entsorgung Bauschutt, verschiedene Maßnahmen an den Baukonstruktionen, Instandsetzung von Sanitäranlagen insbesondere Instandsetzung von Rohrleitungen, Montage und Anschluss einer thermischen Solaranlage, Heizungsarbeiten, verschiedene Maßnahmen an den Technischen Anlagen.

Planungskennwerte für Flächen und Rauminhalte nach DIN 277

Flächen des Grundstücks	Menge, Einheit	% an FBG
BF Bebaute Fläche	– m²	–
UBF Unbebaute Fläche	– m²	–
FBG Fläche des Baugrundstücks	– m²	–
FAB Fläche außerhalb des Baugrundstücks	– m²	–

Grundflächen des Bauwerks	Menge, Einheit	% an NF	% an BGF
NF Nutzfläche	1.966 m²	100,0	78,6
TF Technische Funktionsfläche	121 m²	6,2	4,8
VF Verkehrsfläche	185 m²	9,4	7,4
NGF Netto-Grundfläche	2.273 m²	115,6	90,8
KGF Konstruktions-Grundfläche	229 m²	11,7	9,2
BGF Brutto-Grundfläche	2.502 m²	127,2	100,0

Nutzflächen des Bauwerks	Menge, Einheit	% an NF	% an BGF
NF1 Wohnen und Aufenthalt	0 m²	0,0	0,0
NF2 Büroarbeit	8 m²	0,4	0,3
NF3 Produktion, Hand-, Maschinenarbeit, Exp.	18 m²	0,9	0,7
NF4 Lagern, Verteilen und Verkaufen	163 m²	8,3	6,5
NF5 Bildung, Unterricht und Kultur	1.433 m²	72,9	57,3
NF6 Heilen und Pflegen	0 m²	0,0	0,0
NF7 Sonstige Nutzflächen	344 m²	17,5	13,8

Brutto-Rauminhalt des Bauwerks	Menge, Einheit	BRI/NF (m)	BRI/BGF (m)
BRI Brutto-Rauminhalt	15.941 m³	8,11	6,37

Lufttechnisch behandelte Flächen	Menge, Einheit	% an NF	% an BGF
Entlüftete Fläche	0 m²	0,0	0,0
Be- und entlüftete Fläche	1.259 m²	64,0	50,3
Teilklimatisierte Fläche	0 m²	0,0	0,0
Klimatisierte Fläche	0 m²	0,0	0,0

Kostenkennwerte für die Kostengruppen der 1. Ebene DIN 18960

KG Kostengruppen (1. Ebene)	Kosten €/a	€/m² NF*a	€/m² BGF*a	€/m³ BRI*a	% an Summe
100 Kapitalkosten	–	–	–	–	–
200 Objektmanagementkosten	18.672	9	7	1	5,3
300 Betriebskosten	132.991	68	53	8	37,4
400 Instandsetzungskosten	203.810	104	81	13	57,3

Verteilung der Nutzungskosten €/m² BGF*a (Sporthallen (Dreifeldhallen))

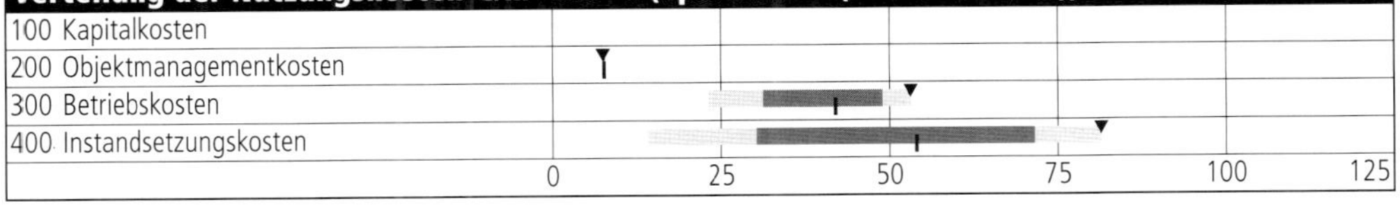

Kostenstand: 1. Quartal 2010, inkl. MwSt.

Kostenkennwerte für die Kostengruppen der 1. Ebene nach DIN 18960

KG	Kostengruppe	Menge Einheit	Kosten €/a	€/Einheit*a	% an Summe
200	**Objektmanagementkosten** **Personalkosten**: Personalkosten des Objektmanagements inkl. arbeitsplatzbezogener Gemeinkosten wie Umlagen für arbeitsmedizinische und -sicherheitstechnische Dienste, Sekretariate, Registraturen und dgl., Energiemanagement. **Sachkosten**: Allgemeine Sachkostenpauschale für Raumkosten, Fernsprechkosten, Einrichtungs- und Ausstattungskosten, Büroarbeitsplatz- und Bürobedarfskosten.	2.502,00 BGF	18.672	**7,46**	5,3
300	**Betriebskosten** **Versorgung**: Wasser • Gas, Kernnutzung im untersten Geschoss, Pfosten-Riegel-Konstruktion, Standard der Außentüren und -fenster Zweischeibenverglasung, Aluminiumrahmen, Wärmedämmung nach gesetzlichem Standard im Jahre 1976, Wärmeerzeugungsanlagen mit zentraler Wassererwärmung, Heizungssteuerung Tagesprogramm, Raumheizflächen Heizkörper • Strom, Zu- und Abluftanlage. **Reinigung und Pflege von Gebäuden**: Regelmäßige Unterhaltsreinigung, Leeren von Abfallbehältern und Entsorgung, 1 Sommerhauptreinigung, 1 Sonderreinigung der Sporthalle, Harzentfernung vom Sporthallenbelag, Reinigung fremdvergeben, Angaben zu den Bodenbelägen: 87% der NGF Kunststoffbelag, 13% der NGF Steinbelag • Kostenpauschale für regelmäßige Hausmeisterdienstleistungen im Zusammenhang mit der Reinigung und Pflege des Gebäudes wie Reinigungskontrollen und dgl. **Bedienung, Inspektion und Wartung**: Reparaturen an Außentüren und -fenstern insbesondere Schlosser- und Schreinerarbeiten, Ausbesserung des Spritzschutzes, Reparaturen an Brüstungen, Einbausportgeräten und Trennvorhängen, allgemeine Wartungsarbeiten • Reparaturen an Sanitäranlagen, Wartung der Rauch- und Wärmeabzugsanlage, Wartung lufttechnischer Anlagen, Prüfung von Stromkreisen, Reparaturen an Steckdosen und Leitungen, Prüfung der Elektroanlagen, Reparaturen an Beleuchtungen und Sicherheitsbeleuchtungen, Reparaturen an Batterieanlagen, Blitzschutzprüfung, Wartung der Schwachstromanlagen • siehe Objekt 4100-087 • Wartung von Turn- und Sportgeräten, Ersatzteile, Material • Kostenpauschale für regelmäßige Hausmeisterdienstleistungen im Zusammenhang mit der Bedienung, Inspektion und Wartung, Ersatzteile, Material. **Sicherheits- und Überwachungsdienste**: Kostenpauschale für regelmäßige Hausmeisterdienstleistungen im Zusammenhang mit Wach- und Schließdiensten. **Abgaben und Beiträge**: Siehe Objekt 4100-087.	2.502,00 BGF	132.991	**53,15**	37,4
400	**Instandsetzungskosten** **Instandsetzung der Baukonstruktionen**: Instandsetzung von Senkrechtmarkisen, allgemeine Wartungsarbeiten • Instandsetzung von Dachbelägen insbesondere Erneuerung der Bitumenbahnen, Dachabdichtungsarbeiten, Erhöhung der Attika, Erneuerung der Attikaverkleidung, Titanzinkbleche, Gerüstbauarbeiten, Entsorgung Bauschutt • Instandsetzung eines Trennvorhangs • verschiedene Maßnahmen an den Baukonstruktionen. **Instandsetzung der Technischen Anlagen**: Instandsetzung von Sanitäranlagen insbesondere Instandsetzung von Rohrleitungen • Montage und Anschluss einer thermischen Solaranlage, Heizungsarbeiten • Instandsetzung lufttechnischer Anlagen • Instandsetzung von Elektroanlagen • verschiedene Maßnahmen an den Technischen Anlagen.	2.502,00 BGF	203.810	**81,46**	57,3

Kostenkennwerte für die Kostengruppen der 2. Ebene nach DIN 18960

KG	Kostengruppe	Menge Einheit	Kosten €/a	€/Einheit*a	% an Summe
200	**Objektmanagementkosten**				
210	**Personalkosten** Personalkosten des Objektmanagements inkl. arbeitsplatzbezogener Gemeinkosten wie Umlagen für arbeitsmedizinische und -sicherheitstechnische Dienste, Sekretariate, Registraturen und dgl., Energiemanagement.	2.502,00 BGF	16.085	**6,43**	86,2
220	**Sachkosten** Allgemeine Sachkostenpauschale für Raumkosten, Fernsprechkosten, Einrichtungs- und Ausstattungskosten, Büroarbeitsplatz- und Bürobedarfskosten.	2.502,00 BGF	2.587	**1,03**	13,9
300	**Betriebskosten**				
310	**Versorgung** Wasser • Gas: Kernnutzung im untersten Geschoss, Pfosten-Riegel-Konstruktion, Standard der Außentüren und -fenster Zweischeibenverglasung, Aluminiumrahmen, Wärmedämmung nach gesetzlichem Standard im Jahre 1976, Wärmeerzeugungsanlagen mit zentraler Wassererwärmung, Heizungssteuerung Tagesprogramm, Raumheizflächen Heizkörper • Strom: Zu- und Abluftanlage. Angaben zur Nutzung: Sporthalle, 1 Dreifeldhalle, 76 h Betriebszeit/Schulwoche.	2.502,00 BGF	32.473	**12,98**	24,4
320	**Entsorgung** Abwasser • Abfall: verbrauchte Leuchtmittel.	2.502,00 BGF	863	**0,35**	0,7
330	**Reinigung und Pflege von Gebäuden** Unterhaltsreinigung: regelmäßige Unterhaltsreinigung, Leeren von Abfallbehältern und Entsorgung, 1 Sommerhauptreinigung, 1 Sonderreinigung der Sporthalle, Harzentfernung vom Sporthallenbelag, Reinigung fremdvergeben • Glasreinigung: 1 Reinigung der Außen- und Innenverglasung inkl. Rahmen, fremdvergeben, Angaben zur Außenverglasung: 540 m² Glasfläche als Außentüren und -fenster, 2-seitige Reinigung; 265 m² Glasfläche als Sheddach, 2-seitige Reinigung, Angaben zur Innenverglasung: 15 m² Glasfläche als Innentüren und -fenster, 2-seitige Reinigung • Reinigung und Pflege von Gebäuden, sonstiges: Kostenpauschale für regelmäßige Hausmeisterdienstleistungen im Zusammenhang mit der Reinigung und Pflege des Gebäudes wie Reinigungskontrollen und dgl.	2.502,00 BGF	51.103	**20,42**	38,4

Boden- und Deckenbelagsfläche

KG	Kostengruppe	Menge Einheit	Kosten €/a	€/Einheit*a	% an Summe
340	**Reinigung und Pflege von Außenanlagen** Siehe Objekt 4100-087.	–	–	–	–

KG	Kostengruppe	Menge Einheit	Kosten €/a	€/Einheit*a	% an Summe
350	**Bedienung, Inspektion und Wartung** Inspektion und Wartung der Baukonstruktion: Reparaturen an Außentüren und -fenstern insbesondere Schlosser- und Schreinerarbeiten, Ausbesserung des Spritzschutzes, Reparaturen an Brüstungen, Einbausportgeräten und Trennvorhängen, allgemeine Wartungsarbeiten • Inspektion und Wartung der Technischen Anlagen: Reparaturen an Sanitäranlagen, Wartung der Rauch- und Wärmeabzugsanlage, Wartung lufttechnischer Anlagen, Prüfung von Stromkreisen, Reparaturen an Steckdosen und Leitungen, Prüfung der Elektroanlagen, Reparaturen an Beleuchtungen und Sicherheitsbeleuchtungen, Reparaturen an Batterieanlagen, Blitzschutzprüfung, Wartung der Schwachstromanlagen • Inspektion und Wartung der Außenanlagen: siehe Objekt 4100-087 • Inspektion und Wartung von Ausstattung und Kunstwerken: Wartung von Turn- und Sportgeräten, Ersatzteile, Material • Bedienung, Inspektion und Wartung, sonstiges: Kostenpauschale für regelmäßige Hausmeisterdienstleistungen im Zusammenhang mit der Bedienung, Inspektion und Wartung, Ersatzteile, Material.	2.502,00 BGF	33.467	**13,38**	25,2
360	**Sicherheits- und Überwachungsdienste** Kostenpauschale für regelmäßige Hausmeisterdienstleistungen im Zusammenhang mit Wach- und Schließdiensten.	2.502,00 BGF	10.010	**4,00**	7,5
370	**Abgaben und Beiträge** Steuern: siehe Objekt 4100-087 • Versicherungsbeiträge: Gebäudeversicherungen.	2.502,00 BGF	1.451	**0,58**	1,1
390	**Betriebskosten, sonstiges** Ersatzteile, Material, sonstige Dienstleistungen.	2.502,00 BGF	3.623	**1,45**	2,7
400	**Instandsetzungskosten**				
410	**Instandsetzung der Baukonstruktionen** Gründung: Instandsetzung des Sporthallenbodens, Nacharbeitungen an Schweißnähten • Außenwände: Instandsetzung von Senkrechtmarkisen, allgemeine Wartungsarbeiten • Innenwände: Herstellen eines Wanddurchbruchs, Instandsetzung textiler Prallschutzwände • Dächer: Instandsetzung von Dachbelägen insbesondere Erneuerung der Bitumenbahnen, Dachabdichtungsarbeiten, Erhöhung der Attika, Erneuerung der Attikaverkleidung, Titanzinkbleche, Gerüstbauarbeiten, Entsorgung Bauschutt • Baukonstruktive Einbauten: Instandsetzung eines Trennvorhangs • Instandsetzungskosten der Baukonstruktionen, sonstiges: verschiedene Maßnahmen an den Baukonstruktionen.	2.502,00 BGF	127.374	**50,91**	62,5
420	**Instandsetzung der Technischen Anlagen** Abwasser-, Wasser-, Gasanlagen: Instandsetzung von Sanitäranlagen insbesondere Instandsetzung von Rohrleitungen • Wärmeversorgungsanlagen: Montage und Anschluss einer thermischen Solaranlage, Heizungsarbeiten • Lufttechnische Anlagen: Instandsetzung lufttechnischer Anlagen • Starkstromanlagen: Instandsetzung von Elektroanlagen • Instandsetzung der Technischen Anlagen, sonstiges: verschiedene Maßnahmen an den Technischen Anlagen.	2.502,00 BGF	76.437	**30,55**	37,5
430	**Instandsetzung der Außenanlagen** Siehe Objekt 4100-087.	–	–	**–**	–

5100-055
Turn- und
Versammlungshalle
(1 Einfeldhalle)

Objektübersicht

193.254 €/Hallenfeld*a

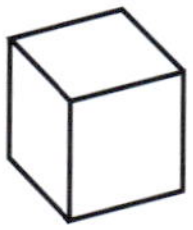

15 €/m³ BRI*a

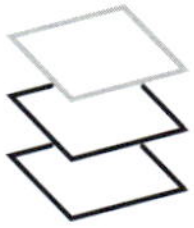

80 €/m² BGF*a

132 €/m² NF*a

Kennwerte	bis 2. Ebene DIN 18960 inkl. Außenanlagen
Ausbau	Grund- und Mieterausbau
Land	Baden-Württemberg
Kreis	Stuttgart
Baujahr	1912
m³ BRI	13.326
m² BGF	2.430
m² NF	1.462

Eigentümer:
Landeshauptstadt Stuttgart
Hauptstätter Str. 79
70178 Stuttgart

Bewirtschafter:
Schulverwaltungsamt
Hauptstätter Str. 79
70178 Stuttgart

Kostenstand: 1. Quartal 2010, inkl. MwSt.

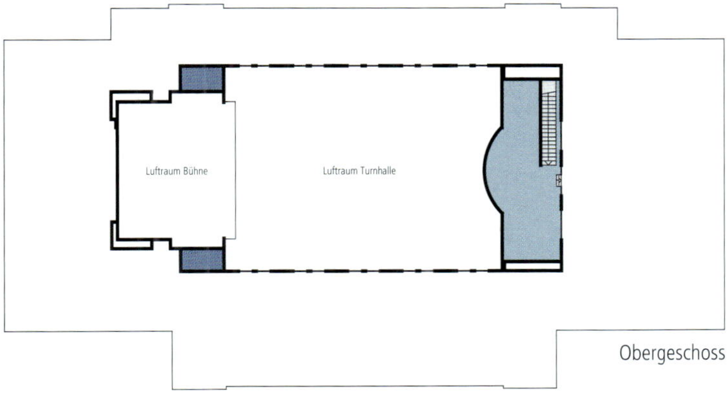

Obergeschoss

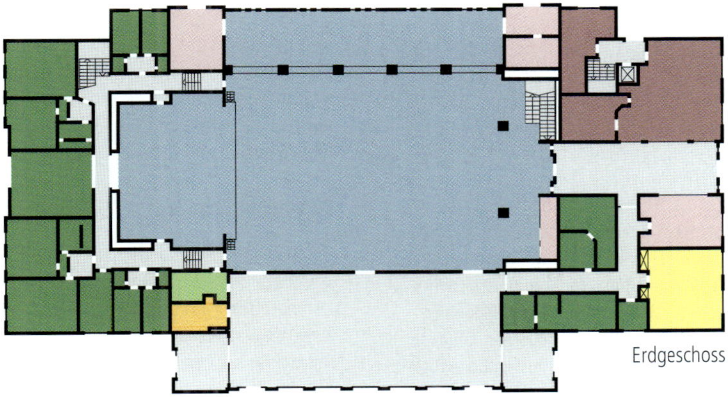

Erdgeschoss

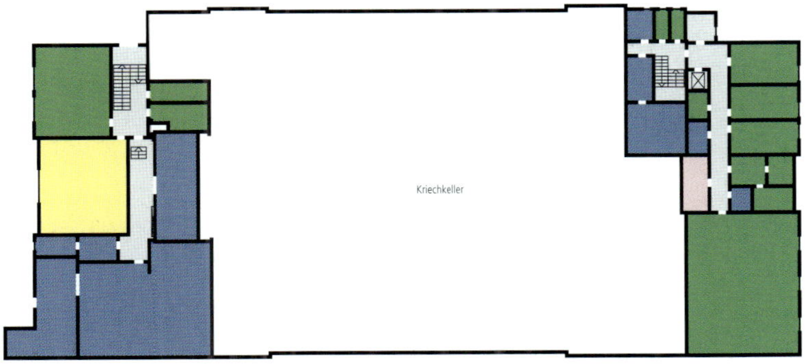

Untergeschoss

NF1 Wohnen und Aufenthalt	NF4 Lagern, Verteilen und Verkaufen	NF7 Sonstige Nutzflächen
NF2 Büroarbeit	NF5 Bildung, Unterricht und Kultur	TF Technische Funktionsfläche
NF3 Prod., Hand- und Maschinenarb., Experimente	NF6 Heilen und Pflegen	VF Verkehrsfläche

Objektbeschreibung

Nutzung

1 Untergeschoss
Gemeinschaftsräume, Umkleideräume, Sanitärräume, Abstellräume, Haustechnik.

1 Erdgeschoss
Dienstzimmer, Küche, Turnhalle, Bühne, Geräteraum, Arztzimmer, Umkleideräume, Sanitärräume, Putzraum, Abstellräume.

1 Obergeschoss
Tribüne, Haustechnik.

Nutzeinheiten

Einfeldhalle: 1
Stellplätze: 10

Besonderer Kosteneinfluss

Nutzung
91 h Betriebszeit/Schulwoche, keine Kernnutzung im untersten Geschoss.

Objekt
Außenwände als schwere, einschalige Konstruktion, Standard der Außentüren und -fenster Zweischeibenverglasung, Aluminiumrahmen, Wärmedämmung nach gesetzlichem Standard im Jahre 1912, Wärmeerzeugungsanlagen mit zentraler Wassererwärmung, Heizungssteuerung Jahresprogramm, Zu- und Abluftanlage, Angaben zu den Bodenbelägen: 35% der NGF Holzbelag, 18% der NGF Kunststoffbelag, 47% der NGF Steinbelag, Angaben zur Außenverglasung: 105 m^2 Glasfläche als Außentüren und -fenster, 4-seitige Reinigung; 50 m^2 Glasfläche als Außentüren und -fenster, 2-seitige Reinigung; 20 m^2 Glasfläche als Dachfenster und Lichtkuppel, 2-seitige Reinigung, Angaben zur Innenverglasung: 30 m^2 Glasfläche als Innentüren und -fenster, 1 Aufzug.

Grundstück

Standort: städtisch
Bauraum: freier Bauraum
Neigung: ebenes Gelände
Standard der Außenanlagen: überwiegend Hartflächen

Betrieb

Durchschnittliche Betriebskosten:
Personalkosten des Objektmanagements inkl. arbeitsplatzbezogener Gemeinkosten wie Umlagen für arbeitsmedizinische und -sicherheitstechnische Dienste, Sekretariate, Registraturen und dgl., Energiemanagement, Wasserverbrauch 155 l/m^2 BGF und Jahr, Wärmeverbrauch 63 kWh/m^2 BGF und Jahr, Gas, Stromverbrauch 41 kWh/m^2 BGF und Jahr, regelmäßige Unterhaltsreinigung, Leeren von Abfallbehältern und Entsorgung, 1 Sommerhauptreinigung, 1 Sonderreinigung der Turn- und Versammlungshalle, Reinigung fremdvergeben, Reparaturen an Sanitäranlagen und Wasserleitungen, Wartung von Heizungspumpen und -regelung, Wartung von lufttechnischen Anlage, Wartung von Brandschutzklappen, Reparaturen an Beleuchtungen, Sicherheitsbeleuchtungen und Batterieanlagen, Reparaturen an Vorschaltgeräten und Zeitschaltuhren, Blitzschutzprüfung, Wartung der Schwachstromanlage, Prüfung der Elektroanlagen, Wartung des Aufzugs, Wartung der Bühnentechnik, Ersatzteile, Material, Kostenpauschale für regelmäßige Hausmeisterdienstleistungen im Zusammenhang mit der Bedienung, Inspektion und Wartung, Abgaben für Grundstück und Gebäude.

Instandsetzung

Durchschnittliche Instandsetzungskosten:
Verschiedene Maßnahmen an den Baukonstruktionen, Instandsetzung von Sanitäranlagen insbesondere Instandsetzung von Wasseranlagen und Pumpen, Instandsetzung des Aufzugs, verschiedene Maßnahmen an den Technischen Anlagen, Beschaffung und Austausch von Möbeln und Geräten.

Planungskennwerte für Flächen und Rauminhalte nach DIN 277

Flächen des Grundstücks		Menge, Einheit	% an FBG
BF	Bebaute Fläche	1.801 m²	11,9
UBF	Unbebaute Fläche	13.341 m²	88,1
FBG	Fläche des Baugrundstücks	15.142 m²	100,0
FAB	Fläche außerhalb des Baugrundstücks	780 m²	32,1

Grundflächen des Bauwerks		Menge, Einheit	% an NF	% an BGF
NF	Nutzfläche	1.462 m²	100,0	60,2
TF	Technische Funktionsfläche	166 m²	11,3	6,8
VF	Verkehrsfläche	495 m²	33,9	20,4
NGF	Netto-Grundfläche	2.123 m²	145,2	87,4
KGF	Konstruktions-Grundfläche	307 m²	21,0	12,6
BGF	Brutto-Grundfläche	2.430 m²	166,2	100,0

Nutzflächen des Bauwerks		Menge, Einheit	% an NF	% an BGF
NF1	Wohnen und Aufenthalt	89 m²	6,1	3,7
NF2	Büroarbeit	10 m²	0,7	0,4
NF3	Produktion, Hand-, Maschinenarbeit, Exp.	80 m²	5,5	3,3
NF4	Lagern, Verteilen und Verkaufen	58 m²	4,0	2,4
NF5	Bildung, Unterricht und Kultur	728 m²	49,8	30,0
NF6	Heilen und Pflegen	10 m²	0,7	0,4
NF7	Sonstige Nutzflächen	486 m²	33,2	20,0

Brutto-Rauminhalt des Bauwerks		Menge, Einheit	BRI/NF (m)	BRI/BGF (m)
BRI	Brutto-Rauminhalt	13.326 m³	9,11	5,48

Lufttechnisch behandelte Flächen	Menge, Einheit	% an NF	% an BGF
Entlüftete Fläche	0 m²	0,0	0,0
Be- und entlüftete Fläche	368 m²	25,1	15,1
Teilklimatisierte Fläche	0 m²	0,0	0,0
Klimatisierte Fläche	0 m²	0,0	0,0

Kostenkennwerte für die Kostengruppen der 1. Ebene DIN 18960

KG	Kostengruppen (1. Ebene)	Kosten €/a	€/m² NF*a	€/m² BGF*a	€/m³ BRI*a	% an Summe
100	Kapitalkosten	–	–	–	–	–
200	Objektmanagementkosten	18.946	13	8	1	8,9
300	Betriebskosten	112.851	77	46	8	53,2
400	Instandsetzungskosten	80.403	55	33	6	37,9

Verteilung der Nutzungskosten €/m² BGF*a (Turn- und Versammlungshallen)

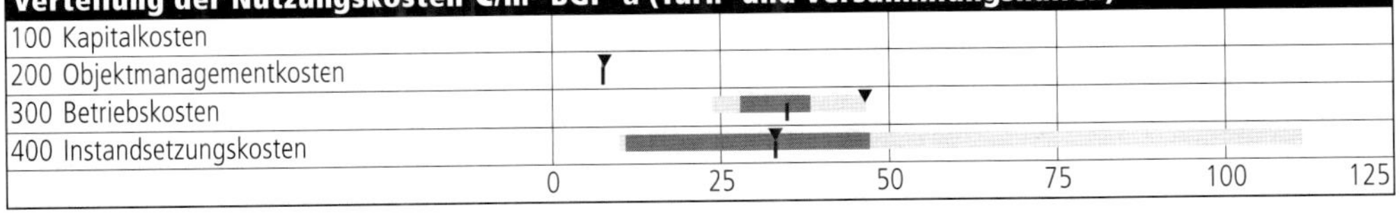

Kostenkennwerte für die Kostengruppen der 1. Ebene nach DIN 18960

KG	Kostengruppe	Menge Einheit	Kosten €/a	€/Einheit*a	% an Summe
200	**Objektmanagementkosten**	2.430,00 BGF	18.946	**7,80**	8,9
	Personalkosten: Personalkosten des Objektmanagements inkl. arbeitsplatzbezogener Gemeinkosten wie Umlagen für arbeitsmedizinische und -sicherheitstechnische Dienste, Sekretariate, Registraturen und dgl., Energiemanagement. **Sachkosten**: Allgemeine Sachkostenpauschale für Raumkosten, Fernsprechkosten, Einrichtungs- und Ausstattungskosten, Büroarbeitsplatz- und Bürobedarfskosten.				
300	**Betriebskosten**	2.430,00 BGF	112.851	**46,44**	53,2
	Versorgung: Wasser • Gas, keine Kernnutzung im untersten Geschoss, Außenwände als schwere, einschalige Konstruktion, Standard der Außentüren und -fenster Zweischeibenverglasung, Aluminiumrahmen, Wärmedämmung nach gesetzlichem Standard im Jahre 1912, Wärmeerzeugungsanlagen mit zentraler Wassererwärmung, Heizungssteuerung Jahresprogramm • Strom, Zu- und Abluftanlage, 1 Aufzug. **Reinigung und Pflege von Gebäuden**: Regelmäßige Unterhaltsreinigung, Leeren von Abfallbehältern und Entsorgung, 1 Sommerhauptreinigung, 1 Sonderreinigung der Turn- und Versammlungshalle, Reinigung fremdvergeben, 5,88 €/m² Reinigungsfläche und Jahr, Angaben zu den Bodenbelägen: 35% der NGF Holzbelag, 18% der NGF Kunststoffbelag, 47% der NGF Steinbelag. **Reinigung und Pflege von Außenanlagen**: Kostenpauschale für regelmäßige Hausmeisterdienstleistungen im Zusammenhang mit Reinigung, Winterdienst und dgl. • Grünpflege, Baumpflege, Wartung gärtnerischer Anlagen. **Bedienung, Inspektion und Wartung**: Reparaturen an Sanitäranlagen und Wasserleitungen, Wartung von Heizungspumpen und -regelung, Wartung von lufttechnischen Anlage, Wartung von Brandschutzklappen, Reparaturen an Beleuchtungen, Sicherheitsbeleuchtungen und Batterieanlagen, Reparaturen an Vorschaltgeräten und Zeitschaltuhren, Blitzschutzprüfung, Wartung der Schwachstromanlage, Prüfung der Elektroanlagen, Wartung des Aufzugs, Wartung der Bühnentechnik, Ersatzteile, Material • Kostenpauschale für regelmäßige Hausmeisterdienstleistungen im Zusammenhang mit der Bedienung, Inspektion und Wartung. **Sicherheits- und Überwachungsdienste**: Kostenpauschale für regelmäßige Hausmeisterdienstleistungen im Zusammenhang mit Wach- und Schließdiensten. **Abgaben und Beiträge**: Abgaben für Grundstück und Gebäude.				
400	**Instandsetzungskosten**	2.430,00 BGF	80.403	**33,09**	37,9
	Instandsetzung der Baukonstruktionen: Instandsetzung von Dachbelägen insbesondere Ausbesserung undichter Stellen, Dachdeckungsarbeiten, Austausch von Lichtkuppeln, Dichtungsarbeiten • verschiedene Maßnahmen an den Baukonstruktionen. **Instandsetzung der Technischen Anlagen**: Instandsetzung von Sanitäranlagen insbesondere Instandsetzung von Wasseranlagen und Pumpen • Instandsetzung der Heizungspumpe • Instandsetzung lufttechnischer Anlagen insbesondere Instandsetzung der Pumpe • Instandsetzung der Beleuchtungsanlage im Festsaal, Instandsetzung von Blitzschutzleitungen, Elektroarbeiten • Instandsetzung des Aufzugs • verschiedene Maßnahmen an den Technischen Anlagen. **Instandsetzung der Ausstattung**: Beschaffung und Austausch von Möbeln und Geräten.				

Kostenkennwerte für die Kostengruppen der 2. Ebene nach DIN 18960

KG	Kostengruppe	Menge Einheit	Kosten €/a	€/Einheit*a	% an Summe
200	**Objektmanagementkosten**				
210	**Personalkosten** Personalkosten des Objektmanagements inkl. arbeitsplatzbezogener Gemeinkosten wie Umlagen für arbeitsmedizinische und -sicherheitstechnische Dienste, Sekretariate, Registraturen und dgl., Energiemanagement.	2.430,00 BGF	16.468	**6,78**	86,9
220	**Sachkosten** Allgemeine Sachkostenpauschale für Raumkosten, Fernsprechkosten, Einrichtungs- und Ausstattungskosten, Büroarbeitsplatz- und Bürobedarfskosten.	2.430,00 BGF	2.478	**1,02**	13,1
300	**Betriebskosten**				
310	**Versorgung** Wasser • Gas: keine Kernnutzung im untersten Geschoss, Außenwände als schwere, einschalige Konstruktion, Standard der Außentüren und -fenster Zweischeibenverglasung, Aluminiumrahmen, Wärmedämmung nach gesetzlichem Standard im Jahre 1912, Wärmeerzeugungsanlagen mit zentraler Wassererwärmung, Heizungssteuerung Jahresprogramm • Strom: Zu- und Abluftanlage, 1 Aufzug. Angaben zur Nutzung: Turn- und Versammlungshalle, 1 Einfeldhalle, 91 h Betriebszeit/Schulwoche.	2.430,00 BGF	29.050	**11,95**	25,7
320	**Entsorgung** Abwasser.	2.430,00 BGF	493	**0,20**	0,4
330	**Reinigung und Pflege von Gebäuden** Unterhaltsreinigung: regelmäßige Unterhaltsreinigung, Leeren von Abfallbehältern und Entsorgung, 1 Sommerhauptreinigung, 1 Sonderreinigung der Turn- und Versammlungshalle, Reinigung fremdvergeben, 5,88 €/m² Reinigungsfläche und Jahr • Glasreinigung: 1 Reinigung der Außen- und Innenverglasung inkl. Rahmen, fremdvergeben, Angaben zur Außenverglasung: 105 m² Glasfläche als Außentüren und -fenster, 4-seitige Reinigung; 50 m² Glasfläche als Außentüren und -fenster, 2-seitige Reinigung; 20 m² Glasfläche als Dachfenster und Lichtkuppel, 2-seitige Reinigung, Angaben zur Innenverglasung: 30 m² Glasfläche als Innentüren und -fenster • Reinigung und Pflege von Gebäuden, sonstiges: Kostenpauschale für regelmäßige Hausmeisterdienstleistungen im Zusammenhang mit der Reinigung und Pflege des Gebäudes wie Reinigungskontrollen und dgl.	2.430,00 BGF	22.223	**9,15**	19,7

Boden- und Deckenbelagsfläche

Kostenstand: 1. Quartal 2010, inkl. MwSt.

KG	Kostengruppe	Menge Einheit	Kosten €/a	€/Einheit*a	% an Summe
340	**Reinigung und Pflege von Außenanlagen** Befestigte Flächen: Kostenpauschale für regelmäßige Hausmeisterdienstleistungen im Zusammenhang mit Reinigung, Winterdienst und dgl. • Pflanz- und Grünflächen: Grünpflege, Baumpflege, Wartung gärtnerischer Anlagen. 0,90 €/m² unbebaute Fläche des Baugrundstücks und Jahr, Angaben zum Grundstück: unbebaute Fläche des Grundstücks 13.340 m², Standort städtisch, ebenes Gelände.	2.430,00 BGF	12.037	**4,95**	10,7

Unbebaute Fläche des Baugrundstücks

KG	Kostengruppe	Menge Einheit	Kosten €/a	€/Einheit*a	% an Summe
350	**Bedienung, Inspektion und Wartung** Bedienung der Technischen Anlagen: Telekommunikation • Inspektion und Wartung der Baukonstruktion: Einstellen und Ausbesserungen an Außentüren und -fenstern insbesondere Schlossererarbeiten, Verputzarbeiten, Schreiner- und Schlosserarbeiten an baukonstruktiven Einbauten, allgemeine Wartungsarbeiten, Ersatzteile, Material • Inspektion und Wartung der Technischen Anlagen: Reparaturen an Sanitäranlagen und Wasserleitungen, Wartung von Heizungspumpen und -regelung, Wartung von lufttechnischen Anlage, Wartung von Brandschutzklappen, Reparaturen an Beleuchtungen, Sicherheitsbeleuchtungen und Batterieanlagen, Reparaturen an Vorschaltgeräten und Zeitschaltuhren, Blitzschutzprüfung, Wartung der Schwachstromanlage, Prüfung der Elektroanlagen, Wartung des Aufzugs, Wartung der Bühnentechnik, Ersatzteile, Material • Inspektion und Wartung der Außenanlagen: Wartung von Außenanlagen • Inspektion und Wartung von Ausstattung und Kunstwerken: Reparaturen an Sportgeräten und Stühlen, Schlosser- und Schreinerarbeiten, Wartung von Reinigungsgeräten, Ersatzteile • Bedienung, Inspektion und Wartung, sonstiges: Kostenpauschale für regelmäßige Hausmeisterdienstleistungen im Zusammenhang mit der Bedienung, Inspektion und Wartung.	2.430,00 BGF	31.404	**12,92**	27,8
360	**Sicherheits- und Überwachungsdienste** Kontrollen aufgrund öffentlich-rechtlicher Bestimmungen: Spielgerätekontrolle • Objekt- und Personenschutz: Kostenpauschale für regelmäßige Hausmeisterdienstleistungen im Zusammenhang mit Wach- und Schließdiensten.	2.430,00 BGF	5.716	**2,35**	5,1
370	**Abgaben und Beiträge** Steuern: Abgaben für Grundstück und Gebäude • Versicherungsbeiträge: Gebäudeversicherungen.	2.430,00 BGF	11.928	**4,91**	10,6
400	**Instandsetzungskosten**				
410	**Instandsetzung der Baukonstruktionen** Außenwände: Instandsetzung von Außentüren und -fenstern insbesondere Einbau neuer Fenster, Schlosser- und Glaserarbeiten • Innenwände: Überstreichen von Graffitis • Dächer: Instandsetzung von Dachbelägen insbesondere Ausbesserung undichter Stellen, Dachdeckungsarbeiten, Austausch von Lichtkuppeln, Dichtungsarbeiten • Instandsetzungskosten der Baukonstruktionen, sonstiges: verschiedene Maßnahmen an den Baukonstruktionen.	2.430,00 BGF	26.467	**10,89**	32,9

KG	Kostengruppe	Menge Einheit	Kosten €/a	€/Einheit*a	% an Summe
420	**Instandsetzung der Technischen Anlagen** Abwasser-, Wasser-, Gasanlagen: Instandsetzung von Sanitäranlagen insbesondere Instandsetzung von Wasseranlagen und Pumpen • Wärmeversorgungsanlagen: Instandsetzung der Heizungspumpe • Lufttechnische Anlagen: Instandsetzung lufttechnischer Anlagen insbesondere Instandsetzung der Pumpe • Starkstromanlagen: Instandsetzung der Beleuchtungsanlage im Festsaal, Instandsetzung von Blitzschutzleitungen, Elektroarbeiten • Förderanlagen: Instandsetzung des Aufzugs • Instandsetzung der Technischen Anlagen, sonstiges: verschiedene Maßnahmen an den Technischen Anlagen.	2.430,00 BGF	17.825	**7,34**	22,2
440	**Instandsetzung der Ausstattung** Beschaffung und Austausch von Möbeln und Geräten.	2.430,00 BGF	36.111	**14,86**	44,9

5100-056
Turnhalle
(1 Einfeldhalle)

Objektübersicht

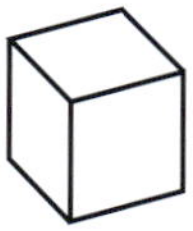

15 €/m³ BRI*a

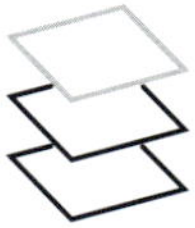

79 €/m² BGF*a

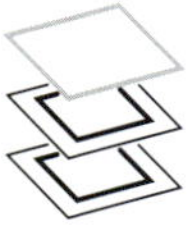

122 €/m² NF*a

Kennwerte	bis 2. Ebene DIN 18960 exkl. Außenanlagen
Ausbau	Grund- und Mieterausbau
Land	Baden-Württemberg
Kreis	Stuttgart
Baujahr	1955
m^3 BRI	6.414
m^2 BGF	1.217
m^2 NF	791

96.108 €/Hallenfeld*a

Eigentümer:
Landeshauptstadt Stuttgart
Hauptstätter Str. 79
70178 Stuttgart

Bewirtschafter:
Schulverwaltungsamt
Hauptstätter Str. 79
70178 Stuttgart

Kostenstand: 1. Quartal 2010, inkl. MwSt.

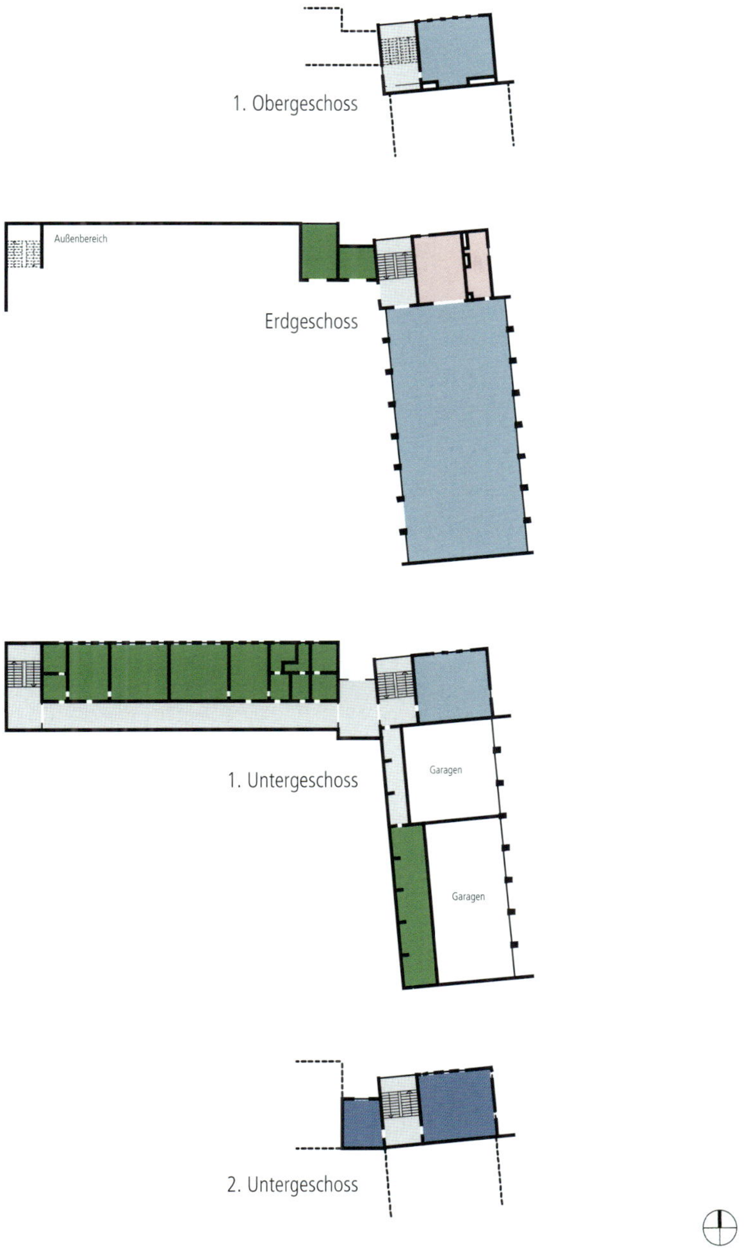

NF1	Wohnen und Aufenthalt	NF4	Lagern, Verteilen und Verkaufen	NF7	Sonstige Nutzflächen
NF2	Büroarbeit	NF5	Bildung, Unterricht und Kultur	TF	Technische Funktionsfläche
NF3	Prod., Hand- und Maschinenarb., Experimente	NF6	Heilen und Pflegen	VF	Verkehrsfläche

Objektbeschreibung

Nutzung

2 Untergeschosse
Konditionsraum, Umkleideräume, Sanitärräume, Putzräume, Abstellräume, Haustechnik.

1 Erdgeschoss
Turnhalle, Garagen, Abstellräume.

1 Obergeschoss
Unterrichtsraum, Abstellraum.

Nutzeinheiten

Einfeldhalle: 1

Besonderer Kosteneinfluss

Nutzung
76 h Betriebszeit/Schulwoche, Kernnutzung im untersten Geschoss.

Objekt
Wassergespülte Urinale, Außenwände als schwere, einschalige Konstruktion, Standard der Außentüren und -fenster Zweischeibenverglasung, Holzrahmen, 60% der Außentüren und -fenster modernisiert im Jahre 2007, Wärmedämmung nach gesetzlichem Standard im Jahre 1955, Wärmeerzeugungsanlagen mit zentraler Wassererwärmung, Heizungssteuerung Jahresprogramm, Raumheizflächen Heizkörper, Zu- und Abluftanlage in der Turnhalle, Angaben zu den Bodenbelägen: 47% der NGF Holzbelag, 12% der NGF Kunststoffbelag, 41% der NGF Steinbelag, Angaben zur Außenverglasung: 25 m² Glasfläche als Außentüren und -fenster, Kastenfenster, 4-seitige Reinigung; 140 m² Glasfläche als Außentüren und -fenster, 2-seitige Reinigung, Angaben zur Innenverglasung: 10 m² Glasfläche als Innentüren und -fenster, 2-seitige Reinigung; 5 m² Glasfläche als Trennwände und Einbauten, 2-seitige Reinigung.

Grundstück

Standort: städtisch
Bauraum: Baulücke
Neigung: ebenes Gelände

Betrieb

Geringe Betriebskosten:
Personalkosten des Objektmanagements inkl. arbeitsplatzbezogener Gemeinkosten wie Umlagen für arbeitsmedizinische und -sicherheitstechnische Dienste, Sekretariate, Registraturen und dgl., Wasserverbrauch 59 l/m² BGF und Jahr, Wärmeverbrauch 74 kWh/m² BGF und Jahr, Gas, Strom, regelmäßige Unterhaltsreinigung, Leeren von Abfallbehältern und Entsorgung, 1 Pflegefilmsanierung, 1 Sonderreinigung der Turnhalle, Reinigung fremdvergeben, Reparaturen an Sanitäranlagen, Wartung lufttechnischer Anlagen, Reparaturen an der Lüftungsregelung, Ersatzteile, Kostenpauschale für regelmäßige Hausmeisterdienstleistungen im Zusammenhang mit der Bedienung, Inspektion und Wartung, Kostenpauschale für regelmäßige Hausmeisterdienstleistungen im Zusammenhang mit Wach- und Schließdiensten.

Instandsetzung

Durchschnittliche Instandsetzungskosten:
Instandsetzung von Außenwänden, Betonarbeiten, Instandsetzung von Innenwandbekleidungen insbesondere Maler- und Fliesenarbeiten, Schreinerarbeiten an Wandverkleidungen, Instandsetzung von Dachbelägen insbesondere Ausbesserungen und Dachdeckungsarbeiten, verschiedene Maßnahmen an den Baukonstruktionen, verschiedene Maßnahmen an den Technischen Anlagen.

Planungskennwerte für Flächen und Rauminhalte nach DIN 277

Flächen des Grundstücks		Menge, Einheit	% an FBG
BF	Bebaute Fläche	– m²	–
UBF	Unbebaute Fläche	– m²	–
FBG	Fläche des Baugrundstücks	– m²	–
FAB	Fläche außerhalb des Baugrundstücks	– m²	–

Grundflächen des Bauwerks		Menge, Einheit	% an NF	% an BGF
NF	Nutzfläche	791 m²	100,0	65,0
TF	Technische Funktionsfläche	77 m²	9,7	6,3
VF	Verkehrsfläche	221 m²	27,9	18,1
NGF	Netto-Grundfläche	1.088 m²	137,6	89,4
KGF	Konstruktions-Grundfläche	129 m²	16,3	10,6
BGF	Brutto-Grundfläche	1.217 m²	153,9	100,0

Nutzflächen des Bauwerks		Menge, Einheit	% an NF	% an BGF
NF1	Wohnen und Aufenthalt	0 m²	0,0	0,0
NF2	Büroarbeit	0 m²	0,0	0,0
NF3	Produktion, Hand-, Maschinenarbeit, Exp.	0 m²	0,0	0,0
NF4	Lagern, Verteilen und Verkaufen	53 m²	6,7	4,3
NF5	Bildung, Unterricht und Kultur	458 m²	58,0	37,7
NF6	Heilen und Pflegen	0 m²	0,0	0,0
NF7	Sonstige Nutzflächen	280 m²	35,4	23,0

Brutto-Rauminhalt des Bauwerks		Menge, Einheit	BRI/NF (m)	BRI/BGF (m)
BRI	Brutto-Rauminhalt	6.414 m³	8,11	5,27

Lufttechnisch behandelte Flächen	Menge, Einheit	% an NF	% an BGF
Entlüftete Fläche	0 m²	0,0	0,0
Be- und entlüftete Fläche	176 m²	22,3	14,5
Teilklimatisierte Fläche	0 m²	0,0	0,0
Klimatisierte Fläche	0 m²	0,0	0,0

Kostenkennwerte für die Kostengruppen der 1. Ebene DIN 18960

KG	Kostengruppen (1. Ebene)	Kosten €/a	€/m² NF*a	€/m² BGF*a	€/m³ BRI*a	% an Summe
100	Kapitalkosten	–	–	–	–	–
200	Objektmanagementkosten	9.035	11	7	1	8,6
300	Betriebskosten	35.690	45	29	6	33,9
400	Instandsetzungskosten	60.418	76	50	9	57,5

Verteilung der Nutzungskosten €/m² BGF*a (Turnhallen (Einfeldhallen))

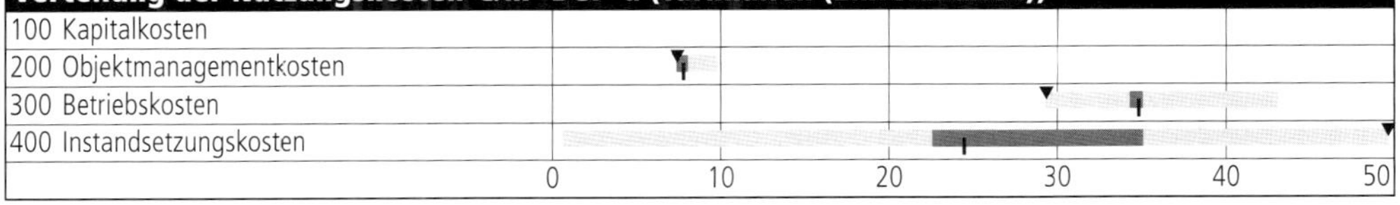

Kostenkennwerte für die Kostengruppen der 1. Ebene nach DIN 18960

KG	Kostengruppe	Menge Einheit	Kosten €/a	€/Einheit*a	% an Summe
200	**Objektmanagementkosten** **Personalkosten**: Personalkosten des Objektmanagements inkl. arbeitsplatzbezogener Gemeinkosten wie Umlagen für arbeitsmedizinische und -sicherheitstechnische Dienste, Sekretariate, Registraturen und dgl. **Sachkosten**: Allgemeine Sachkostenpauschale für Raumkosten, Fernsprechkosten, Einrichtungs- und Ausstattungskosten, Büroarbeitsplatz- und Bürobedarfskosten.	1.217,00 BGF	9.035	**7,42**	8,6
300	**Betriebskosten** **Versorgung**: Wasser • Gas, Kernnutzung im untersten Geschoss, Außenwände als schwere, einschalige Konstruktion, Standard der Außentüren und -fenster Zweischeibenverglasung, Holzrahmen, 60% der Außentüren und -fenster modernisiert im Jahre 2007, Wärmedämmung nach gesetzlichem Standard im Jahre 1955, Wärmeerzeugungsanlagen mit zentraler Wassererwärmung, Heizungssteuerung Jahresprogramm, Raumheizflächen Heizkörper • Strom, Zu- und Abluftanlage in der Turnhalle. **Reinigung und Pflege von Gebäuden**: Regelmäßige Unterhaltsreinigung, Leeren von Abfallbehältern und Entsorgung, 1 Pflegefilmsanierung, 1 Sonderreinigung der Turnhalle, Reinigung fremdvergeben, Angaben zu den Bodenbelägen: 47% der NGF Holzbelag, 12% der NGF Kunststoffbelag, 41% der NGF Steinbelag • Kostenpauschale für regelmäßige Hausmeisterdienstleistungen im Zusammenhang mit der Reinigung und Pflege des Gebäudes wie Reinigungskontrollen und dgl. **Bedienung, Inspektion und Wartung**: Reparaturen an Sanitäranlagen, Wartung lufttechnischer Anlagen, Reparaturen an der Lüftungsregelung, Ersatzteile • siehe Objekt 4100-088 • Wartung von Turn- und Sportgeräten • Kostenpauschale für regelmäßige Hausmeisterdienstleistungen im Zusammenhang mit der Bedienung, Inspektion und Wartung. **Sicherheits- und Überwachungsdienste**: Siehe Objekt 4100-088 • Kostenpauschale für regelmäßige Hausmeisterdienstleistungen im Zusammenhang mit Wach- und Schließdiensten. **Abgaben und Beiträge**: Siehe Objekt 4100-088 • Gebäudeversicherungen.	1.217,00 BGF	35.690	**29,33**	33,9
400	**Instandsetzungskosten** **Instandsetzung der Baukonstruktionen**: Instandsetzung von Außenwänden, Betonarbeiten • Instandsetzung von Innenwandbekleidungen insbesondere Maler- und Fliesenarbeiten, Schreinerarbeiten an Wandverkleidungen • Instandsetzung von Dachbelägen insbesondere Ausbesserungen und Dachdeckungsarbeiten • verschiedene Maßnahmen an den Baukonstruktionen. **Instandsetzung der Technischen Anlagen**: Instandsetzung von Sanitäranlagen insbesondere Ersatz von Sanitärapparaten • Instandsetzung lufttechnischer Anlagen, Lüftungsarbeiten • Instandsetzung von Elektroanlagen, Elektroarbeiten an Vorschaltgeräten und Schaltern • verschiedene Maßnahmen an den Technischen Anlagen.	1.217,00 BGF	60.418	**49,65**	57,5

Kostenkennwerte für die Kostengruppen der 2. Ebene nach DIN 18960

KG	Kostengruppe	Menge Einheit	Kosten €/a	€/Einheit*a	% an Summe
200	**Objektmanagementkosten**				
210	**Personalkosten**	1.217,00 BGF	7.765	**6,38**	86,0
	Personalkosten des Objektmanagements inkl. arbeitsplatzbezogener Gemeinkosten wie Umlagen für arbeitsmedizinische und -sicherheitstechnische Dienste, Sekretariate, Registraturen und dgl.				
220	**Sachkosten**	1.217,00 BGF	1.270	**1,04**	14,1
	Allgemeine Sachkostenpauschale für Raumkosten, Fernsprechkosten, Einrichtungs- und Ausstattungskosten, Büroarbeitsplatz- und Bürobedarfskosten.				
300	**Betriebskosten**				
310	**Versorgung**	1.217,00 BGF	11.495	**9,45**	32,2
	Wasser: wassergespülte Urinale • Gas: Kernnutzung im untersten Geschoss, Außenwände als schwere, einschalige Konstruktion, Standard der Außentüren und -fenster Zweischeibenverglasung, Holzrahmen, 60% der Außentüren und -fenster modernisiert im Jahre 2007, Wärmedämmung nach gesetzlichem Standard im Jahre 1955, Wärmeerzeugungsanlagen mit zentraler Wassererwärmung, Heizungssteuerung Jahresprogramm, Raumheizflächen Heizkörper • Strom: Zu- und Abluftanlage in der Turnhalle. Angaben zur Nutzung: Turnhalle, 1 Einfeldhalle, 76 h Betriebszeit/Schulwoche.				
320	**Entsorgung**	1.217,00 BGF	94	**0,08**	0,3
	Abwasser.				
330	**Reinigung und Pflege von Gebäuden**	1.217,00 BGF	5.950	**4,89**	16,7
	Unterhaltsreinigung: regelmäßige Unterhaltsreinigung, Leeren von Abfallbehältern und Entsorgung, 1 Pflegefilmsanierung, 1 Sonderreinigung der Turnhalle, Reinigung fremdvergeben • Glasreinigung: 1 Reinigung der Außen- und Innenverglasung inkl. Rahmen, fremdvergeben, Angaben zur Außenverglasung: 25 m² Glasfläche als Außentüren und -fenster, Kastenfenster, 4-seitige Reinigung; 140 m² Glasfläche als Außentüren und -fenster, 2-seitige Reinigung, Angaben zur Innenverglasung: 10 m² Glasfläche als Innentüren und -fenster, 2-seitige Reinigung; 5 m² Glasfläche als Trennwände und Einbauten, 2-seitige Reinigung • Reinigung und Pflege von Gebäuden, sonstiges: Kostenpauschale für regelmäßige Hausmeisterdienstleistungen im Zusammenhang mit der Reinigung und Pflege des Gebäudes wie Reinigungskontrollen und dgl.				

Boden- und Deckenbelagsfläche

KG	Kostengruppe	Menge Einheit	Kosten €/a	€/Einheit*a	% an Summe
340	**Reinigung und Pflege von Außenanlagen**	–	–	–	–
	Siehe Objekt 4100-088.				

KG	Kostengruppe	Menge Einheit	Kosten €/a	€/Einheit*a	% an Summe
350	**Bedienung, Inspektion und Wartung** Inspektion und Wartung der Technischen Anlagen: Reparaturen an Sanitäranlagen, Wartung lufttechnischer Anlagen, Reparaturen an der Lüftungsregelung, Ersatzteile • Inspektion und Wartung der Außenanlagen: siehe Objekt 4100-088 • Inspektion und Wartung von Ausstattung und Kunstwerken: Wartung von Turn- und Sportgeräten • Bedienung, Inspektion und Wartung, sonstiges: Kostenpauschale für regelmäßige Hausmeisterdienstleistungen im Zusammenhang mit der Bedienung, Inspektion und Wartung.	1.217,00 BGF	13.134	**10,79**	36,8
360	**Sicherheits- und Überwachungsdienste** Kontrollen aufgrund öffentlich-rechtlicher Bestimmungen: siehe Objekt 4100-088 • Objekt- und Personenschutz: Kostenpauschale für regelmäßige Hausmeisterdienstleistungen im Zusammenhang mit Wach- und Schließdiensten.	1.217,00 BGF	4.412	**3,63**	12,4
370	**Abgaben und Beiträge** Steuern: siehe Objekt 4100-088 • Versicherungsbeiträge: Gebäudeversicherungen.	1.217,00 BGF	606	**0,50**	1,7
400	**Instandsetzungskosten**				
410	**Instandsetzung der Baukonstruktionen** Außenwände: Instandsetzung von Außenwänden, Betonarbeiten • Innenwände: Instandsetzung von Innenwandbekleidungen insbesondere Maler- und Fliesenarbeiten, Schreinerarbeiten an Wandverkleidungen • Dächer: Instandsetzung von Dachbelägen insbesondere Ausbesserungen und Dachdeckungsarbeiten • Instandsetzungskosten der Baukonstruktionen, sonstiges: verschiedene Maßnahmen an den Baukonstruktionen.	1.217,00 BGF	47.608	**39,12**	78,8
420	**Instandsetzung der Technischen Anlagen** Abwasser-, Wasser-, Gasanlagen: Instandsetzung von Sanitäranlagen insbesondere Ersatz von Sanitärapparaten • Lufttechnische Anlagen: Instandsetzung lufttechnischer Anlagen, Lüftungsarbeiten • Starkstromanlagen: Instandsetzung von Elektroanlagen, Elektroarbeiten an Vorschaltgeräten und Schaltern • Instandsetzung der Technischen Anlagen, sonstiges: verschiedene Maßnahmen an den Technischen Anlagen.	1.217,00 BGF	12.810	**10,53**	21,2

5100-057
Turnhalle
(1 Einfeldhalle)

Objektübersicht

Kennwerte	bis 2. Ebene DIN 18960 exkl. Außenanlagen
Ausbau	Grund- und Mieterausbau
Land	Baden-Württemberg
Kreis	Stuttgart
Baujahr	1971
m^3 BRI	2.309
m^2 BGF	393
m^2 NF	309

30.714 €/Hallenfeld*a

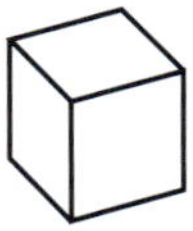

13 €/m^3 BRI*a

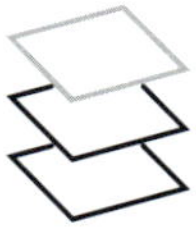

78 €/m^2 BGF*a

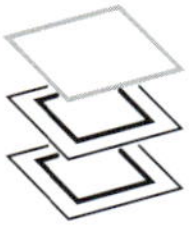

99 €/m^2 NF*a

Eigentümer:
Landeshauptstadt Stuttgart
Hauptstätter Str. 79
70178 Stuttgart

Bewirtschafter:
Schulverwaltungsamt
Hauptstätter Str. 79
70178 Stuttgart

Kostenstand: 1. Quartal 2010, inkl. MwSt.

Erdgeschoss

NF1 Wohnen und Aufenthalt	NF4 Lagern, Verteilen und Verkaufen	NF7 Sonstige Nutzflächen
NF2 Büroarbeit	NF5 Bildung, Unterricht und Kultur	TF Technische Funktionsfläche
NF3 Prod., Hand- und Maschinenarb., Experimente	NF6 Heilen und Pflegen	VF Verkehrsfläche

Objektbeschreibung

Nutzung

1 Erdgeschoss
Turnhalle, Geräteraum, Umkleideräume, Sanitärräume, Haustechnik.

Nutzeinheiten

Einfeldhalle: 1

Besonderer Kosteneinfluss

Nutzung
84 h Betriebszeit/Schulwoche, Kernnutzung im untersten Geschoss.

Objekt
Wassergespülte Urinale, Außenwände schwere, einschalige Konstruktion, Standard der Außentüren und -fenster Zweischeibenverglasung, Aluminiumrahmen, Wärmedämmung nach gesetzlichem Standard im Jahre 1971, Wärmeerzeugungsanlagen mit zentraler Wassererwärmung, Heizungssteuerung Jahresprogramm, Raumheizflächen Heizkörper, Angaben zu den Bodenbelägen: 88% der NGF Kunststoffbelag, 12% der NGF Steinbelag, Angaben zur Außenverglasung: 5 m² Glasfläche als Außentüren und -fenster, Kastenfenster, 4-seitige Reinigung; 140 m² Glasfläche als Außentüren und -fenster, 2-seitige Reinigung; 5 m² Glasfläche als Lichtkuppel, 2-seitige Reinigung, Angaben zur Innenverglasung: Heizkessel aus dem Jahre 1970.

Grundstück

Standort: städtisch
Bauraum: Baulücke
Neigung: geneigtes Gelände

Betrieb

Durchschnittliche Betriebskosten:
Personalkosten des Objektmanagements inkl. arbeitsplatzbezogener Gemeinkosten wie Umlagen für arbeitsmedizinische und -sicherheitstechnische Dienste, Sekretariate, Registraturen und dgl., Energiemanagement, Gas, Strom, regelmäßige Unterhaltsreinigung, Leeren von Abfallbehältern und Entsorgung, 2 Pflegefilmsanierungen, 1 Sonderreinigung des Turnhallenbodens, 1 Sonderreinigung der Deckenbekleidung, Reinigung fremdvergeben, Kostenpauschale für regelmäßige Hausmeisterdienstleistungen im Zusammenhang mit der Bedienung, Inspektion und Wartung, Kostenpauschale für regelmäßige Hausmeisterdienstleistungen im Zusammenhang mit Wach- und Schließdiensten, Ersatzteile, Material, sonstige Dienstleistungen.

Instandsetzung

Durchschnittliche Instandsetzungskosten:
Verschiedene Maßnahmen an den Baukonstruktionen, verschiedene Maßnahmen an den Technischen Anlagen, Instandsetzung von Turn- und Sportgeräten insbesondere Ersatz von Kletterwänden.

Planungskennwerte für Flächen und Rauminhalte nach DIN 277

Flächen des Grundstücks		Menge, Einheit	% an FBG
BF	Bebaute Fläche	– m²	–
UBF	Unbebaute Fläche	– m²	–
FBG	Fläche des Baugrundstücks	– m²	–
FAB	Fläche außerhalb des Baugrundstücks	– m²	–

Grundflächen des Bauwerks		Menge, Einheit	% an NF	% an BGF
NF	Nutzfläche	309 m²	100,0	78,7
TF	Technische Funktionsfläche	24 m²	7,7	6,0
VF	Verkehrsfläche	15 m²	4,8	3,8
NGF	Netto-Grundfläche	348 m²	112,5	88,4
KGF	Konstruktions-Grundfläche	45 m²	14,7	11,6
BGF	Brutto-Grundfläche	393 m²	127,1	100,0

Nutzflächen des Bauwerks		Menge, Einheit	% an NF	% an BGF
NF1	Wohnen und Aufenthalt	0 m²	0,0	0,0
NF2	Büroarbeit	0 m²	0,0	0,0
NF3	Produktion, Hand-, Maschinenarbeit, Exp.	0 m²	0,0	0,0
NF4	Lagern, Verteilen und Verkaufen	40 m²	12,9	10,2
NF5	Bildung, Unterricht und Kultur	181 m²	58,5	46,0
NF6	Heilen und Pflegen	0 m²	0,0	0,0
NF7	Sonstige Nutzflächen	88 m²	28,6	22,5

Brutto-Rauminhalt des Bauwerks		Menge, Einheit	BRI/NF (m)	BRI/BGF (m)
BRI	Brutto-Rauminhalt	2.309 m³	7,46	5,87

Lufttechnisch behandelte Flächen	Menge, Einheit	% an NF	% an BGF
Entlüftete Fläche	0 m²	0,0	0,0
Be- und entlüftete Fläche	0 m²	0,0	0,0
Teilklimatisierte Fläche	0 m²	0,0	0,0
Klimatisierte Fläche	0 m²	0,0	0,0

Kostenkennwerte für die Kostengruppen der 1. Ebene DIN 18960

KG	Kostengruppen (1. Ebene)	Kosten €/a	€/m² NF*a	€/m² BGF*a	€/m³ BRI*a	% an Summe
100	Kapitalkosten	–	–	–	–	–
200	Objektmanagementkosten	3.151	10	8	1	9,3
300	Betriebskosten	16.932	55	43	7	50,0
400	Instandsetzungskosten	13.782	45	35	6	40,7

Verteilung der Nutzungskosten €/m² BGF*a (Turnhallen (Einfeldhallen))

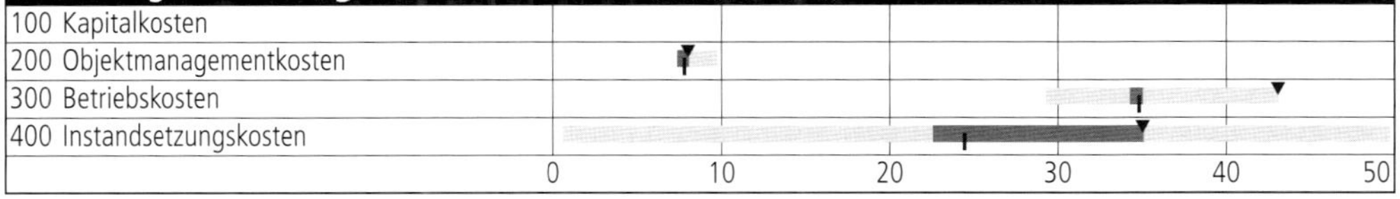

Kostenkennwerte für die Kostengruppen der 1. Ebene nach DIN 18960

KG	Kostengruppe	Menge Einheit	Kosten €/a	€/Einheit*a	% an Summe
200	**Objektmanagementkosten** **Personalkosten**: Personalkosten des Objektmanagements inkl. arbeitsplatzbezogener Gemeinkosten wie Umlagen für arbeitsmedizinische und -sicherheitstechnische Dienste, Sekretariate, Registraturen und dgl., Energiemanagement. **Sachkosten**: Allgemeine Sachkostenpauschale für Raumkosten, Fernsprechkosten, Einrichtungs- und Ausstattungskosten, Büroarbeitsplatz- und Bürobedarfskosten.	393,28 BGF	3.151	**8,01**	9,3
300	**Betriebskosten** **Versorgung**: Wasser • Gas, Kernnutzung im untersten Geschoss, Außenwände schwere, einschalige Konstruktion, Standard der Außentüren und -fenster Zweischeibenverglasung, Aluminiumrahmen, Wärmedämmung nach gesetzlichem Standard im Jahre 1971, Wärmeerzeugungsanlagen mit zentraler Wassererwärmung, Heizungssteuerung Jahresprogramm, Raumheizflächen Heizkörper • Strom. **Reinigung und Pflege von Gebäuden**: Regelmäßige Unterhaltsreinigung, Leeren von Abfallbehältern und Entsorgung, 2 Pflegefilmsanierungen, 1 Sonderreinigung des Turnhallenbodens, 1 Sonderreinigung der Deckenbekleidung, Reinigung fremdvergeben, Angaben zu den Bodenbelägen: 88% der NGF Kunststoffbelag, 12% der NGF Steinbelag • Kostenpauschale für regelmäßige Hausmeisterdienstleistungen im Zusammenhang mit der Reinigung und Pflege des Gebäudes wie Reinigungskontrollen und dgl. **Bedienung, Inspektion und Wartung**: Reparaturen an Sanitäranlagen, Wartung von Brennern und Gasanlage, Abgaswegeprüfung, Elektroarbeiten, Ersatzteile, Material • siehe Objekt 4100-092 • Wartung von Turn- und Sportgeräten, Reparaturarbeiten, Ersatzteile • Kostenpauschale für regelmäßige Hausmeisterdienstleistungen im Zusammenhang mit der Bedienung, Inspektion und Wartung. **Sicherheits- und Überwachungsdienste**: Siehe Objekt 4100-092 • Kostenpauschale für regelmäßige Hausmeisterdienstleistungen im Zusammenhang mit Wach- und Schließdiensten. **Abgaben und Beiträge**: Siehe Objekt 4100-092 • Gebäudeversicherungen.	393,28 BGF	16.932	**43,05**	50,0
400	**Instandsetzungskosten** **Instandsetzung der Baukonstruktionen**: Verschiedene Maßnahmen an den Baukonstruktionen. **Instandsetzung der Technischen Anlagen**: Verschiedene Maßnahmen an den Technischen Anlagen. **Instandsetzung der Ausstattung**: Instandsetzung von Turn- und Sportgeräten insbesondere Ersatz von Kletterwänden.	393,28 BGF	13.782	**35,04**	40,7

Kostenkennwerte für die Kostengruppen der 2. Ebene nach DIN 18960

KG	Kostengruppe	Menge Einheit	Kosten €/a	€/Einheit*a	% an Summe
200	**Objektmanagementkosten**				
210	**Personalkosten**	393,28 BGF	2.745	**6,98**	87,1
	Personalkosten des Objektmanagements inkl. arbeitsplatzbezogener Gemeinkosten wie Umlagen für arbeitsmedizinische und -sicherheitstechnische Dienste, Sekretariate, Registraturen und dgl., Energiemanagement.				
220	**Sachkosten**	393,28 BGF	406	**1,03**	12,9
	Allgemeine Sachkostenpauschale für Raumkosten, Fernsprechkosten, Einrichtungs- und Ausstattungskosten, Büroarbeitsplatz- und Bürobedarfskosten.				
300	**Betriebskosten**				
310	**Versorgung**	393,28 BGF	4.637	**11,79**	27,4
	Wasser: wassergespülte Urinale • Gas: Kernnutzung im untersten Geschoss, Außenwände schwere, einschalige Konstruktion, Standard der Außentüren und -fenster Zweischeibenverglasung, Aluminiumrahmen, Wärmedämmung nach gesetzlichem Standard im Jahre 1971, Wärmeerzeugungsanlagen mit zentraler Wassererwärmung, Heizungssteuerung Jahresprogramm, Raumheizflächen Heizkörper • Strom. Angaben zur Nutzung: Turnhalle, 1 Einfeldhalle, 84 h Betriebszeit/Schulwoche.				
320	**Entsorgung**	393,28 BGF	74	**0,19**	0,4
	Abwasser • Abfall: verbrauchte Leuchtmittel.				
330	**Reinigung und Pflege von Gebäuden**	393,28 BGF	4.123	**10,48**	24,4
	Unterhaltsreinigung: regelmäßige Unterhaltsreinigung, Leeren von Abfallbehältern und Entsorgung, 2 Pflegefilmsanierungen, 1 Sonderreinigung des Turnhallenbodens, 1 Sonderreinigung der Deckenbekleidung, Reinigung fremdvergeben • Glasreinigung: 1 Reinigung der Außen- und Innenverglasung inkl. Rahmen, fremdvergeben, Angaben zur Außenverglasung: 5 m² Glasfläche als Außentüren und -fenster, Kastenfenster, 4-seitige Reinigung; 140 m² Glasfläche als Außentüren und -fenster, 2-seitige Reinigung; 5 m² Glasfläche als Lichtkuppel, 2-seitige Reinigung, Angaben zur Innenverglasung: • Reinigung und Pflege von Gebäuden, sonstiges: Kostenpauschale für regelmäßige Hausmeisterdienstleistungen im Zusammenhang mit der Reinigung und Pflege des Gebäudes wie Reinigungskontrollen und dgl.				

Boden- und Deckenbelagsfläche

88% Kunststoffbelag
12% Steinbelag

KG	Kostengruppe	Menge Einheit	Kosten €/a	€/Einheit*a	% an Summe
340	**Reinigung und Pflege von Außenanlagen**	–	–	–	–
	Siehe Objekt 4100-092.				

KG	Kostengruppe	Menge Einheit	Kosten €/a	€/Einheit*a	% an Summe
350	**Bedienung, Inspektion und Wartung** Inspektion und Wartung der Technischen Anlagen: Reparaturen an Sanitäranlagen, Wartung von Brennern und Gasanlage, Abgaswegeprüfung, Elektroarbeiten, Ersatzteile, Material • Inspektion und Wartung der Außenanlagen: siehe Objekt 4100-092 • Inspektion und Wartung von Ausstattung und Kunstwerken: Wartung von Turn- und Sportgeräten, Reparaturarbeiten, Ersatzteile • Bedienung, Inspektion und Wartung, sonstiges: Kostenpauschale für regelmäßige Hausmeisterdienstleistungen im Zusammenhang mit der Bedienung, Inspektion und Wartung.	393,28 BGF	4.642	**11,80**	27,4
360	**Sicherheits- und Überwachungsdienste** Kontrollen aufgrund öffentlich-rechtlicher Bestimmungen: siehe Objekt 4100-092 • Objekt- und Personenschutz: Kostenpauschale für regelmäßige Hausmeisterdienstleistungen im Zusammenhang mit Wach- und Schließdiensten.	393,28 BGF	2.215	**5,63**	13,1
370	**Abgaben und Beiträge** Steuern: siehe Objekt 4100-092 • Versicherungsbeiträge: Gebäudeversicherungen.	393,28 BGF	293	**0,75**	1,7
390	**Betriebskosten, sonstiges** Ersatzteile, Material, sonstige Dienstleistungen.	393,28 BGF	949	**2,41**	5,6
400	**Instandsetzungskosten**				
410	**Instandsetzung der Baukonstruktionen** Verschiedene Maßnahmen an den Baukonstruktionen.	393,28 BGF	8.494	**21,60**	61,6
420	**Instandsetzung der Technischen Anlagen** Verschiedene Maßnahmen an den Technischen Anlagen.	393,28 BGF	2.124	**5,40**	15,4
430	**Instandsetzung der Außenanlagen** Siehe Objekt 4100-092.	–	–	**–**	–
440	**Instandsetzung der Ausstattung** Instandsetzung von Turn- und Sportgeräten insbesondere Ersatz von Kletterwänden.	393,28 BGF	3.164	**8,05**	23,0

5100-058
Turnhalle
(1 Einfeldhalle)

Objektübersicht

Kennwerte	bis 2. Ebene DIN 18960 exkl. Außenanlagen
Ausbau	Grund- und Mieterausbau
Land	Baden-Württemberg
Kreis	Stuttgart
Baujahr	1972
m^3 BRI	4.463
m^2 BGF	831
m^2 NF	527

49.280 €/Hallenfeld*a

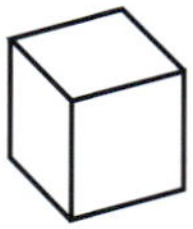

11 €/m^3 BRI*a

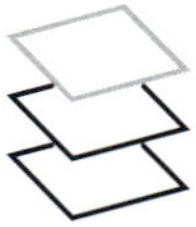

59 €/m^2 BGF*a

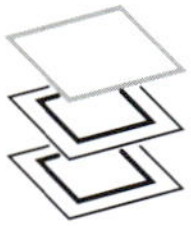

93 €/m^2 NF*a

Eigentümer:
Landeshauptstadt Stuttgart
Hauptstätter Str. 79
70178 Stuttgart

Bewirtschafter:
Schulverwaltungsamt
Hauptstätter Str. 79
70178 Stuttgart

Kostenstand: 1. Quartal 2010, inkl. MwSt.

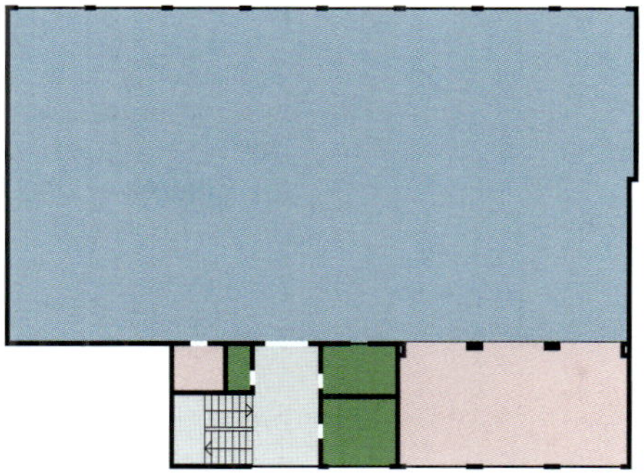

1. Obergeschoss

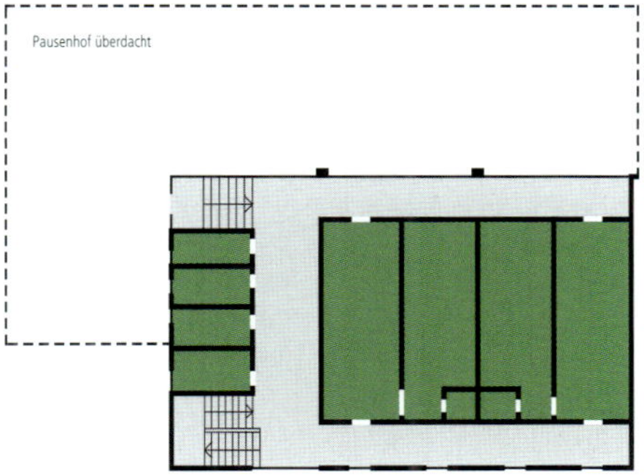

Erdgeschoss

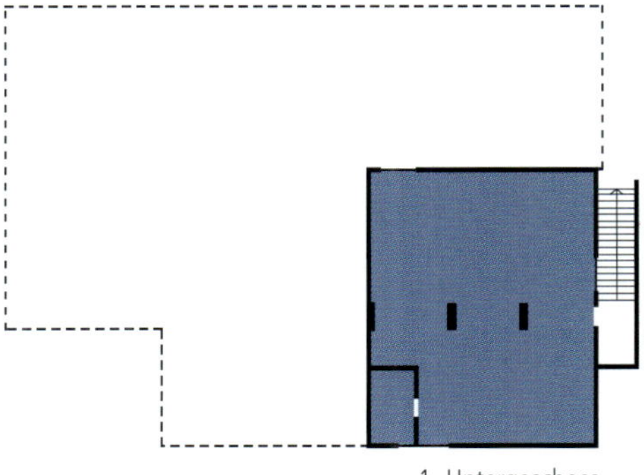

1. Untergeschoss

NF1 Wohnen und Aufenthalt	NF4 Lagern, Verteilen und Verkaufen	NF7 Sonstige Nutzflächen
NF2 Büroarbeit	NF5 Bildung, Unterricht und Kultur	TF Technische Funktionsfläche
NF3 Prod., Hand- und Maschinenarb., Experimente	NF6 Heilen und Pflegen	VF Verkehrsfläche

Kostenstand: 1. Quartal 2010, inkl. MwSt.

Objektbeschreibung

Nutzung

1 Untergeschoss
Haustechnik.

1 Erdgeschoss
Umkleideräume, Sanitärräume, Putzraum.

1 Obergeschoss
Turnhalle, Geräteräume, Umkleideräume, Putzraum.

Nutzeinheiten

Einfeldhalle: 1

Besonderer Kosteneinfluss

Nutzung
59 h Betriebszeit/Schulwoche, keine Kernnutzung im untersten Geschoss.

Objekt
Wassergespülte Urinale, Außenwände schwere, einschalige Konstruktion, Standard der Außentüren und -fenster Zweischeibenverglasung, Holzrahmen, Wärmedämmung nach gesetzlichem Standard im Jahre 1972, Wärmeerzeugungsanlagen mit zentraler Wassererwärmung, Heizungssteuerung Jahresprogramm, Raumheizflächen Heizkörper, Zu- und Abluftanlage, Angaben zu den Bodenbelägen: 61% der NGF Kunststoffbelag, 39% der NGF Steinbelag, Angaben zur Außenverglasung: 10 m² Glasfläche als Außentüren und -fenster, Kastenfenster, 4-seitige Reinigung; 135 m² Glasfläche als Außentüren und -fenster, 2-seitige Reinigung, Angaben zur Innenverglasung: 5 m² der Glasfläche als Innentüren und -fenster, 2-seitige Reinigung.

Grundstück

Standort: städtisch
Bauraum: Baulücke
Neigung: geneigtes Gelände

Betrieb

Geringe Betriebskosten:
Personalkosten des Objektmanagements inkl. arbeitsplatzbezogener Gemeinkosten wie Umlagen für arbeitsmedizinische und -sicherheitstechnische Dienste, Sekretariate, Registraturen und dgl., Energiemanagement, Wasserverbrauch 66 l/m² BGF und Jahr, Gas, Fernwärme, Strom, regelmäßige Unterhalts-reinigung, Leeren von Abfallbehältern und Entsorgung, 1 Pflegefilmsanierung, Reinigung fremdvergeben, Kostenpauschale für regelmäßige Hausmeisterdienstleistungen im Zusammenhang mit der Reinigung und Pflege des Gebäudes wie Reinigungskontrollen und dgl., Kostenpauschale für regelmäßige Hausmeisterdienstleistungen im Zusammenhang mit der Bedienung, Inspektion und Wartung, Ersatzteile, Material, Kostenpauschale für regelmäßige Hausmeisterdienstleistungen im Zusammenhang mit Wach- und Schließdiensten.

Instandsetzung

Geringe Instandsetzungskosten:
Instandsetzung von Dachbelägen, Dachdeckungsarbeiten, verschiedene Maßnahmen an den Baukonstruktionen, Instandsetzung lufttechnischer Anlagen, verschiedene Maßnahmen an den Technischen Anlagen.

Planungskennwerte für Flächen und Rauminhalte nach DIN 277

Flächen des Grundstücks		Menge, Einheit	% an FBG
BF	Bebaute Fläche	– m²	–
UBF	Unbebaute Fläche	– m²	–
FBG	Fläche des Baugrundstücks	– m²	–
FAB	Fläche außerhalb des Baugrundstücks	– m²	–

Grundflächen des Bauwerks		Menge, Einheit	% an NF	% an BGF
NF	Nutzfläche	527 m²	100,0	63,5
TF	Technische Funktionsfläche	113 m²	21,4	13,6
VF	Verkehrsfläche	109 m²	20,7	13,1
NGF	Netto-Grundfläche	749 m²	142,1	90,1
KGF	Konstruktions-Grundfläche	82 m²	15,5	9,9
BGF	Brutto-Grundfläche	831 m²	157,6	100,0

Nutzflächen des Bauwerks		Menge, Einheit	% an NF	% an BGF
NF1	Wohnen und Aufenthalt	0 m²	0,0	0,0
NF2	Büroarbeit	0 m²	0,0	0,0
NF3	Produktion, Hand-, Maschinenarbeit, Exp.	0 m²	0,0	0,0
NF4	Lagern, Verteilen und Verkaufen	54 m²	10,2	6,4
NF5	Bildung, Unterricht und Kultur	343 m²	65,0	41,2
NF6	Heilen und Pflegen	0 m²	0,0	0,0
NF7	Sonstige Nutzflächen	131 m²	24,9	15,8

Brutto-Rauminhalt des Bauwerks		Menge, Einheit	BRI/NF (m)	BRI/BGF (m)
BRI	Brutto-Rauminhalt	4.463 m³	8,46	5,37

Lufttechnisch behandelte Flächen	Menge, Einheit	% an NF	% an BGF
Entlüftete Fläche	0 m²	0,0	0,0
Be- und entlüftete Fläche	462 m²	87,7	55,6
Teilklimatisierte Fläche	0 m²	0,0	0,0
Klimatisierte Fläche	0 m²	0,0	0,0

Kostenkennwerte für die Kostengruppen der 1. Ebene DIN 18960

KG	Kostengruppen (1. Ebene)	Kosten €/a	€/m² NF*a	€/m² BGF*a	€/m³ BRI*a	% an Summe
100	Kapitalkosten	–	–	–	–	–
200	Objektmanagementkosten	6.485	12	8	1	11,6
300	Betriebskosten	28.950	55	35	6	51,9
400	Instandsetzungskosten	20.330	39	24	5	36,5

Verteilung der Nutzungskosten €/m² BGF*a (Turnhallen (Einfeldhallen))

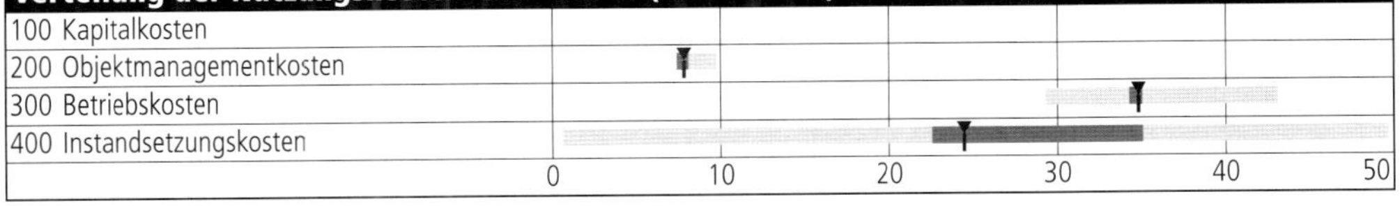

Kostenkennwerte für die Kostengruppen der 1. Ebene nach DIN 18960

KG	Kostengruppe	Menge Einheit	Kosten €/a	€/Einheit*a	% an Summe
200	**Objektmanagementkosten** **Personalkosten**: Personalkosten des Objektmanagements inkl. arbeitsplatzbezogener Gemeinkosten wie Umlagen für arbeitsmedizinische und -sicherheitstechnische Dienste, Sekretariate, Registraturen und dgl., Energiemanagement. **Sachkosten**: Allgemeine Sachkostenpauschale für Raumkosten, Fernsprechkosten, Einrichtungs- und Ausstattungskosten, Büroarbeitsplatz- und Bürobedarfskosten.	831,16 BGF	6.485	**7,80**	11,6
300	**Betriebskosten** **Versorgung**: Wasser • Gas, Fernwärme, keine Kernnutzung im untersten Geschoss, Außenwände schwere, einschalige Konstruktion, Standard der Außentüren und -fenster Zweischeibenverglasung, Holzrahmen, Wärmedämmung nach gesetzlichem Standard im Jahre 1972, Wärmeerzeugungsanlagen mit zentraler Wassererwärmung, Heizungssteuerung Jahresprogramm, Raumheizflächen Heizkörper • Strom, Zu- und Abluftanlage. **Reinigung und Pflege von Gebäuden**: Regelmäßige Unterhaltsreinigung, Leeren von Abfallbehältern und Entsorgung, 1 Pflegefilmsanierung, Reinigung fremdvergeben, Angaben zu den Bodenbelägen: 61% der NGF Kunststoffbelag, 39% der NGF Steinbelag • Kostenpauschale für regelmäßige Hausmeisterdienstleistungen im Zusammenhang mit der Reinigung und Pflege des Gebäudes wie Reinigungskontrollen und dgl. **Bedienung, Inspektion und Wartung**: Reparaturen an Sanitäranlagen, Wartung von Vorschaltgeräten, Reparaturen an Bewegungsmeldern, Ersatzteile • Wartung von Turn- und Sportgeräten • Kostenpauschale für regelmäßige Hausmeisterdienstleistungen im Zusammenhang mit der Bedienung, Inspektion und Wartung, Ersatzteile, Material. **Sicherheits- und Überwachungsdienste**: Siehe Objekt 4100-093 • Kostenpauschale für regelmäßige Hausmeisterdienstleistungen im Zusammenhang mit Wach- und Schließdiensten. **Abgaben und Beiträge**: Siehe Objekt 4100-093.	831,16 BGF	28.950	**34,83**	51,9
400	**Instandsetzungskosten** **Instandsetzung der Baukonstruktionen**: Instandsetzung von Dachbelägen, Dachdeckungsarbeiten • verschiedene Maßnahmen an den Baukonstruktionen. **Instandsetzung der Technischen Anlagen**: Instandsetzung lufttechnischer Anlagen • verschiedene Maßnahmen an den Technischen Anlagen.	831,16 BGF	20.330	**24,46**	36,5

Kostenkennwerte für die Kostengruppen der 2. Ebene nach DIN 18960

KG	Kostengruppe	Menge Einheit	Kosten €/a	€/Einheit*a	% an Summe
200	**Objektmanagementkosten**				
210	**Personalkosten** Personalkosten des Objektmanagements inkl. arbeitsplatzbezogener Gemeinkosten wie Umlagen für arbeitsmedizinische und -sicherheitstechnische Dienste, Sekretariate, Registraturen und dgl., Energiemanagement.	831,16 BGF	5.611	**6,75**	86,5
220	**Sachkosten** Allgemeine Sachkostenpauschale für Raumkosten, Fernsprechkosten, Einrichtungs- und Ausstattungskosten, Büroarbeitsplatz- und Bürobedarfskosten.	831,16 BGF	874	**1,05**	13,5
300	**Betriebskosten**				
310	**Versorgung** Wasser: wassergespülte Urinale • Gas, Fernwärme: keine Kernnutzung im untersten Geschoss, Außenwände schwere, einschalige Konstruktion, Standard der Außentüren und -fenster Zweischeibenverglasung, Holzrahmen, Wärmedämmung nach gesetzlichem Standard im Jahre 1972, Wärmeerzeugungsanlagen mit zentraler Wassererwärmung, Heizungssteuerung Jahresprogramm, Raumheizflächen Heizkörper • Strom: Zu- und Abluftanlage. Angaben zur Nutzung: Turnhalle, 1 Einfeldhalle, 59 h Betriebszeit/Schulwoche.	831,16 BGF	9.245	**11,12**	31,9
320	**Entsorgung** Abwasser.	831,16 BGF	72	**0,09**	0,3
330	**Reinigung und Pflege von Gebäuden** Unterhaltsreinigung: regelmäßige Unterhaltsreinigung, Leeren von Abfallbehältern und Entsorgung, 1 Pflegefilmsanierung, Reinigung fremdvergeben • Glasreinigung: 1 Reinigung der Außen- und Innenverglasung inkl. Rahmen, fremdvergeben, Angaben zur Außenverglasung: 10 m² Glasfläche als Außentüren und -fenster, Kastenfenster, 4-seitige Reinigung; 135 m² Glasfläche als Außentüren und -fenster, 2-seitige Reinigung, Angaben zur Innenverglasung: 5 m² der Glasfläche als Innentüren und -fenster, 2-seitige Reinigung • Reinigung und Pflege von Gebäuden, sonstiges: Kostenpauschale für regelmäßige Hausmeisterdienstleistungen im Zusammenhang mit der Reinigung und Pflege des Gebäudes wie Reinigungskontrollen und dgl.	831,16 BGF	10.133	**12,19**	35,0

Boden- und Deckenbelagsfläche

KG	Kostengruppe	Menge Einheit	Kosten €/a	€/Einheit*a	% an Summe
340	**Reinigung und Pflege von Außenanlagen** Siehe Objekt 4100-093.	–	–	–	–

KG	Kostengruppe	Menge Einheit	Kosten €/a	€/Einheit*a	% an Summe
350	**Bedienung, Inspektion und Wartung** Inspektion und Wartung der Technischen Anlagen: Reparaturen an Sanitäranlagen, Wartung von Vorschaltgeräten, Reparaturen an Bewegungsmeldern, Ersatzteile • Inspektion und Wartung von Ausstattung und Kunstwerken: Wartung von Turn- und Sportgeräten • Bedienung, Inspektion und Wartung, sonstiges: Kostenpauschale für regelmäßige Hausmeisterdienstleistungen im Zusammenhang mit der Bedienung, Inspektion und Wartung, Ersatzteile, Material.	831,16 BGF	6.871	**8,27**	23,7
360	**Sicherheits- und Überwachungsdienste** Kontrollen aufgrund öffentlich-rechtlicher Bestimmungen: siehe Objekt 4100-093 • Objekt- und Personenschutz: Kostenpauschale für regelmäßige Hausmeisterdienstleistungen im Zusammenhang mit Wach- und Schließdiensten.	831,16 BGF	1.193	**1,44**	4,1
370	**Abgaben und Beiträge** Steuern: siehe Objekt 4100-093 • Versicherungsbeiträge: Gebäudeversicherungen.	831,16 BGF	670	**0,81**	2,3
390	**Betriebskosten, sonstiges** Ersatzteile, Material.	831,16 BGF	767	**0,92**	2,7
400	**Instandsetzungskosten**				
410	**Instandsetzung der Baukonstruktionen** Dächer: Instandsetzung von Dachbelägen, Dachdeckungsarbeiten • Instandsetzungskosten der Baukonstruktionen, sonstiges: verschiedene Maßnahmen an den Baukonstruktionen.	831,16 BGF	17.668	**21,26**	86,9
420	**Instandsetzung der Technischen Anlagen** Lufttechnische Anlagen: Instandsetzung lufttechnischer Anlagen • Instandsetzung der Technischen Anlagen, sonstiges: verschiedene Maßnahmen an den Technischen Anlagen.	831,16 BGF	2.662	**3,20**	13,1
430	**Instandsetzung der Außenanlagen** Siehe Objekt 4100-093.	–	–	**–**	–

5100-060 Sporthalle (1 Dreifeldhalle)

Objektübersicht

Kennwerte	bis 2. Ebene DIN 18960 exkl. Außenanlagen
Ausbau	Grund- und Mieterausbau
Land	Baden-Württemberg
Kreis	Stuttgart
Baujahr	1980
m^3 BRI	16.501
m^2 BGF	2.586
m^2 NF	1.827

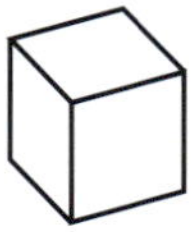
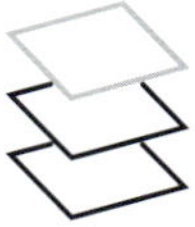
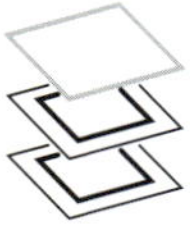

78.600 €/Hallenfeld*a | 14 €/m^3 BRI*a | 91 €/m^2 BGF*a | 129 €/m^2 NF*a

Eigentümer:
Landeshauptstadt Stuttgart
Hauptstätter Str. 79
70178 Stuttgart

Bewirtschafter:
Schulverwaltungsamt
Hauptstätter Str. 79
70178 Stuttgart

Kostenstand: 1. Quartal 2010, inkl. MwSt.

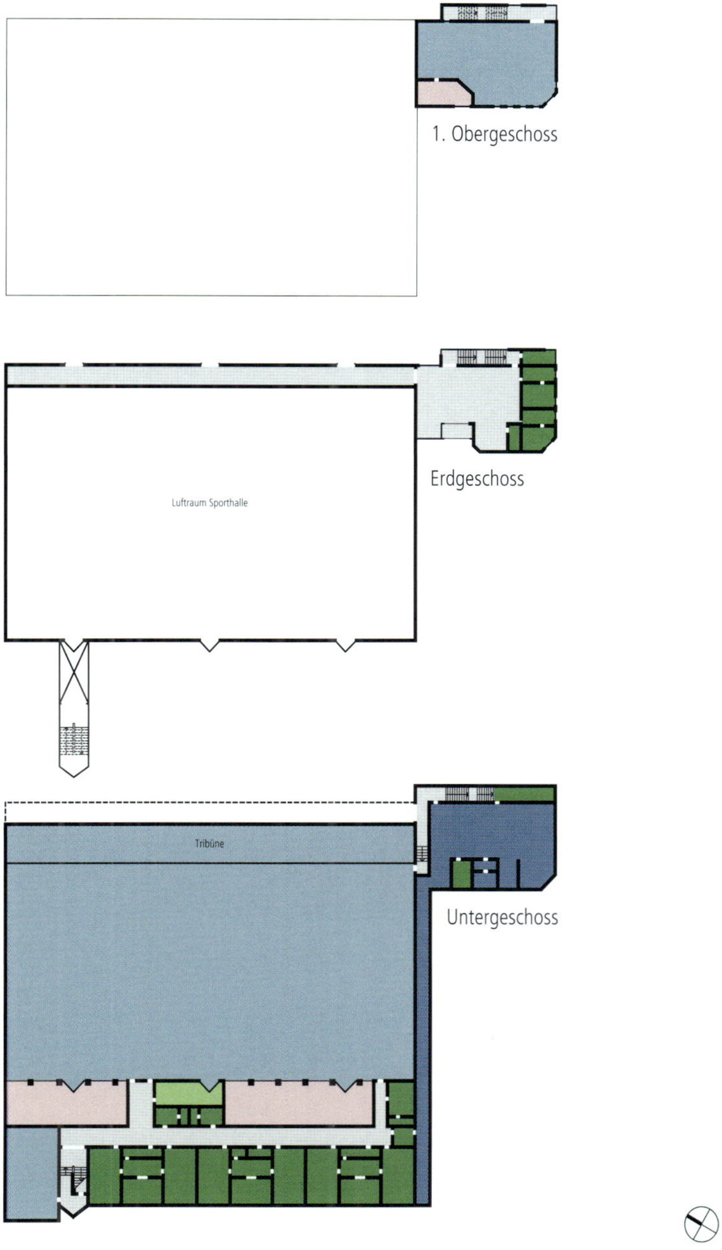

NF1 Wohnen und Aufenthalt
NF2 Büroarbeit
NF3 Prod., Hand- und Maschinenarb., Experimente
NF4 Lagern, Verteilen und Verkaufen
NF5 Bildung, Unterricht und Kultur
NF6 Heilen und Pflegen
NF7 Sonstige Nutzflächen
TF Technische Funktionsfläche
VF Verkehrsfläche

Objektbeschreibung

Nutzung

1 Untergeschoss
Regieraum, Waschraum, Geräteraum, Sporthalle, Tribüne, Putzraum, Umkleideräume, Sanitärräume, Abstellräume, Haustechnik.

1 Erdgeschoss
Putzraum, Sanitärräume, Abstellraum.

1 Obergeschoss
Lager, Musikraum.

Nutzeinheiten

Dreifeldhalle: 1

Besonderer Kosteneinfluss

Nutzung
71 h Betriebszeit/Schulwoche, Kernnutzung im untersten Geschoss.

Objekt
Außenwände schwere, mehrschalige Konstruktion, Wärmedämmung nach gesetzlichem Standard im Jahre 1980, Wärmeerzeugungsanlagen mit zentraler Wassererwärmung, Heizungssteuerung Tagesprogramm, Raumheizflächen 60% Heizkörper, 40% Deckenstrahlplatten, Zu- und Abluftanlage, Angaben zu den Bodenbelägen: 81% der NGF Kunststoffbelag, 19% der NGF Steinbelag, Angaben zur Außenverglasung: 410 m² Glasfläche als Außentüren und -fenster, 2-seitige Reinigung; 305 m² Glasfläche als Sheddach, 2-seitige Reinigung, Angaben zur Innenverglasung: 15 m² Glasfläche als Innentüren und -fenster, 2-seitige Reinigung; 10 m² Glasfläche als Trennwände und Einbauten, 2-seitige Reinigung.

Grundstück

Standort: innerstädtisch
Bauraum: beengt
Neigung: ebenes Gelände

Betrieb

Durchschnittliche Betriebskosten:
Personalkosten des Objektmanagements inkl. arbeitsplatzbezogener Gemeinkosten wie Umlagen für arbeitsmedizinische und -sicherheitstechnische Dienste, Sekretariate, Registraturen und dgl., Energiemanagement, Wasserverbrauch 95 l/m² BGF und Jahr, Wärmeverbrauch 110 kWh/m² BGF und Jahr, Gas, Stromverbrauch 38 kWh/m² BGF und Jahr, regelmäßige Unterhaltsreinigung, Leeren von Abfallbehältern und Entsorgung, 1 Sommerhauptreinigung, Reinigung fremdvergeben, Wartung von Turn- und Sportgeräten, Ersatzteile, Material, Kostenpauschale für regelmäßige Hausmeisterdienstleistungen im Zusammenhang mit der Bedienung, Inspektion und Wartung, Kostenpauschale für regelmäßige Hausmeisterdienstleistungen im Zusammenhang mit Wach- und Schließdiensten.

Instandsetzung

Durchschnittliche Instandsetzungskosten:
Instandsetzung von Tribünen und Einbauten insbesondere Austausch von Verkleidungen, Ersatz eines Trennvorhangs, Schlosser- und Metallbauarbeiten, Schreinerarbeiten, verschiedene Maßnahmen an den Baukonstruktionen, Instandsetzung von Sanitäranlagen und Abwasserleitungen inkl. Gerüstbauarbeiten, Instandsetzung einer Hebeanlage, Instandsetzung von Elektroanlagen, Reparatur an Verteilern und Ladegeräten, Instandsetzung von Beleuchtungsanlagen, Ersatz von Halogenstrahlern, verschiedene Maßnahmen an den Technischen Anlagen.

Planungskennwerte für Flächen und Rauminhalte nach DIN 277

Flächen des Grundstücks		Menge, Einheit	% an FBG
BF	Bebaute Fläche	– m²	–
UBF	Unbebaute Fläche	– m²	–
FBG	Fläche des Baugrundstücks	– m²	–
FAB	Fläche außerhalb des Baugrundstücks	– m²	–

Grundflächen des Bauwerks		Menge, Einheit	% an NF	% an BGF
NF	Nutzfläche	1.827 m²	100,0	70,6
TF	Technische Funktionsfläche	162 m²	8,9	6,3
VF	Verkehrsfläche	347 m²	19,0	13,4
NGF	Netto-Grundfläche	2.336 m²	127,9	90,3
KGF	Konstruktions-Grundfläche	250 m²	13,7	9,7
BGF	Brutto-Grundfläche	2.586 m²	141,6	100,0

Nutzflächen des Bauwerks		Menge, Einheit	% an NF	% an BGF
NF1	Wohnen und Aufenthalt	0 m²	0,0	0,0
NF2	Büroarbeit	18 m²	1,0	0,7
NF3	Produktion, Hand-, Maschinenarbeit, Exp.	0 m²	0,0	0,0
NF4	Lagern, Verteilen und Verkaufen	156 m²	8,5	6,0
NF5	Bildung, Unterricht und Kultur	1.372 m²	75,1	53,1
NF6	Heilen und Pflegen	0 m²	0,0	0,0
NF7	Sonstige Nutzflächen	280 m²	15,3	10,8

Brutto-Rauminhalt des Bauwerks		Menge, Einheit	BRI/NF (m)	BRI/BGF (m)
BRI	Brutto-Rauminhalt	16.501 m³	9,03	6,38

Lufttechnisch behandelte Flächen	Menge, Einheit	% an NF	% an BGF
Entlüftete Fläche	0 m²	0,0	0,0
Be- und entlüftete Fläche	203 m²	11,1	7,8
Teilklimatisierte Fläche	0 m²	0,0	0,0
Klimatisierte Fläche	0 m²	0,0	0,0

Kostenkennwerte für die Kostengruppen der 1. Ebene DIN 18960

KG	Kostengruppen (1. Ebene)	Kosten €/a	€/m² NF*a	€/m² BGF*a	€/m³ BRI*a	% an Summe
100	Kapitalkosten	–	–	–	–	–
200	Objektmanagementkosten	19.970	11	8	1	7,8
300	Betriebskosten	114.969	63	44	7	45,0
400	Instandsetzungskosten	120.832	66	47	7	47,2

Verteilung der Nutzungskosten €/m² BGF*a (Sporthallen (Dreifeldhallen))

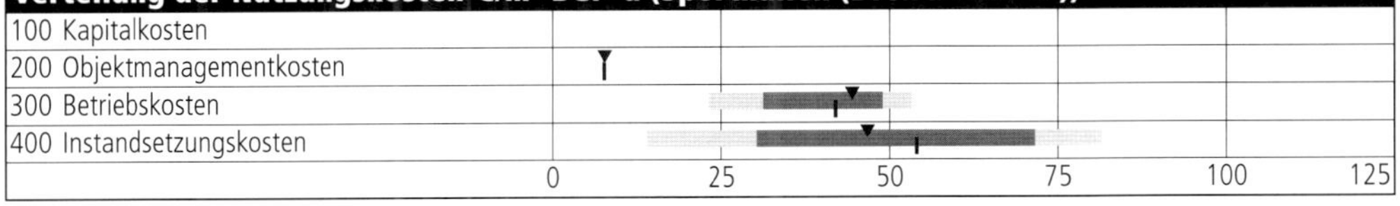

Kostenkennwerte für die Kostengruppen der 1. Ebene nach DIN 18960

KG	Kostengruppe	Menge Einheit	Kosten €/a	€/Einheit*a	% an Summe
200	**Objektmanagementkosten** **Personalkosten**: Personalkosten des Objektmanagements inkl. arbeitsplatzbezogener Gemeinkosten wie Umlagen für arbeitsmedizinische und -sicherheitstechnische Dienste, Sekretariate, Registraturen und dgl., Energiemanagement. **Sachkosten**: Allgemeine Sachkostenpauschale für Raumkosten, Fernsprechkosten, Einrichtungs- und Ausstattungskosten, Büroarbeitsplatz- und Bürobedarfskosten.	2.586,42 BGF	19.970	**7,72**	7,8
300	**Betriebskosten** **Versorgung**: Wasser • Gas, Kernnutzung im untersten Geschoss, Außenwände schwere, mehrschalige Konstruktion, Wärmedämmung nach gesetzlichem Standard im Jahre 1980, Wärmeerzeugungsanlagen mit zentraler Wassererwärmung, Heizungssteuerung Tagesprogramm, Raumheizflächen 60% Heizkörper, 40% Deckenstrahlplatten • Strom, Zu- und Abluftanlage. **Reinigung und Pflege von Gebäuden**: Regelmäßige Unterhaltsreinigung, Leeren von Abfallbehältern und Entsorgung, 1 Sommerhauptreinigung, Reinigung fremdvergeben, Angaben zu den Bodenbelägen: 81% der NGF Kunststoffbelag, 19% der NGF Steinbelag • Kostenpauschale für regelmäßige Hausmeisterdienstleistungen im Zusammenhang mit der Reinigung und Pflege des Gebäudes wie Reinigungskontrollen und dgl. **Bedienung, Inspektion und Wartung**: Wartung der Schwachstromanlagen, Wartung von Hebeanlagen, Inspektion der Batterieanlage, Wartung der Rauch- und Wärmeabzugsanlage, Prüfung der Elektroanlagen, Ersatzteile • siehe Objekt 4100-097 • Wartung von Turn- und Sportgeräten, Ersatzteile, Material • Kostenpauschale für regelmäßige Hausmeisterdienstleistungen im Zusammenhang mit der Bedienung, Inspektion und Wartung. **Sicherheits- und Überwachungsdienste**: Siehe Objekt 4100-097 • Kostenpauschale für regelmäßige Hausmeisterdienstleistungen im Zusammenhang mit Wach- und Schließdiensten. **Abgaben und Beiträge**: Siehe Objekt 4100-097 • Gebäudeversicherungen.	2.586,42 BGF	114.969	**44,45**	45,0
400	**Instandsetzungskosten** **Instandsetzung der Baukonstruktionen**: Instandsetzung von Außentüren und -fenstern insbesondere Instandsetzung von Türdrückern und Beschlägen, Schlosser- und Schreinerarbeiten, Graffitientfernung von Außenwandbekleidungen • Instandsetzung von Innentüren und -fenstern insbesondere Instandsetzung von Schließanlagen, Schlosser- und Glaserarbeiten • Instandsetzung von Dachbelägen, Dachabdichtungsarbeiten • Instandsetzung von Tribünen und Einbauten insbesondere Austausch von Verkleidungen, Ersatz eines Trennvorhangs, Schlosser- und Metallbauarbeiten, Schreinerarbeiten • verschiedene Maßnahmen an den Baukonstruktionen. **Instandsetzung der Technischen Anlagen**: Instandsetzung von Sanitäranlagen und Abwasserleitungen inkl. Gerüstbauarbeiten, Instandsetzung einer Hebeanlage • Instandsetzung lufttechnischer Anlagen • Instandsetzung von Elektroanlagen, Reparatur an Verteilern und Ladegeräten, Instandsetzung von Beleuchtungsanlagen, Ersatz von Halogenstrahlern • verschiedene Maßnahmen an den Technischen Anlagen.	2.586,42 BGF	120.832	**46,72**	47,2

Kostenkennwerte für die Kostengruppen der 2. Ebene nach DIN 18960

KG	Kostengruppe	Menge Einheit	Kosten €/a	€/Einheit*a	% an Summe
200	**Objektmanagementkosten**				
210	**Personalkosten**	2.586,42 BGF	17.244	**6,67**	86,4
	Personalkosten des Objektmanagements inkl. arbeitsplatzbezogener Gemeinkosten wie Umlagen für arbeitsmedizinische und -sicherheitstechnische Dienste, Sekretariate, Registraturen und dgl., Energiemanagement.				
220	**Sachkosten**	2.586,42 BGF	2.726	**1,05**	13,7
	Allgemeine Sachkostenpauschale für Raumkosten, Fernsprechkosten, Einrichtungs- und Ausstattungskosten, Büroarbeitsplatz- und Bürobedarfskosten.				
300	**Betriebskosten**				
310	**Versorgung**	2.586,42 BGF	39.121	**15,13**	34,0
	Wasser • Gas: Kernnutzung im untersten Geschoss, Außenwände schwere, mehrschalige Konstruktion, Wärmedämmung nach gesetzlichem Standard im Jahre 1980, Wärmeerzeugungsanlagen mit zentraler Wassererwärmung, Heizungssteuerung Tagesprogramm, Raumheizflächen 60% Heizkörper, 40% Deckenstrahlplatten • Strom: Zu- und Abluftanlage. Angaben zur Nutzung: Sporthalle, 1 Dreifeldhalle, 71 h Betriebszeit/Schulwoche.				
320	**Entsorgung**	2.586,42 BGF	323	**0,12**	0,3
	Abwasser.				
330	**Reinigung und Pflege von Gebäuden**	2.586,42 BGF	39.908	**15,43**	34,7
	Unterhaltsreinigung: regelmäßige Unterhaltsreinigung, Leeren von Abfallbehältern und Entsorgung, 1 Sommerhauptreinigung, Reinigung fremdvergeben • Glasreinigung: 1 Reinigung der Außen- und Innenverglasung inkl. Rahmen, fremdvergeben, Angaben zur Außenverglasung: 410 m² Glasfläche als Außentüren und -fenster, 2-seitige Reinigung; 305 m² Glasfläche als Sheddach, 2-seitige Reinigung, Angaben zur Innenverglasung: 15 m² Glasfläche als Innentüren und -fenster, 2-seitige Reinigung; 10 m² Glasfläche als Trennwände und Einbauten, 2-seitige Reinigung • Reinigung Technischer Anlagen: Rohrreinigung • Reinigung und Pflege von Gebäuden, sonstiges: Kostenpauschale für regelmäßige Hausmeisterdienstleistungen im Zusammenhang mit der Reinigung und Pflege des Gebäudes wie Reinigungskontrollen und dgl.				

Boden- und Deckenbelagsfläche

81% Kunststoffbelag
19% Steinbelag

KG	Kostengruppe	Menge Einheit	Kosten €/a	€/Einheit*a	% an Summe
340	**Reinigung und Pflege von Außenanlagen**	–	–	–	–
	Siehe Objekt 4100-097.				

KG	Kostengruppe	Menge Einheit	Kosten €/a	€/Einheit*a	% an Summe
350	**Bedienung, Inspektion und Wartung** Inspektion und Wartung der Baukonstruktion: Schreinerarbeiten, allgemeine Wartungsarbeiten, Ersatzteile, Material • Inspektion und Wartung der Technischen Anlagen: Wartung der Schwachstromanlagen, Wartung von Hebeanlagen, Inspektion der Batterieanlage, Wartung der Rauch- und Wärmeabzugsanlage, Prüfung der Elektroanlagen, Ersatzteile • Inspektion und Wartung der Außenanlagen: siehe Objekt 4100-097 • Inspektion und Wartung von Ausstattung und Kunstwerken: Wartung von Turn- und Sportgeräten, Ersatzteile, Material • Bedienung, Inspektion und Wartung, sonstiges: Kostenpauschale für regelmäßige Hausmeisterdienstleistungen im Zusammenhang mit der Bedienung, Inspektion und Wartung.	2.586,42 BGF	26.518	**10,25**	23,1
360	**Sicherheits- und Überwachungsdienste** Kontrollen aufgrund öffentlich-rechtlicher Bestimmungen: siehe Objekt 4100-097 • Objekt- und Personenschutz: Kostenpauschale für regelmäßige Hausmeisterdienstleistungen im Zusammenhang mit Wach- und Schließdiensten.	2.586,42 BGF	7.152	**2,77**	6,2
370	**Abgaben und Beiträge** Steuern: siehe Objekt 4100-097 • Versicherungsbeiträge: Gebäudeversicherungen.	2.586,42 BGF	1.841	**0,71**	1,6
390	**Betriebskosten, sonstiges** Ersatzteile, Material.	2.586,42 BGF	106	**0,04**	0,1
400	**Instandsetzungskosten**				
410	**Instandsetzung der Baukonstruktionen** Außenwände: Instandsetzung von Außentüren und -fenstern insbesondere Instandsetzung von Türdrückern und Beschlägen, Schlosser- und Schreinerarbeiten, Graffitientfernung von Außenwandbekleidungen • Innenwände: Instandsetzung von Innentüren und -fenstern insbesondere Instandsetzung von Schließanlagen, Schlosser- und Glaserarbeiten • Dächer: Instandsetzung von Dachbelägen, Dachabdichtungsarbeiten • Baukonstruktive Einbauten: Instandsetzung von Tribünen und Einbauten insbesondere Austausch von Verkleidungen, Ersatz eines Trennvorhangs, Schlosser- und Metallbauarbeiten, Schreinerarbeiten • Instandsetzungskosten der Baukonstruktionen, sonstiges: verschiedene Maßnahmen an den Baukonstruktionen.	2.586,42 BGF	70.334	**27,19**	58,2
420	**Instandsetzung der Technischen Anlagen** Abwasser-, Wasser-, Gasanlagen: Instandsetzung von Sanitäranlagen und Abwasserleitungen inkl. Gerüstbauarbeiten, Instandsetzung einer Hebeanlage • Lufttechnische Anlagen: Instandsetzung lufttechnischer Anlagen • Starkstromanlagen: Instandsetzung von Elektroanlagen, Reparatur an Verteilern und Ladegeräten, Instandsetzung von Beleuchtungsanlagen, Ersatz von Halogenstrahlern • Instandsetzung der Technischen Anlagen, sonstiges: verschiedene Maßnahmen an den Technischen Anlagen.	2.586,42 BGF	50.498	**19,52**	41,8
430	**Instandsetzung der Außenanlagen** Siehe Objekt 4100-097.	–	–	**–**	–

5100-061
Turnhalle
(1 Einfeldhalle)

Objektübersicht

Kennwerte	bis 2. Ebene DIN 18960 exkl. Außenanlagen
Ausbau	Grund- und Mieterausbau
Land	Baden-Württemberg
Kreis	Stuttgart
Baujahr	1976
m^3 BRI	7.682
m^2 BGF	1.369
m^2 NF	1.048

78.906 €/Hallenfeld*a

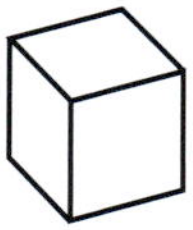

10 €/m^3 BRI*a

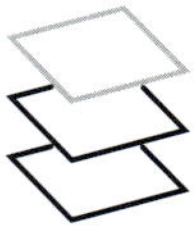

58 €/m^2 BGF*a

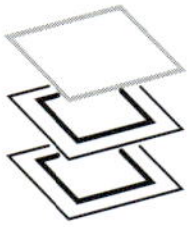

75 €/m^2 NF*a

Eigentümer:
Landeshauptstadt Stuttgart
Hauptstätter Str. 79
70178 Stuttgart

Bewirtschafter:
Schulverwaltungsamt
Hauptstätter Str. 79
70178 Stuttgart

Kostenstand: 1. Quartal 2010, inkl. MwSt.

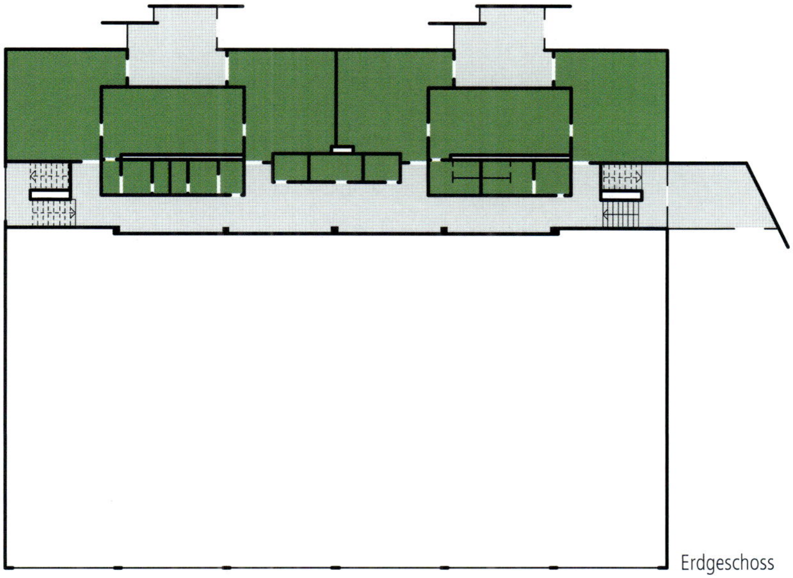

Erdgeschoss

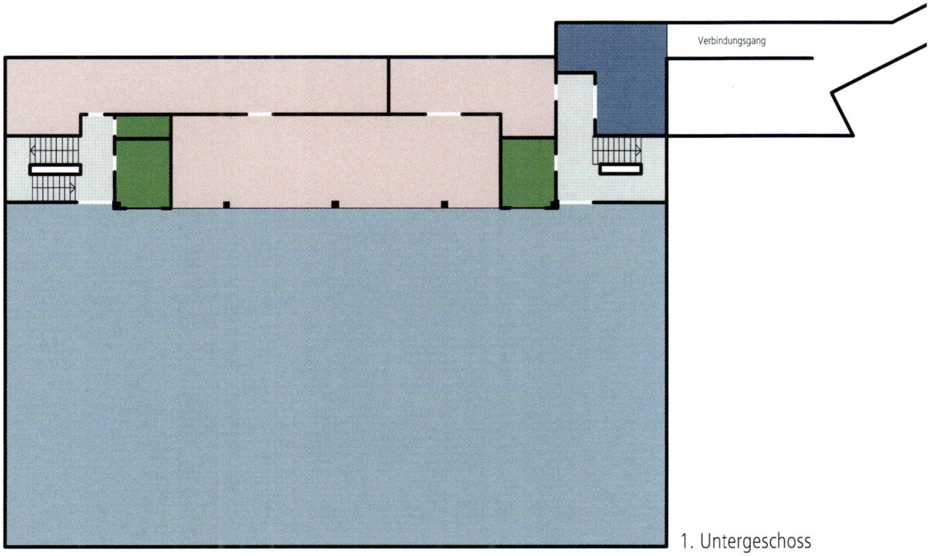

1. Untergeschoss

NF1	Wohnen und Aufenthalt
NF2	Büroarbeit
NF3	Prod., Hand- und Maschinenarb., Experimente
NF4	Lagern, Verteilen und Verkaufen
NF5	Bildung, Unterricht und Kultur
NF6	Heilen und Pflegen
NF7	Sonstige Nutzflächen
TF	Technische Funktionsfläche
VF	Verkehrsfläche

Objektbeschreibung

Nutzung

1 Untergeschoss
Turnhalle, Geräteraum, Umkleideräume, Putzraum.

1 Erdgeschoss
Umkleideräume, Sanitärräume.

Nutzeinheiten

Einfeldhalle: 1

Besonderer Kosteneinfluss

Nutzung
73 h Betriebszeit/Schulwoche, Kernnutzung im untersten Geschoss.

Objekt
Außenwände schwere, mehrschalige Konstruktion, Standard der Außentüren und -fenster Zweischeibenverglasung, Holzrahmen, Wärmedämmung der Gründungs- und Außenwandfläche nach gesetzlichem Standard im Jahre 1976, Wärmedämmung der Dachfläche modernisiert, Wärmeerzeugungsanlagen mit zentraler Wassererwärmung, Heizungssteuerung Tagesprogramm, Zu- und Abluftanlage, 75% der NGF mit Raumautomationssystem, Angaben zu den Bodenbelägen: 68% der NGF Kunststoffbelag, 32% der NGF Steinbelag.

Grundstück

Standort: städtisch
Bauraum: beengt
Neigung: geneigtes Gelände

Betrieb

Geringe Betriebskosten:
Personalkosten des Objektmanagements inkl. arbeitsplatzbezogener Gemeinkosten wie Umlagen für arbeitsmedizinische und -sicherheitstechnische Dienste, Sekretariate, Registraturen und dgl., Wasserverbrauch 133 l/m² BGF und Jahr, Gas, Fernwärme, Stromverbrauch 12 kWh/m² BGF und Jahr, regelmäßige Unterhaltsreinigung, Leeren von Abfallbehältern und Entsorgung, 2 Pflegefilmsanierungen, Reinigung fremdvergeben, Reparaturen an Sanitäranlagen, Inspektion der Heizungsanlage, Wartung der Schwachstromanlagen, Ersatzteile, Wartung von Turn- und Sportgeräten, Ersatzteile, Material, Kostenpauschale für regelmäßige Hausmeisterdienstleistungen im Zusammenhang mit der Bedienung, Inspektion und Wartung, Kostenpauschale für regelmäßige Hausmeisterdienstleistungen im Zusammenhang mit Wach- und Schließdiensten.

Instandsetzung

Geringe Instandsetzungskosten:
Instandsetzung von Außenwänden, Betonarbeiten. Instandsetzung von Außentüren und -fenstern insbesondere Schlosser- und Schreinerarbeiten, verschiedene Maßnahmen an den Baukonstruktionen, Instandsetzung von Sanitäranlagen insbesondere Instandsetzung von Abwasserleitungen und Dosieranlagen, verschiedene Maßnahmen an den Technischen Anlagen.

Planungskennwerte für Flächen und Rauminhalte nach DIN 277

Flächen des Grundstücks		Menge, Einheit	% an FBG
BF	Bebaute Fläche	– m²	–
UBF	Unbebaute Fläche	– m²	–
FBG	Fläche des Baugrundstücks	– m²	–
FAB	Fläche außerhalb des Baugrundstücks	– m²	–

Grundflächen des Bauwerks		Menge, Einheit	% an NF	% an BGF
NF	Nutzfläche	1.048 m²	100,0	76,5
TF	Technische Funktionsfläche	14 m²	1,3	1,0
VF	Verkehrsfläche	174 m²	16,6	12,7
NGF	Netto-Grundfläche	1.236 m²	117,9	90,3
KGF	Konstruktions-Grundfläche	133 m²	12,7	9,7
BGF	Brutto-Grundfläche	1.369 m²	130,7	100,0

Nutzflächen des Bauwerks		Menge, Einheit	% an NF	% an BGF
NF1	Wohnen und Aufenthalt	0 m²	0,0	0,0
NF2	Büroarbeit	0 m²	0,0	0,0
NF3	Produktion, Hand-, Maschinenarbeit, Exp.	0 m²	0,0	0,0
NF4	Lagern, Verteilen und Verkaufen	177 m²	16,9	13,0
NF5	Bildung, Unterricht und Kultur	636 m²	60,7	46,4
NF6	Heilen und Pflegen	0 m²	0,0	0,0
NF7	Sonstige Nutzflächen	235 m²	22,4	17,1

Brutto-Rauminhalt des Bauwerks		Menge, Einheit	BRI/NF (m)	BRI/BGF (m)
BRI	Brutto-Rauminhalt	7.682 m³	7,33	5,61

Lufttechnisch behandelte Flächen	Menge, Einheit	% an NF	% an BGF
Entlüftete Fläche	0 m²	0,0	0,0
Be- und entlüftete Fläche	33 m²	3,1	2,4
Teilklimatisierte Fläche	0 m²	0,0	0,0
Klimatisierte Fläche	0 m²	0,0	0,0

Kostenkennwerte für die Kostengruppen der 1. Ebene DIN 18960

KG	Kostengruppen (1. Ebene)	Kosten €/a	€/m² NF*a	€/m² BGF*a	€/m³ BRI*a	% an Summe
100	Kapitalkosten	–	–	–	–	–
200	Objektmanagementkosten	10.152	10	7	1	11,4
300	Betriebskosten	47.932	46	35	6	53,8
400	Instandsetzungskosten	30.975	30	23	4	34,8

Verteilung der Nutzungskosten €/m² BGF*a (Turnhallen (Einfeldhallen))

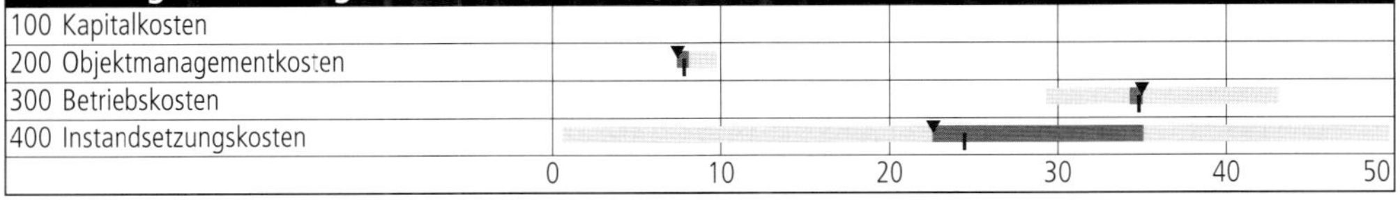

Kostenkennwerte für die Kostengruppen der 1. Ebene nach DIN 18960

KG	Kostengruppe	Menge Einheit	Kosten €/a	€/Einheit*a	% an Summe
200	**Objektmanagementkosten** **Personalkosten**: Personalkosten des Objektmanagements inkl. arbeitsplatzbezogener Gemeinkosten wie Umlagen für arbeitsmedizinische und -sicherheitstechnische Dienste, Sekretariate, Registraturen und dgl. **Sachkosten**: Allgemeine Sachkostenpauschale für Raumkosten, Fernsprechkosten, Einrichtungs- und Ausstattungskosten, Büroarbeitsplatz- und Bürobedarfskosten.	1.369,32 BGF	10.152	**7,41**	11,4
300	**Betriebskosten** **Versorgung**: Wasser • Gas, Fernwärme, Kernnutzung im untersten Geschoss, Außenwände schwere, mehrschalige Konstruktion, Standard der Außentüren und -fenster Zweischeibenverglasung, Holzrahmen, Wärmedämmung der Gründungs- und Außenwandfläche nach gesetzlichem Standard im Jahre 1976, Wärmedämmung der Dachfläche modernisiert, Wärmeerzeugungsanlagen mit zentraler Wassererwärmung, Heizungssteuerung Tagesprogramm • Strom, Zu- und Abluftanlage, 75% der NGF mit Raumautomationssystem. **Reinigung und Pflege von Gebäuden**: Regelmäßige Unterhaltsreinigung, Leeren von Abfallbehältern und Entsorgung, 2 Pflegefilmsanierungen, Reinigung fremdvergeben, Angaben zu den Bodenbelägen: 68% der NGF Kunststoffbelag, 32% der NGF Steinbelag • Kostenpauschale für regelmäßige Hausmeisterdienstleistungen im Zusammenhang mit der Reinigung und Pflege des Gebäudes wie Reinigungskontrollen und dgl. **Bedienung, Inspektion und Wartung**: Reparaturen an Sanitäranlagen, Inspektion der Heizungsanlage, Wartung der Schwachstromanlagen, Ersatzteile • Wartung von Turn- und Sportgeräten, Ersatzteile, Material • Kostenpauschale für regelmäßige Hausmeisterdienstleistungen im Zusammenhang mit der Bedienung, Inspektion und Wartung. **Sicherheits- und Überwachungsdienste**: Kostenpauschale für regelmäßige Hausmeisterdienstleistungen im Zusammenhang mit Wach- und Schließdiensten. **Abgaben und Beiträge**: Gebäudeversicherungen.	1.369,32 BGF	47.932	**35,00**	53,8
400	**Instandsetzungskosten** **Instandsetzung der Baukonstruktionen**: Instandsetzung von Außenwänden, Betonarbeiten. Instandsetzung von Außentüren und -fenstern insbesondere Schlosser- und Schreinerarbeiten • verschiedene Maßnahmen an den Baukonstruktionen. **Instandsetzung der Technischen Anlagen**: Instandsetzung von Sanitäranlagen insbesondere Instandsetzung von Abwasserleitungen und Dosieranlagen • verschiedene Maßnahmen an den Technischen Anlagen.	1.369,32 BGF	30.975	**22,62**	34,8

Kostenkennwerte für die Kostengruppen der 2. Ebene nach DIN 18960

KG	Kostengruppe	Menge Einheit	Kosten €/a	€/Einheit*a	% an Summe
200	**Objektmanagementkosten**				
210	**Personalkosten** Personalkosten des Objektmanagements inkl. arbeitsplatzbezogener Gemeinkosten wie Umlagen für arbeitsmedizinische und -sicherheitstechnische Dienste, Sekretariate, Registraturen und dgl.	1.369,32 BGF	8.725	**6,37**	86,0
220	**Sachkosten** Allgemeine Sachkostenpauschale für Raumkosten, Fernsprechkosten, Einrichtungs- und Ausstattungskosten, Büroarbeitsplatz- und Bürobedarfskosten.	1.369,32 BGF	1.427	**1,04**	14,1
300	**Betriebskosten**				
310	**Versorgung** Wasser • Gas, Fernwärme: Kernnutzung im untersten Geschoss, Außenwände schwere, mehrschalige Konstruktion, Standard der Außentüren und -fenster Zweischeibenverglasung, Holzrahmen, Wärmedämmung der Gründungs- und Außenwandfläche nach gesetzlichem Standard im Jahre 1976, Wärmedämmung der Dachfläche modernisiert, Wärmeerzeugungsanlagen mit zentraler Wassererwärmung, Heizungssteuerung Tagesprogramm • Strom: Zu- und Abluftanlage, 75% der NGF mit Raumautomationssystem. Angaben zur Nutzung: Turnhalle, 1 Einfeldhalle, 73 h Betriebszeit/Schulwoche.	1.369,32 BGF	9.648	**7,05**	20,1
320	**Entsorgung** Abwasser.	1.369,32 BGF	238	**0,17**	0,5
330	**Reinigung und Pflege von Gebäuden** Unterhaltsreinigung: regelmäßige Unterhaltsreinigung, Leeren von Abfallbehältern und Entsorgung, 2 Pflegefilmsanierungen, Reinigung fremdvergeben • Reinigung und Pflege von Gebäuden, sonstiges: Kostenpauschale für regelmäßige Hausmeisterdienstleistungen im Zusammenhang mit der Reinigung und Pflege des Gebäudes wie Reinigungskontrollen und dgl.	1.369,32 BGF	14.404	**10,52**	30,1

Boden- und Deckenbelagsfläche

KG	Kostengruppe	Menge Einheit	Kosten €/a	€/Einheit*a	% an Summe
350	**Bedienung, Inspektion und Wartung** Inspektion und Wartung der Baukonstruktion: allgemeine Wartungsarbeiten, Ersatzteile • Inspektion und Wartung der Technischen Anlagen: Reparaturen an Sanitäranlagen, Inspektion der Heizungsanlage, Wartung der Schwachstromanlagen, Ersatzteile • Inspektion und Wartung von Ausstattung und Kunstwerken: Wartung von Turn- und Sportgeräten, Ersatzteile, Material • Bedienung, Inspektion und Wartung, sonstiges: Kostenpauschale für regelmäßige Hausmeisterdienstleistungen im Zusammenhang mit der Bedienung, Inspektion und Wartung.	1.369,32 BGF	16.867	**12,32**	35,2
360	**Sicherheits- und Überwachungsdienste** Kostenpauschale für regelmäßige Hausmeisterdienstleistungen im Zusammenhang mit Wach- und Schließdiensten.	1.369,32 BGF	5.917	**4,32**	12,4

KG	Kostengruppe	Menge Einheit	Kosten €/a	€/Einheit*a	% an Summe
370	**Abgaben und Beiträge** Gebäudeversicherungen.	1.369,32 BGF	857	**0,63**	1,8
400	**Instandsetzungskosten**				
410	**Instandsetzung der Baukonstruktionen** Außenwände: Instandsetzung von Außenwänden, Betonarbeiten. Instandsetzung von Außentüren und -fenstern insbesondere Schlosser- und Schreinerarbeiten • Instandsetzungskosten der Baukonstruktionen, sonstiges: verschiedene Maßnahmen an den Baukonstruktionen.	1.369,32 BGF	23.963	**17,50**	77,4
420	**Instandsetzung der Technischen Anlagen** Abwasser-, Wasser-, Gasanlagen: Instandsetzung von Sanitäranlagen insbesondere Instandsetzung von Abwasserleitungen und Dosieranlagen • Instandsetzung der Technischen Anlagen, sonstiges: verschiedene Maßnahmen an den Technischen Anlagen.	1.369,32 BGF	7.011	**5,12**	22,6

5100-062 Sporthalle (Dreifeldhalle) mit Tiefgarage

Objektübersicht

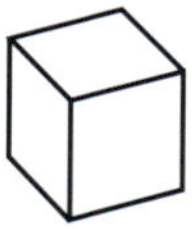

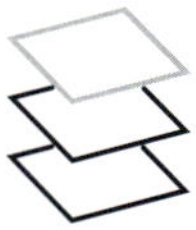

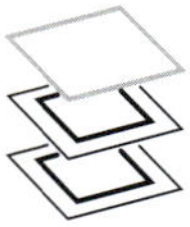

Kennwerte	bis 2. Ebene DIN 18960 exkl. Außenanlagen
Ausbau	Grund- und Mieterausbau
Land	Baden-Württemberg
Kreis	Stuttgart
Baujahr	1982
m^3 BRI	32.727
m^2 BGF	5.287
m^2 NF	4.244

149.242 €/Hallenfeld*a

14 €/m^3 BRI*a

85 €/m^2 BGF*a

105 €/m^2 NF*a

Eigentümer:
Landeshauptstadt Stuttgart
Hauptstätter Str. 79
70178 Stuttgart

Bewirtschafter:
Schulverwaltungsamt
Hauptstätter Str. 79
70178 Stuttgart

Kostenstand: 1. Quartal 2010, inkl. MwSt.

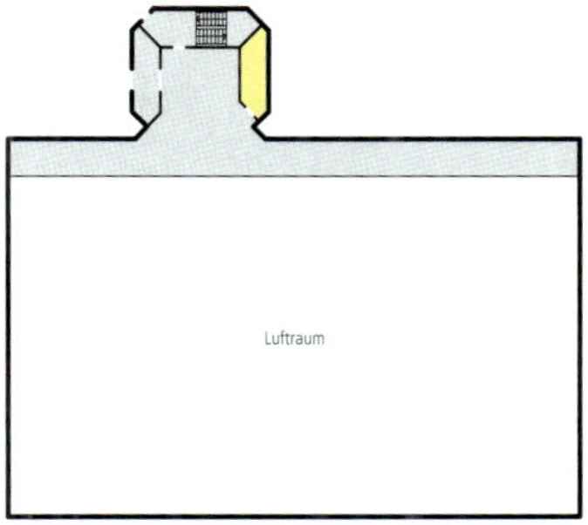

Obergeschoss

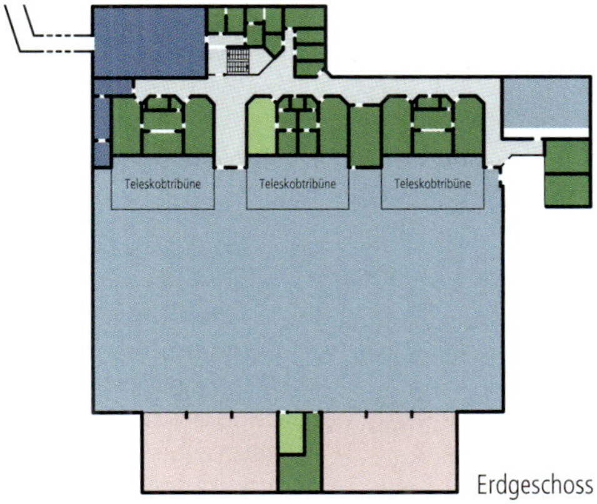

Erdgeschoss

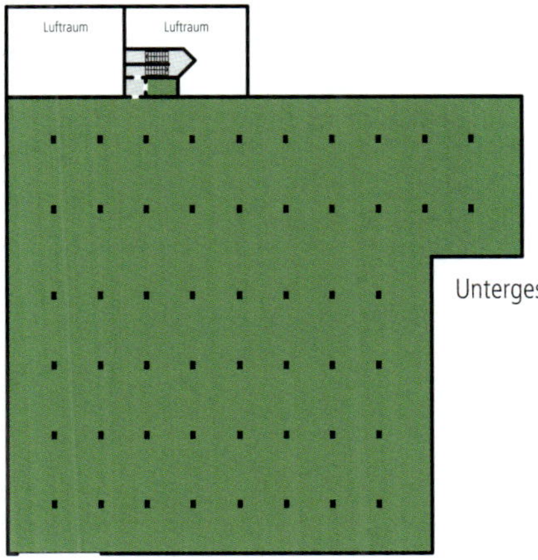

Untergeschoss

NF1	Wohnen und Aufenthalt	NF4	Lagern, Verteilen und Verkaufen	NF7	Sonstige Nutzflächen
NF2	Büroarbeit	NF5	Bildung, Unterricht und Kultur	TF	Technische Funktionsfläche
NF3	Prod., Hand- und Maschinenarb., Experimente	NF6	Heilen und Pflegen	VF	Verkehrsfläche

5100-062
Sporthalle
(Dreifeldhalle) mit
Tiefgarage

Objektbeschreibung

Nutzung

1 Untergeschoss
Tiefgarage, Abstellraum.

1 Erdgeschoss
Regieraum, Turnhalle, Tribüne, Kraftraum, Geräteraum, Umkleideräume, Sanitärräume, Putzraum, Abstellraum, Haustechnik.

1 Obergeschoss
Cafeteria.

Nutzeinheiten

Dreifeldhalle: 1

Besonderer Kosteneinfluss

Nutzung
76 h Betriebszeit/Schulwoche, keine Kernnutzung im untersten Geschoss.

Objekt
Außenwände schwere, einschalige Konstruktion, Standard der Außentüren und -fenster Zweischeibenverglasung, Holzrahmen, Wärmedämmung nach gesetzlichem Standard im Jahre 1982, Wärmeerzeugungsanlagen ohne zentrale Wassererwärmung, Heizungssteuerung Tagesprogramm, Raumheizflächen 5% der Heizkörper, 95% Deckenstrahlplatten, Zu- und Abluftanlage, Angaben zu den Bodenbelägen: 39% der NGF Kunststoffbelag, 61% der NGF Steinbelag, Angaben zur Außenverglasung: 210 m^2 Glasfläche als Außentüren und -fenster, 2-seitige Reinigung; 405 m^2 Glasfläche als Verkleidung, 1-seitige Reinigung, Angaben zur Innenverglasung: 15 m^2 Glasfläche als Innentüren und -fenster, 2-seitige Reinigung; 95 m^2 Glasfläche als Trennwände und Einbauten, 1-seitige Reinigung; 15 m^2 Glasfläche als Trennwände und Einbauten, 1-seitige Reinigung.

Grundstück

Standort: städtisch
Bauraum: freier Bauraum
Neigung: geneigtes Gelände

Betrieb

Geringe Betriebskosten:
Personalkosten des Objektmanagements inkl. arbeitsplatzbezogener Gemeinkosten wie Umlagen für arbeitsmedizinische und -sicherheitstechnische Dienste, Sekretariate, Registraturen und dgl., Energiemanagement, Gas, Fernwärme, Strom, regelmäßige Unterhaltsreinigung, Leeren von Abfallbehältern und Entsorgung, 1 Sommerhauptreinigung, 1 Sonderreinigung, Reinigung fremdvergeben, Wartung von Brandschutzklappen, Wartung der Batterieanlage, Inspektion der Rauch- und Wärmeabzugsanlage, Wartung der Schwachstromanlagen, Wartung der Elektroanlagen, Ersatzteile, Versetzen der Basketballanlage, Wartung von Turn- und Sportgeräten, Ersatzteile, Kostenpauschale für regelmäßige Hausmeisterdienstleistungen im Zusammenhang mit der Bedienung, Inspektion und Wartung.

Instandsetzung

Durchschnittliche Instandsetzungskosten:
Instandsetzung des Hallenbodens insbesondere Abbrucharbeiten, Erneuerung von Bodenfliesen in Sanitäranlagen, Platten- und Fliesenarbeiten, Planung der Maßnahme, Überwachung der Ausführung, Reproanstalten, Lichtpausereien, Beseitigung von Bauschutt, Baureinigung, verschiedene Maßnahmen an den Baukonstruktionen,
Instandsetzung von Sanitäranlagen insbesondere Instandsetzung von Sanitärapparaten und Wasseranlage, Spülung und Ersatz von Bodenabläufen, Ersatz von Abdeckplatten,
Instandsetzung von Beleuchtungsanlagen, Reparaturen an Sicherheitsbeleuchtungen, Transformatoren und Schaltern, Reparaturen am Blitzschutz, Elektroarbeiten, verschiedene Maßnahmen an den Technischen Anlagen.

Planungskennwerte für Flächen und Rauminhalte nach DIN 277

Flächen des Grundstücks	Menge, Einheit	% an FBG
BF Bebaute Fläche	– m²	–
UBF Unbebaute Fläche	– m²	–
FBG Fläche des Baugrundstücks	– m²	–
FAB Fläche außerhalb des Baugrundstücks	– m²	–

Grundflächen des Bauwerks	Menge, Einheit	% an NF	% an BGF
NF Nutzfläche	4.244 m²	100,0	80,3
TF Technische Funktionsfläche	203 m²	4,8	3,8
VF Verkehrsfläche	380 m²	8,9	7,2
NGF Netto-Grundfläche	4.827 m²	113,7	91,3
KGF Konstruktions-Grundfläche	460 m²	10,8	8,7
BGF Brutto-Grundfläche	5.287 m²	124,6	100,0

Nutzflächen des Bauwerks	Menge, Einheit	% an NF	% an BGF
NF1 Wohnen und Aufenthalt	13 m²	0,3	0,3
NF2 Büroarbeit	33 m²	0,8	0,6
NF3 Produktion, Hand-, Maschinenarbeit, Exp.	0 m²	0,0	0,0
NF4 Lagern, Verteilen und Verkaufen	263 m²	6,2	5,0
NF5 Bildung, Unterricht und Kultur	1.296 m²	30,5	24,5
NF6 Heilen und Pflegen	0 m²	0,0	0,0
NF7 Sonstige Nutzflächen	2.640 m²	62,2	49,9

Brutto-Rauminhalt des Bauwerks	Menge, Einheit	BRI/NF (m)	BRI/BGF (m)
BRI Brutto-Rauminhalt	32.727 m³	7,71	6,19

Lufttechnisch behandelte Flächen	Menge, Einheit	% an NF	% an BGF
Entlüftete Fläche	0 m²	0,0	0,0
Be- und entlüftete Fläche	2.521 m²	59,4	47,7
Teilklimatisierte Fläche	0 m²	0,0	0,0
Klimatisierte Fläche	0 m²	0,0	0,0

Kostenkennwerte für die Kostengruppen der 1. Ebene DIN 18960

KG Kostengruppen (1. Ebene)	Kosten €/a	€/m² NF*a	€/m² BGF*a	€/m³ BRI*a	% an Summe
100 Kapitalkosten	–	–	–	–	–
200 Objektmanagementkosten	40.416	10	8	1	8,3
300 Betriebskosten	123.013	29	23	4	25,2
400 Instandsetzungskosten	324.712	77	61	10	66,5

Verteilung der Nutzungskosten €/m² BGF*a (Sporthallen (Dreifeldhallen))

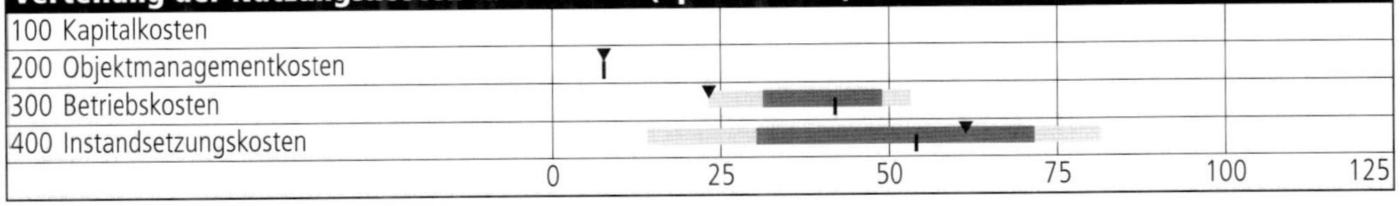

Kostenstand: 1. Quartal 2010, inkl. MwSt.

Kostenkennwerte für die Kostengruppen der 1. Ebene nach DIN 18960

KG	Kostengruppe	Menge Einheit	Kosten €/a	€/Einheit*a	% an Summe
200	**Objektmanagementkosten**	5.287,15 BGF	40.416	**7,64**	8,3

Personalkosten: Personalkosten des Objektmanagements inkl. arbeitsplatzbezogener Gemeinkosten wie Umlagen für arbeitsmedizinische und -sicherheitstechnische Dienste, Sekretariate, Registraturen und dgl., Energiemanagement.
Sachkosten: Allgemeine Sachkostenpauschale für Raumkosten, Fernsprechkosten, Einrichtungs- und Ausstattungskosten, Büroarbeitsplatz- und Bürobedarfskosten.

KG	Kostengruppe	Menge Einheit	Kosten €/a	€/Einheit*a	% an Summe
300	**Betriebskosten**	5.287,15 BGF	123.013	**23,27**	25,2

Versorgung: Wasser • Gas, Fernwärme, keine Kernnutzung im untersten Geschoss, Außenwände schwere, einschalige Konstruktion, Standard der Außentüren und -fenster Zweischeibenverglasung, Holzrahmen, Wärmedämmung nach gesetzlichem Standard im Jahre 1982, Wärmeerzeugungsanlagen ohne zentrale Wassererwärmung, Heizungssteuerung Tagesprogramm, Raumheizflächen 5% der Heizkörper, 95% Deckenstrahlplatten • Strom, Zu- und Abluftanlage.
Reinigung und Pflege von Gebäuden: Regelmäßige Unterhaltsreinigung, Leeren von Abfallbehältern und Entsorgung, 1 Sommerhauptreinigung, 1 Sonderreinigung, Reinigung fremdvergeben, Angaben zu den Bodenbelägen: 39% der NGF Kunststoffbelag, 61% der NGF Steinbelag • Kostenpauschale für regelmäßige Hausmeisterdienstleistungen im Zusammenhang mit der Reinigung und Pflege des Gebäudes wie Reinigungskontrollen und dgl.
Bedienung, Inspektion und Wartung: Wartung von Brandschutzklappen, Wartung der Batterieanlage, Inspektion der Rauch- und Wärmeabzugsanlage, Wartung der Schwachstromanlagen, Wartung der Elektroanlagen, Ersatzteile • Versetzen der Basketballanlage, Wartung von Turn- und Sportgeräten, Ersatzteile • Kostenpauschale für regelmäßige Hausmeisterdienstleistungen im Zusammenhang mit der Bedienung, Inspektion und Wartung.
Sicherheits- und Überwachungsdienste: Kostenpauschale für regelmäßige Hausmeisterdienstleistungen im Zusammenhang mit Wach- und Schließdiensten.

KG	Kostengruppe	Menge Einheit	Kosten €/a	€/Einheit*a	% an Summe
400	**Instandsetzungskosten**	5.287,15 BGF	324.712	**61,42**	66,5

Instandsetzung der Baukonstruktionen: Instandsetzung von Trennwänden und Tribünenverkleidungen, Schreinerarbeiten • Instandsetzung des Hallenbodens insbesondere Abbrucharbeiten, Erneuerung von Bodenfliesen in Sanitäranlagen, Platten- und Fliesenarbeiten, Planung der Maßnahme, Überwachung der Ausführung, Reproanstalten, Lichtpausereien, Beseitigung von Bauschutt, Baureinigung • Instandsetzung von Dachbelägen, Dachabdichtungsarbeiten • verschiedene Maßnahmen an den Baukonstruktionen.
Instandsetzung der Technischen Anlagen: Instandsetzung von Sanitäranlagen insbesondere Instandsetzung von Sanitärapparaten und Wasseranlage, Spülung und Ersatz von Bodenabläufen, Ersatz von Abdeckplatten • Instandsetzung von Beleuchtungsanlagen, Reparaturen an Sicherheitsbeleuchtungen, Transformatoren und Schaltern, Reparaturen am Blitzschutz, Elektroarbeiten • Instandsetzung von Bewegungsmeldern • verschiedene Maßnahmen an den Technischen Anlagen.

Kostenkennwerte für die Kostengruppen der 2. Ebene nach DIN 18960

KG	Kostengruppe	Menge Einheit	Kosten €/a	€/Einheit*a	% an Summe
200	**Objektmanagementkosten**				
210	**Personalkosten**	5.287,15 BGF	34.783	**6,58**	86,1
	Personalkosten des Objektmanagements inkl. arbeitsplatzbezogener Gemeinkosten wie Umlagen für arbeitsmedizinische und -sicherheitstechnische Dienste, Sekretariate, Registraturen und dgl., Energiemanagement.				
220	**Sachkosten**	5.287,15 BGF	5.633	**1,07**	13,9
	Allgemeine Sachkostenpauschale für Raumkosten, Fernsprechkosten, Einrichtungs- und Ausstattungskosten, Büroarbeitsplatz- und Bürobedarfskosten.				
300	**Betriebskosten**				
310	**Versorgung**	5.287,15 BGF	54.703	**10,35**	44,5
	Wasser • Gas, Fernwärme: keine Kernnutzung im untersten Geschoss, Außenwände schwere, einschalige Konstruktion, Standard der Außentüren und -fenster Zweischeibenverglasung, Holzrahmen, Wärmedämmung nach gesetzlichem Standard im Jahre 1982, Wärmeerzeugungsanlagen ohne zentrale Wassererwärmung, Heizungssteuerung Tagesprogramm, Raumheizflächen 5% der Heizkörper, 95% Deckenstrahlplatten • Strom: Zu- und Abluftanlage. Angaben zur Nutzung: Sporthalle (Dreifeldhalle) mit Tiefgarage, 1 Dreifeldhalle, Tiefgarage, 76 h Betriebszeit/Schulwoche.				
320	**Entsorgung**	5.287,15 BGF	1.413	**0,27**	1,2
	Abwasser • Abfall: verbrauchte Leuchtmittel.				
330	**Reinigung und Pflege von Gebäuden**	5.287,15 BGF	34.879	**6,60**	28,4
	Unterhaltsreinigung: regelmäßige Unterhaltsreinigung, Leeren von Abfallbehältern und Entsorgung, 1 Sommerhauptreinigung, 1 Sonderreinigung, Reinigung fremdvergeben • Glasreinigung: 1 Reinigung der Außen- und Innenverglasung inkl. Rahmen, fremdvergeben, Angaben zur Außenverglasung: 210 m² Glasfläche als Außentüren und -fenster, 2-seitige Reinigung; 405 m² Glasfläche als Verkleidung, 1-seitige Reinigung, Angaben zur Innenverglasung: 15 m² Glasfläche als Innentüren und -fenster, 2-seitige Reinigung; 95 m² Glasfläche als Trennwände und Einbauten, 1-seitige Reinigung; 15 m² Glasfläche als Trennwände und Einbauten, 1-seitige Reinigung • Reinigung Technischer Anlagen: Reinigung der Lüftungsanlage • Reinigung und Pflege von Gebäuden, sonstiges: Kostenpauschale für regelmäßige Hausmeisterdienstleistungen im Zusammenhang mit der Reinigung und Pflege des Gebäudes wie Reinigungskontrollen und dgl.				

Boden- und Deckenbelagsfläche

39% Kunststoffbelag
61% Steinbelag

KG	Kostengruppe	Menge Einheit	Kosten €/a	€/Einheit*a	% an Summe
350	**Bedienung, Inspektion und Wartung** Inspektion und Wartung der Baukonstruktion: Reparaturen an Außentüren und -fenstern insbesondere Reparaturen an Beschlägen und Jalousien, Schlosser- und Schreinerarbeiten, Reparaturen an Trennvorhängen, allgemeine Wartungsarbeiten • Inspektion und Wartung der Technischen Anlagen: Wartung von Brandschutzklappen, Wartung der Batterieanlage, Inspektion der Rauch- und Wärmeabzugsanlage, Wartung der Schwachstromanlagen, Wartung der Elektroanlagen, Ersatzteile • Inspektion und Wartung von Ausstattung und Kunstwerken: Versetzen der Basketballanlage, Wartung von Turn- und Sportgeräten, Ersatzteile • Bedienung, Inspektion und Wartung, sonstiges: Kostenpauschale für regelmäßige Hausmeisterdienstleistungen im Zusammenhang mit der Bedienung, Inspektion und Wartung.	5.287,15 BGF	24.037	**4,55**	19,5
360	**Sicherheits- und Überwachungsdienste** Kostenpauschale für regelmäßige Hausmeisterdienstleistungen im Zusammenhang mit Wach- und Schließdiensten.	5.287,15 BGF	6.137	**1,16**	5,0
370	**Abgaben und Beiträge** Gebäudeversicherungen.	5.287,15 BGF	1.776	**0,34**	1,4
390	**Betriebskosten, sonstiges** Ersatzteile, Material.	5.287,15 BGF	67	**0,01**	0,1
400	**Instandsetzungskosten**				
410	**Instandsetzung der Baukonstruktionen** Innenwände: Instandsetzung von Trennwänden und Tribünenverkleidungen, Schreinerarbeiten • Decken: Instandsetzung des Hallenbodens insbesondere Abbrucharbeiten, Erneuerung von Bodenfliesen in Sanitäranlagen, Platten- und Fliesenarbeiten, Planung der Maßnahme, Überwachung der Ausführung, Reproanstalten, Lichtpausereien, Beseitigung von Bauschutt, Baureinigung • Dächer: Instandsetzung von Dachbelägen, Dachabdichtungsarbeiten • Instandsetzungskosten der Baukonstruktionen, sonstiges: verschiedene Maßnahmen an den Baukonstruktionen.	5.287,15 BGF	268.450	**50,77**	82,7
420	**Instandsetzung der Technischen Anlagen** Abwasser-, Wasser-, Gasanlagen: Instandsetzung von Sanitäranlagen insbesondere Instandsetzung von Sanitärapparaten und Wasseranlage, Spülung und Ersatz von Bodenabläufen, Ersatz von Abdeckplatten • Starkstromanlagen: Instandsetzung von Beleuchtungsanlagen, Reparaturen an Sicherheitsbeleuchtungen, Transformatoren und Schaltern, Reparaturen am Blitzschutz, Elektroarbeiten • Fernmelde- und informationstechnische Anlagen: Instandsetzung von Bewegungsmeldern • Instandsetzung der Technischen Anlagen, sonstiges: verschiedene Maßnahmen an den Technischen Anlagen.	5.287,15 BGF	56.262	**10,64**	17,3

5100-063
Sporthalle
(1 Zweifeldhalle)

Objektübersicht

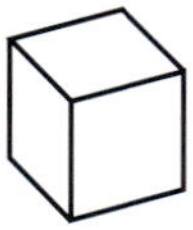

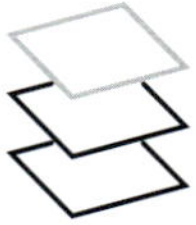

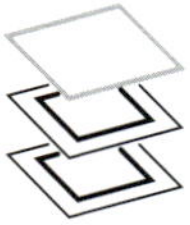

50.176 €/Hallenfeld*a

9 €/m³ BRI*a

55 €/m² BGF*a

72 €/m² NF*a

Kennwerte	bis 2. Ebene DIN 18960 exkl. Außenanlagen
Ausbau	Grund- und Mieterausbau
Land	Baden-Württemberg
Kreis	Stuttgart
Baujahr	2005
m³ BRI	11.689
m² BGF	1.832
m² NF	1.386

Eigentümer:
Landeshauptstadt Stuttgart
Hauptstätter Str. 79
70178 Stuttgart

Bewirtschafter:
Schulverwaltungsamt
Hauptstätter Str. 79
70178 Stuttgart

Obergeschoss

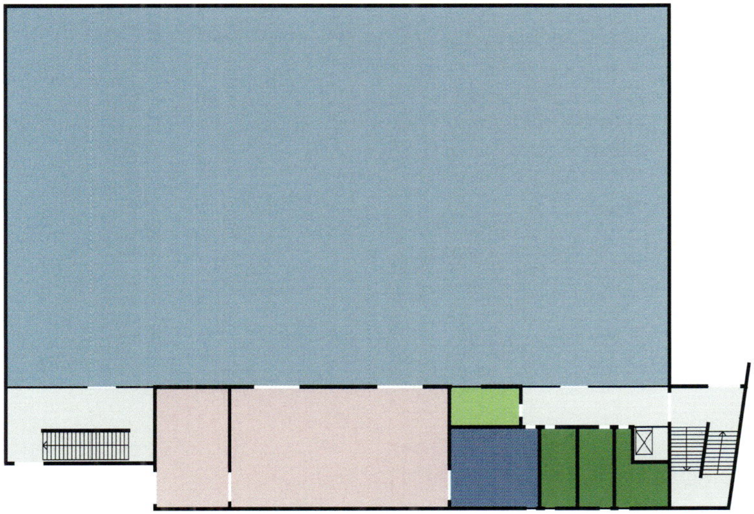

Erdgeschoss

NF1	Wohnen und Aufenthalt
NF2	Büroarbeit
NF3	Prod., Hand- und Maschinenarb., Experimente
NF4	Lagern, Verteilen und Verkaufen
NF5	Bildung, Unterricht und Kultur
NF6	Heilen und Pflegen
NF7	Sonstige Nutzflächen
TF	Technische Funktionsfläche
VF	Verkehrsfläche

Objektbeschreibung

Nutzung

1 Erdgeschoss
Turnhalle, Geräteraum, Umkleideräume, Sanitärräume, Putzraum, Haustechnik.

1 Obergeschoss
Umkleideräume, Sanitärräume.

Nutzeinheiten

Zweifeldhalle: 1

Besonderer Kosteneinfluss

Nutzung
78 h Betriebszeit/Schulwoche, Kernnutzung im untersten Geschoss.

Objekt
Wassergespülte Urinale, Stahlskelettkonstruktion mit Stahlbetonkern und vorgehängter Glasfassade, Standard der Außentüren und -fenster Zweischeibenverglasung, Aluminiumrahmen, Wärmedämmung nach gesetzlichem Standard im Jahre 2005, Raumheizflächen 30% Heizkörper, 70% Deckenstrahlplatten, Zu- und Abluftanlage, Angaben zu den Bodenbelägen: 70% der NGF Kunststoffbelag, 30% der NGF Steinbelag, Angaben zur Außenverglasung: 805 m^2 Glasfläche als Außentüren und -fenster, 2-seitige Reinigung; 10 m^2 Glasfläche als Lichtkuppel, 2-seitige Reinigung, Angaben zur Innenverglasung: 115 m^2 Glasfläche als Innentüren und -fenster, 2-seitige Reinigung; 480 m^2 Glasfläche als Wandverkleidung, 1-seitige Reinigung.

Grundstück

Standort: städtisch
Bauraum: freier Bauraum
Neigung: ebenes Gelände

Betrieb

Durchschnittliche Betriebskosten:
Personalkosten des Objektmanagements inkl. arbeitsplatzbezogener Gemeinkosten wie Umlagen für arbeitsmedizinische und -sicherheitstechnische Dienste, Sekretariate, Registraturen und dgl., Gas, Fernwärme, Strom, regelmäßige Unterhaltsreinigung, Leeren von Abfallbehältern und Entsorgung, Reinigung fremdvergeben, Wartung der Rauch- und Wärmeabzugsanlage, Austausch Filter, Wartung des Aufzugs, Ersatzteile, Kostenpauschale für regelmäßige Hausmeisterdienstleistungen im Zusammenhang mit der Bedienung, Inspektion und Wartung, Kostenpauschale für regelmäßige Hausmeisterdienstleistungen im Zusammenhang mit Wach- und Schließdiensten.

Instandsetzung

Geringe Instandsetzungskosten:
Instandsetzung von Außentüren und -fenstern insbesondere Austausch von Glasscheiben, Glaserarbeiten, verschiedene Maßnahmen an den Baukonstruktionen, Instandsetzung der Heizungssteuerung und -regelung, Instandsetzung der Pumpe, Heizungsarbeiten, Instandsetzung von Beleuchtungsanlagen, Austausch von Vorschaltgeräten, Elektroarbeiten, verschiedene Maßnahmen an den Technischen Anlagen.

Planungskennwerte für Flächen und Rauminhalte nach DIN 277

Flächen des Grundstücks		Menge, Einheit	% an FBG
BF	Bebaute Fläche	– m²	–
UBF	Unbebaute Fläche	– m²	–
FBG	Fläche des Baugrundstücks	– m²	–
FAB	Fläche außerhalb des Baugrundstücks	– m²	–

Grundflächen des Bauwerks		Menge, Einheit	% an NF	% an BGF
NF	Nutzfläche	1.386 m²	100,0	75,6
TF	Technische Funktionsfläche	27 m²	2,0	1,5
VF	Verkehrsfläche	242 m²	17,5	13,2
NGF	Netto-Grundfläche	1.655 m²	119,4	90,3
KGF	Konstruktions-Grundfläche	178 m²	12,8	9,7
BGF	Brutto-Grundfläche	1.832 m²	132,2	100,0

Nutzflächen des Bauwerks		Menge, Einheit	% an NF	% an BGF
NF1	Wohnen und Aufenthalt	0 m²	0,0	0,0
NF2	Büroarbeit	0 m²	0,0	0,0
NF3	Produktion, Hand-, Maschinenarbeit, Exp.	0 m²	0,0	0,0
NF4	Lagern, Verteilen und Verkaufen	145 m²	10,5	7,9
NF5	Bildung, Unterricht und Kultur	1.046 m²	75,5	57,1
NF6	Heilen und Pflegen	0 m²	0,0	0,0
NF7	Sonstige Nutzflächen	194 m²	14,0	10,6

Brutto-Rauminhalt des Bauwerks		Menge, Einheit	BRI/NF (m)	BRI/BGF (m)
BRI	Brutto-Rauminhalt	11.689 m³	8,44	6,38

Lufttechnisch behandelte Flächen	Menge, Einheit	% an NF	% an BGF
Entlüftete Fläche	0 m²	0,0	0,0
Be- und entlüftete Fläche	1.259 m²	90,8	68,7
Teilklimatisierte Fläche	0 m²	0,0	0,0
Klimatisierte Fläche	0 m²	0,0	0,0

Kostenkennwerte für die Kostengruppen der 1. Ebene DIN 18960

KG	Kostengruppen (1. Ebene)	Kosten €/a	€/m² NF*a	€/m² BGF*a	€/m³ BRI*a	% an Summe
100	Kapitalkosten	–	–	–	–	–
200	Objektmanagementkosten	13.741	10	8	1	12,0
300	Betriebskosten	73.067	53	40	6	64,0
400	Instandsetzungskosten	27.284	20	15	2	23,9

Verteilung der Nutzungskosten €/m² BGF*a (Sporthallen (Zweifeldhallen))

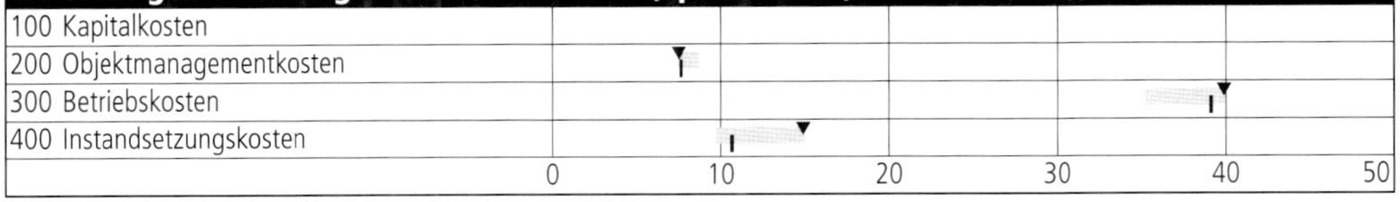

Kostenkennwerte für die Kostengruppen der 1. Ebene nach DIN 18960

KG	Kostengruppe	Menge Einheit	Kosten €/a	€/Einheit*a	% an Summe
200	**Objektmanagementkosten** **Personalkosten**: Personalkosten des Objektmanagements inkl. arbeitsplatzbezogener Gemeinkosten wie Umlagen für arbeitsmedizinische und -sicherheitstechnische Dienste, Sekretariate, Registraturen und dgl. **Sachkosten**: Allgemeine Sachkostenpauschale für Raumkosten, Fernsprechkosten, Einrichtungs- und Ausstattungskosten, Büroarbeitsplatz- und Bürobedarfskosten.	1.832,13 BGF	13.741	**7,50**	12,0
300	**Betriebskosten** **Versorgung**: Wasser • Gas, Fernwärme, Kernnutzung im untersten Geschoss, Stahlskelettkonstruktion mit Stahlbetonkern und vorgehängter Glasfassade, Standard der Außentüren und-fenster Zweischeibenverglasung, Aluminiumrahmen, Wärmedämmung nach gesetzlichem Standard im Jahre 2005, Raumheizflächen 30% Heizkörper, 70% Deckenstrahlplatten • Strom, Zu- und Abluftanlage. **Reinigung und Pflege von Gebäuden**: Regelmäßige Unterhaltsreinigung, Leeren von Abfallbehältern und Entsorgung, Reinigung fremdvergeben, Angaben zu den Bodenbelägen: 70% der NGF Kunststoffbelag, 30% der NGF Steinbelag • 1 Reinigung der Außen- und Innenverglasung inkl. Rahmen, fremdvergeben, Angaben zur Außenverglasung: 805 m^2 Glasfläche als Außentüren und -fenster, 2-seitige Reinigung; 10 m^2 Glasfläche als Lichtkuppel, 2-seitige Reinigung, Angaben zur Innenverglasung: 115 m^2 Glasfläche als Innentüren und -fenster, 2-seitige Reinigung; 480 m^2 Glasfläche als Wandverkleidung, 1-seitige Reinigung. **Bedienung, Inspektion und Wartung**: Wartung der Rauch- und Wärmeabzugsanlage, Austausch Filter, Wartung des Aufzugs, Ersatzteile • Kostenpauschale für regelmäßige Hausmeisterdienstleistungen im Zusammenhang mit der Bedienung, Inspektion und Wartung. **Sicherheits- und Überwachungsdienste**: Kostenpauschale für regelmäßige Hausmeisterdienstleistungen im Zusammenhang mit Wach- und Schließdiensten. **Abgaben und Beiträge**: Gebäudeversicherungen.	1.832,13 BGF	73.067	**39,88**	64,0
400	**Instandsetzungskosten** **Instandsetzung der Baukonstruktionen**: Instandsetzung von Außentüren und -fenstern insbesondere Austausch von Glasscheiben, Glaserarbeiten • Schließen von Durchbrüchen, Instandsetzung von Innentüren und -fenstern, Einbau einer Glasschiebetür, Glaser- und Verputzarbeiten • verschiedene Maßnahmen an den Baukonstruktionen. **Instandsetzung der Technischen Anlagen**: Instandsetzung der Heizungssteuerung und -regelung, Instandsetzung der Pumpe, Heizungsarbeiten • Instandsetzung von Beleuchtungsanlagen, Austausch von Vorschaltgeräten, Elektroarbeiten • verschiedene Maßnahmen an den Technischen Anlagen.	1.832,13 BGF	27.284	**14,89**	23,9

Kostenkennwerte für die Kostengruppen der 2. Ebene nach DIN 18960

KG	Kostengruppe	Menge Einheit	Kosten €/a	€/Einheit*a	% an Summe
200	**Objektmanagementkosten**				
210	**Personalkosten**	1.832,13 BGF	11.810	**6,45**	86,0
	Personalkosten des Objektmanagements inkl. arbeitsplatzbezogener Gemeinkosten wie Umlagen für arbeitsmedizinische und -sicherheitstechnische Dienste, Sekretariate, Registraturen und dgl.				
220	**Sachkosten**	1.832,13 BGF	1.931	**1,05**	14,1
	Allgemeine Sachkostenpauschale für Raumkosten, Fernsprechkosten, Einrichtungs- und Ausstattungskosten, Büroarbeitsplatz- und Bürobedarfskosten.				
300	**Betriebskosten**				
310	**Versorgung**	1.832,13 BGF	22.553	**12,31**	30,9
	Wasser: wassergespülte Urinale • Gas, Fernwärme: Kernnutzung im untersten Geschoss, Stahlskelettkonstruktion mit Stahlbetonkern und vorgehängter Glasfassade, Standard der Außentüren und -fenster Zweischeibenverglasung, Aluminiumrahmen, Wärmedämmung nach gesetzlichem Standard im Jahre 2005, Raumheizflächen 30% Heizkörper, 70% Deckenstrahlplatten • Strom: Zu- und Abluftanlage. Angaben zur Nutzung: Sporthalle, 1 Zweifeldhalle, 78 h Betriebszeit/Schulwoche.				
320	**Entsorgung**	1.832,13 BGF	706	**0,39**	1,0
	Abwasser • Abfall: verbrauchte Leuchtmittel.				
330	**Reinigung und Pflege von Gebäuden**	1.832,13 BGF	24.349	**13,29**	33,3
	Unterhaltsreinigung: regelmäßige Unterhaltsreinigung, Leeren von Abfallbehältern und Entsorgung, Reinigung fremdvergeben • Glasreinigung: 1 Reinigung der Außen- und Innenverglasung inkl. Rahmen, fremdvergeben, Angaben zur Außenverglasung: 805 m² Glasfläche als Außentüren und -fenster, 2-seitige Reinigung; 10 m² Glasfläche als Lichtkuppel, 2-seitige Reinigung, Angaben zur Innenverglasung: 115 m² Glasfläche als Innentüren und -fenster, 2-seitige Reinigung; 480 m² Glasfläche als Wandverkleidung, 1-seitige Reinigung • Reinigung und Pflege von Gebäuden, sonstiges: Kostenpauschale für regelmäßige Hausmeisterdienstleistungen im Zusammenhang mit der Reinigung und Pflege des Gebäudes wie Reinigungskontrollen und dgl.				

Boden- und Deckenbelagsfläche

KG	Kostengruppe	Menge Einheit	Kosten €/a	€/Einheit*a	% an Summe
350	**Bedienung, Inspektion und Wartung**	1.832,13 BGF	16.889	**9,22**	23,1
	Inspektion und Wartung der Technischen Anlagen: Wartung der Rauch- und Wärmeabzugsanlage, Austausch Filter, Wartung des Aufzugs, Ersatzteile • Inspektion und Wartung von Ausstattung und Kunstwerken: Wartung von Turn- und Sportgeräten, Schlosserarbeiten • Bedienung, Inspektion und Wartung, sonstiges: Kostenpauschale für regelmäßige Hausmeisterdienstleistungen im Zusammenhang mit der Bedienung, Inspektion und Wartung.				

KG	Kostengruppe	Menge Einheit	Kosten €/a	€/Einheit*a	% an Summe
360	**Sicherheits- und Überwachungsdienste** Kostenpauschale für regelmäßige Hausmeisterdienstleistungen im Zusammenhang mit Wach- und Schließdiensten.	1.832,13 BGF	5.926	**3,23**	8,1
370	**Abgaben und Beiträge** Gebäudeversicherungen.	1.832,13 BGF	2.126	**1,16**	2,9
390	**Betriebskosten, sonstiges** Ersatzteile, Material.	1.832,13 BGF	520	**0,28**	0,7
400	**Instandsetzungskosten**				
410	**Instandsetzung der Baukonstruktionen** Außenwände: Instandsetzung von Außentüren und -fenstern insbesondere Austausch von Glasscheiben, Glaserarbeiten • Innenwände: Schließen von Durchbrüchen, Instandsetzung von Innentüren und -fenstern, Einbau einer Glasschiebetür, Glaser- und Verputzarbeiten • Instandsetzungskosten der Baukonstruktionen, sonstiges: verschiedene Maßnahmen an den Baukonstruktionen.	1.832,13 BGF	16.147	**8,81**	59,2
420	**Instandsetzung der Technischen Anlagen** Wärmeversorgungsanlagen: Instandsetzung der Heizungssteuerung und -regelung, Instandsetzung der Pumpe, Heizungsarbeiten • Starkstromanlagen: Instandsetzung von Beleuchtungsanlagen, Austausch von Vorschaltgeräten, Elektroarbeiten • Instandsetzung der Technischen Anlagen, sonstiges: verschiedene Maßnahmen an den Technischen Anlagen.	1.832,13 BGF	11.137	**6,08**	40,8

5100-064
Sporthalle
(1 Zweifeldhalle)

Objektübersicht

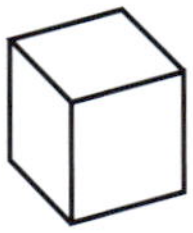

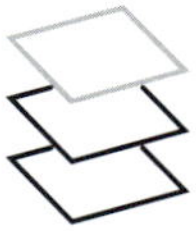

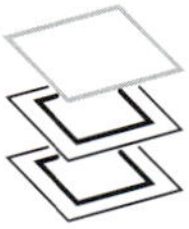

Kennwerte	bis 2. Ebene DIN 18960 exkl. Außenanlagen
Ausbau	Grund- und Mieterausbau
Land	Baden-Württemberg
Kreis	Stuttgart
Baujahr	1987
m^3 BRI	11.236
m^2 BGF	1.772
m^2 NF	1.458

39.936 €/Hallenfeld*a

7 €/m^3 BRI*a

45 €/m^2 BGF*a

55 €/m^2 NF*a

Eigentümer:
Landeshauptstadt Stuttgart
Hauptstätter Str. 79
70178 Stuttgart

Bewirtschafter:
Schulverwaltungsamt
Hauptstätter Str. 79
70178 Stuttgart

Kostenstand: 1. Quartal 2010, inkl. MwSt.

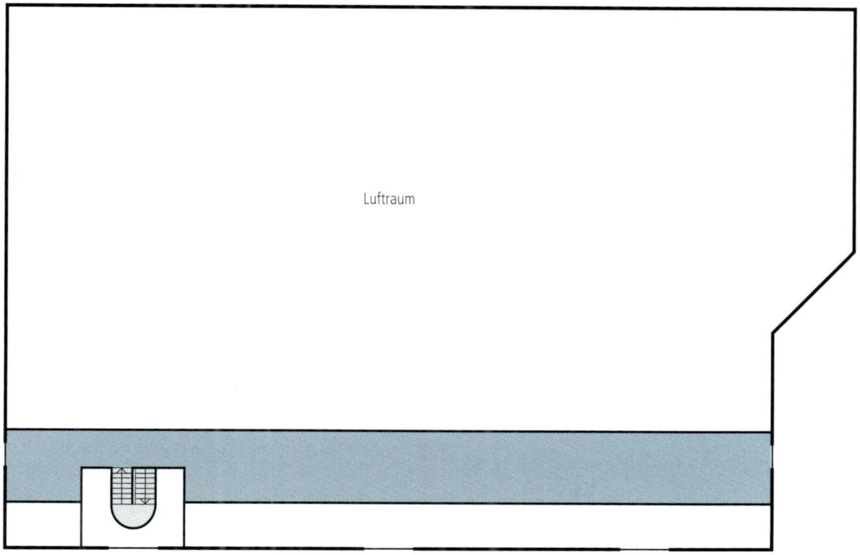

Obergeschoss

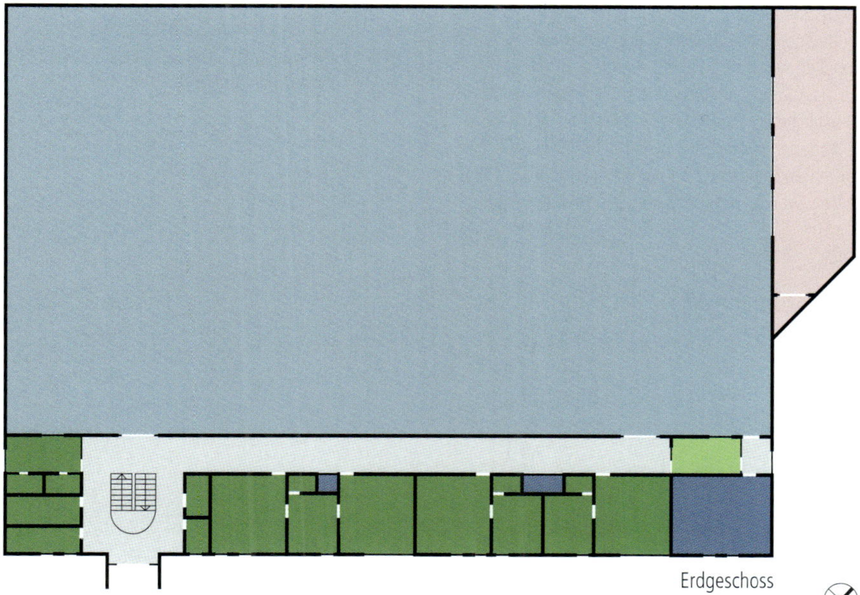

Erdgeschoss

NF1 Wohnen und Aufenthalt
NF2 Büroarbeit
NF3 Prod., Hand- und Maschinenarb., Experimente
NF4 Lagern, Verteilen und Verkaufen
NF5 Bildung, Unterricht und Kultur
NF6 Heilen und Pflegen
NF7 Sonstige Nutzflächen
TF Technische Funktionsfläche
VF Verkehrsfläche

Objektbeschreibung

Nutzung

1 Erdgeschoss
Regieraum, Geräteraum, Sporthalle, Umkleideräume, Sanitärräume, Putzraum, Abstellraum, Haustechnik.

1 Obergeschoss
Tribüne.

Nutzeinheiten

Zweifeldhalle: 1

Besonderer Kosteneinfluss

Nutzung
81 h Betriebszeit/Schulwoche, Kernnutzung im untersten Geschoss.

Objekt
Außenwände schwere, einschalige Konstruktion, Standard der Außentüren und -fenster Zweischeibenverglasung, Stahl-, Aluminiumrahmen, Wärmedämmung nach gesetzlichem Standard im Jahre 1987, Wärmeerzeugungsanlagen mit zentraler Wassererwärmung, Raumheizflächen 20% Heizkörper, 80% Deckenstrahlplatten, Zu- und Abluftanlage, Angaben zu den Bodenbelägen: 71% der NGF Kunststoffbelag, 29% der NGF Steinbelag, Angaben zur Außenverglasung: 105 m^2 Glasfläche als Außentüren und -fenster, 2-seitige Reinigung; 455 m^2 Glasfläche als Dachfenster, 10 m^2 Glasfläche als Glasdach, Angaben zur Innenverglasung: 35 m^2 Glasfläche als Innentüren und -fenster, 2-seitige Reinigung, 55 m^2 Glasfläche als Trennwände und Einbauten, 2-seitige Reinigung.

Grundstück

Standort: städtisch
Bauraum: freier Bauraum
Neigung: ebenes Gelände

Betrieb

Geringe Betriebskosten:
Personalkosten des Objektmanagements inkl. arbeitsplatzbezogener Gemeinkosten wie Umlagen für arbeitsmedizinische und -sicherheitstechnische Dienste, Sekretariate, Registraturen und dgl., Energiemanagement, Wärmeverbrauch 103 kWh/m^2 BGF und Jahr, Fernwärme, Strom, regelmäßige Unterhaltsreinigung, Leeren von Abfallbehältern und Entsorgung, 1 Sonderreinigung, Harzentfernung vom Sporthallenbelag, Reinigung fremdvergeben, Reparaturen an Außentüren und -fenstern inkl. Reparaturen an Elektromotoren, Elektroarbeiten, Schlosser- und Schreinerarbeiten, allgemeine Wartungsarbeiten, Kostenpauschale für regelmäßige Hausmeisterdienstleistungen im Zusammenhang mit der Bedienung, Inspektion und Wartung, Ersatzteile, Material, Kostenpauschale für regelmäßige Hausmeisterdienstleistungen im Zusammenhang mit Wach- und Schließdiensten.

Instandsetzung

Geringe Instandsetzungskosten:
Instandsetzung von Außentüren und -fenstern insbesondere Schlosser- und Schreinerarbeiten, Instandsetzung von Dachfenstern, Oberlichtern und Dachrinnen insbesondere Glaserarbeiten, Dachabdichtungsarbeiten, verschiedene Maßnahmen an den Baukonstruktionen, verschiedene Maßnahmen an den Technischen Anlagen.

Planungskennwerte für Flächen und Rauminhalte nach DIN 277

Flächen des Grundstücks		Menge, Einheit	% an FBG
BF	Bebaute Fläche	– m²	–
UBF	Unbebaute Fläche	– m²	–
FBG	Fläche des Baugrundstücks	– m²	–
FAB	Fläche außerhalb des Baugrundstücks	– m²	–

Grundflächen des Bauwerks		Menge, Einheit	% an NF	% an BGF
NF	Nutzfläche	1.458 m²	100,0	82,3
TF	Technische Funktionsfläche	31 m²	2,1	1,7
VF	Verkehrsfläche	110 m²	7,5	6,2
NGF	Netto-Grundfläche	1.598 m²	109,6	90,2
KGF	Konstruktions-Grundfläche	174 m²	11,9	9,8
BGF	Brutto-Grundfläche	1.772 m²	121,6	100,0

Nutzflächen des Bauwerks		Menge, Einheit	% an NF	% an BGF
NF1	Wohnen und Aufenthalt	0 m²	0,0	0,0
NF2	Büroarbeit	8 m²	0,5	0,4
NF3	Produktion, Hand-, Maschinenarbeit, Exp.	0 m²	0,0	0,0
NF4	Lagern, Verteilen und Verkaufen	67 m²	4,6	3,8
NF5	Bildung, Unterricht und Kultur	1.240 m²	85,1	70,0
NF6	Heilen und Pflegen	0 m²	0,0	0,0
NF7	Sonstige Nutzflächen	143 m²	9,8	8,1

Brutto-Rauminhalt des Bauwerks		Menge, Einheit	BRI/NF (m)	BRI/BGF (m)
BRI	Brutto-Rauminhalt	11.236 m³	7,71	6,34

Lufttechnisch behandelte Flächen	Menge, Einheit	% an NF	% an BGF
Entlüftete Fläche	0 m²	0,0	0,0
Be- und entlüftete Fläche	1.378 m²	94,5	77,8
Teilklimatisierte Fläche	0 m²	0,0	0,0
Klimatisierte Fläche	0 m²	0,0	0,0

Kostenkennwerte für die Kostengruppen der 1. Ebene DIN 18960

KG	Kostengruppen (1. Ebene)	Kosten €/a	€/m² NF*a	€/m² BGF*a	€/m³ BRI*a	% an Summe
100	Kapitalkosten	–	–	–	–	–
200	Objektmanagementkosten	13.535	9	8	1	14,5
300	Betriebskosten	62.514	43	35	6	66,9
400	Instandsetzungskosten	17.358	12	10	2	18,6

Verteilung der Nutzungskosten €/m² BGF*a (Sporthallen (Zweifeldhallen))

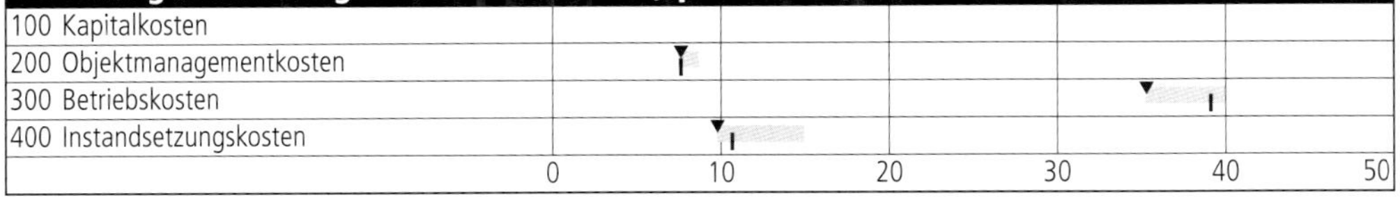

Kostenkennwerte für die Kostengruppen der 1. Ebene nach DIN 18960

KG	Kostengruppe	Menge Einheit	Kosten €/a	€/Einheit*a	% an Summe
200	**Objektmanagementkosten**	1.772,19 BGF	13.535	**7,64**	14,5
	Personalkosten: Personalkosten des Objektmanagements inkl. arbeitsplatzbezogener Gemeinkosten wie Umlagen für arbeitsmedizinische und -sicherheitstechnische Dienste, Sekretariate, Registraturen und dgl., Energiemanagement. **Sachkosten**: Allgemeine Sachkostenpauschale für Raumkosten, Fernsprechkosten, Einrichtungs- und Ausstattungskosten, Büroarbeitsplatz- und Bürobedarfskosten.				
300	**Betriebskosten**	1.772,19 BGF	62.514	**35,28**	66,9
	Versorgung: Wasser • Fernwärme, Kernnutzung im untersten Geschoss, Außenwände schwere, einschalige Konstruktion, Standard der Außentüren und -fenster Zweischeibenverglasung, Stahl-, Aluminiumrahmen, Wärmedämmung nach gesetzlichem Standard im Jahre 1987, Wärmeerzeugungsanlagen mit zentraler Wassererwärmung, Raumheizflächen 20% Heizkörper, 80% Deckenstrahlplatten • Strom, Zu- und Abluftanlage. **Reinigung und Pflege von Gebäuden**: Regelmäßige Unterhaltsreinigung, Leeren von Abfallbehältern und Entsorgung, 1 Sonderreinigung, Harzentfernung vom Sporthallenbelag, Reinigung fremdvergeben, Angaben zu den Bodenbelägen: 71% der NGF Kunststoffbelag, 29% der NGF Steinbelag • Kostenpauschale für regelmäßige Hausmeisterdienstleistungen im Zusammenhang mit der Reinigung und Pflege des Gebäudes wie Reinigungskontrollen und dgl. **Bedienung, Inspektion und Wartung**: Reparaturen an Außentüren und -fenstern inkl. Reparaturen an Elektromotoren, Elektroarbeiten, Schlosser- und Schreinerarbeiten, allgemeine Wartungsarbeiten • Wartung der Schwachstromanlagen, Reparaturen an Beleuchtung und Sanitäranlagen, Austausch Armaturen, Elektroarbeiten • Wartung von Turn- und Sportgeräten, Ersatzteile, Material • Kostenpauschale für regelmäßige Hausmeisterdienstleistungen im Zusammenhang mit der Bedienung, Inspektion und Wartung, Ersatzteile, Material. **Sicherheits- und Überwachungsdienste**: Kostenpauschale für regelmäßige Hausmeisterdienstleistungen im Zusammenhang mit Wach- und Schließdiensten.				
400	**Instandsetzungskosten**	1.772,19 BGF	17.358	**9,79**	18,6
	Instandsetzung der Baukonstruktionen: Instandsetzung von Außentüren und -fenstern insbesondere Schlosser- und Schreinerarbeiten • Instandsetzung von Dachfenstern, Oberlichtern und Dachrinnen insbesondere Glaserarbeiten, Dachabdichtungsarbeiten • verschiedene Maßnahmen an den Baukonstruktionen. **Instandsetzung der Technischen Anlagen**: Verschiedene Maßnahmen an den Technischen Anlagen.				

Kostenkennwerte für die Kostengruppen der 2. Ebene nach DIN 18960

KG	Kostengruppe	Menge Einheit	Kosten €/a	€/Einheit*a	% an Summe
200	**Objektmanagementkosten**				
210	**Personalkosten**	1.772,19 BGF	11.670	**6,59**	86,2
	Personalkosten des Objektmanagements inkl. arbeitsplatzbezogener Gemeinkosten wie Umlagen für arbeitsmedizinische und -sicherheitstechnische Dienste, Sekretariate, Registraturen und dgl., Energiemanagement.				
220	**Sachkosten**	1.772,19 BGF	1.865	**1,05**	13,8
	Allgemeine Sachkostenpauschale für Raumkosten, Fernsprechkosten, Einrichtungs- und Ausstattungskosten, Büroarbeitsplatz- und Bürobedarfskosten.				
300	**Betriebskosten**				
310	**Versorgung**	1.772,19 BGF	18.793	**10,60**	30,1
	Wasser • Fernwärme: Kernnutzung im untersten Geschoss, Außenwände schwere, einschalige Konstruktion, Standard der Außentüren und -fenster Zweischeibenverglasung, Stahl-, Aluminiumrahmen, Wärmedämmung nach gesetzlichem Standard im Jahre 1987, Wärmeerzeugungsanlagen mit zentraler Wassererwärmung, Raumheizflächen 20% Heizkörper, 80% Deckenstrahlplatten • Strom: Zu- und Abluftanlage. Angaben zur Nutzung: Sporthalle, 1 Zweifeldhalle, 81 h Betriebszeit/Schulwoche.				
320	**Entsorgung**	1.772,19 BGF	272	**0,15**	0,4
	Abwasser.				
330	**Reinigung und Pflege von Gebäuden**	1.772,19 BGF	21.770	**12,28**	34,8
	Unterhaltsreinigung: regelmäßige Unterhaltsreinigung, Leeren von Abfallbehältern und Entsorgung, 1 Sonderreinigung, Harzentfernung vom Sporthallenbelag, Reinigung fremdvergeben • Glasreinigung: 1 Reinigung der Außen- und Innenverglasung inkl. Rahmen, fremdvergeben, Angaben zur Außenverglasung: 105 m² Glasfläche als Außentüren und -fenster, 2-seitige Reinigung; 455 m² Glasfläche als Dachfenster, 10 m² Glasfläche als Glasdach, Angaben zur Innenverglasung: 35 m² Glasfläche als Innentüren und -fenster, 2-seitige Reinigung, 55 m² Glasfläche als Trennwände und Einbauten, 2-seitige Reinigung • Reinigung und Pflege von Gebäuden, sonstiges: Kostenpauschale für regelmäßige Hausmeisterdienstleistungen im Zusammenhang mit der Reinigung und Pflege des Gebäudes wie Reinigungskontrollen und dgl.				

Boden- und Deckenbelagsfläche

71% Kunststoffbelag
29% Steinbelag

KG	Kostengruppe	Menge Einheit	Kosten €/a	€/Einheit*a	% an Summe
350	**Bedienung, Inspektion und Wartung**	1.772,19 BGF	15.049	**8,49**	24,1
	Inspektion und Wartung der Baukonstruktion: Reparaturen an Außentüren und -fenstern inkl. Reparaturen an Elektromotoren, Elektroarbeiten, Schlosser- und Schreinerarbeiten, allgemeine Wartungsarbeiten • Inspektion und Wartung der Technischen Anlagen: Wartung der Schwachstromanlagen, Reparaturen an Beleuchtung und Sanitäranlagen, Austausch Armaturen, Elektroarbeiten • Inspektion und Wartung von Ausstattung und Kunstwerken: Wartung von Turn- und Sportgeräten, Ersatzteile, Material • Bedienung, Inspektion und Wartung, sonstiges: Kostenpauschale für regelmäßige Hausmeisterdienstleistungen im Zusammenhang mit der Bedienung, Inspektion und Wartung, Ersatzteile, Material.				
360	**Sicherheits- und Überwachungsdienste**	1.772,19 BGF	5.410	**3,05**	8,7
	Kostenpauschale für regelmäßige Hausmeisterdienstleistungen im Zusammenhang mit Wach- und Schließdiensten.				
370	**Abgaben und Beiträge**	1.772,19 BGF	351	**0,20**	0,6
	Gebäudeversicherungen.				
390	**Betriebskosten, sonstiges**	1.772,19 BGF	870	**0,49**	1,4
	Ersatzteile, Material.				
400	**Instandsetzungskosten**				
410	**Instandsetzung der Baukonstruktionen**	1.772,19 BGF	15.645	**8,83**	90,1
	Außenwände: Instandsetzung von Außentüren und -fenstern insbesondere Schlosser- und Schreinerarbeiten • Dächer: Instandsetzung von Dachfenstern, Oberlichtern und Dachrinnen insbesondere Glaserarbeiten, Dachabdichtungsarbeiten • Instandsetzungskosten der Baukonstruktionen, sonstiges: verschiedene Maßnahmen an den Baukonstruktionen.				
420	**Instandsetzung der Technischen Anlagen**	1.772,19 BGF	1.713	**0,97**	9,9
	Verschiedene Maßnahmen an den Technischen Anlagen.				

5100-066 Turn- und Versammlungshalle (1 Einfeldhalle)

Objektübersicht

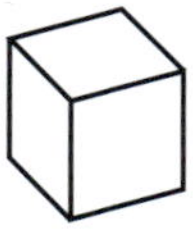
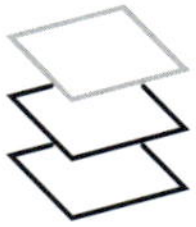

Kennwerte	bis 2. Ebene DIN 18960 exkl. Außenanlagen
Ausbau	Grund- und Mieterausbau
Land	Baden-Württemberg
Kreis	Stuttgart
Baujahr	1956
m^3 BRI	9.786
m^2 BGF	2.056
m^2 NF	1.443

94.110 €/Hallenfeld*a

10 €/m^3 BRI*a

46 €/m^2 BGF*a

65 €/m^2 NF*a

Eigentümer:
Landeshauptstadt Stuttgart
Hauptstätter Str. 79
70178 Stuttgart

Bewirtschafter:
Schulverwaltungsamt
Hauptstätter Str. 79
70178 Stuttgart

Kostenstand: 1. Quartal 2010, inkl. MwSt.

Erläuternde Zeichnungen

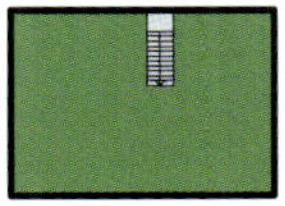

2. Obergeschoss

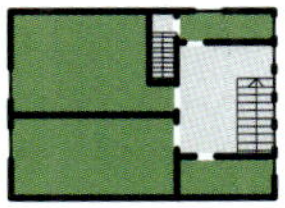

1. Obergeschoss

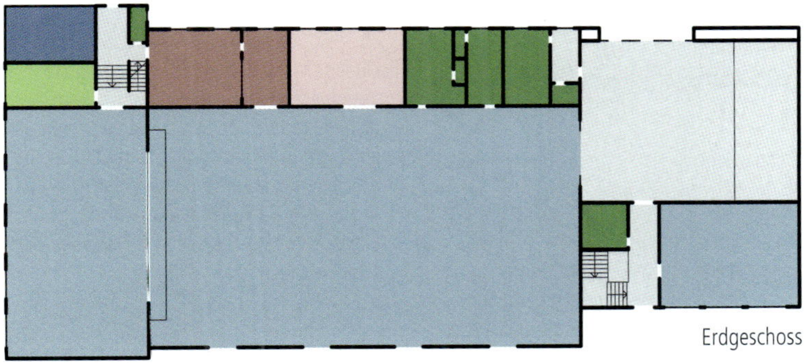

Erdgeschoss

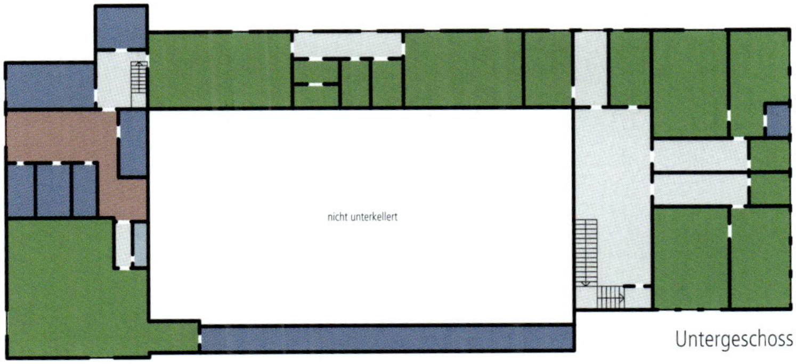

Untergeschoss

- NF1 Wohnen und Aufenthalt
- NF2 Büroarbeit
- NF3 Prod., Hand- und Maschinenarb., Experimente
- NF4 Lagern, Verteilen und Verkaufen
- NF5 Bildung, Unterricht und Kultur
- NF6 Heilen und Pflegen
- NF7 Sonstige Nutzflächen
- TF Technische Funktionsfläche
- VF Verkehrsfläche

Objektbeschreibung

Nutzung

1 Untergeschoss
Dienstzimmer, Werkstatt, Umkleideräume, Sanitärräume, Putzraum, Abstellräume, Haustechnik.

1 Erdgeschoss
Dienstzimmer, Küche, Geräteraum, Turnhalle, Unterrichtsraum, Umkleideräume, Sanitärräume, Putzraum, Abstellräume.

2 Obergeschosse
Sanitärräume, Abstellraum.

Nutzeinheiten

Einfeldhalle: 1

Besonderer Kosteneinfluss

Nutzung
83 h Betriebszeit/Schulwoche, keine Kernnutzung im untersten Geschoss.

Objekt
2 dezentrale Wassererwärmer, wassergespülte Urinale, Außenwände schwere, einschalige Konstruktion, Standard der Außentüren und -fenster Zweischeibenverglasung, Holzrahmen, Wärmedämmung nach gesetzlichem Standard im Jahre 1956, Wärmeerzeugungsanlagen ohne zentrale Wassererwärmung, Heizungssteuerung Wochenprogramm, Raumheizflächen Heizkörper, Angaben zu den Bodenbelägen: 11% der NGF Holzbelag, 39% der NGF Kunststoffbelag, 50% der NGF Steinbelag, Angaben zur Außenverglasung: 20 m² Glasfläche als Außentüren und -fenster, Kastenfenster, 4-seitige Reinigung; 290 m² Glasfläche als Außentüren und -fenster, 2-seitige Reinigung, Angaben zur Innenverglasung: 20 m² Glasfläche als Innentüren und -fenster, 2-seitige Reinigung, Heizkessel aus dem Jahre 2005.

Grundstück

Standort: städtisch
Bauraum: freier Bauraum
Neigung: ebenes Gelände

Betrieb

Geringe Betriebskosten:
Personalkosten des Objektmanagements inkl. arbeitsplatzbezogener Gemeinkosten wie Umlagen für arbeitsmedizinische und -sicherheitstechnische Dienste, Sekretariate, Registraturen und dgl., Energiemanagement, Gas, regelmäßige Unterhaltsreinigung, Leeren von Abfallbehältern und Entsorgung, 1 Sommerhauptreinigung, Reinigung fremdvergeben, Telekommunikation, Reparaturen an Sanitäranlagen, Inspektion des Heizkessels, Abgaswegeprüfung, Kaminarbeiten, Wartung der Batterieanlage, Wartung von Brandschutzklappen, Wartung der Bühnentechnik, Ersatzteile, Kostenpauschale für regelmäßige Hausmeisterdienstleistungen im Zusammenhang mit der Bedienung, Inspektion und Wartung, Kostenpauschale für regelmäßige Hausmeisterdienstleistungen im Zusammenhang mit Wach- und Schließdiensten.

Instandsetzung

Geringe Instandsetzungskosten:
Verschiedene Maßnahmen an den Baukonstruktionen, Instandsetzung von Sanitäranlagen insbesondere Instandsetzung von Sanitärapparaten und Abwasserleitungen, Sanitärarbeiten, Instandsetzung des Brenners, Instandsetzung von Beleuchtungsanlagen und elektronischen Installationen, Elektroarbeiten, verschiedene Maßnahmen an den Technischen Anlagen.

Planungskennwerte für Flächen und Rauminhalte nach DIN 277

Flächen des Grundstücks		Menge, Einheit	% an FBG
BF	Bebaute Fläche	– m²	–
UBF	Unbebaute Fläche	– m²	–
FBG	Fläche des Baugrundstücks	– m²	–
FAB	Fläche außerhalb des Baugrundstücks	– m²	–

Grundflächen des Bauwerks		Menge, Einheit	% an NF	% an BGF
NF	Nutzfläche	1.443 m²	100,0	70,2
TF	Technische Funktionsfläche	108 m²	7,5	5,3
VF	Verkehrsfläche	275 m²	19,1	13,4
NGF	Netto-Grundfläche	1.827 m²	126,6	88,9
KGF	Konstruktions-Grundfläche	229 m²	15,9	11,1
BGF	Brutto-Grundfläche	2.056 m²	142,5	100,0

Nutzflächen des Bauwerks		Menge, Einheit	% an NF	% an BGF
NF1	Wohnen und Aufenthalt	0 m²	0,0	0,0
NF2	Büroarbeit	18 m²	1,2	0,9
NF3	Produktion, Hand-, Maschinenarbeit, Exp.	84 m²	5,8	4,1
NF4	Lagern, Verteilen und Verkaufen	40 m²	2,8	2,0
NF5	Bildung, Unterricht und Kultur	707 m²	49,0	34,4
NF6	Heilen und Pflegen	0 m²	0,0	0,0
NF7	Sonstige Nutzflächen	594 m²	41,2	28,9

Brutto-Rauminhalt des Bauwerks		Menge, Einheit	BRI/NF (m)	BRI/BGF (m)
BRI	Brutto-Rauminhalt	9.786 m³	6,78	4,76

Lufttechnisch behandelte Flächen	Menge, Einheit	% an NF	% an BGF
Entlüftete Fläche	0 m²	0,0	0,0
Be- und entlüftete Fläche	0 m²	0,0	0,0
Teilklimatisierte Fläche	0 m²	0,0	0,0
Klimatisierte Fläche	0 m²	0,0	0,0

Kostenkennwerte für die Kostengruppen der 1. Ebene DIN 18960

KG	Kostengruppen (1. Ebene)	Kosten €/a	€/m² NF*a	€/m² BGF*a	€/m³ BRI*a	% an Summe
100	Kapitalkosten	–	–	–	–	–
200	Objektmanagementkosten	15.700	11	8	2	14,3
300	Betriebskosten	71.662	50	35	7	65,3
400	Instandsetzungskosten	22.447	16	11	2	20,4

Verteilung der Nutzungskosten €/m² BGF*a (Turn- und Versammlungshallen)

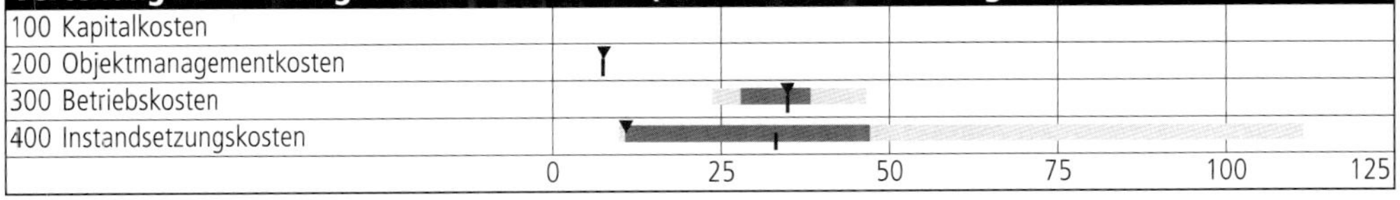

Kostenkennwerte für die Kostengruppen der 1. Ebene nach DIN 18960

KG	Kostengruppe	Menge Einheit	Kosten €/a	€/Einheit*a	% an Summe
200	**Objektmanagementkosten** **Personalkosten**: Personalkosten des Objektmanagements inkl. arbeitsplatzbezogener Gemeinkosten wie Umlagen für arbeitsmedizinische und -sicherheitstechnische Dienste, Sekretariate, Registraturen und dgl., Energiemanagement. **Sachkosten**: Allgemeine Sachkostenpauschale für Raumkosten, Fernsprechkosten, Einrichtungs- und Ausstattungskosten, Büroarbeitsplatz- und Bürobedarfskosten.	2.056,42 BGF	15.700	**7,63**	14,3
300	**Betriebskosten** **Versorgung**: Wasser • Gas, keine Kernnutzung im untersten Geschoss, Außenwände schwere, einschalige Konstruktion, Standard der Außentüren und -fenster Zweischeibenverglasung, Holzrahmen, Wärmedämmung nach gesetzlichem Standard im Jahre 1956, Wärmeerzeugungsanlagen ohne zentrale Wassererwärmung, Heizungssteuerung Wochenprogramm, Raumheizflächen Heizkörper • Strom. **Reinigung und Pflege von Gebäuden**: Regelmäßige Unterhaltsreinigung, Leeren von Abfallbehältern und Entsorgung, 1 Sommerhauptreinigung, Reinigung fremdvergeben, Angaben zu den Bodenbelägen: 11% der NGF Holzbelag, 39% der NGF Kunststoffbelag, 50% der NGF Steinbelag • Kostenpauschale für regelmäßige Hausmeisterdienstleistungen im Zusammenhang mit der Reinigung und Pflege des Gebäudes wie Reinigungskontrollen und dgl. **Bedienung, Inspektion und Wartung**: Telekommunikation • Schlosserarbeiten, Verputzarbeiten an Deckenbekleidungen, allgemeine Wartungsarbeiten • Reparaturen an Sanitäranlagen, Inspektion des Heizkessels, Abgaswegeprüfung, Kaminarbeiten, Wartung der Batterieanlage, Wartung von Brandschutzklappen, Wartung der Bühnentechnik, Ersatzteile • Kostenpauschale für regelmäßige Hausmeisterdienstleistungen im Zusammenhang mit der Bedienung, Inspektion und Wartung. **Sicherheits- und Überwachungsdienste**: Kostenpauschale für regelmäßige Hausmeisterdienstleistungen im Zusammenhang mit Wach- und Schließdiensten. **Abgaben und Beiträge**: Gebäudeversicherungen.	2.056,42 BGF	71.662	**34,85**	65,3
400	**Instandsetzungskosten** **Instandsetzung der Baukonstruktionen**: Instandsetzung des Hallenbodens, Nachlinierung von Spielfeldmarkierungen • Instandsetzung von Innenwandbekleidungen insbesondere Schreinerarbeiten, Platten- und Fliesenarbeiten • verschiedene Maßnahmen an den Baukonstruktionen. **Instandsetzung der Technischen Anlagen**: Instandsetzung von Sanitäranlagen insbesondere Instandsetzung von Sanitärapparaten und Abwasserleitungen, Sanitärarbeiten • Instandsetzung des Brenners • Instandsetzung von Beleuchtungsanlagen und elektronischen Installationen, Elektroarbeiten • verschiedene Maßnahmen an den Technischen Anlagen.	2.056,42 BGF	22.447	**10,92**	20,4

Kostenkennwerte für die Kostengruppen der 2. Ebene nach DIN 18960

KG	Kostengruppe	Menge Einheit	Kosten €/a	€/Einheit*a	% an Summe
200	**Objektmanagementkosten**				
210	**Personalkosten**	2.056,42 BGF	13.568	**6,60**	86,4
	Personalkosten des Objektmanagements inkl. arbeitsplatzbezogener Gemeinkosten wie Umlagen für arbeitsmedizinische und -sicherheitstechnische Dienste, Sekretariate, Registraturen und dgl., Energiemanagement.				
220	**Sachkosten**	2.056,42 BGF	2.132	**1,04**	13,6
	Allgemeine Sachkostenpauschale für Raumkosten, Fernsprechkosten, Einrichtungs- und Ausstattungskosten, Büroarbeitsplatz- und Bürobedarfskosten.				
300	**Betriebskosten**				
310	**Versorgung**	2.056,42 BGF	17.794	**8,65**	24,8
	Wasser: 2 dezentrale Wassererwärmer, wassergespülte Urinale • Gas: keine Kernnutzung im untersten Geschoss, Außenwände schwere, einschalige Konstruktion, Standard der Außentüren und -fenster Zweischeibenverglasung, Holzrahmen, Wärmedämmung nach gesetzlichem Standard im Jahre 1956, Wärmeerzeugungsanlagen ohne zentrale Wassererwärmung, Heizungssteuerung Wochenprogramm, Raumheizflächen Heizkörper • Strom. Angaben zur Nutzung: Turn- und Versammlungshalle, 1 Einfeldhalle, 83 h Betriebszeit/Schulwoche.				
320	**Entsorgung**	2.056,42 BGF	464	**0,23**	0,7
	Abwasser • Abfall: verbrauchte Leuchtmittel, Kompostierung.				
330	**Reinigung und Pflege von Gebäuden**	2.056,42 BGF	20.636	**10,03**	28,8
	Unterhaltsreinigung: regelmäßige Unterhaltsreinigung, Leeren von Abfallbehältern und Entsorgung, 1 Sommerhauptreinigung, Reinigung fremdvergeben • Glasreinigung: 1 Reinigung der Außen- und Innenverglasung inkl. Rahmen, fremdvergeben, Angaben zur Außenverglasung: 20 m² Glasfläche als Außentüren und -fenster, Kastenfenster, 4-seitige Reinigung; 290 m² Glasfläche als Außentüren und -fenster, 2-seitige Reinigung, Angaben zur Innenverglasung: 20 m² Glasfläche als Innentüren und -fenster, 2-seitige Reinigung • Reinigung Technischer Anlagen: Rohrreinigung • Reinigung und Pflege von Gebäuden, sonstiges: Kostenpauschale für regelmäßige Hausmeisterdienstleistungen im Zusammenhang mit der Reinigung und Pflege des Gebäudes wie Reinigungskontrollen und dgl.				

Boden- und Deckenbelagsfläche

KG	Kostengruppe	Menge Einheit	Kosten €/a	€/Einheit*a	% an Summe
350	**Bedienung, Inspektion und Wartung** Bedienung der Technischen Anlagen: Telekommunikation • Inspektion und Wartung der Baukonstruktion: Schlosserarbeiten, Verputzarbeiten an Deckenbekleidungen, allgemeine Wartungsarbeiten • Inspektion und Wartung der Technischen Anlagen: Reparaturen an Sanitäranlagen, Inspektion des Heizkessels, Abgaswegeprüfung, Kaminarbeiten, Wartung der Batterieanlage, Wartung von Brandschutzklappen, Wartung der Bühnentechnik, Ersatzteile • Inspektion und Wartung von Ausstattung und Kunstwerken: Wartung der Ausstattung • Bedienung, Inspektion und Wartung, sonstiges: Kostenpauschale für regelmäßige Hausmeisterdienstleistungen im Zusammenhang mit der Bedienung, Inspektion und Wartung.	2.056,42 BGF	25.789	**12,54**	36,0
360	**Sicherheits- und Überwachungsdienste** Kostenpauschale für regelmäßige Hausmeisterdienstleistungen im Zusammenhang mit Wach- und Schließdiensten.	2.056,42 BGF	5.558	**2,70**	7,8
370	**Abgaben und Beiträge** Gebäudeversicherungen.	2.056,42 BGF	879	**0,43**	1,2
390	**Betriebskosten, sonstiges** Ersatzteile, Material.	2.056,42 BGF	544	**0,26**	0,8
400	**Instandsetzungskosten**				
410	**Instandsetzung der Baukonstruktionen** Gründung: Instandsetzung des Hallenbodens, Nachlinierung von Spielfeldmarkierungen • Innenwände: Instandsetzung von Innenwandbekleidungen insbesondere Schreinerarbeiten, Platten- und Fliesenarbeiten • Instandsetzungskosten der Baukonstruktionen, sonstiges: verschiedene Maßnahmen an den Baukonstruktionen.	2.056,42 BGF	14.493	**7,05**	64,6
420	**Instandsetzung der Technischen Anlagen** Abwasser-, Wasser-, Gasanlagen: Instandsetzung von Sanitäranlagen insbesondere Instandsetzung von Sanitärapparaten und Abwasserleitungen, Sanitärarbeiten • Wärmeversorgungsanlagen: Instandsetzung des Brenners • Starkstromanlagen: Instandsetzung von Beleuchtungsanlagen und elektronischen Installationen, Elektroarbeiten • Instandsetzung der Technischen Anlagen, sonstiges: verschiedene Maßnahmen an den Technischen Anlagen.	2.056,42 BGF	7.955	**3,87**	35,4

5100-067
Turn- und Versammlungshalle (1 Einfeldhalle)

Objektübersicht

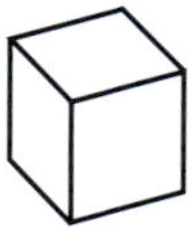

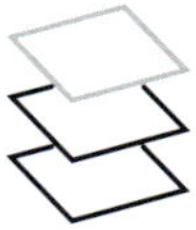

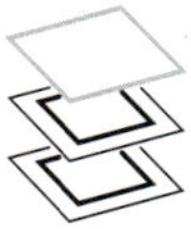

170.952 €/Hallenfeld*a

15 €/m3 BRI*a

71 €/m2 BGF*a

124 €/m2 NF*a

Kennwerte	bis 2. Ebene DIN 18960 exkl. Außenanlagen
Ausbau	Grund- und Mieterausbau
Land	Baden-Württemberg
Kreis	Stuttgart
Baujahr	1984
m3 BRI	11.749
m2 BGF	2.419
m2 NF	1.374

Eigentümer:
Landeshauptstadt Stuttgart
Hauptstätter Str. 79
70178 Stuttgart

Bewirtschafter:
Schulverwaltungsamt
Hauptstätter Str. 79
70178 Stuttgart

Kostenstand: 1. Quartal 2010, inkl. MwSt.

Obergeschoss

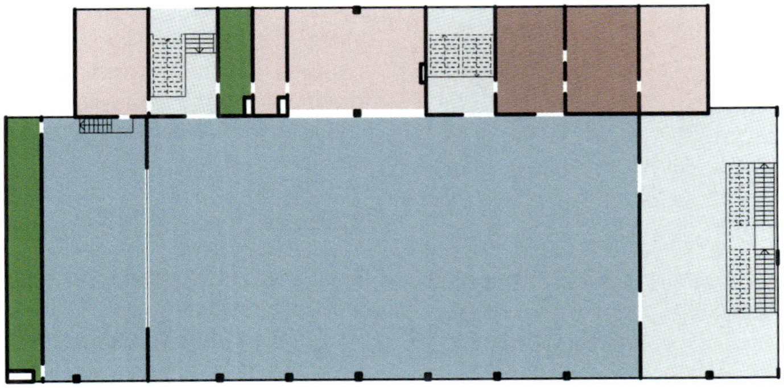

Erdgeschoss

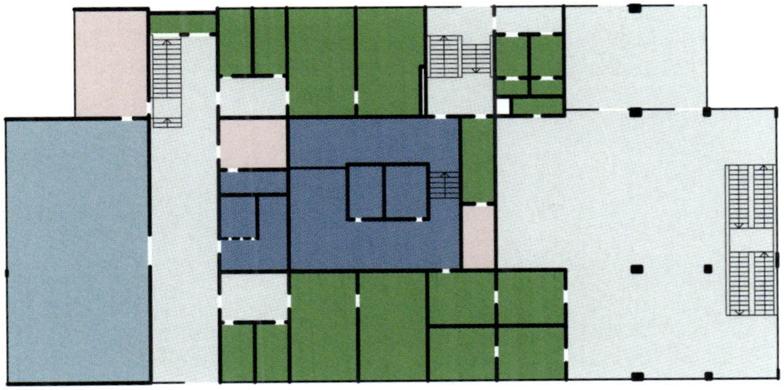

Untergeschoss

NF1 Wohnen und Aufenthalt	NF4 Lagern, Verteilen und Verkaufen	NF7 Sonstige Nutzflächen
NF2 Büroarbeit	NF5 Bildung, Unterricht und Kultur	TF Technische Funktionsfläche
NF3 Prod., Hand- und Maschinenarb., Experimente	NF6 Heilen und Pflegen	VF Verkehrsfläche

Kostenstand: 1. Quartal 2010, inkl. MwSt.

Objektbeschreibung

Nutzung

1 Untergeschoss
Lager, Kühlraum, Musiksaal, Umkleideräume, Sanitärräume, Putzraum, Abstellraum, Haustechnik.

1 Erdgeschoss
Küche, Geräteraum, Turnhalle, Bühne, Umkleideräume, Abstellraum.

1 Obergeschoss
Empore, Haustechnik.

Nutzeinheiten

Einfeldhalle: 1

Besonderer Kosteneinfluss

Nutzung
83 h Betriebszeit/Schulwoche, Kernnutzung im untersten Geschoss.

Objekt
Außenwände schwere, einschalige Konstruktion, Standard der Außentüren und -fenster Zweischeibenverglasung, Holzrahmen, Wärmedämmung nach gesetzlichem Standard im Jahre 1984, Heizungssteuerung Tagesprogramm, Raumheizflächen Heizkörper, Angaben zu den Bodenbelägen: 24% der NGF Holzbelag, 24% der NGF Kunststoffbelag, 52% der NGF Steinbelag, Angaben zur Außenverglasung: 600 m^2 Glasfläche als Außentüren und -fenster, 2-seitige Reinigung, Angaben zur Innenverglasung: 35 m^2 Glasfläche als Innentüren und -fenster, 2-seitige Reinigung; 30 m^2 Glasfläche als Trennwände und Einbauten, 2-seitige Reinigung.

Grundstück

Standort: städtisch
Bauraum: beengt
Neigung: ebenes Gelände

Betrieb

Geringe Betriebskosten:
Personalkosten des Objektmanagements inkl. arbeitsplatzbezogener Gemeinkosten wie Umlagen für arbeitsmedizinische und -sicherheitstechnische Dienste, Sekretariate, Registraturen und dgl., Gas, Fernwärme, Strom, regelmäßige Unterhaltsreinigung, Leeren von Abfallbehältern und Entsorgung, 1 Sommerhauptreinigung, 1 Sonderreinigung der Küche, Reinigung fremdvergeben, Reparaturen an Sanitäranlagen, Wartung von Gasleitungen, Inspektion der Batterieanlage, Reparaturen an lufttechnischen Anlagen, Wartung der Rauch- und Wärmeabzugsanlage, Reparaturen an Beleuchtungen, Prüfung der Elektroanlagen, Inspektion von Schwachstromanlagen, Wartung der Bühnentechnik, Elektroarbeiten, Kostenpauschale für regelmäßige Hausmeisterdienstleistungen im Zusammenhang mit der Bedienung, Inspektion und Wartung, Kostenpauschale für regelmäßige Hausmeisterdienstleistungen im Zusammenhang mit Wach- und Schließdiensten.

Instandsetzung

Durchschnittliche Instandsetzungskosten:
Instandsetzung von Außentüren und -fenstern insbesondere Instandsetzung von Schließanlagen, Montage von Fensterflügeln und -motoren, Austausch von Gitterrosten inkl. Gerüstbauarbeiten, Schlosser- und Metallbauarbeiten, Glaserarbeiten, Brandschutzmaßnahmen, Herstellen von Wanddurchbrüchen, Umrüsten von Innentüren inkl. Rauch- und Wärmeabzugsflügel, Schlosser- und Elektroarbeiten, Malerarbeiten, verschiedene Maßnahmen an den Baukonstruktionen, Instandsetzung von Sanitäranlagen und Kücheninstallationen, Sanitärarbeiten, Abbrucharbeiten am Lastenaufzug, Elektroarbeiten.

Planungskennwerte für Flächen und Rauminhalte nach DIN 277

Flächen des Grundstücks		Menge, Einheit	% an FBG
BF	Bebaute Fläche	– m²	–
UBF	Unbebaute Fläche	– m²	–
FBG	Fläche des Baugrundstücks	– m²	–
FAB	Fläche außerhalb des Baugrundstücks	– m²	–

Grundflächen des Bauwerks		Menge, Einheit	% an NF	% an BGF
NF	Nutzfläche	1.374 m²	100,0	56,8
TF	Technische Funktionsfläche	138 m²	10,0	5,7
VF	Verkehrsfläche	658 m²	47,8	27,2
NGF	Netto-Grundfläche	2.170 m²	157,9	89,7
KGF	Konstruktions-Grundfläche	249 m²	18,1	10,3
BGF	Brutto-Grundfläche	2.419 m²	176,0	100,0

Nutzflächen des Bauwerks		Menge, Einheit	% an NF	% an BGF
NF1	Wohnen und Aufenthalt	0 m²	0,0	0,0
NF2	Büroarbeit	0 m²	0,0	0,0
NF3	Produktion, Hand-, Maschinenarbeit, Exp.	58 m²	4,2	2,4
NF4	Lagern, Verteilen und Verkaufen	175 m²	12,7	7,2
NF5	Bildung, Unterricht und Kultur	867 m²	63,1	35,9
NF6	Heilen und Pflegen	0 m²	0,0	0,0
NF7	Sonstige Nutzflächen	274 m²	19,9	11,3

Brutto-Rauminhalt des Bauwerks		Menge, Einheit	BRI/NF (m)	BRI/BGF (m)
BRI	Brutto-Rauminhalt	11.749 m³	8,55	4,86

Lufttechnisch behandelte Flächen	Menge, Einheit	% an NF	% an BGF
Entlüftete Fläche	0 m²	0,0	0,0
Be- und entlüftete Fläche	767 m²	55,8	31,7
Teilklimatisierte Fläche	0 m²	0,0	0,0
Klimatisierte Fläche	0 m²	0,0	0,0

Kostenkennwerte für die Kostengruppen der 1. Ebene DIN 18960

KG	Kostengruppen (1. Ebene)	Kosten €/a	€/m² NF*a	€/m² BGF*a	€/m³ BRI*a	% an Summe
100	Kapitalkosten	–	–	–	–	–
200	Objektmanagementkosten	18.019	13	7	2	9,5
300	Betriebskosten	57.373	42	24	5	30,4
400	Instandsetzungskosten	113.580	83	47	10	60,1

Verteilung der Nutzungskosten €/m² BGF*a (Turn- und Versammlungshallen)

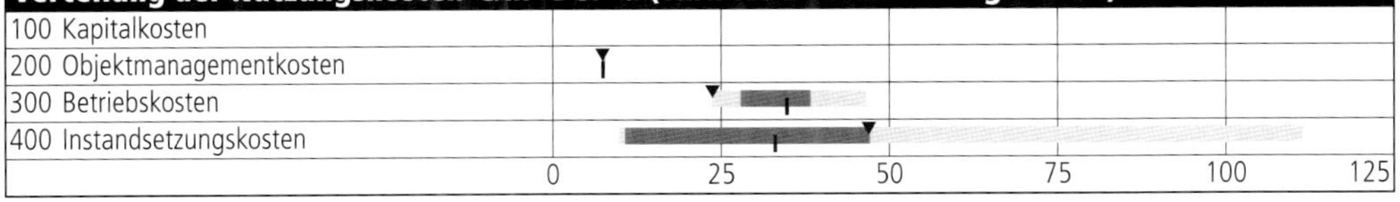

Kostenkennwerte für die Kostengruppen der 1. Ebene nach DIN 18960

KG	Kostengruppe	Menge Einheit	Kosten €/a	€/Einheit*a	% an Summe
200	**Objektmanagementkosten** **Personalkosten**: Personalkosten des Objektmanagements inkl. arbeitsplatzbezogener Gemeinkosten wie Umlagen für arbeitsmedizinische und -sicherheitstechnische Dienste, Sekretariate, Registraturen und dgl. **Sachkosten**: Allgemeine Sachkostenpauschale für Raumkosten, Fernsprechkosten, Einrichtungs- und Ausstattungskosten, Büroarbeitsplatz- und Bürobedarfskosten.	2.418,85 BGF	18.019	**7,45**	9,5
300	**Betriebskosten** **Versorgung**: Wasser • Gas, Fernwärme, Kernnutzung im untersten Geschoss, Außenwände schwere, einschalige Konstruktion, Standard der Außentüren und -fenster Zweischeibenverglasung, Holzrahmen, Wärmedämmung nach gesetzlichem Standard im Jahre 1984, Heizungssteuerung Tagesprogramm, Raumheizflächen Heizkörper • Strom. **Reinigung und Pflege von Gebäuden**: Regelmäßige Unterhaltsreinigung, Leeren von Abfallbehältern und Entsorgung, 1 Sommerhauptreinigung, 1 Sonderreinigung der Küche, Reinigung fremdvergeben, Angaben zu den Bodenbelägen: 24% der NGF Holzbelag, 24% der NGF Kunststoffbelag, 52% der NGF Steinbelag • Kostenpauschale für regelmäßige Hausmeisterdienstleistungen im Zusammenhang mit der Reinigung und Pflege des Gebäudes wie Reinigungskontrollen und dgl. **Bedienung, Inspektion und Wartung**: Reparaturen an Sanitäranlagen, Wartung von Gasleitungen, Inspektion der Batterieanlage, Reparaturen an lufttechnischen Anlagen, Wartung der Rauch- und Wärmeabzugsanlage, Reparaturen an Beleuchtungen, Prüfung der Elektroanlagen, Inspektion von Schwachstromanlagen, Wartung der Bühnentechnik, Elektroarbeiten • Wartung von Turn- und Sportgeräten, Ersatzteile • Kostenpauschale für regelmäßige Hausmeisterdienstleistungen im Zusammenhang mit der Bedienung, Inspektion und Wartung. **Sicherheits- und Überwachungsdienste**: Kostenpauschale für regelmäßige Hausmeisterdienstleistungen im Zusammenhang mit Wach- und Schließdiensten. **Abgaben und Beiträge**: Gebäudeversicherungen.	2.418,85 BGF	57.373	**23,72**	30,4
400	**Instandsetzungskosten** **Instandsetzung der Baukonstruktionen**: Instandsetzung von Außentüren und -fenstern insbesondere Instandsetzung von Schließanlagen, Montage von Fensterflügeln und -motoren, Austausch von Gitterrosten inkl. Gerüstbauarbeiten, Schlosser- und Metallbauarbeiten, Glaserarbeiten • Brandschutzmaßnahmen, Herstellen von Wanddurchbrüchen, Umrüsten von Innentüren inkl. Rauch- und Wärmeabzugsflügel, Schlosser- und Elektroarbeiten, Malerarbeiten • Instandsetzung von Bodenbelägen insbesondere Bodenbelagsarbeiten, Platten- und Fliesenarbeiten, Ausbesserung an Linoleumböden • Instandsetzung von Trennwänden, Podesten und Einbauten, Schreinerarbeiten, Elektroarbeiten • verschiedene Maßnahmen an den Baukonstruktionen. **Instandsetzung der Technischen Anlagen**: Instandsetzung von Sanitäranlagen und Kücheninstallationen, Sanitärarbeiten • Abbrucharbeiten am Lastenaufzug, Elektroarbeiten • verschiedene Maßnahmen an den Technischen Anlagen. **Instandsetzung der Ausstattung**: Austausch von Fußmatten.	2.418,85 BGF	113.580	**46,96**	60,1

Kostenkennwerte für die Kostengruppen der 2. Ebene nach DIN 18960

KG	Kostengruppe	Menge Einheit	Kosten €/a	€/Einheit*a	% an Summe
200	**Objektmanagementkosten**				
210	**Personalkosten**	2.418,85 BGF	15.487	**6,40**	86,0
	Personalkosten des Objektmanagements inkl. arbeitsplatzbezogener Gemeinkosten wie Umlagen für arbeitsmedizinische und -sicherheitstechnische Dienste, Sekretariate, Registraturen und dgl.				
220	**Sachkosten**	2.418,85 BGF	2.532	**1,05**	14,1
	Allgemeine Sachkostenpauschale für Raumkosten, Fernsprechkosten, Einrichtungs- und Ausstattungskosten, Büroarbeitsplatz- und Bürobedarfskosten.				
300	**Betriebskosten**				
310	**Versorgung**	2.418,85 BGF	16.029	**6,63**	27,9
	Wasser • Gas, Fernwärme: Kernnutzung im untersten Geschoss, Außenwände schwere, einschalige Konstruktion, Standard der Außentüren und -fenster Zweischeibenverglasung, Holzrahmen, Wärmedämmung nach gesetzlichem Standard im Jahre 1984, Heizungssteuerung Tagesprogramm, Raumheizflächen Heizkörper • Strom. Angaben zur Nutzung: Turn- und Versammlungshalle, 1 Einfeldhalle, 83 h Betriebszeit/ Schulwoche.				
320	**Entsorgung**	2.418,85 BGF	491	**0,20**	0,9
	Abwasser • Abfall: verbrauchte Leuchtmittel.				
330	**Reinigung und Pflege von Gebäuden**	2.418,85 BGF	22.240	**9,19**	38,8
	Unterhaltsreinigung: regelmäßige Unterhaltsreinigung, Leeren von Abfallbehältern und Entsorgung, 1 Sommerhauptreinigung, 1 Sonderreinigung der Küche, Reinigung fremdvergeben • Glasreinigung: 1 Reinigung der Außen- und Innenverglasung inkl. Rahmen, fremdvergeben, Angaben zur Außenverglasung: 600 m^2 Glasfläche als Außentüren und -fenster, 2-seitige Reinigung, Angaben zur Innenverglasung: 35 m^2 Glasfläche als Innentüren und -fenster, 2-seitige Reinigung; 30 m^2 Glasfläche als Trennwände und Einbauten, 2-seitige Reinigung • Reinigung und Pflege von Gebäuden, sonstiges: Kostenpauschale für regelmäßige Hausmeisterdienstleistungen im Zusammenhang mit der Reinigung und Pflege des Gebäudes wie Reinigungskontrollen und dgl.				

Boden- und Deckenbelagsfläche

KG	Kostengruppe	Menge Einheit	Kosten €/a	€/Einheit*a	% an Summe
350	**Bedienung, Inspektion und Wartung** Inspektion und Wartung der Baukonstruktion: Reparaturen an Außentüren und -fenstern insbesondere Schlosserarbeiten • Inspektion und Wartung der Technischen Anlagen: Reparaturen an Sanitäranlagen, Wartung von Gasleitungen, Inspektion der Batterieanlage, Reparaturen an lufttechnischen Anlagen, Wartung der Rauch- und Wärmeabzugsanlage, Reparaturen an Beleuchtungen, Prüfung der Elektroanlagen, Inspektion von Schwachstromanlagen, Wartung der Bühnentechnik, Elektroarbeiten • Inspektion und Wartung von Ausstattung und Kunstwerken: Wartung von Turn- und Sportgeräten, Ersatzteile • Bedienung, Inspektion und Wartung, sonstiges: Kostenpauschale für regelmäßige Hausmeisterdienstleistungen im Zusammenhang mit der Bedienung, Inspektion und Wartung.	2.418,85 BGF	13.439	**5,56**	23,4
360	**Sicherheits- und Überwachungsdienste** Kostenpauschale für regelmäßige Hausmeisterdienstleistungen im Zusammenhang mit Wach- und Schließdiensten.	2.418,85 BGF	3.629	**1,50**	6,3
370	**Abgaben und Beiträge** Gebäudeversicherungen.	2.418,85 BGF	1.439	**0,59**	2,5
390	**Betriebskosten, sonstiges** Ersatzteile, Material.	2.418,85 BGF	105	**0,04**	0,2
400	**Instandsetzungskosten**				
410	**Instandsetzung der Baukonstruktionen** Außenwände: Instandsetzung von Außentüren und -fenstern insbesondere Instandsetzung von Schließanlagen, Montage von Fensterflügeln und -motoren, Austausch von Gitterrosten inkl. Gerüstbauarbeiten, Schlosser- und Metallbauarbeiten, Glaserarbeiten • Innenwände: Brandschutzmaßnahmen, Herstellen von Wanddurchbrüchen, Umrüsten von Innentüren inkl. Rauch- und Wärmeabzugsflügel, Schlosser- und Elektroarbeiten, Malerarbeiten • Decken: Instandsetzung von Bodenbelägen insbesondere Bodenbelagsarbeiten, Platten- und Fliesenarbeiten, Ausbesserung an Linoleumböden • Baukonstruktive Einbauten: Instandsetzung von Trennwänden, Podesten und Einbauten, Schreinerarbeiten, Elektroarbeiten • Instandsetzungskosten der Baukonstruktionen, sonstiges: verschiedene Maßnahmen an den Baukonstruktionen.	2.418,85 BGF	95.437	**39,46**	84,0
420	**Instandsetzung der Technischen Anlagen** Abwasser-, Wasser-, Gasanlagen: Instandsetzung von Sanitäranlagen und Kücheninstallationen, Sanitärarbeiten • Förderanlagen: Abbrucharbeiten am Lastenaufzug, Elektroarbeiten • Instandsetzung der Technischen Anlagen, sonstiges: verschiedene Maßnahmen an den Technischen Anlagen.	2.418,85 BGF	14.033	**5,80**	12,4
440	**Instandsetzung der Ausstattung** Austausch von Fußmatten.	2.418,85 BGF	4.110	**1,70**	3,6